U0222236

集成电路科学与技术丛书

非曼哈顿结构下超大规模集成电路布线理论与算法

刘耿耿 黄兴 郭文忠 编著

清华大学出版社
北京

内 容 简 介

本书系统论述非曼哈顿结构下超大规模集成电路布线的理论、技术与应用，分为9章，各章内容具体安排如下。

第1章主要介绍了VLSI设计的重要性、发展现状、基础知识和未来相关的研究方向；第2章主要介绍了电路布线问题中的群智能技术；第3章介绍了X结构Steiner最小树算法；第4章介绍了时延驱动X结构Steiner最小树算法；第5章介绍了单层绕障X结构Steiner最小树算法；第6章介绍了多层绕障X结构Steiner最小树算法；第7章介绍了考虑布线资源松弛的X结构Steiner最小树算法；第8章介绍了考虑Slew约束的X结构Steiner最小树算法；第9章介绍了X结构总体布线算法。

本书主要面向计算机科学、自动化科学、人工智能等相关学科专业高年级本科生、研究生以及广大研究计算智能的科技工作者。

图书在版编目(CIP)数据

非曼哈顿结构下超大规模集成电路布线理论与算法/刘耿耿，黄兴，郭文忠编著. —北京：清华大学出版社，2022.2(2022.11重印)
(集成电路科学与技术丛书)
ISBN 978-7-302-59944-9

Ⅰ. ①非… Ⅱ. ①刘… ②黄… ③郭… Ⅲ. ①超大规模集成电路 Ⅳ. ①TN47

中国版本图书馆CIP数据核字(2022)第019037号

责任编辑：曾 珊 李 晔
封面设计：李召霞
责任校对：李建庄
责任印制：朱雨萌

出版发行：清华大学出版社
网 址：http://www.tup.com.cn，http://www.wqbook.com
地 址：北京清华大学学研大厦A座 **邮 编**：100084
社 总 机：010-83470000 **邮 购**：010-62786544
投稿与读者服务：010-62776969，c-service@tup.tsinghua.edu.cn
质量反馈：010-62772015，zhiliang@tup.tsinghua.edu.cn
课件下载：http://www.tup.com.cn，010-83470236
印 装 者：大厂回族自治县彩虹印刷有限公司
经 销：全国新华书店
开 本：170mm×240mm **印 张**：21.75 **字 数**：440千字
版 次：2022年4月第1版 **印 次**：2022年11月第2次印刷
印 数：1001～1500
定 价：99.00元

产品编号：093747-01

前言

PREFACE

过去几十年来，超大规模集成电路(Very Large Scale Integration Circuit，VLSI)已经成为信息技术与信息产业的硬件核心，其发展水平的高低已成为衡量一个国家科学技术和工业发展水平的重要标志。SRC发布的“Physical Design CAD Top10 Needs”中指出了当前物理设计亟待解决的十大问题，其中布线问题首当其冲，在芯片尺寸和容量上，需要布线的电路芯片规模达到成千上万的大模块和几百万个小模块，同时要求在合理可行的时间完成布线工作。此外，布线的质量严重影响了设计过程中的其他需求，包括定时和互连线分析。本书以布线问题为背景，分析了传统布线互连结构——曼哈顿结构在物理设计阶段的限制与缺陷，选择以非曼哈顿结构为基础模型进行布线，实现芯片整体性能的优化，并为在非曼哈顿结构和多层设计概念下变得更为复杂的布线问题寻求更为有效的布线算法。

近年来，编者及其科研团队一直致力于非曼哈顿结构下构建Steiner最小树的理论及应用研究，特别是使用算法的构建及其应用，并在此基础上撰写了此书。本书内容是作者基于自身所主持和参与的国家自然科学基金面上项目、国家自然科学基金青年项目等的研究成果，吸纳了国内外许多具有代表性的研究成果，并融合了课题组近年来在国内外重要学术刊物和国际会议上发表的研究成果，力图体现国内外在这一领域的最新研究进展。本书可作为计算机科学、自动化科学、人工智能等相关学科专业高年级本科生、研究生以及广大研究计算智能的科技工作者的参考书。由于作者水平有限，书中难免有疏漏之处，对于本书的不足之处，恳请读者批评指正。

全书由9章构成，内容自成体系，各章内容具体安排如下：第1章主要介绍了超大规模集成电路设计方法的重要性及其发展现状，着重介绍了VLSI物理设计中总体布线与详细布线的相关概念，提出了非曼哈顿结构下VLSI布线设计的未来研究方向；第2章主要介绍了基于群智能技术在X结构、多动态电压设计和通孔柱3种新模型下VLSI布线算法研究的探索；第3章介绍了在总体布线中5种有效的X结构Steiner最小树算法；第4章介绍了以时延为优化目标的时延驱动X结构Steiner最小树构建算法；第5章介绍了3种有效的单层绕障X结构Steiner最小树算法；第6章介绍了多层绕障的X结构Steiner最小树算法；第7章介绍了一种高效的考虑布线资源松弛的X结构Steiner最小树算法；第8章介绍了基于混合离散粒子群优化的Slew约束的X结构Steiner最小树算法；第9章介绍了基于整数线性规划模型和划分策略的X结构总体布线算法。其中，第1章和第2章、第4章、第6～9章由刘耿耿完成，第3章由郭文忠完成，第5章由黄兴完成。

感谢清华大学出版社的大力支持和编辑的辛苦工作。同时，对课题组内参与有关研究工作的陈国龙教授、牛玉贞教授、陈志盛博士研究生以及庄震、陈晓华、汤浩、朱伟大、张星海、李荣荣、周茹平、魏凌、黄逸飞、杨礼亮、朱予涵等硕士研究生表示衷心感谢。最后，感谢国家自然科学基金项目（61877010、11501114、U21A20472、11271002、11141005）、国家科技部重点研发计划课题（2021YFB3600503）、福建省自然科学基金项目（2019J01243、2018J07005）、福建省科技创新平台项目（2009J1007）和计算机体系结构国家重点实验室开放课题（CARCHB202014）等对相关研究工作的资助。

编　者

2021年12月

于福州大学-福建省网络计算与智能信息处理重点实验室

目录

CONTENTS

第1章

1.1　引言

超大规模集成电路(Very Large Scale Integration circuit,VLSI)是信息产业的基础,其发展对提高我国的产业技术创新能力、发展国民经济和加快现代国防建设都具有极其重要的作用。随着集成电路向超深亚微米工艺持续推进,芯片的集成度不断提高,加上存储空间的局限性和封装工艺的限制,对超大规模集成电路(Integrated Circuit,IC)设计方法提出了新的挑战,电路设计问题的复杂度呈指数增长,导致现有的电子设计自动化(Electronic Design Automation,EDA)工具难以应付,同时现有的EDA工具对当前工艺下存在的一系列新问题也缺乏考虑。

由于VLSI物理设计的复杂性,整个物理设计过程被分为以下几个步骤：电路划分、布图规划、布局和布线。在SRC发布的“Physical Design CAD Top10 Needs”中指出的当前物理设计亟待解决的十大问题中,布线问题位居前列,在芯片尺寸和容量上,布线工作需要绕线的电路芯片规模达到成千上万个大模块和几百万个小模块,同时要求在合理可行的时间内完成布线工作。同时,VLSI物理设计中的其他一些需求,如定时和互连线分析,都对布线结果的质量有很高的要求。在芯片设计中为了降低布线过程的高复杂度,通常将布线划分成两个步骤：总体布线和详细布线。总体布线进行粗略绕线的工作,需要将每条待绕线的线网的各部分合理分配到芯片中的各个布线通道区,对各个布线通道区的布线问题给出明确的定义,为详细布线提供指导,以完成各个布线通道区的具体绕线。由此可见,VLSI总体布线的质量在很大程度上决定了详细布线的质量,进而影响芯片的最终性能。

布线互连结构可分为曼哈顿结构和非曼哈顿结构。曼哈顿结构的布线方向只能是水平走线和垂直走线两种,而非曼哈顿结构的布线方向则更为多样化,主要包括走线方向为0°、90°和±45°的X结构以及走线方向为0°、60°和120°的Y结构。近年来,国际物理设计研讨会(International Symposium on Physical Design,ISPD)关于VLSI物理设计算法举行了针对性的竞赛,其中2007—2010年的竞赛针对布线问题。针对 VLSI 物理设计中的重要组成部分——总体布线，研究人员提出了大量方法。大部分总体布线算法都以曼哈顿结构为模型基础，通过优化 Steiner 树的拓扑、变换线宽、插入缓冲器等方法对线长、时延进行优化，达到优化芯片性能的目的。随着系统级芯片（System-on-a-Chip，SoC）设计概念的出现和制造工艺的不断发展，互连线的延迟对 VLSI 设计的影响越来越大，同时互连线的不断增长会降低芯片的速度、造成过高的功耗以及增大噪声，这要求更有效的互连线线长优化和更强的电路性能。但基于曼哈顿结构的相关物理设计阶段在优化互连线线长时限制了相关策略的优化能力。为优化芯片的整体性能，相关研究人员开始尝试基于非曼哈顿结构的布线。

非曼哈顿结构的提出，使得超大规模集成电路物理设计各个阶段面临新的机遇和挑战，同时引起整个物理设计领域算法的更新，既对以非曼哈顿结构作为基础模型的物理设计过程包括布图规划与布局、布线等方面提出新的要求，也对 EDA 设计工具的研究提出了巨大挑战，其中，与总体布线的联系紧密。此外，随着集成电路设计工艺的不断发展，允许绕线的布线层数随之增加，大幅度减少了互连线宽度和互连线间距，从而提高了集成电路的性能和密度。于是，多层总体布线应运而生，并且引起了诸多研究机构的广泛关注，包括清华大学、香港科技大学和 IBM、Intel、斯坦福大学等诸多国内外科研机构，已经成为国际上 EDA 领域的研究热点之一。

传统的曼哈顿结构下的布线算法虽然可以应用到非曼哈顿结构下的布线，但需要进行特别处理，使算法变得更加复杂，从而难以直接有效地对该问题进行求解。再者，现有关于非曼哈顿结构的研究工作主要集中在非曼哈顿结构 Steiner 树的构造，对非曼哈顿结构下布线算法研究还不是很充分，仍未出现针对非曼哈顿结构特点且与曼哈顿结构布线算法相比有较大改进的算法。在非曼哈顿结构和多层设计概念下的布线问题变得更为复杂，目前还很难实现理想的布线。因此，寻求更为有效的布线算法，从而构造高效的非曼哈顿结构下的布线器，具有重要的理论价值和实际意义。故本书重点讨论非曼哈顿结构下 VLSI 布线设计的理论与算法。本章涉及的专有名词见表 1.1。

表 1.1　专有名词表

英文缩写	英文全称	中文名称
CMOS	Complementary Metal-Oxide-Semiconductor	互补金属氧化物半导体
EDA	Electronics Design Automation	电子设计自动化
GRC	Global Routing Cell	总体布线单元
GRG	Global Routing Graph	总体布线图
IC	Integrated Circuit	集成电路
ISPD	International Symposium on Physical Design	国际物理设计研讨会
MDSV	Multiple Dynamic Supply Voltage	多动态电压

续表

英文缩写	英 文 全 称	中 文 名 称
MSV	Multiple Supply Voltage	多电压
PSO	Particle Swarm Optimization	粒子群优化
SoC	System-On-a-Chip	系统级芯片
VLSI	Very Large Scale Integration Circuit	超大规模集成电路

1.2 布线过程

十几年来，物理设计是集成电路中发展速度最快和自动化程度最高的领域之一。随着集成电路的特征尺寸不断减小，超大规模集成电路的工艺和电路规模以摩尔定律经历了巨大的进步，电路设计中不断增长的复杂性进一步扩大了物理设计中自动化设计问题的难度，并同时迎来一系列新的挑战。如图 1.1 所示，作为 VLSI 设计中最为耗时的一个步骤，物理设计通常被具体细分为电路划分、布图规划和布局、总体布线和详细布线 4 个阶段。

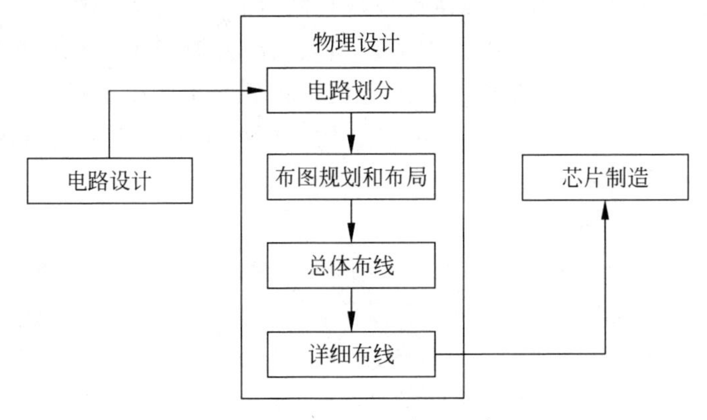

图 1.1 VLSI 物理设计的设计过程

VLSI 物理设计的总体流程包括：首先，由于 VLSI 芯片设计中电路元件的规模不断扩大，在物理设计中需要采用电路划分方法将复杂庞大的电路系统分解至合理小的电路子系统；其次，在电路划分后，布图规划和布局步骤则是将不同形状和大小的单元或模块合理地放置到芯片的不同布线区域，同时满足芯片固有的一些相关几何约束；再次，布局阶段确定模块和引脚各自的位置，在此基础上经总体布线后，将每条待绕线的线网的各部分合理分配到芯片中的各个布线通道区；最后，由详细布线得到各个布线通道区的实际绕线。总体布线和详细布线构成了复杂的布线过程，在这个过程中考虑线长、时延等优化目标，能够有效优化整个芯片的性能。

1.2.1 总体布线

总体布线是 VLSI 物理设计中一个极为重要的步骤。从图 1.1 可看出，详细布线阶段是以总体布线结果作为指导进行布线工作的。因而，总体布线的结果对详细布线的成功与否起到决定性作用，同时总体布线严重影响最后制造出来的芯片性能。

1. 总体布线图

总体布线问题是一个典型的图论问题。总体布线图(Global Routing Graph, GRG)将布线区域、每个区域内的布线容量、布线区域内的引脚信息以及不同布线区域之间的相互关系等信息抽象为一张图。不同的设计模式产生多种布线图模型，常见的布线图模型主要包括网格图模型、布线规划图模型以及通道相交图模型等。

1) 网格图模型

网格图模型是将整个布线区域分为一个行列交错的矩阵形式，一个顶点表示一个总体布线单元(Global Routing Cell, GRC)，GRC 之间的连接关系则由水平边和垂直边表示。而对于给定的线网集合，则将它们的引脚集合按照其所在的总体布线单元，映射到该总体布线单元对应的顶点上。此时，VLSI 总体布线问题则是在 GRG 上查找这些映射后顶点集合的连接关系。网格图模型适用于门阵列和标准单元布图模式，经过简单的扩展，网格图模型还可用于建立多层总体布线问题，有助于探讨多层布线问题的求解。

2) 布图规划图模型

该模型是在布局结果的基础上构建的，对于给定的布局方案，布图规划图的一个顶点表示布局方案中的一个模块，若模块邻接，则映射成布图规划图的一条边。类似于网格图模型，布图规划图模型也是将给定线网集合中的引脚映射到布线图的顶点上。该模型适合给模块间的布线容量建模，但存在的缺点是较难估计线长。

3) 通道相交图模型

通道相交图模型能够将给定线网集合中的引脚映射到总体规划图相应的边上，形成新的顶点，从而生成 GRG，为总体布线提供信息。该模型适用于积木块自动布图模式。

如图 1.2 所示，给定的布线图为常见的网格图模型，每个虚线网格框表示一个总体布线单元，引脚(Pin)集合根据布局后的结果放置在相应的 GRC 中。GRC 所对应的 GRG 即图 1.2 中行列交错的实线网格集合，将每个 GRC 映射到 GRG 中作为 GRG 的一个顶点 v，有邻接关系的两个 GRC 之间则映射为 GRG 的一条边 e。将 GRC 两两之间的关系按照这种方式映射则变成 GRG，故 GRC 与 GRG 是一一对应的关系。

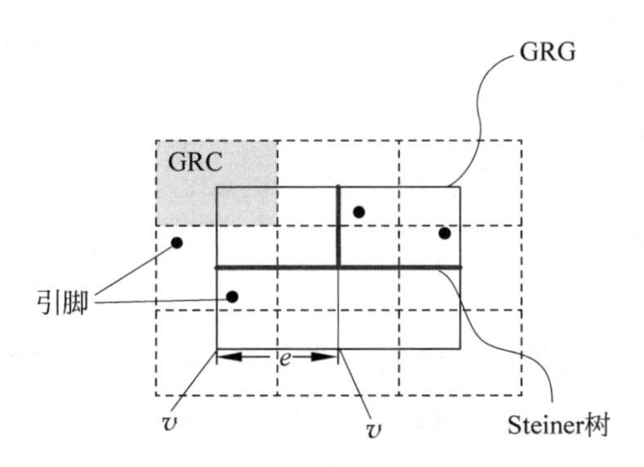

图 1.2 基于网格图模型的总体布线图

总体布线问题是在给定 GRG 的基础上，寻找连接这些引脚集合的布线树，图 1.2 中采用 Steiner 树作为布线树模型，该布线树需要满足工艺条件和引脚集合的连接关系。接下来将具体介绍总体布线问题中的相关定义，包括 Steiner 最小树的定义、总体布线的优化目标以及本书所研究的非曼哈顿结构的数学基础知识。

2. 总体布线相关定义

在 VLSI 总体布线问题中，多端线网的总体布线问题是寻找一棵连接给定引脚集合的布线树问题，而 Steiner 最小树相对于其他方法所得的布线树来说具有更小的布线树总线长。因此，Steiner 最小树被看作总体布线问题中多端线网的最佳连接模型，并且在总体布线图上的 Steiner 最小树算法是所有总体布线算法的基础。

定义 1.1 Steiner 最小树 给定一个带边权的图 $G=(V,E)$ 和一个节点子集 $R\subseteq V$，选一个子集 $V'\subseteq V$，使 $R\subseteq V'$ 和 V' 构成一个代价最小的树，R 是一个使 Steiner 树连接的节点集，V'-R 是 Steiner 点集。

VLSI 总体布线问题最初以线长最小化为优化目标，但随着制造工艺的不断发展和芯片特征尺寸的不断缩小，互连线延迟对芯片性能的影响越来越大，因此，时延和串扰等优化目标也需要在总体布线问题中考虑。同时，影响到芯片的可布性和可制造性的因素，包括溢出数、拥挤度、通孔数等优化目标，也是当今总体布线工作需要优化的指标。

随着集成电路在设计规模和制造工艺方面都迅猛地发展，基于曼哈顿结构的优化策略对互连线的优化能力不能很好地满足 SoC 设计的需求，因此一些学者开始研究基于非曼哈顿结构的物理设计方法，其中，与总体布线联系紧密。非曼哈顿结构的数学基础是 λ-几何学理论，下文描述布线互连结构的 λ-几何学理论的具体定义。

定义 1.2 布线互连结构的 λ-几何学理论 在 λ-几何学理论中，布线的方向为 $i\pi/\lambda$，i 为任意整数，λ 为正整数。通过对 λ 和 i 的不同取值，可得到不同的布线方向。

（1）当$\lambda=2$时，布线的方向为$i\pi/2$，走线方向包括0°和90°，对应传统的曼哈顿结构，亦称为直角结构。

（2）当$\lambda=3$时，布线的方向为$i\pi/3$，走线方向包括0°、60°和120°，称为Y结构。

（3）当$\lambda=4$时，布线的方向为$i\pi/4$，走线方向包括0°、90°和±45°，称为X结构。

布线互连结构可分为曼哈顿结构和非曼哈顿结构，目前关于非曼哈顿结构展开的工作主要是定义1.2所定义的X、Y结构。本书工作主要基于得到制造工艺支持的X结构展开。

下面给出几个常用的术语说明。

（1）网表：$N=\{N_1,N_2,\cdots\}$，其中每个线网N_i是一个引线端的集合，属于同一个线网的引线端将由布线工具把它们连接在一起，这里的网表则是提供电路的互连信息。

（2）布线容量：指考虑设计规则、布线区域的大小和线网的宽度，布线区域内的最大走线数。

（3）拥挤度：需要的布线资源与可用的布线资源之间的比值。

（4）溢出边：若一条边的布线资源需求量大于可用的布线资源，则该边被称为溢出边。

（5）总体布线图：在进行总体布线之前，根据电路的几何特征和电路结构，用网格将整个芯片按行和列划分为若干称为总体布线单元的区域，并通过总体布线器指定GRC以连接线网。由网格线及其交点所构成的图的对偶图称为总体布线图。

（6）局部线网：若一个线网所需要连接的所有引脚均在同一个GRC中，则称该线网为局部线网。

（7）全局线网：若一个线网所需要连接的部分或全部引脚分布在不同GRC中，则称该线网为全局线网。

（8）设计规则约束：目前布线问题中存在一些基本设计规则约束（Design Rules Constraint，DRC）违反情况，包括开路、短路、相邻金属线的间距不足等。

（9）3D总体布线和2.5D总体布线：多层总体布线类型分为3D和2.5D总体布线两种。

① 3D总体布线：对于多层布线，采用3D布线直接在立体的总体布线图进行布线，这样得到的总体布线方案虽然比2.5D来得更准确且能取得多个更好的性能指标，但会带来巨大的时间和空间复杂度。由于EDA设计的原则是简单、快速、合理，所以3D布线的研究不能令人十分满意。

② 2.5D总体布线：是将多层布线中各层的布线资源、引脚等映射到平面上，将3D布线转化成平面布线，这样进行平面总体布线可减少时间空间复杂度，在平

面上完成总体布线后，再通过层分配将布线结果还原到 3D 布线，同时维持平面布线获得的溢出数且优化通孔数。

3. 总体布线和层分配问题

集成电路正在以惊人的速度飞快发展，随之而来的是电子设计自动化领域的全新挑战。而物理设计中总体布线的工作也越发困难。其中，构建布线树与设计总体布线算法是主要的研究方向，目前已有一些不错的研究成果。特别是 ISPD 举行的 VLSI 总体布线算法竞赛中，涌现出了 FGR、BoxRouter 2.0、GRIP、NCTU-GR 2.0、NTHU-Route 2.0 等总体布线器。在这些传统的总体布线器中，设计了一些有效的布线算法用于减少溢出数、线长和计算时间。

目前工艺下，金属层数为多层的，以上总体布线器均可进行多层布线，按照多层布线方式不同分为两类：完全 3D 总体布线和平面总体布线紧接层分配(2.5D 总体布线)，其中 FGR 和 GRIP 采用完全 3D 总体布线方式，相对于其他进行平面布线后紧接层分配的 2.5D 总体布线器，在一些优化目标上取得较为准确的总体布线方案，但是付出了非常大的时间和空间代价，并在一些复杂的布线问题中无法得到布线解。因此，本书重点介绍 2.5D 总体布线方案。

1）总体布线问题

广义上，VLSI 多层总体布线的目标就是在给定布线通道区中，使每条线网的各个部分得到合理分配，同时准确地定义其中的布线问题。

图 1.3 是一个多层总体布线设计图与网格图，其中多层总体布线是邻层通过通孔连接，同层的相邻块通过布线边连接，故多层总体布线的一个线网布线方案是寻找一棵树，使用通孔和布线边连接该线网的引脚。

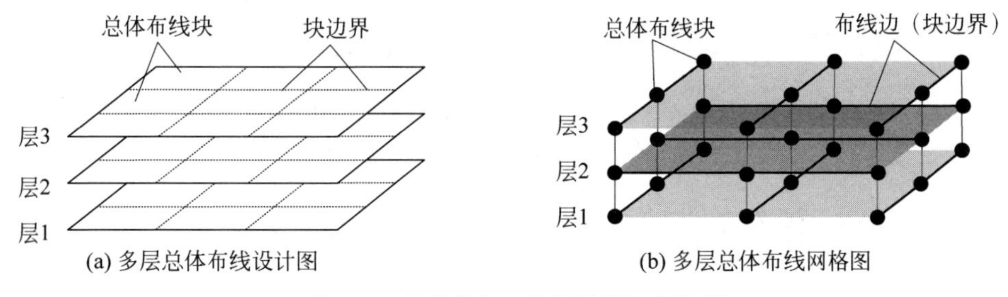

图 1.3 多层总体布线设计图与网格图

2）层分配问题

在 2.5D 总体布线算法中，总体布线问题需要考虑层分配。网格图模型通常应用到总体布线和层分配中。一个 k 层的布线区域可以被划分为一大批的总体布线块并建模成为 k 层网格图 $G^k(V^k, E^k)$。其中 k 表示布线层的数量，V^k 表示第 k 层网格总体布线单元的集合，E^k 表示第 k 层的网格布线边，其中每条边表示相邻布线块的边界。相邻层的连接边表示通孔。一条网格边的容量定义为可以经过相邻布线块的布线轨道数。

层分配问题可定义为：给定一个三元组(G^k, G, S)，$G^k(V^k, E^k)$表示一个k层的3D网格图；$G(V,E)$表示为从3D网格图G^k压缩得到的一个2D网格图。S表示网格图G的2D总体布线结果。层分配是将S的布线边分配到其对应边集合中，以获得一个3D总体布线结果S^k。

如图1.4(a)和图1.4(b)所示，e_1、e_2和e_3是e'的对应边集合。如图1.4(c)所示，假设2D总体布线器确认一条边经过e'，层分配则是将其分配到e_1、e_2和e_3其中的一条边上。

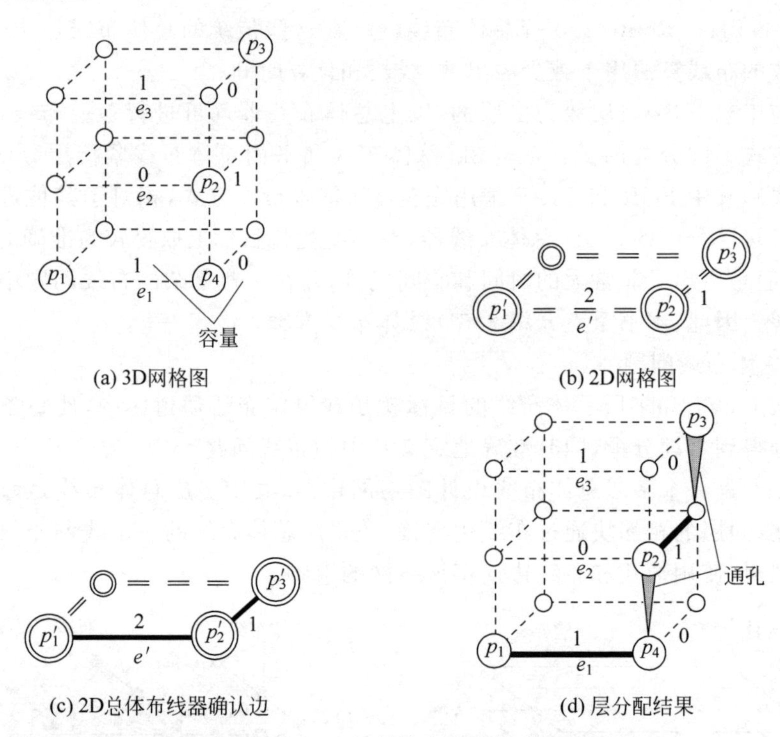

图1.4 基于2.5D总体布线的层分配问题

关于层分配问题的研究主要集中在通孔数量最小化。文献[7]提出的算法采用整数线性规划模型求解通孔最小化问题，但该方法时间成本高。文献[17]提出的算法先对准备进行层分配的线网集合进行排序，再按照顺序采用动态规划方法为每个线网一一寻找局部最优的层分配方案，但该算法容易陷入局部最优问题。为进一步缓解陷入局部最优问题，在线网排序后，文献[18]提出的算法基于协商机制以跳出局部最优，从而获得一个更好的层分配方案。考虑到通孔在不同布线层上大小不一样的问题，文献[19]和[20]提出一种基于动态规划和线性规划的两阶段层分配算法。但上述工作仅局限于通孔数量最小化的目标，尚未考虑时延问题。近年来，层分配的工作不但以最小化通孔数为目标，且进一步尝试减少层分配方案的时延问题。文献[21]的工作将文献[18]所提出的算法进行了拓展，同时考虑时延和拥挤度问题，提出一种时延驱动的动态规划算法用以处理多层布线线网的层分配问题。为了准确评估时延，文献[22]和文献[23]提出的算法进一步考虑通孔的时延。文献[24]的方法进一步考虑电容耦合对时延的影响，提出了一个基于协商机制的时延驱动层分配算法。这些考虑时延优化的工作均未考虑通孔的大小问题，都假设通孔是不占据布线资源从而不会影响金属线的布线，这将严重影响最后总体布线结果对详细布线指导的准确性。

现有关于层分配问题的研究工作或是未考虑时延问题，或是未考虑到通孔的大小问题，与实际芯片设计需求相差较远。构建新颖的相关布线模型时需要着重考虑通孔大小的存在，同时着重考虑时延优化这一关键性能指标。因此，有必要研究更高效的层分配算法。

1.2.2 详细布线

从总体布线结果中可得到一个布线导向，详细布线则是在尽量遵守该导向的前提下寻找每个布线片段的具体轨道位置，并绕开拥挤区域，同时尽可能满足一些基础的布线设计规则。图 1.5 是详细布线问题，如图 1.5(a)所示，A、B、C、D 的详细布线路径要尽可能在总体布线导向的灰色区域，如图 1.5(b)所示的详细布线方案是经过黑色矩形的布线拥挤区域，违反了布线设计规则，因此需要通过迂回绕线后，产生如图 1.5(c)和图 1.5(d)所示的两种详细布线方案。但是图 1.5(c)违反原来总体布线方案导向的程度相对图 1.5(d)严重，因此，最后选择的布线方案是如图 1.5(d)所示的方案。

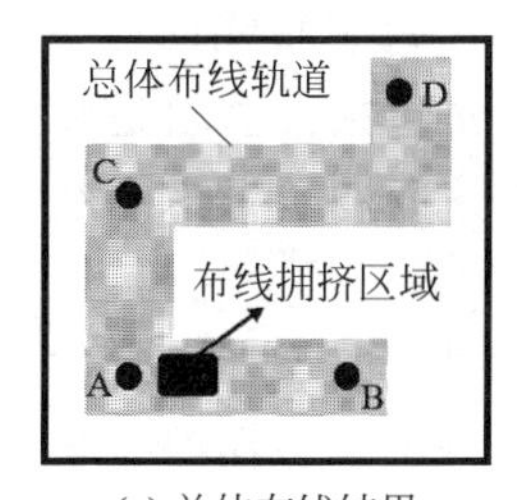

(a) 总体布线结果

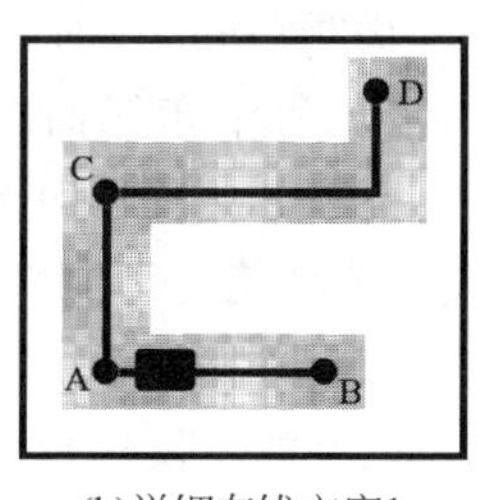

(b)详细布线方案1

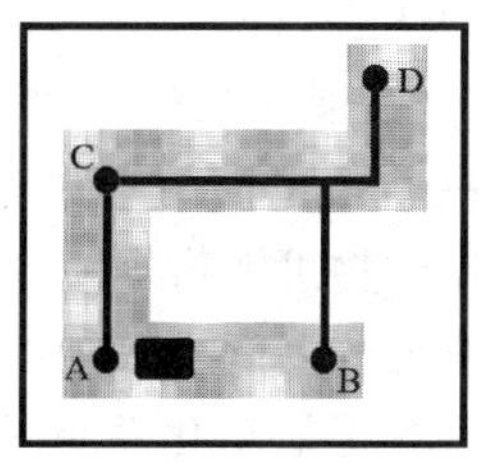

(c) 详细布线方案2

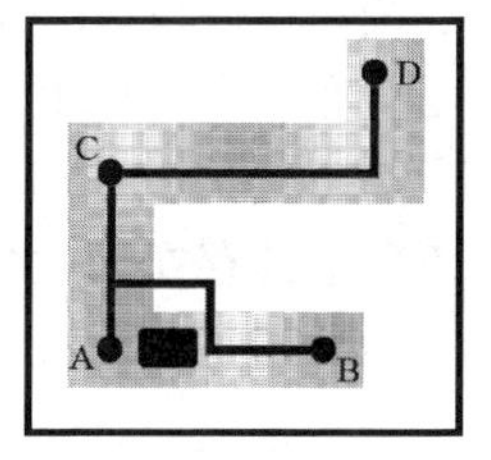

(d) 详细布线方案3

图 1.5 详细布线问题

详细布线是 VLSI 物理设计中非常重要的一环，因而学者们提出了很多有效的算法，主要可分为串行算法和并行算法。大多数的工作是基于串行方式，对于基于网格详细布线模型，详细布线算法在给定布线网格中找到一个合法的布线路径。李氏算法是最广泛用于寻找两端线网的最短路径的详细布线算法，但其存在搜索空间大和时间复杂度高的问题。为了加速李氏算法的速度，文献[27]提出了 A^* 算法。该算法选择最小代价的顶点并进行扩散，相对于李氏算法更为灵活。近年来，文献[28]提出一个结合总体布线方法和详细布线方法的布线器，从而获得包含总体布线和详细布线的完整布线结果。文献[29]提出了一种基于两种有效数据结构的详细布线器，包含了快速网格和形状网格两种数据结构。文献[30]在标准的最短路径算法未能寻找出合理的布线方案时，提出了一种多标签的最短路径算法，用于计算一些不违反设计规则的路径。

为了弥补线网顺序对布线结果的影响，串行布线通常采用拆线重布的方式进一步精炼布线结果，可快速获得质量较好的布线方案。然而上述启发式方法可能会产生一些无效解，而在实际布线问题中由于不断增加的问题规模和复杂的设计规则，可布线性问题变得越来越困难。为了降低布线结果对线网顺序的依赖性，文献[31]和文献[32]设计了一种基于多商品流模型的并行详细布线算法，同时对多个线网进行布线。但是这类算法并未考虑到时延优化问题且时间复杂度高。

现有关于详细布线的研究工作，或是对线网顺序的依赖性高，或是采取并行策略存在时间复杂度高且未考虑到时延优化问题，在解决性能驱动布线问题方面还有很大的进步空间。

1.2.3 轨道分配

为了加快详细布线的速度，同时加强总体布线结果对详细布线过程指导的准确性，通常在总体布线和详细布线之间增加轨道分配的步骤。总体布线的结果是得到一组直线段以表示各个线网的大体走向。在轨道分配过程中，一条线段如果与其他线段或是障碍物出现重叠情况，则该电路出现短路情况，将其视为违反约束。轨道分配问题描述如下。

现有线网的集合 N，其中每个线网包含一个引脚集合和一些属于同一层上的连续布线线段(Iroute)集合，P 表示所有布线面板(Panel)的集合，每个布线面板 p 是由布线金属层上的一行或一列的 GRC 组成。每个布线面板 p 包括一些轨道集合 $T(p)$和一些在这些轨道上面的布线线段集合 $I(p)$。其中，该问题也考虑布线障碍物的存在，布线障碍物可能占据一个或多个轨道。

对于每个面板，轨道分配问题是把在 $I(p)$中的每个布线线段分配到 $T(p)$的每个轨道上面，优化目标是最小化总重叠代价和总线长代价。图 1.6 是在一个包含 3 个轨道的面板上进行轨道分配的结果，其中包含 9 条布线线段和 1 个障碍物。

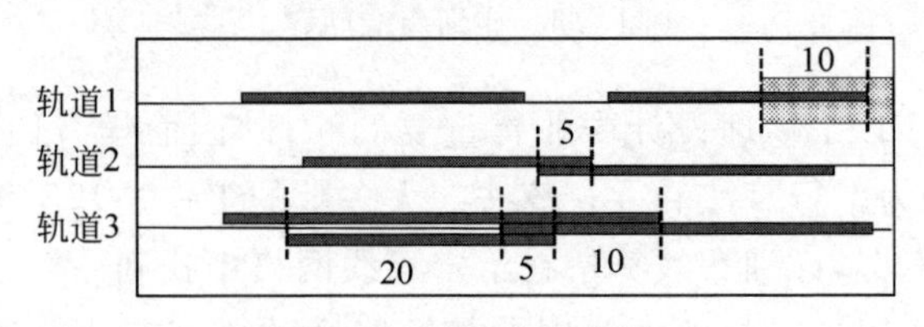

图 1.6 轨道分配问题

目前大多数的轨道分配工作是在不出现违反短路约束的情况下，使分配线段数目最大化，得到一个初始布线方案提供给详细布线。因此，部分线段可能会出现未分配的情况，从而产生电路开路的情况，而电路开路是详细布线规则中最为严重的违反约束情况，因此这些轨道分配工作严重违反了详细布线的设计规则。同时，这些工作未考虑局部线网的轨道分配问题。这里的局部线网是指在总体布线中整个线网都处于同一 GRC 中，而在总体布线图中将其映射成为单独的一个点，未考虑这些局部线网的布线问题，进一步加剧了总体布线结果和详细布线之间的不匹配程度。因此，文献[33]提出了一种基于协商机制的轨道分配算法，同时考虑局部线网的轨道分配问题和电路开路问题。该算法将所有线段都分配到轨道中，尽可能减少违反重叠约束的情况，即电路短路情况尽可能少，但并未考虑到通孔位置。为此，文献[37]提出了一种考虑到局部拥挤和通孔位置的方法，该方法所得到的轨道分配结果可更为准确地为详细布线进行导向。但是文献[37]提出的重叠评估模型不准确，且未考虑到时延，同时其算法是对线网逐一进行轨道分配，时间复杂度高且不易平行化。

现有关于轨道分配问题的研究工作或是未考虑局部线网的轨道分配，或是未考虑到通孔的位置，或是未考虑时延问题，将进一步加剧总体布线和详细布线的不匹配程度。因此，需着重考虑通孔的位置和时延优化，并避免出现电路开路。同时还需要进一步减少总重叠代价、总线长和时延，构造有效的、高质量的、容易平行化的轨道分配算法，从而有效提高总体布线方案对详细布线的指导作用。

1.3 布线树及布线算法研究现状

布线树的构造以及总体布线算法的设计作为总体布线的两个研究重点，对总体布线优化具有举足轻重的作用，在如今电子设计自动化面临的挑战越发复杂的情况下，有必要加强对其的关注与研究。

1.3.1 布线树的构造算法

最早用于解决总体布线图上的最短路径问题的是 1959 年出现的 Dijkstra 算法，该算法的时间复杂度为 $O(n^2)$。由于集成电路的版图是网格结构，相邻网格点的权重是 1，故针对寻找两点之间的最短路径先后提出了一些专用方法。文献[26]提出了一个两端线网的布线算法，后面发展成迷宫算法。迷宫系列算法的思想可描述为对波传播过程的模拟，由于算法向四周同时扩展搜索，搜索消耗的时间和空间都因此增加，在多端线网中缺乏寻找最优解的能力，不适用于超大规模的问题。

多端点线网的总体布线可定义成寻找 Steiner 树问题，精确算法、传统启发式算法、计算智能方法都可用于求解 Steiner 树。其中，精确算法包括动态规划技术、拉格朗日松弛法、分支界限法等。虽然从理论上能够得到问题的精确解，但是问题规模越大，精确算法越难求解问题。继而研究工作开始转向启发式策略，大部分基于寻找最小生成树，比如文献[39]的算法基于最小生成树思想求解直角结构

Steiner 树，时间复杂度为 $O(n^2)$。然而，随着集成电路的规模越来越大，作为一个NP 难问题，求解最小矩形 Steiner 树问题复杂度呈指数增长。因此，遗传算法、蚁群算法、鱼群算法、粒子群优化算法等计算智能方法在求解 Steiner 问题中展示出了广阔的应用前景。文献[40]提出在最小生成树的基础上，采用遗传算法选择 Steiner 点构造直角结构 Steiner 最小树，并且算法的性能不会随着节点数增加而恶化；文献[41]采用蚁群算法，先在 Hanan 网格上构造最小直角结构 Steiner 树，而后避开 Hanan 网格的约束，加快蚁群的移动速度，提高算法的性能；文献[42]采用鱼群算法直接用于 Steiner 最小树的构造；文献[43]利用改进的离散 PSO 构造最小直角结构 Steiner 树，采取新的编码和更新算子。

近年来，随着计算能力的增强，加之高性能电路的设计需要，版图设计技术也将随之改进。出于增强电路的性能的目的，研究人员提出新型互连结构，即非曼哈顿互连结构，非曼哈顿结构 Steiner 树则应运而生。文献[44]提出了关于在 X 互连结构下的布线树和布线算法的一些挑战和机遇，同时给出该结构下良好的展望，并指出在非曼哈顿互连结构下，Steiner 最小树问题仍是最为关键的问题之一。关于非曼哈顿结构 Steiner 树的研究算法包括精确算法和传统的启发式算法。文献[45]提出了基于分支界限法构造一棵 Y 结构 Steiner 树，但只适用于小规模问题。文献[46]使用的精确算法计算对比了 X 结构与直角结构 Steiner 树线长，证明了 X 结构的线长优化有效性。但是一般而言精确算法的时间复杂度较高，所以人们开始探索启发式策略在构造非曼哈顿结构 Steiner 树中的应用。文献[47]给出了一个时间复杂度为 $O(|V|+|E|)$的算法构造非曼哈顿结构的 Steiner 树，但只局限于构造同构的非曼哈顿结构 Steiner 树。文献[48]给出了一个时间复杂度为 $O(n^3\log n)$的启发式算法求解 Y 结构 Steiner 树，该算法基于贪心思想。文献[49]提出了两种 X 形生成图非曼哈顿结构 Steiner 树算法：第一个算法是采用边替换技术，最坏运行时间是 $O(n\log n)$。另外一个算法是采用三角收缩技术，在稍微增加时间代价的基础上取得相对较好的结果，二者同样基于贪心思想。

然而，精确算法受其复杂度限制不适用于求解非曼哈顿结构 Steiner 树这类 NP 难问题，而贪心策略致使传统启发式算法极易过早收敛。据所查找的资料文献中，目前将计算智能方法应用到求解该 NP 难问题的研究工作还较少。

1.3.2 总体布线算法

为了实现总体布线更高的灵活度，减少优化目标以及约束条件的限制，总体布线的研究主要集中在以下 4 方面。

1. 进一步减少拥塞度和溢出数的优化算法

VLSI 电路的可布线性通常取决于总体布线阶段的拥塞度分析，进一步优化拥塞度和溢出数在物理设计自动化设计中变得越来越关键。文献[50]首次提出真正意义上的单层布线算法，其基于密度算法并利用线网的拥塞度、长度、关键性等决定线网布线的顺序，一次布通一个线网，避开拥塞区域。拥塞度的最小化问题即便是在两端线网布线问题中也是一个 NP 难问题。文献[51]提出基于新的拆线重布技术的总体布线器，以最小化拥塞度和溢出数为优化目标，引入了预测拥塞度代价增加函数等新技术，快速减少溢出数。而文献[52]提出的拆线重布策略则是在拆线阶段拆除经过拥塞区域的线网，再构造拥塞度驱动的 Steiner 树布通这些线网，在重布线阶段首次提出了基于拥塞度分析和网络编码拓扑的有效重布线算法。除了可布线性的研究外，性能驱动的总体布线技术也成了热点研究方向。

2. 性能驱动的总体布线算法

由于集成电路的制造工艺以及设计规模的不断发展，特征尺寸不断减少，连线的寄生效应不可忽略，互连线延迟成为决定电路性能的关键因素。同时，由于模块、互连线排列更加紧密以及电路工作频率更高，使得耦合效应明显，其带来的串扰成为一个突出的问题。因此，要优化芯片的性能，在布线过程中除了考虑线长优化目标以外，更需要考虑时延、串扰等典型性能优化目标。

时延驱动总体布线算法的目标在于对关键时延路径的优化，从而提高芯片性能。早期控制关键时延路径的基本策略可分为两种：基于线网的时延驱动策略和基于关键路径的时延驱动策略。其中，基于线网的策略对布线的中间结果要求较高，严重影响总体布线的其他优化目标；同时，该策略的时延分配具有盲目性，可能存在处于拥挤区域的线网不能重布线的情况。在基于关键路径的策略中，关键路径是静态的，不能准确反映电路的最新时延，且关键路径多，在线网重布线后检查时延约束耗费时间也就越多，影响到布线的速度。为此，文献[53]提出了一种基于关键网络新概念的时延驱动总体布线算法，能从全局的角度尽可能减少时延，且对中间布线解的时延约束不是很严格，优于前面的两种策略。同时文献[54]指出，缓冲器插入技术是最为有效的、减少连线时延的互连优化技术。该文提出了一个在精确时延模型下，对两端线网布线，并同时在一些给定的可行位置上考虑插入缓冲器以优化时延的算法。该算法可以有效优化时延，并对时延优化和缓冲器数目优化进行了很好的权衡，减少了面积和功耗的浪费。但该文并未明确涉及可布线性问题，而文献[55]提出了同时考虑时延优化和可布线性问题的总体布线算法，将时延代价和拥塞度代价融合在一个统一的目标函数中，并把时钟周期作为拥塞度的一个松弛量，建立了整数规划模型，并用多商品流解决初始布线问题。此外，该文还指出耦合效应和由其产生的串扰问题是超大规模集成电路和片上系统布线的新挑战，有必要进一步研究关于这些方面的布线策略以保持信号完整性。

布线中对于串扰的研究相对于时延起步晚。文献[56]定义了串扰约束的总体布线问题，其中许多子问题被证明是 NP 难问题，故提出了两阶段的启发式方法来控制串扰。首先构造一个最小化串扰的 Steiner 树再对违背串扰约束的线网利用拉格朗日松弛法进行重布线。该文的串扰风险模型是由文献[57]给定的。为了更准确地评估串扰风险模型，文献[58]将总体布线扩展到层分配和轨道分配阶段。

从大量关于减少串扰的布线研究工作中，文献[59]得出结论，即处理串扰的最有效的时期既不是在总体布线主阶段，也不是在详细布线阶段。该文指出了在总体布线的后处理步骤，比如层分配、轨道分配等，这些步骤是处理串扰问题的有效时期。该文考虑到耦合效应，引入了线网敏感度描述两个线网之间的串扰风险，在中间资源调度阶段避免 RLC 串扰，同时考虑到拥塞度和通孔等目标的优化。文献[60]的方法也在中间资源调度阶段通过线网顺序的调度和变线宽进行串扰优化，同时优化时延。

3. 基于整数线性规划的总体布线算法

总体布线问题有两个首要难题：一是无法预见布线通道的拥挤情况，二是对于线网顺序的依赖。目前部分研究工作开始考虑到这两个问题，构建整数线性规划模型，并利用线性规划法或流算法对该模型求解。文献[61]设计了线性规划法，根据所有可能的布线树及其代价以及相关的线性方程组，找到最优解决方案。这种方法布线复杂度高，需寻找可行的简化模型。在文献[61]工作的基础上，文献[62]继而提出了整数线性规划模型，并在拥塞度约束的条件下优化线长。文献[63]提出同时优化线长、通道拥塞度、通孔数等目标的整数线性规划模型，并引入了线性松弛法简化计算的复杂度。文献[64]的方法在保证解质量的基础上，采用产生冗余树、剪枝等预处理技术进一步减少问题的计算规模。与前面采用线性规划法的方法不同的是，文献[65]采用多商品流算法以解决总体布线问题的线性规划模型。以上求解整数规划模型的线性规划法和流方法，克服了串行算法中对线网布线顺序的依赖性，且在人们不断的研究中，引入线性松弛法简化了计算的复杂度，并不断拓展优化目标，显示出了该模型良好的可拓展能力和灵活性。虽然整数线性规划在总体布线算法中取得很好的应用，并具有一定的优势，然而现有研究成果只停留在曼哈顿结构下总体布线的应用，且尚未涉及总体布线电学性能目标的优化。

4. 非曼哈顿结构下的总体布线算法

由于集成电路集成度的日益提高，制造工艺的逐步精进，VLSI 布线工作中的传统曼哈顿互连结构也在发生变化。非曼哈顿互连结构下的总体布线算法成为物理设计中研究的热门之一。非曼哈顿互连结构的研究主要集中在 X 结构布线和 Y 结构布线，特别是目前的工业制造工艺可以支持 X 结构布线，为此关于非曼哈顿结构总体布线算法引起了极大关注并取得了一定的研究成果。文献[66]的工作阐述了可供选择的 VLSI 布线互连结构，首次采用启发式的非曼哈顿结构树构造方法，实现了基于网格的互连布线优化算法。同时还注意到基于非曼哈顿结构布线会带来通孔数的增加，但是其线长减少带来的增益超过通孔数增加的代价。与文献[66]的算法采用启发策略直接构造非曼哈顿结构 Steiner 树不同的是，文献[67]的算法是借鉴已经在曼哈顿结构下取得成功的布线工具和方法并将之应用于非曼哈顿布线中，综合两次曼哈顿结构树的构造方法得到所需的非曼哈顿结构树。在此基础上实现的非曼哈顿结构总体布线取得了一定的线长减少量和其他性能的优化，但算法的复杂度加剧。为进一步简化布线复杂度，文献[15]提出了V形多级布线框架，克服了传统Λ形多级框架的局限性，并采用自顶向下的细化阶段再自底向上的粗化阶段。然而自顶向下的细化阶段无法了解底层布线的局部拥挤情况，难以做出准确的上层决策。

综上所述，对于超大规模集成电路总体布线问题，非曼哈顿互连结构展示出其特有的优势，目前已经取得了一些研究成果，但还有一些重要问题有待进一步研究。

(1) 非曼哈顿结构Steiner树的构造算法主要采用传统的基于贪心策略的启发式算法，已经很难求解规模呈指数增长的问题，尚缺少一种解决该NP难问题的有效方法。

(2) 整数线性规划思想在曼哈顿结构下总体布线算法中的应用具有一定的优势，能有效解决线网必须排序的问题，但未用于非曼哈顿结构下总体布线问题的求解，随着电路规模的增大，求解非曼哈顿结构下整数线性规划问题更加复杂，需要寻找更为直接有效的求解算法。

(3) 作为总体布线的后处理阶段，层分配算法能够很好地平衡布线灵活性和版图信息准确性，但大部分非曼哈顿层分配算法采用基于贪心策略的启发式方法，易陷入局部极值，并存在层对选择困难、计算复杂度高等问题。

IC的规模和工艺发展使问题空间维数剧增，且由于非曼哈顿结构的引入，传统的优化算法不仅面临计算量爆炸的问题且难以接近全局最优解，这也导致了人们开始寻求各种启发式算法。粒子群优化(Particle Swarm Optimization，PSO)算法作为一种新兴的基于群智能的随机优化算法，具备了其他进化算法所无法相比的简易性和更强的全局优化能力等优势，受到了广泛的关注，大量实验结果显示粒子群优化算法在众多优化工具中具有强大的竞争力。

1.4　研究展望

在现在的VLSI设计中，布线设计一直受到学术界的广泛关注。近年来众多研究者开始致力于布线设计的研究，并相继出现了一系列具有针对性的布线算法。从近年来对布线算法的研究情况，尤其是非曼哈顿结构下VLSI布线设计情况来看，已有的研究成果相对比较分散，且性能还有待进一步优化，以下几个方面值得进一步研究探讨。

1.4.1　通孔柱工艺下的VLSI性能驱动层布线问题

纳米级互补金属氧化物半导体(Complementary Metal-Oxide-Semiconductor，CMOS)受制程技术的发展影响，其电路的电晶体密度剧烈增加，电路的时延问题凸显，从而导致时序收敛困难，最终严重影响芯片的性能和产量。在当前制造工艺下，互连线延迟是决定电路性能的关键因素。而互连线延迟主要是在布线阶段进行有效优化。因此，更需要考虑时延等性能优化目标以提高芯片性能。

目前，大部分布线算法都是通过优化 Steiner 树的拓扑、变换线宽、插入缓冲器等方法对线长、时延进行优化，达到优化芯片性能的目的。随着制程技术的发展，金属线和通孔的电阻呈指数增长，给传统布线相关算法带来更严格的约束，导致现有方法在求解过程中容易产生过高的时延问题，加剧了时序收敛的困难性，从而严重影响了芯片的性能。为此，美国 Synopsys 公司和台积电在 2017 年联合推出通孔柱这一关键工艺，作为 7nm 及其以下设计中一项代表性技术。通孔柱工艺的提出，是从影响时延问题的高电阻这一根本问题入手，可有效减少金属线和通孔的电阻，从而提高时延的优化能力，实现芯片整体性能的优化。通孔柱工艺的提出给 VLSI 电路物理设计带来新的机遇和挑战，引起整个布图领域问题和算法的更新，既对通孔柱技术下物理设计过程包括布图规划与布局、布线、参数提取等方面提出新的要求，也对 EDA 设计工具的研究提出了巨大挑战，其中，与布线的联系最为紧密。

在通孔柱工艺引入后，传统布线阶段的多个问题，包括层分配、轨道分配、详细布线等问题模型都需要进行更新，需构造通孔柱工艺下新的问题模型，继而设计相应的有效算法。通孔柱工艺下的相关问题变得更为复杂，需要着重考虑通孔位置、通孔大小问题以及时延优化问题。

1.4.2 多动态电压芯片设计环境下的 VLSI 总体布线问题

纳米级的 CMOS 电路的电晶体密度的剧烈增加，也造成电路中功率消耗的密度增加。据研究显示，微处理器上的功率密度每隔 3 年以两倍的速度增长，如此高密度的功率消耗会导致晶片的温度过热，使电路的可靠度降低，因此功率消耗的问题不得不被重视。

芯片的器件密度的增加，使功耗也随之加剧，高功耗缩短了手持设备的电池寿命，同时造成散热和可靠性问题。因此，低功耗设计是 VLSI 物理设计的新趋势。然而，目前大多数总体布线算法都是基于传统电压供应模式，造成过多不必要的功率消耗。这是由于基于传统电压供应模式使得芯片的所有功能部件均工作在同一高电压模式下，而一些本可工作在较低电压模式的其他设备也同样工作在高电压下，增加了芯片的功率消耗，从而减少电池寿命。故基于传统电压供应模式的优化策略在进行功耗优化时，其优化能力受限。因此，有必要从根本入手改变这种电压供应模型，故业界芯片公司及研究人员提出了多电压设计模式，可通过复杂的控制策略来控制不同功能部件的电压从而有效地降低功耗，所以多电压设计被广泛用于高端应用或低功耗应用。近年来，相对于多电压（Multiple Supply Voltage，MSV）设计而言，多动态电压（Multiple Dynamic Supply Voltage，MDSV）技术可进一步减少功耗。在 MDSV 设计中，每个电源定域的电压可根据相应的电源模式进行动态的改变。在一些电源模式中，比如等待模式和睡眠模式，一些电源定域甚至可以设置为完全关闭状态以节约电能。MDSV 的提出给 VLSI 电路物理设计带来新的机遇和挑战，引起整个布图领域算法的更新，既对以 MDSV 作为电压供应模型的物理设计过程包括布图规划与布局、布线、参数提取等方面提出新的要求，也对 EDA 设计工具的研究提出了巨大挑战。

1.5 本章总结

本章介绍了超大规模集成电路的基本知识与主要概念，对芯片设计相关布线工作进行了研究与分析，重点引出了非曼哈顿结构下的布线算法的设计，在此基础上，展望了未来非曼哈顿布线问题的研究方向与技术发展重点。

参考文献

[1] 洪先龙，严晓浪，乔长阁. 超大规模集成电路布图理论与算法[M]. 北京：科学出版社，1998.

[2] 吴雄. 国际集成电路产业发展现状与前景[J]. 电子与自动化，1996，(6)：3-8.

[3] 徐宁，洪先龙. 超大规模集成电路物理设计理论与方法[M]. 北京：清华大学出版社，2009.

[4] Gao J R，Wu P C，Wang T C. A new global router for modern designs[C]//Proceedings of the 2008 Asia and South Pacific Design Automation Conference. Los Alamitos，CA，USA：IEEE Press，2008，232-237.

[5] Zhang Y，Xu Y，Chu C. Fastroute 3.0：A fast and high quality global router based on virtual capacity[C]//Proceedings of the 2008 IEEE/ACM International Conference on Computer-Aided Design. Piscataway，NJ，USA：IEEE Press，2008，344-349.

[6] Moffitt M D. Maizerouter：Engineering an effective global router[J]. *IEEE Transactions on Computer-Aided Design of Integrated Circuits and Systems*，2008，27(11)：2017-2026.

[7] Cho M，Lu K，Yuan K，et al. Boxrouter 2.0：A hybrid and robust global router with layer assignment for routability[J]. *ACM Transactions on Design Automation of Electronic Systems*，2009，14(2)：1-21.

[8] Hsh P Y，Chen H T，Hwang T T. Stacking signal TSV for thermal dissipation in global routing for 3D IC[C]//Proceeding of the 18th Asia and South Pacific Design Automation Conference. Yokohama，Japan：IEEE Press，2013，699-704.

[9] Liu W H，Wei Y G，Sze C，et al. Routing congestion estimation with real design constraints [C]//Proceedings of the 50th Annual Design Automation Conference. New York，NY，USA：ACM Press，2013，Article No. 92.

[10] Xu Y，Zhang Y，Chu C. Fastroute 4.0：Global router with efficient via minimization[C]// Proceedings of the 2009 Asia and South Pacific Design Automation Conference. Piscataway，NJ，USA：IEEE Press，2009，576-581.

[11] Dai K R, Liu W H, Li Y L. Efficient simulated evolution based rerouting and congestion-relaxed layer assignment on 3-D global routing[C]//Proceedings of the 2009 Asia and South Pacific Design Automation Conference. Piscataway, NJ, USA: IEEE Press, 2009, 570-575.

[12] Chang Y J, Lee Y T, Gao J R, et al. NTHU-Route 2. 0: A robust global router for modern designs [J]. *IEEE Transactions on Computer-Aided Design of Integrated Circuits and Systems*, 2010, 29(12): 1931-1944.

[13] Dai K R, Liu W H, Li Y L. NCTU-GR: Efficient simulated evolution-based rerouting and congestion-relaxed layer assignment on 3-D global routing[J]. *IEEE Transactions on Very Large Scale Integration Systems*, 2012, 20(3): 459-472.

[14] Cong J, He L, Koh C K, et al. Performance optimization of VLSI interconnect layout[J]. *Integration, the VLSI Journal*, 1996, 21(1-2): 1-94.

[15] Chang C F, Chang Y W. X-Route: An X-architecture full-chip multilevel router [C]// Proceedings of the 2007 IEEE International SoC Conference. Hsin Chu, Taiwan: IEEE Press, 2007, 229-232.

[16] Wu T H, Davoodi A, Linderoth J T. GRIP: Global Routing via Integer Programming[J]. *IEEE Transactions on Computer-Aided Design of Integrated Circuits and Systems*, 2011, 30(1): 72-84.

[17] Lee T H, Wang T C. Congestion-constrained layer assignment for via minimization in global routing[J]. *IEEE Transactions on Computer-Aided Design of Integrated Circuits and Systems*, 2008, 27(9): 1643-1656.

[18] Liu W H, Li Y L. Negotiation-based layer assignment for via count and via overflow minimization[C]//Proceedings of Asia and South Pacific Design Automation Conference (ASP-DAC), 2011, 539-544.

[19] Shi D, Tashjian E, Davoodi A. Dynamic planning of local congestion from varying-size vias for global routing layer assignment[J]. *IEEE Transactions on Computer-Aided Design of Integrated Circuits and Systems*, 2017, 36(8): 1301-1312.

[20] Shi D, Tashjian E, Davoodi A. Dynamic planning of local congestion from varying-size vias for global routing layer assignment[C]//Proceedings of Asia and South Pacific Design Automation Conference (ASP-DAC), 2016, 372-377.

[21] Ao J, Dong S, Chen S, et al. Delay-driven layer assignment in global routing under multi-tier interconnect structure[C]//Proceedings of International Symposium on Physical Design (ISPD), 2013, 101-107.

[22] Yu B, Liu D, Chowdhury S, et al. TILA: Timing driven incremental layer assignment [C]//IEEE/ACM International Conference on Computer-Aided Design (ICCAD), 2015, 110-117.

[23] Liu D, Yu B, Chowdhury S, et al. TILA-S: Timing-driven incremental layer assignment avoiding slew violations [J]. *IEEE Transactions on Computer-Aided Design of Integrated Circuits and Systems*, 2018, 37(1): 231-244.

[24] Han S Y, Liu W H, Ewetz R, et al. Delay-driven layer assignment for advanced technology nodes [C]//Proceedings of Asia and South Pacific Design Automation Conference (ASP-DAC), 2017, 456-462.

[25] ISPD 2018 Contest on Initial Detailed Routing[Online]. Available: http://www.ispd.cc/contests/18/index.htm.

[26] Lee C Y. An algorithm for path connections and its applications[J]. *IRE Transactions on Electronic Computers*, 1961, 3: 346-365.

[27] Hart P E, Nilsson N J, Raphael B. A formal basis for the heuristic determination of minimum cost paths[J]. *IEEE transactions on Systems Science and Cybernetics*, 1968, 4(2): 100-107.

[28] Zhang Y, Chu C. GDRouter: Interleaved global routing and detailed routing for ultimate routability[C]//ACM/EDAC/IEEE Design Automation Conference (DAC), 2012, 597-602.

[29] Gester M, Muller D, Nieberg T, et al. Algorithms and data structures for fast and good vlsi routing[C]//ACM/EDAC/IEEE Design Automation Conference (DAC), 2012, 459-464.

[30] Ahrens M, Gester M, Klewinghaus N, et al. Detailed routing algorithms for advanced technology nodes[J]. *IEEE Transactions on Computer-Aided Design of Integrated Circuits and Systems*, 2015, 34(4): 563-576.

[31] Jia X, Cai Y, Zhou Q, et al. MCFRoute: a detailed router based on multi-commodity flow method[C]//IEEE/ACM International Conference on Computer-Aided Design (ICCAD), 2014, 397-404.

[32] Jia X, Cai Y, Zhou Q, et al. A multicommodity flow-based detailed router with efficient acceleration techniques[J]. *IEEE Transactions on Computer-Aided Design of Integrated Circuits and Systems*, 2018, 37(1): 217-230.

[33] Wong M, Liu W H, Wang T C. Negotiation-based track assignment considering local nets[C]//Proceedings of the 21st Asia and South Pacific Design Automation Conference (ASP-DAC), 2016, 378-383.

[34] Gao X, Macchiarulo L. Track routing optimizing timing and yield[C]//Proceedings of Asia and South Pacific Design Automation Conference (ASP-DAC), 2011, 627-632.

[35] Lee Y W, Lin Y H, Li Y L. Minimizing critical area on gridless wire ordering, sizing and spacing[J]. *Journal of Information Science and Engineering*, 2017, 30(1): 157-177.

[36] Lai B T, Li T H, Chen T C. Native-conflict-avoiding track routing for double pattering technology[C]//IEEE International SOC Conference (SOCC), 2012, 381-386.

[37] Shi D, Davoodi A. TraPL: Track planning of local congestion for global routing[C]//ACM/EDAC/IEEE Design Automation Conference (DAC), 2017, 1-6.

[38] Dijkstra E W. A note on two problem in connection with graph[J]. *Numerische Mathmatik*, 1959, 1: 269-271.

[39] 马军，杨波，马绍汉. 近乎最佳的 Manhattan 型 Steiner 树近似算法[J]. 软件学报，2000，11(2): 260-264.

[40] Julstrom, B A. A scalable genetic algorithm for the rectilinear Steiner problem[C]//Proceedings of the 2002 Congress on Evolutionary Computation. CEC'02 (Cat. No. 02TH8600), 2002, pp. 1169-1173.

[41] Hu Y, Jing T, Feng Z, Hong X L, et al. ACO-Steiner: Ant colony optimization based rectilinear Steiner minimal tree algorithm[J]. *Journal of Computer Science and Technology*, 2006, 21(1): 147-152.

[42] Ma X, Liu Q. An artificial fish swarm algorithm for steiner tree problem [C]//IEEE International Conference on Fuzzy Systems(FUZZ-IEEE2009). Jeju, Island, 2009, 59-63.

[43] 刘栓, 曹斌. WSN 中基于 PSO 的多约束 Steiner 树优化算法[J]. 测控技术, 2016, 035 (009): 145-148.

[44] Teig S. The X architecture: not your father's diagonal wiring[C]//ACM International Workshop on System-Level Interconnect Prediction (SLIP02). San Diego, USA, 2002, 33-37.

[45] Thurber A, Xue G. Computing hexagonal steiner trees using PCx for VLSI[C]//The 6th IEEE International Conference on Electronic, Circuits & System(ICECS99). Pafos, Spain, 1999, 381-384.

[46] Shang S P, Jing T. Steiner minimal trees in rectilinear and octilinear planes [J]. *Acta Mathematica Sinica, English Series*, 2007, 23(9): 1577-1586.

[47] Chiang C, Chiang C S. Octilinear Steiner tree construction[C]//The 2002 45th Midwest Symposium on Circuits and Systems(MWSCAS2002). 2002, 1: 603-606.

[48] Samanta T, Ghosal P, Rahaman H, et al. A heuristic method for constructing hexagonal Steiner minimal trees for routing in VLSI [C]//Proceedings. 2006 IEEE International Symposium on Circuits and Systems(ISCAS2006). Islang of Kos, Korea, 2006. 1788-1791.

[49] Zhu Q, Zhou H, Jing T, et al. Spanning Graph-based nonrectilinear Steiner tree allgorithms [J]. *IEEE Transactions on CAD/ICAS*, 2005, 24(7): 1066-1075.

[50] Sarrafzadeh M, Feng L K, Wong C K. Single-layer global routing[J]. *IEEE Transactions on Computer-Aided Design of Integrated Circuits and Systems*, 1994, 13(1): 38-47.

[51] Chen H Y, Hsu C H, Chang Y W. High-performance global routing with fast overflow reduction[C]//Asia and South Pacific Design Automation Conference(ASP-DAC2009). Yokohama, Japan, 2009, 582-587.

[52] Chaudhry M A R, Asad Z, Sprintson A, et al. Efficient rerouting algorithms for congestion mitigation[C]//2009 IEEE Computer Society Annual Symposium on VLSI(ISVLSI09). Tampa, USA, 2009, 43-48.

[53] Jing T, Hong X L, Bao H Y, et al. A novel and efficient timing-driven global router for standard cell layout design based on critical network concept[C]//2002 IEEE International Symposium on Circuits and Systems. Proceedings (Cat. No. 02CH37353). IEEE, 2002, 1: I-I.

[54] 张铁谦, 洪先龙, 蔡懿慈. 基于精确时延模型考虑缓冲器插入的互连线优化算法[J]. 电子学报, 2005, 33(5): 783-787.

[55] Jing T, Hong X L, Xu J Y, et al. UTACO: A unified timing and congestion optimization algorithm for standard cell global routing[J]. *IEEE Transactions on Computer-Aided Design of Integrated Circuits and Systems*, 2004, 23(3): 358-365.

[56] Zhou H, Wong D F. Global routing with crosstalk constraints[J]. *IEEE Transactions on Computer-Aided Design of Integrated Circuits and Systems*, 1999, 18(11): 1683-1688.

[57] Xue T, Kuh E S, Wang D. Post global routing crosstalk risk estimation and reduction [C]//IEEE/ACM International Conference on Computer-Aided Design(ICCAD96). San Jose, USA, 1996, 302-309.

[58] Wu D, Hu J, Mahapatra R, et al. Layer assignment for crosstalk risk minimization[C]// Asia and South Pacific Design Automation Conference(ASP-DAC 2004). 2004, 159-162.

[59] Liu B, Cai Y C, Zhou Q, et al. Algorithm for post global routing RLC crosstalk avoidance

[C]//Proceedings 7th International Conference on Solid-State and Integrated Circuits Technology. 2004,3: 1948-1951.

[60] Tseng H P, Scheffer L, Sechen C. Timing-and crosstalk-driven area routing[J]. *IEEE Transactions on Computer-Aided Design of Integrated Circuits and Systems*, 2001, 20(4): 528-544.

[61] Vannelli A. An interior point method for solving the global routing problem[C]// Proceedings of the IEEE 1989 Custom Integrated Circuits Conference. San Diego, USA, 1989, 1-4.

[62] Sun H, Aretbi S. Global routing for VLSI standard cells[C]//Canadian Conference on Electrical and Computer Engineering. 2004, 1: 485-488.

[63] Behjat L, Vannelli A, Rosehart W. Integer linear programming models for global routing [J]. *INFORMS Journal on Computing*, 2006, 18(2): 137-150.

[64] Behjat L, Chiang A, Rakai L, et al. An effective congestion-based integer programming model for VLSI global routing[C]//Canadian Conference on Electrical and Computer Engineering(CCECE2008). Niagara Falls, USA, 2008, 931-936.

[65] Albrecht C. Global routing by new approximation algorithms for multicommodity flow [J]. *IEEE Transactions on Computer-Aided Design of Integrated Circuits and Systems*, 2001, 20(5): 622-632.

[66] Koh C K, Madden P H. Manhattan or non-manhattan? A study of alternative VLSI routing architectures[C]//Proceedings of the 10th Great Lakes symposium on VLSI. 2000, 47-52.

[67] Hursey E, Jayakumar N, Khatri S P. Non-manhattan routing using a manhattan router [C]//Proceedings 18th International Conference on VLSI Design. 2005, 445-450.

[68] Peng S J, Chen G L, Guo W Z. A discrete PSO for partitioning in VLSI circuit[C]// International Conference on Computational Intelligence and Software Engineering (CiSE2009), Wuhan China, 2009, 1-4.

[69] Peng S J, Chen G L, Guo W Z. A multi-objective algorithm based on discrete PSO for VLSI partitioning problem[C]//The 2nd International Conference on Quantitative Logic and Soft Computing (QL&SC 2010), China, 2010(10): 651-660.

[70] 郭文忠,陈国龙.一种求解多目标最小生成树问题的有效粒子群优化算法[J].模式识别与人工智能, 2009, 22(4): 597-604.

[71] Chen G L, Guo W Z, Chen Y Z. A PSO-based intelligent decision algorithm for VLSI floorplanning[J]. *Soft Computing*, 2010, 14(12): 1329-1337.

[72] Chen J Z, Chen G L, Guo W Z. A discrete PSO for multi-objective optimization in VLSI floorplanning[J]. *Lecure Notes in Computer Science*. Heidelberg: Springer, 2009, 5821: 400-410.

[73] 刘耿耿,王小溪,陈国龙,等.求解 VLSI 布线问题的离散粒子群优化算法[J].计算机科学, 2010, 37(10): 197-201.

[74] Lu L C. Physical Design Challenges and Innovations to Meet Power, Speed, and Area Scaling Trend[C]//Proceedings of the ACM on International Symposium on Physical Design (ISPD), 2017, 63-63.

第 2 章

电路布线问题中的群智能技术

2.1 引言

在超大规模集成电路(Very Large Scale Integration Circuit，VLSI)设计中，布线的目的是最小化互连线长和时延以优化整体芯片的性能。随着现代工艺的迅速发展，VLSI 布线面临着巨大的挑战，如时延大、拥塞度高、耗能高。作为一种新兴的优化方法，群智能(Swarm Intelligence，SI)源于群体智能行为，通过与环境的合作或交互为解决 NP 难问题提供具有高效性和鲁棒性的方法。因此，许多研究人员使用 SI 技术来解决 VLSI 中的布线相关问题。本章介绍了几种 SI 技术在 VLSI 布线领域中的应用。首先，介绍了 5 种常用的 SI 技术及其相关模型，以及 3 种经典的布线问题：Steiner 树构造、总体布线和详细布线。然后，根据上述分类对该领域的现状进行概述，并从 5 方面进行了有益的讨论：Steiner 最小树的构造；线长驱动布线；绕障布线；时延驱动布线；功耗驱动布线。最后，在 X 结构、多动态电压和通孔柱(Via Pillar)3 种新技术模型下，指出了未来的发展趋势：针对先进技术模型的具体布线问题提出适合的 SI 技术；探索尚未应用于 VLSI 布线的新的可用 SI 技术。本章涉及的专有名词符号见表 2.1。

表 2.1 中英文缩写对照表

英文缩写	英 文 全 称	中 文 名 称
ABC	Artificial Bee Colony	人工蜂群
ACO	Ant Colony Optimization	蚁群优化
BPSO	Binary Particle Swarm Optimization	二进制粒子群优化
CCPSO	Cooperatively Coevolving Particle Swarm Optimization	协同进化粒子群优化
CLPSO	Comprehensive Learning Particle Swarm Optimization	理解学习粒子群优化
CMOS	Complementary Metal-Oxide-Semiconductor	互补金属氧化物半导体
CPSO	Cooperative Particle Swarm Optimization	合作粒子群优化
DDE	Discrete Differential Evolution	离散差分进化

续表

英文缩写	英 文 全 称	中 文 名 称
DE	Differential Evolution	差分进化
DPSO	Discrete Particle Swarm Optimization	离散粒子群优化
EDA	Electronics Design Automation	电子设计自动化
FA	Firefly Algorithm	萤火虫算法
GA	Genetic Algorithm	遗传算法
GRC	Global Routing Cell	总体布线单元
GRG	Global Routing Graph	总体布线图
HST	Hexagonal Steiner Tree	Y 结构斯坦纳树
HTS	Hybrid Transformation Strategy	混合转换策略
IC	Integrated Circuit	集成电路
ISPD	International Symposium on Physical Design	国际物理设计研讨会
ILP	Integer Linear Programming	整数线性规划
MDSV	Multiple Dynamic Supply Voltage	多动态电压
MST	Minimal Spanning Tree	最小生成树
MSV	Multiple Supply Voltage	多电压
OAOSMT	Obstacle-Avoiding Octagonal Steiner Minimum Tree	绕障 X 结构斯坦纳最小树
OARSMT	Obstacle-Avoiding Rectilinear Steiner Minimum Tree	绕障直角结构斯坦纳最小树
OST	Octagonal Steiner Tree	X 结构斯坦纳树
OSMT	Octagonal Steiner Minimum Tree	X 结构斯坦纳最小树
PSO	Particle Swarm Optimization	粒子群优化
QPSO	Quantum Particle Swarm Optimization	量子粒子群优化
RST	Rectilinear Steiner Tree	直角结构斯坦纳树
RSMT	Rectilinear Steiner Minimum Tree	直角结构斯坦纳最小树
SI	Swarm Intelligence	群智能
SMT	Steiner Minimum Tree	斯坦纳最小树
SPSO	Standard Particle Swarm Optimization	标准粒子群优化
TSV	Through Silicon Vias	硅通孔
UFS	Union-Find Sets	并查集
VLSI	Very Large Scale Integration Circuit	超大规模集成电路

2.2 简介

超大规模集成电路是将数千个晶体管整合到一块芯片上形成集成电路(Integrated Circuit,IC)的过程。其中,物理设计是 IC 设计过程中最耗时的环节,也是目前 VLSI 计算机辅助设计技术中最重要和最活跃的研究领域之一。物理设计的过程包含划分、布图规划、布局和布线 4 个阶段。其中,布线在 VLSI 物理设计中起着关键作用,因为它决定了互连线的具体形状和布局,影响性能、功率和可制造性。传统上将布线分为总体布线和详细布线两个步骤。总体布线需要在满足所有容量约束的情况下连接所有线网,而详细布线则是在总体布线的基础上,允许少量违反容量(溢出)或不违反容量,在满足空间约束和更复杂的设计规则的前提下,实现布线区域内的线的分配。

随着集成电路的快速发展,呈现出如下特点:特征尺寸越来越小,芯片面积越来越大,电源电压越来越低,布线金属层的数量越来越多。传统的布线算法,即在独立的布局区域或开关盒中运行的算法通常是在只有小数量金属层的设定前提下进行布线的,难以适应有更多金属层的情况。逐渐地,在可能拥有不同的布局、资源和时延模型的6层或多层布线中同时可能有跨单元布线,使得在总体布线和详细布线中需要采用相似的图论技术。因此布线算法需要在线长最小化和拥塞度优化之间取得一个良好的平衡。一般来说,拥塞度通过考虑障碍物、通孔数量和电容等约束条件来实现优化。然而,随着工艺尺寸的不断减小和集成复杂度的不断增加,传统的布线算法已无法很好地完成这类多目标任务,布线算法的设计面临着全新的挑战。

群智能是一类重要的优化技术,它的灵感源于智能体间的简单行为和自组织交互,比如蚁群觅食、鸟群聚集、羊群效应、细菌生长、蜜蜂采蜜、鱼类群游等。每种SI算法都有其独特的优势。这些动物在解决问题时特定的行为对搜索最优解有不同的帮助,因此各种SI算法在不同问题中表现出的性能也有所差异。但这些SI算法有一个共同点,那就是每个算法都有几个智能体同时工作。群体间和个体本身的经验学习、信息共享或相互竞争可以使种群快速成长,提高搜索效率和寻优精度。由于SI算法具有快速的计算效率、可靠性、可扩展性、自组织性、持久性和低成本等优点,许多研究人员已经开始应用这些算法。近年来,SI技术被广泛应用于生产调度、工业制造、设备管理、运输调度等诸多实际问题中。

本章主要有以下4个目标:第一,介绍VLSI布线中的一些关键概念,如最小生成树(Minimum Spanning Tree,MST)、Steiner树以及总体布线和详细布线中的相关问题;第二,列举了一些SI技术在布线问题中的应用,分析并讨论这一热门领域的现状;第三,调查研究一些先进的新型工艺,并探讨适应这类工艺的布线模型和评价模型的构建问题;第四,确定未来的发展趋势和研究方向,以便更好地指导后续的研究工作。本章讨论了发表在相关期刊、会议和学位论文上的论文的贡献。

本章的其余部分如下:2.3节和2.4节分别介绍了SI技术和VLSI布线问题的核心定义和相关概念,以便与本章的其他研究相联系;2.5节重点阐述了所调查的布线问题(应用5种SI算法),以呈现当前领域的技术水平;2.6节提供了相关问题的讨论,包括基于X结构的多层布线、多动态电压下芯片设计中的总体布线以及通孔柱新工艺下的布线问题;2.7节阐明了每类问题的未来发展趋势和机会;2.8节将为本章做出结论。

2.3 群智能技术

非智能个体通过与环境的合作或交互表现出集体智能行为的系统称为群智能,具有自然分布和自组织的特征。SI 可以在没有集中控制并且不提供全局模型的前提下,表现出明显的优势。受自然界和生物学的启发,SI 技术通过自组织和分工这两个基本概念获得群体智能,被广泛应用于优化问题。许多启发式优化算法正是在模拟不同生物种群的行为的基础上发展而来的。

本节介绍了 VLSI 布线问题中 5 种常用的 SI 算法的基本原理和数学模型,这 5 种算法分别是蚁群优化(Ant Colony Optimization,ACO)算法、粒子群优化(Particle Swarm Optimization,PSO)算法、差分进化(Differential Evolution,DE)算法、人工蜂群(Artificial Bee Colony,ABC)算法和萤火虫算法(Firefly Algorithm,FA)。表 2.2 是对不同类型 SI 技术的概述。

表 2.2　不同类型 SI 技术的概述

SI 技术	提出者及时间	启发原理	参数数量	参　　数	计算复杂度
ACO	Dorigo (1992 年)	蚁群利用信息素作为化学通信来寻找食物	5	种群大小,M 迭代次数,t 信息素因子,α 启发式因子,β 挥发率,ρ	高
PSO	Kennedy 和 Eberhart (1995 年)	鸟群的社会行为	7	种群大小,M 迭代次数,t 惯性权重,ω 加速因子,c_1,c_2 均匀分布的随机数,r_1,r_2	低
DE	Storn 和 Price (1997 年)	生物种群的遗传进化	7	种群大小,NP 迭代次数,t 缩放因子,F 交叉概率,CR 在[1,NP]范围内随机生成的互斥整数,r_1,r_2,r_3	低
ABC	Karaboga (2005 年)	自然界蜜蜂的觅食行为	5	种群大小,NP 迭代次数,t 雇佣蜂的数量,SN 雇佣蜂转变为侦查蜂的阈值,l 定义的迭代次数,c	中

续表

SI 技术	提出者及时间	启发原理	参数数量	参　数	计算复杂度
FA	Yang (2008 年)	萤火虫的行为和它们的荧光	6	种群大小，M	高
				迭代次数，t	
				吸引度，β_0	
				随机化参数，α	
				吸收因子，γ	
				服从高斯分布或均匀分布的随机数，ε	

2.3.1 ACO 算法

1. ACO 算法的启发原理和基本概念

20 世纪 90 年代，人们提出了一种受自然启发的方法——蚁群优化算法，以求解各种组合优化问题。蚁群优化算法的灵感来源于自然界中蚂蚁的觅食行为。在寻找食物的过程中，蚂蚁最初会随机地探索巢穴附近的区域。如果一只蚂蚁找到食物源，那么它会对食物进行评估并将一些食物带回巢穴，沿途留下信息素以引导其他蚂蚁找到食物源。信息素的浓度可能取决于食物的数量和质量，且信息素会逐渐挥发。如果两只蚂蚁同时找到同一个食物，又采取不同路线返回巢穴，那么较复杂(较长)的路径上的信息素气味会更淡，则蚁群倾向于从另一条较简单(较短)的路径去觅食。如此，由蚁穴出发的蚂蚁选择路径的概率与各路径上信息素浓度成正比，且每只经过的蚂蚁都会在路上留下信息素来实现个体之间的通信，形成正反馈现象。蚁群的多样性和正反馈的特性使得蚁群优化算法同时具备创新能力和学习能力，具有研究的价值。

2. ACO 算法的数学表示

蚁群走过的所有路径即问题的解空间，一条路径代表一个可行解。ACO 从 m 个可行解分量集合 $C=\{c_{ij}\}$ 的解序列中构建解。首先，从一个空的部分解 $S^P=\varnothing$ 开始构建解。然后，在每一步中，通过从集合 $N(S^P)\in C\backslash S^P$ 中概率地选择一个可行解分量加入当前部分解以实现解的扩展，如式(2.1)所示。

$$p(c_{ij} \mid S^P)=\frac{\tau_{ij}^{\alpha}\cdot\eta(c_{ij})^{\beta}}{\sum\limits_{c_{il}\in N(S^P)}\tau_{il}^{\alpha}\cdot\eta(c_{il})^{\beta}},\quad \forall c_{ij}\in N(S^P) \tag{2.1}$$

其中，τ_{ij}^{α} 是与分量 c_{ij} 相关的信息素值；$\eta()$是权重函数，在每一步中为每个可行解分量 $c_{ij}\in N(S^P)$分配一个启发式值；α 和 β 是信息素信息与启发式信息的权重参数。

式(2.1)中的信息素通过以下信息素挥发过程增加良好的或有希望的信息素的值，减少较差的信息素的值。

$$\tau_{ij}=\begin{cases}(1-\rho)\tau_{ij}+\rho\Delta\tau, & \text{如果 } \tau_{ij}\in S_{ch}\\(1-\rho)\tau_{ij}, & \text{否则}\end{cases} \tag{2.2}$$

2.3.2 PSO 算法

1. PSO 算法的启发原理和基本概念

粒子群优化算法最早由 Kennedy 和 Eberhart 在 1995 年提出。其主要思想来源于对鸟群聚集行为的研究，利用鸟群受栖息地吸引的特征来指导人类的决策过程。在鸟群飞行的过程中，每一只鸟会利用两个重要信息：一是自身的经验，二是伙伴们的经验。用 PSO 模拟鸟群行为，一个候选解对应鸟群中的一只鸟，即“粒子”，所有的粒子对应着解空间中所有的可能候选解。粒子没有重量和体积，其适应度值由目标函数确定。粒子的速度决定了它的飞行方向和距离。粒子通过学习自身经验和种群中的最优粒子来完成对解空间的搜索。近年来，由于粒子群算法计算简单、易于实现、控制参数低，有诸多学者对其进行了相关研究。

2. PSO 算法的数学表示

在 PSO 中，粒子根据个体最优位置和全局最优位置来动态调整自身的位置。对于一个具有 D 维搜索空间的最小化问题，假设种群中有 M 个粒子，标准 PSO 算法的速度和位置更新公式如下：

$$V_{ij}^{t+1}=\omega\cdot V_{ij}^{t}+c_1\cdot r_1\cdot(P_{ij}^{t}-X_{ij}^{t})+c_2\cdot r_2\cdot(G_{j}^{t}-X_{ij}^{t}) \tag{2.3}$$

$$X_{ij}^{t+1}=V_{ij}^{t+1}+X_{ij}^{t} \tag{2.4}$$

其中，$1\leqslant i\leqslant M$，$1\leqslant j\leqslant D$。在式(2.3)中，ω 为惯性权值，用来平衡算法的探索和开发功能。c_1 和 c_2 为加速因子，分别调节粒子飞向个体最优位置和全局最优位置的步长。r_1 和 r_2 是相互独立的随机数，均匀分布在(0,1)区间内。P_{ij}^{t} 和 G_{ij}^{t} 分别代表粒子 i 的个体最优位置和种群的全局最优位置，满足如下公式：

$$P_{i}^{t}=\begin{cases}X_{i}^{t}, & \text{如果 } f(X_{i}^{t})<f(P_{i}^{t})\\P_{i}^{t-1}, & \text{如果 } f(X_{i}^{t})\geqslant f(P_{i}^{t})\end{cases} \tag{2.5}$$

$$G^{t}=P_{g}^{t},\quad g=\arg\min_{1\leqslant i\leqslant M}[f(P_{i}^{t})] \tag{2.6}$$

1999 年，Clerc 和 Kennedy 在进化公式中使用压缩因子放宽对速度的限制，从而提高了算法的收敛速度。速度更新公式如下：

$$V_{ij}^{t+1}=\chi\cdot(V_{ij}^{t}+\varphi_1 r_1(P_{ij}^{t}-X_{ij}^{t})+\varphi_2 r_2(G_{j}^{t}-X_{ij}^{t})) \tag{2.7}$$

其中，φ_1 和 φ_2 为加速因子；χ 为压缩因子，满足：

$$\chi=\frac{2}{[2-\varphi-\sqrt{\varphi^2-4\varphi}]}$$

然而，虽然粒子位置更新后得到改善，但某些已经接近最优解的维度可能因此远离最优解。

为此，文献[20]提出了一种合作粒子群优化(Cooperative Approach Particle Swarm Optimization，CPSO)算法来解决这一问题。CPSO将粒子的维度进行划分后由多个群体分别进化，然后结合维度计算适应度值，最后根据标准粒子群优化(Standard Particle Swarm Optimization，SPSO)算法的更新规则进行相应的更新。

为了解决PSO在处理复杂多峰问题时难以跳出局部最优的问题，文献[21]提出了理解学习粒子群优化(Comprehensive Learning PSO，CLPSO)算法，在该算法中，粒子有更多的学习对象，从而获得更大的潜在飞行空间。

2.3.3 DE算法

1. DE算法的启发原理和基本概念

DE算法是Storn和Price于1997年在进化思想的基础上提出的，目的是求解多维空间的整体最优解。构成DE算法种群的个体实验解被称为参数向量或基因组。算法通过采用浮点向量编码生成个体，通过变异、杂交和选择操作寻优。

2. DE算法的数学表示

DE算法涉及3个控制参数，即种群大小NP、缩放因子F和交叉概率CR，优化过程包括以下3种操作。

1) 变异操作

初始化种群后，DE使用变异操作产生一个变异向量。文献[23]的算法提出了以下5种常用的变异策略。

$$\boldsymbol{V}_i^t=\boldsymbol{X}_{r_1}^t+F\cdot(\boldsymbol{X}_{r_2}^t-\boldsymbol{X}_{r_3}^t) \tag{2.8}$$

$$\boldsymbol{V}_i^t=\boldsymbol{X}_{\text{best}}^t+F\cdot(\boldsymbol{X}_{r_1}^t-\boldsymbol{X}_{r_2}^t) \tag{2.9}$$

$$\boldsymbol{V}_i^t=\boldsymbol{X}_i^t+F\cdot(\boldsymbol{X}_{\text{best}}^t-\boldsymbol{X}_i^t)+F\cdot(\boldsymbol{X}_{r_1}^t-\boldsymbol{X}_{r_2}^t) \tag{2.10}$$

$$\boldsymbol{V}_i^t=\boldsymbol{X}_{\text{best}}^t+F\cdot(\boldsymbol{X}_{r_1}^t-\boldsymbol{X}_{r_2}^t)+F\cdot(\boldsymbol{X}_{r_3}^t-\boldsymbol{X}_{r_4}^t) \tag{2.11}$$

$$\boldsymbol{V}_i^t=\boldsymbol{X}_{r_1}^t+F\cdot(\boldsymbol{X}_{r_2}^t-\boldsymbol{X}_{r_3}^t)+F\cdot(\boldsymbol{X}_{r_4}^t-\boldsymbol{X}_{r_5}^t) \tag{2.12}$$

其中，$\boldsymbol{V}_i^t=[v_{i1}^t,v_{i2}^t,\cdots,v_{iD}^t]$为变异向量。索引$r_1,r_2,r_3,r_4,r_5$是在[1,NP]内随机生成的互斥整数，这些索引对每个变异向量随机生成一次。缩放因子F是正控制参数，用于控制差分向量。$\boldsymbol{X}_{\text{best}}^t$是第$t$代种群中具有最好适应度的最优个体向量。

2) 交叉操作

交叉操作应用于每一对目标向量$\boldsymbol{X}_i^t$和变异向量$\boldsymbol{V}_i^t$，生成实验向量$\boldsymbol{U}_i^t=[u_{i1}^t,u_{i2}^t,\cdots,u_{iD}^t]$，交叉操作定义如下：

$$u_{ij}^t=\begin{cases}v_{ij}^t, & \text{如果rand}_j[0,1)\leqslant \text{CR 或 } j=j_{\text{rand}}\\ x_{ij}^t, & \text{否则}\end{cases} \tag{2.13}$$

其中，交叉概率CR是用户指定的[0,1)内的常数，控制交叉过程中从变异向量复制的参数值的比例。

3）选择操作

选择操作通常根据适应度筛选个体。选择操作可以表示如下：

$$\boldsymbol{X}_i^{t+1}=\begin{cases}\boldsymbol{U}_i^t, & 如果\ f(\boldsymbol{U}_i^t)\leqslant f(\boldsymbol{X}_i^t)\\ \boldsymbol{X}_i^t, & 否则\end{cases} \tag{2.14}$$

2.3.4 ABC 算法

1. ABC 算法的启发原理和基本概念

2005 年，Karaboga 提出了 ABC 算法，模拟蜜蜂群体通过个体分工和信息交换，合作完成采集蜂蜜的过程。蜂群的最小搜索模型包括 3 个重要组成部分：食物源、雇佣蜂和非雇佣蜂，以及两种行为模式：为食物源招募蜜蜂和放弃贫乏的食物源。雇佣蜂存储并分享食物源信息。非雇佣蜂分为侦查蜂和跟随蜂，侦查蜂负责搜寻新的食物源，在蜂巢等待的跟随蜂则根据雇佣蜂分享的信息确定食物源。一开始，侦查蜂搜索所有的食物源，找到食物源后，雇佣蜂采集花蜜并返回蜂巢中，通过摇摆舞的时长来表现食物源的收益率，收益率越高，食物源被选择的可能性越大。观看完摇摆舞后，非雇佣蜂成为跟随蜂，开始在相应食物源的附近搜索并采集蜂蜜。而食物源耗尽后的雇佣蜂变成侦查蜂。ABC 算法正是通过这 3 种不同角色的转换来寻找优质的食物源。

2. ABC 算法的数学表示

ABC 算法食物源代表问题的可行解，食物源花蜜的数量对应相应解的适应度。在一般形式中，雇佣蜂的数量等于食物源（解）的数量。设定问题的维数为 D，食物源的数量为 SN，食物源 i 的位置表示为 $\boldsymbol{X}_i^t=[x_{i1}^t,x_{i2}^t,\cdots,x_{iD}^t]$。根据式(2.15)，在搜索空间中随机生成一个食物源 i 的初始位置如下：

$$x_{ij}=L_j+\text{rand}(0,1)(U_j-L_j) \tag{2.15}$$

其中，L 和 U 分别表示搜索空间的下界和上界。

在搜索开始时，ABC 算法利用下面的表达式在食物源 i 附近生成一个新的食物源位置 $\boldsymbol{V}_i^t=[v_{i1}^t,v_{i2}^t,\cdots,v_{iD}^t]$：

$$v_{ij}=x_{ij}+\phi(x_{ij}-x_{kj}) \tag{2.16}$$

其中，$k\in\{1,2,\cdots,\text{SN}\}$，且不等于 i，该参数表示雇佣蜂随机从 SN 个食物源中选择一个除 i 以外的食物源。ϕ 是在$[-1,1]$范围的一个随机数，它决定了扰动的大小。若新的食物源的适应度值 $\boldsymbol{V}_i$ 优于 $\boldsymbol{X}_i$，采用贪心选择将其替换为 $\boldsymbol{V}_i$，否则保持 $\boldsymbol{X}_i$。式(2.16)表明，当搜索接近最优解时，步长也会自适应减小。

所有雇佣蜂完成式(2.16)的操作后，会飞回信息交换区分享食物源信息。跟随蜂根据概率值 p_i 来选择食物源，这个概率值与食物源有关，由下式计算：

$$p_i = \frac{\text{fit}_i}{\sum_{n=1}^{\text{SN}} \text{fit}_n} \tag{2.17}$$

在搜索过程中,如果食物源 $\boldsymbol{X}_i$ 经过一定次数的迭代 c 达到阈值 l,并且没有找到更好的食物源,则将被抛弃,相应的雇佣蜂将转换为侦查蜂。侦查蜂将在搜索空间中随机生成一个新的食物源来代替 $\boldsymbol{X}_i$,上述过程如式(2.18)所示。

$$\boldsymbol{X}_i^{t+1} = \begin{cases} \boldsymbol{L} + \text{rand}(0,1)(\boldsymbol{U} - \boldsymbol{L}), & c_i \geqslant l \\ \boldsymbol{X}_i^t, & c_i < l \end{cases} \tag{2.18}$$

2.3.5 FA 算法

1. FA 算法的启发原理和基本概念

FA 算法是对自然界中萤火虫发光的生物学特性的模拟,由剑桥学者 Yang 提出,可以有效地处理多模态和全局优化问题。萤火虫个体间的吸引和移动过程即为算法的搜索与寻优,个体所在位置的优劣即为问题的目标函数值的好坏。在这个算法中,萤火虫相互吸引的原因取决于两个因素:自身的亮度和吸引度。萤火虫发出的荧光亮度取决于其所在位置的适应度值。亮度越高表示位置越好,即适应度越佳。个体间的吸引度与荧光亮度成正比,且随着距离的增加而减少。对任何两只发光的萤火虫来说,荧光较暗的那只会向较亮的那只移动,如果某只萤火虫比其他萤火虫都更亮,那么这只最亮的萤火虫会进行随机移动。

2. FA 算法的数学表示

FA 算法通过亮度的更新和吸引度来实现目标优化。距离 r 时萤火虫的亮度表示如下:

$$I = I_0 \mathrm{e}^{-\gamma r} \tag{2.19}$$

其中,I_0 是原始光强,γ 是光强吸收系数。

萤火虫的吸引度表示如下:

$$\beta = \beta_0 \mathrm{e}^{-\gamma r^2} \tag{2.20}$$

其中,β_0 是 $r=0$ 时的吸引度值。

当萤火虫 i 被萤火虫 i' 吸引时,其位置更新公式如下:

$$\boldsymbol{X}_i^{t+1} = \boldsymbol{X}_i^t + \beta(\boldsymbol{X}_{i'}^t - \boldsymbol{X}_i^t) + \alpha^t \boldsymbol{\varepsilon}_i^t \tag{2.21}$$

其中,第三项是随机化操作,a' 是随机化参数,$\boldsymbol{\varepsilon}_i^t$ 是 t 时刻从高斯分布或均匀分布中抽取的随机数向量。此外,随机化 $\boldsymbol{\varepsilon}_i^t$ 可以很容易地扩展到其他分布,如 Levy 飞行。

2.4 超大规模集成电路中的布线问题

随着当前集成电路产业向超深亚微米工艺不断推进,芯片的集成度进一步提高，一块芯片上所能集成的电路元件越来越多，加上存储空间的局限性和封装工艺的限制，VLSI 设计方法面临着新的挑战。而布线工作作为物理设计的重要环节，受到芯片规模容量等的要求，更是 VLSI 的重点难题。本节给出了 VLSI 布线中的常见子问题。

2.4.1　Steiner 树

两端线网的最短路径问题是 VLSI 布线中最基本的问题之一，它在考虑障碍物的同时，通过给定引脚的位置来寻找最短布线路径。常见的解决策略有迷宫布线、线探测方法、模式布线等。然而，在实际的布线问题中，一个线网中通常有两个以上的引脚。处理多端线网的一种常用方法是将多端线网分解成一组两端线网，即构造一个以引脚为节点的最小生成树。为了减少布线树的长度，除了由给定引脚形成的原始节点外，可以通过引入称为 Steiner 点的额外节点来构建最终的 MST。图 2.1(a)给出了一个由生成树连接的三端线网。图 2.1(b)显示了线网对应的 Steiner 树连接模型。可以看出，引入 Steiner 点后，布线树的长度大大减小。因此，Steiner 树模型作为多端线网的最佳连接模型，逐渐成为 VLSI 布线中的关键环节。

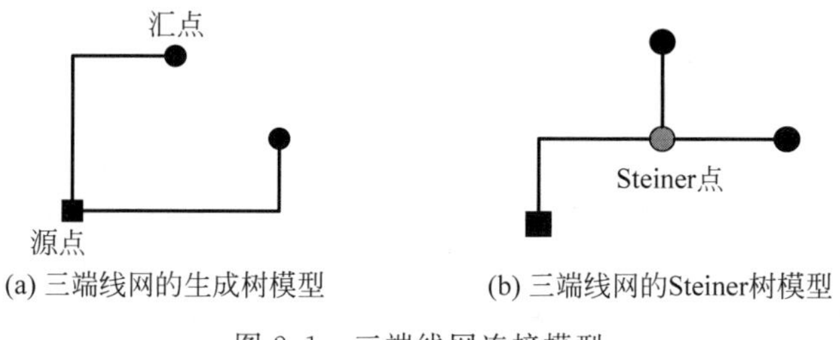

(a) 三端线网的生成树模型　　(b) 三端线网的Steiner树模型

图 2.1　三端线网连接模型

Steiner 最小树(Steiner Minimum Tree，SMT)问题是通过引入一些额外的点(称为 Steiner 点)连接所有的引脚，以实现 VLSI 布线的最小总线长。

在大多数布线问题中，线只能走水平或垂直方向，这种布线树称为直角结构 Steiner 树(Rectilinear Steiner Tree，RST)。直角结构 Steiner 最小树(Rectilinear Steiner Minimum Tree，RSMT)的构建是一个 NP 难问题，即给定平面上的一组点，RSMT 的目标是用 RST 将这些点连接起来且代价最小，其中，RST 是由水平和垂直线段组成的树。树中任意一条边的代价是其端点之间的直线距离或曼哈顿距离，而树的代价是其边的代价之和。

然而，这种只有水平和垂直方向的布线方式限制了线长优化，所以更多面向研究的非曼哈顿结构被提出。非曼哈顿结构布线树主要包括 Y 结构 Steiner 树(Hexagonal Steiner Tree，HST)和 X 结构 Steiner 树(Octagonal Steiner Tree，OST)。HST 的布线方向为 0°、相对于水平方向的 60°和 120°(称为 Y 结构)。而具有 X 结构的 OST 除了传统的水平方向和垂直方向外，还允许 45°和 135°方向布线。本书涉及的非曼哈顿结构是 X 结构。

2.4.2 总体布线

VLSI 的总体布线问题可以描述如下：现有一个网格图 G，其点集合为 V，边集合为 E。如图 1.2 所示，每个点 $v_i \in V$ 对应芯片的一个矩形区域（GRC），每条边 $e_{ij} \in E$ 对于相邻点之间的边。另有线网集合 N，每个线网 $n_i \in N$ 都包含一组引脚 P_i，并且每个引脚对应一个顶点 V_i。线网的布线方案就是找到一棵树，通过通孔和布线边连接线网中所有引脚。总体布线的一个解就是网格图的一组 SMT，一个线网对应一棵满足约束的 Steiner 树。该阶段的目标是最小化 Steiner 树的长度。

当评估一个布线解决方案时，人们通常会关注 3 个指标，即溢出、线长以及运行时间。

溢出指的是超过所有边容量的需求总量，这里的需求对应的是经过点的布线数量。在实际设计中，希望这个指标越小越好。在理想状况下，为零。布线边 e 的溢出定义如下：

$$\text{overflow}_e = \begin{cases} d_e - c_e, & \text{如果 } d_e > c_e \\ 0, & \text{否则} \end{cases} \tag{2.22}$$

其中，d_e 表示通过 e 的线网数量。布线边 e 的容量 c_e 表示的是它所包含的可行布线轨道。

线长是所有线网需要连接的线段的总长度，布线目标同样希望这个指标尽可能小。当使用布线树模型时，线长通常等于布线树的长度。因此，在很多情况下，需要设计各种最小树来解决总体布线问题。上面提到的 Steiner 树是解决总体布线问题的一种最常用和最有效的模型之一。在多维布线中，计算还可以包括通孔。

运行时间是需要特别关注的一个指标，特别是当重复使用总体布线来指导布局算法的时候。

以下是一些常见的总体布线技术的简要列表。

1. 迷宫布线

迷宫布线是解决总体布线问题的最经典的方法之一，它考虑了布线图上一个给定源点和一个给定汇点之间所有可能的布线方案。该技术通过应用各种最短路径算法来寻找从源点到汇点具有最小代价的布线路径。最早的迷宫布线算法来自李氏算法，这是最广泛地应用于寻找两端线网的最短路径算法，但存在搜索空间大、复杂度高的问题。随后，A^* 搜索技术被用来改善李氏算法以加快收敛速度。针对多端线网，从迷宫布线算法发展而来的多源多汇迷宫布线被应用于树的边，从而得到更多潜在的更好的布线。

2. 模式布线

模式布线使用具有 L 形和 Z 形等预定义图案的两端线网进行布线，比迷宫布线更有效。然而，由于并没有考虑到边界内所有的可能路径，其解的质量可能会变差。

3. 多端线网分解技术

多端线网分解技术将总体布线任务分解，即将一个多端线网分解成若干两端线网，常用的方法有 SMT 构建和 MST 构建。SMT 通常提供具有较短线长的树形拓扑结构，而 MST 可以产生更多的 L 形两端线网，具有更好的灵活性。

4. 层分配

对于多层总体布线，层分配将二维总体布线结果映射回原来的多层解空间中。动态规划、整数线性规划(Integer Linear Programming，ILP)等常用来解决这一问题。其主要的研究重点为最小化通孔数量。

5. 优化策略

优化策略的提出是为了进一步提高解的质量。拆线重绕允许通过拥挤区域的线网被拆线重绕，以寻找替代的布线方案。协商拥塞布线可以在拥塞优化和关键路径时延最小化之间取得平衡。这种基于协商机制的思想已经被广泛应用在总体布线的设计中。

2.4.3 详细布线

详细布线是在总体布线解的基础上考虑几何约束，实现精确布线的重要环节，它直接关系到布线的完成和设计规则的满足程度。

对于基于网格模型的详细布线，其目标是在给定的布线网格中找到一条合法的布线路径，并尽可能绕过拥挤区域。下面给出详细布线的相关定义和问题公式。

定义 2.1 通道(布线区域) 可用于互连的电路块之间的直角多边形区域(如图 2.2 所示)。

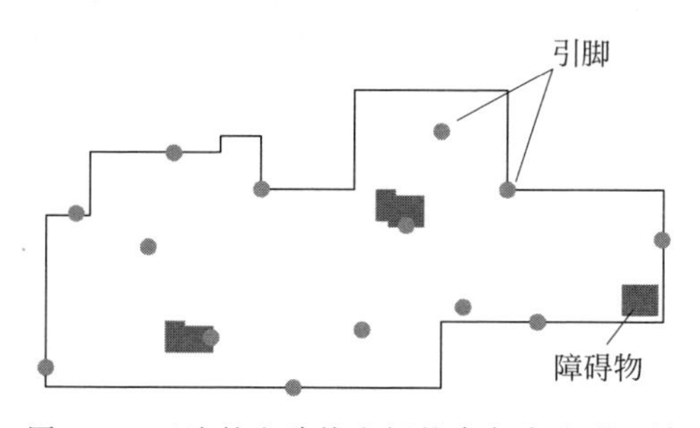

图 2.2 互连的电路块之间的直角多边形区域

定义 2.2 组件 一组引脚和线网中的互连线段。每个未连接的引脚都是一个细微的组件。

布线区域是一个直角多边形。引脚出现的位置可在区域内，也可能在边界上，同时考虑各种形状和大小的障碍物。详细布线要求在布线区域内连接每个线网的所有组件，首要目标是使布线区域尽可能小；其次，最小化通孔数量和每个线网的线长。在这个阶段,也会考虑许多其他的因素,如功耗、时延、互连线的耦合等。以下是一些常见的详细布线技术。

(1) 基本路径搜索算法。像总体布线一样,详细布线也使用路径搜索算法来寻找布线路径,比如李氏算法、A* 算法、Soukup 的算法、LCS* 算法等。

(2) 拆线重绕。大多数详细布线的工作基于串行布线,通常采用拆线重绕的方法进一步优化布线结果。然而,这种逐个线网的顺序方法对于处理拥塞设计无效,且通常会造成不必要的绕道。

(3) 并行算法。为了降低布线结果对线网顺序的依赖,文献[41]提出了一种基于拉格朗日松弛的启发式算法。

(4) 轨道分配。轨道分配过渡总体布线和详细布线,能够有效地解决二者之间的不匹配问题,从而使总体布线更好地指导详细布线。在轨道分配中,从总体布线解中提取的线段被分配到布线轨道上。通过考虑局部线网、拥挤度和通孔位置等约束条件,为详细布线提供一个较好的初始布线方案。

2.5 使用群智能技术解决布线问题

本节的目的是介绍 SI 在 VLSI 中的应用。通过分析 SI 技术在布线问题中的应用,读者可以更快、更清晰地认识到 VLSI 布线中需要解决的重点和难点问题,以及 SI 在这些方面的优势。

众所周知,布线的基本优化目标是最小化互连线长,同时考虑尽可能多的其他优化目标和约束,如障碍物、功耗、时延、拥塞度等。对于在表 2.3 中提到的多个布线问题及其所提的优化目标或约束,给出 SI 技术在 VLSI 布线问题上的应用。

表 2.3 SI 技术在 VLSI 布线问题中的应用

SI 技术	布线问题		文献
ACO	SMT 构建		[42]～[44]
	总体布线	考虑障碍物	[44]
		考虑功耗	[45]～[46]
		考虑互连线长	[42]～[46]
ACO	SMT 构建		[47]～[57]
	总体布线	考虑障碍物	[50]、[52]、[53]、[55]
		考虑时延	[54]、[58]～[61]
		考虑拥塞度	[62]、[63]
		考虑互连线长	[47]～[63]
DE	SMT 构建		[64]、[65]
	考虑互连线长的总体布线		[64]～[66]
	限制通道布线		[67]

续表

SI 技术	布线问题		文　献
ABC	SMT 构建		[68]、[69]
	考虑互连线长的总体布线		[68]、[72]
FA	总体布线	考虑时延	[73]
		考虑互连线长	[68]、[72]、[73]

2.5.1　ACO 算法的应用

1. 将 ACO 算法应用于 SMT 构建

蚁群算法被广泛应用于构建 SMT。通常，算法生成终端集合 T 的 Hanan 网格。然后将蚂蚁放置在每个需要连接的终端上。蚂蚁将根据特点规则确定一个新的点，并通过 Hanan 网格中的一条边移动到该点。每只蚂蚁维护自己的禁忌表，记录已访问的点以免重复访问。蚂蚁每次移动时，都会在刚刚经过的边留下一个名为信息素的足迹，信息素会以恒定的速度蒸发。蚂蚁移动到下一个点的过程依赖于一个更高的值 p_{ij}，这个值是可取性和信息素强度之间的权衡。给定点 i 上的 m 只蚂蚁，点 j 的可取性定义如下：

$$\eta_j^m = \frac{1}{c(i,j) + \gamma\psi_j^m} \tag{2.23}$$

其中，γ 是一个常数，ψ_j^m 是点 i 到表中其他所有点尽可能快的最短距离。使用式(2.23)更新 Hanan 边(i,j)的足迹强度，其中增量更新公式如下：

$$\Delta\tau_{i,j} = \begin{cases} \dfrac{Q}{c(S_t)}, & \text{如果}(i,j) \in E_t \\ 0, & \text{否则} \end{cases} \tag{2.24}$$

其中，$c(S_t)$是当前生成树 S_t 的总代价，E_t 是树的边集，Q 是一个与树的代价量相匹配的常数。基于式(2.1)，蚂蚁通过边(i,j)移动的概率定义如下：

$$p_{ij} = \begin{cases} \dfrac{[\tau_{ij}]^\alpha \cdot [\eta_j^m]^\beta}{\sum\limits_{k \neq \text{taba-list}(m)} [\tau_{ik}]^\alpha \cdot [\eta_k^m]^\beta}, & \text{如果 } j \in A \\ 0, & \text{否则} \end{cases} \tag{2.25}$$

其中，A 是所有点的集合，这些点与 i 相连且不在蚂蚁 m 的禁忌表中。

使用 ACO 算法构建 RST 的过程见算法 2.1。在算法的第 5 步中，AntMove(m)函数决定当前蚂蚁 m 要移动到的下一个点。步骤 7～步骤 10 描述了两只蚂蚁的相遇过程。当蚂蚁 m 遇到蚂蚁 m_1 时，蚂蚁 m 死亡，m 的禁忌表中的点被添加到 m_1 的表中。如果 m_1 仍然在原来的位置，Relocate(m)函数将重新设置它的位置。当只剩一只蚂蚁时，树就建好了。同时，使用 Prune(t)函数删除树中所有度为 1 的非终端节点。然而，由于蚂蚁的移动是基于 Hanan 网格的，而且每次迭代只能移动一小段，因此使用蚁群算法来寻找 SMT 仍然是比较耗时的。所以文献[43]提出的算法扩展了每只蚂蚁的禁忌表，访问经过的边而不是节点，这样每一次移动都不受 Hanan 网格的限制。在图 2.3(a)、图 2.3(b)、图 2.3(c)、图 2.3(d)中，根据不同的相对位置，边 L_1 到 L_2 的距离定义分别为 h、$h+w$、h 和 $h+w$。当最短路径为 L 形时，有两种可能的移动方式，即顶部方向和底部方向。

算法 2.1 用 ACO 算法构建 Steiner 树

输入：终端集合 T 以及连接图

输出：一棵直角 Steiner 树 T

```
1  在终端 T 中的每个节点上放置一只蚂蚁并将节点存入对应蚂蚁的禁忌表；
2  设置子树 t 为空；
3  while 蚂蚁数量 > 1 do
4     随机选择蚂蚁 m；
5     AntMove(m)；  //移动蚂蚁
6     将蚂蚁 m 经过的边加入 t；
7     if 蚂蚁 m 遇见蚂蚁 m1 then
8          将蚂蚁 m 禁忌表中的边加入蚂蚁 m1 的禁忌表中；
9          蚂蚁 m 死亡；
10         Relocate(m1)；
11 Prune(t)；
12 Return；
```

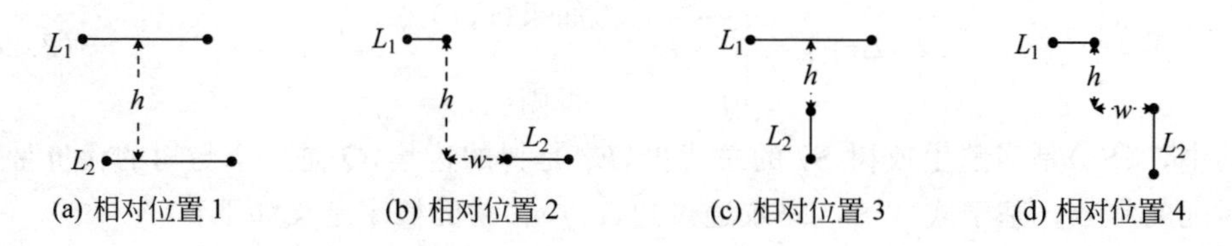

(a) 相对位置 1　(b) 相对位置 2　(c) 相对位置 3　(d) 相对位置 4

图 2.3 两条边之间距离的定义

基于信息素强度和拓扑选择一个方向以进行移动。对于给定的边方向，算法找到的最接近边的节点的规则如图 2.4 所示。

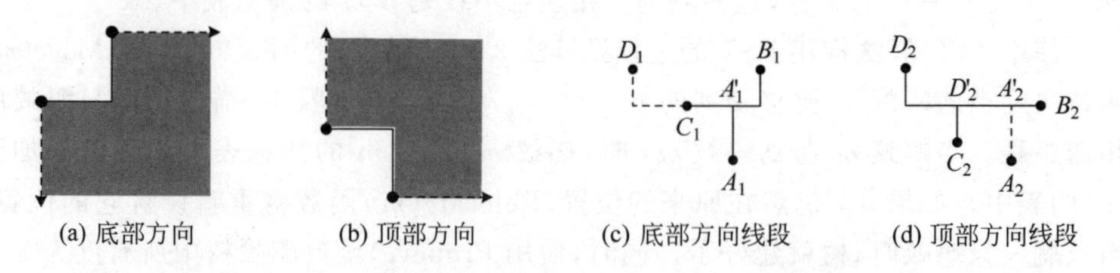

(a) 底部方向　(b) 顶部方向　(c) 底部方向线段　(d) 顶部方向线段

图 2.4 对于给定的边方向，算法寻找最接近边的节点的规则

在图 2.4(c)和图 2.4(d)中，节点 B_1、B_2 代表了蚂蚁的当前位置，节点 C_1、C_2 代表禁忌表外最近的节点。接下来，蚂蚁需要决定边(B,C)的方向。图 2.4(c)表明，对于底部方向，距边(B_1,C_1)最近的节点为 A_1，距离为 $|A_1A_1'|$。而对于顶部方向，A_2 与边(B_2,C_2)之间的距离为 $|A_2A_2'|$，如图 2.4(d)所示。所以底部方向的增加是 $|A_2A_2'|-|A_1A_1'|$，而对于顶部方向的增加是 $|D_1C_1|-|D_2D_2'|$。根据这一规则，将式(2.23)重写如下：

$$\eta_d = \frac{[\text{gain}_d]^\lambda}{\text{dist}_d} \tag{2.26}$$

其中，d 是两个方向(底部方向和顶部方向)，gain_d 是沿方向 d 的增益，dist_d 是在方向 d 上禁忌表外的最近节点到边的距离，λ 是一个常数，是最近距离和增益之间的权衡。如此，一只蚂蚁可以在每次迭代中穿过 Hanan 网格的多条边，每次移动都会从活着的蚁群中移除一只蚂蚁。

这种 ACO-Steiner 算法可以用于构建所有线网的初始树，并迭代优化布线树以进一步减少线长。此外，该算法可以在相同的线网长度下生成不同的拓扑结构，有利于减少拥塞而只牺牲少量的线长。

文献[44]提出了一种基于 ACO 算法的绕障直角 Steiner 最小树(Obstacle-Avoiding Rectilinear Steiner Minimum Tree，OARSMT)算法。该算法采用一种有效的图缩小方法(称为 T-reduction)以减小搜索空间。该方法通过维护一个 FIFO 队列实现。首先，将所有度数为 2 的节点插入队列。然后删除队列的第一个节点及其邻接边，在队列不满的情况下，将其相邻的非终端节点插入队列，则非终端凸节点得以减少。最终减少度数为 1 的终端节点。这样，终端可以连同它们的邻接边一起删除。值得一提的是，在算例规模不大的情况下，T-Reduction 方法非常有效，且适用于逃逸图的缩小。同时在 OARSMT 算法中采用了一种贪心障碍惩罚距离(Obstacle Penalty distance，OP-distance)的局部启发式算法，该算法利用 OP-distance 来估计存在障碍物时两个节点之间的距离。所提出的算法具有较强的线长优化能力，并能够处理包括凸、凹多边形在内的复杂障碍物的情况。

2. 将 ACO 算法应用于总体布线

文献[46]的 ACO-Steiner 算法利用蚁群的记忆特性、随机决策特性以及集体学习和分布式学习策略来寻找最短可行路径，然后从这些路径中选择电容最小的路径。与文献[42]的方法不同的是，一只蚂蚁遇到另一只蚂蚁时不会死亡，而是将一种特定的连接标记为已完成。走完这些路径也可以减少冗余路径，从而减少通孔的数量。该算法的第一步是创建一个 Hanan 网格，然后使用 ACO 算法开始布线。算法需要先布线小型线网以最小化更大线网的障碍物。算法 2.2 具体描述了 ACO-Route 方法，利用启发式算法计算未访问节点的概率，以最小化蚂蚁之间的距离和信息素(步骤 10)。实验结果表明，ACO 算法能够有效地解决 VLSI 芯片功率最小化中的多约束优化问题。

算法 2.2 ACO 布线算法

```
1  创建 Hanan 网格;
2  根据度和线宽对线网排序;
3  在整个网络中初始化少量信息素;
4  while 未满足终止条件 do
5      Route
6      for 每只蚂蚁 do
7         清空蚂蚁的记忆;
8         将蚂蚁放置于某个节点;
9         为蚂蚁构建一条完整路径;
10        计算未访问节点的可能性;
11        在蚂蚁经过的路径留下信息素;
12 找到此次迭代中的最佳蚂蚁;
13 更新全局的信息素值;
14 End Route
15 找到最短的路径解并判断该解是否与其他解有部分冲突
```

2.5.2 PSO 算法的应用

1. 将 PSO 算法应用于 SMT 构建

2.3.2 节介绍的 PSO 算法通常用于解决连续问题,而 VLSI 的布线是一个离散问题。为此,许多学者对标准 PSO 算法进行改进以解决实际离散问题。目前,PSO 算法已经广泛应用于 SMT 构建以解决 VLSI 的布线问题,并取得了一定的成功。SMT 的构建关键在于 Steiner 点的选择。

1) 使用 PSO 算法构建 RST

文献[47]提出了一种基于离散粒子群优化的布线算法(A Routing Algorithm based on Discrete Particle Swarm Optimization,DPSO-RA),以线长和连通率为目标。该算法对离散粒子群优化(Discrete Particle Swarm Optimization,DPSO)算法采用了一种新颖的编码方式和多种更新操作,实现了 VLSI 中所有目标节点的互连。

(1) 粒子编码。每个粒子代表一棵 MST。DPSO-RA 通过建立 Steiner 矩阵对粒子进行编码。一个粒子 $\boldsymbol{X}_i$ 对应一个矩阵,表示如下:

$$\begin{matrix} X_{11} & X_{12} & \cdots & X_{1n} \\ X_{21} & X_{22} & \cdots & X_{2n} \\ \vdots & \vdots & \ddots & \vdots \\ X_{n1} & X_{n2} & \cdots & X_{nn} \end{matrix}$$

其中,n 为待连接的组件数量。粒子编码的每一位代表对应 Steiner 矩阵中的一个节点,并以二进制表示。需要连接的节点称为“终端节点”,由用户输入或以 x、y 坐标的形式随机生成。如果一个节点被选择用来构建 RST,则该位值为 1,否则为 0。通常,通过删除一些没有任何终端节点的行和列来简化矩阵。

Steiner 矩阵由组件间的水平线和垂直线的交点建立。它表示了 RST 中 Steiner 点的可能位置。图 2.5(a)显示了一个由 10 个待连接组件(空心圆点)构成的 Steiner 矩阵。其对应的粒子如图 2.5(b)所示。

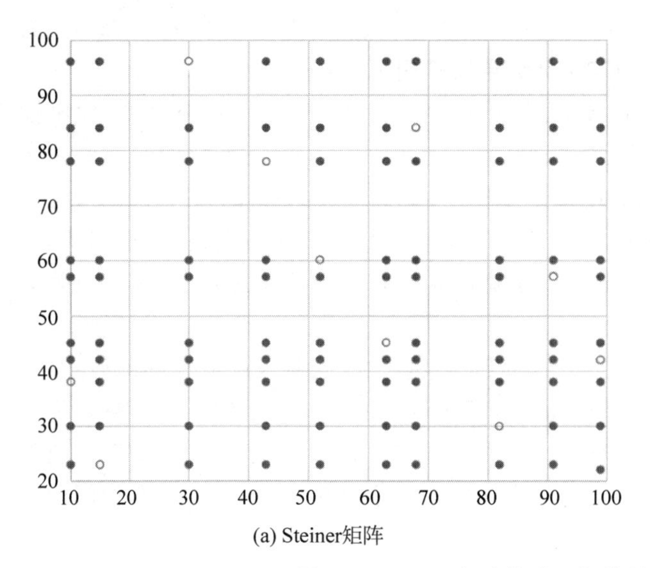

(a) Steiner矩阵

0 0 1 1 0 0 0 0 0 0
0 0 0 0 0 0 1 0 0 0
0 0 0 1 0 0 0 0 0 0
0 0 0 1 1 0 1 0 0 0
0 0 0 0 0 0 1 0 1 0
0 1 0 0 0 1 1 0 0 0
0 0 0 0 0 0 1 1 0 1
1 1 0 0 0 0 0 0 0 0
0 0 0 0 0 0 0 1 0 0
0 1 0 0 0 0 0 0 0 0

(b) 矩阵对应的粒子编码

图 2.5　Steiner 矩阵的建立与编码

粒子 $\boldsymbol{X}_i$ 的速度 $\boldsymbol{V}_i$ 也是一个矩阵,表示如下:

$$
\begin{matrix}
V_{11} & V_{12} & \cdots & V_{1n} \\
V_{21} & V_{22} & \cdots & V_{2n} \\
\vdots & \vdots & \ddots & \vdots \\
V_{n1} & V_{n2} & \cdots & V_{nn}
\end{matrix}
$$

速度的每一位代表在 Steiner 矩阵中选择相应节点的概率。

(2) 适应度函数。MST 的代价是该粒子的适应度值,由 Prim 算法计算得到。

(3) 更新操作。DPSO-RA 重新定义了 PSO 的运算,将式(2.3)和式(2.4)分别作为粒子的位置和速度的更新公式。

定义 2.3　“−”操作　两个粒子位置之间的“−”运算的结果是速度。

定义 2.4　“+”操作　两个速度之间“+”运算的结果是新速度。

定义 2.5　“×”操作　参数 c_1 和 c_2 为常数,r_1 和 r_2 为 0～1 的随机数。速度与参数之间的“×”运算结果仍然是速度。

(4) 算法流程。

步骤 1,初始化粒子群。

步骤 2,计算每个粒子的适应度值。

步骤 3,更新 pbest 和 gbest。

步骤 4,计算每个粒子的自适应惯性权值。

步骤 5,更新粒子的速度和位置。

步骤 6,如果满足终止条件,则算法结束;否则返回步骤 2。

文献[48]和文献[49]提出的方法也使用 Steiner 矩阵对粒子进行编码,并将遗传算法(Genetic Algorithm,GA)的变异运算引入 DPSO 中。在文献[48]的算法中,粒子对应的矩阵既表示位置,也表示速度。使用式(2.3)更新速度,而不使用式(2.4)更新粒子位置。该算法通过从上一代粒子的位置矩阵中选取某些位来更新粒子的位置。该算法通过引入变异过程,提高了 DPSO 的效率和鲁棒性。文献[49]的方法采用了带压缩因子的 PSO 算法,使用式(2.7)更新速度,使用式(2.3)更新位置。该算法通过选择前一个位置向量的某些位以及初始 Steiner 矩阵的信息来设计一种新的变异操作。

文献[50]提出一种全新的 OARSMT 构建算法,同时考虑线长和障碍物,通过生成实点对应的虚点来避免障碍物。该算法针对图 2.6 所示的 3 种穿越障碍物的布线设计了以下绕障策略。以图 2.6(a)为例。首先,分别生成点 S 和 T 相应的虚点,虚点与障碍物的左(或右)边缘具有相同的水平坐标,与原始点具有相同的垂直坐标。接下来,依次连接 S、S'、T' 和 T,并拆除损坏的边。

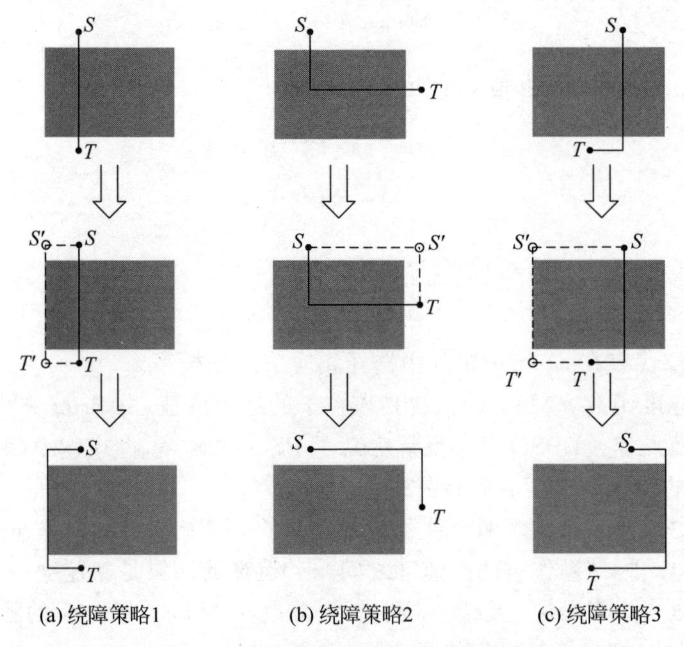

图 2.6 通过生成虚点以绕开障碍物

OARSMT 构建分为以下两个步骤。

(1) 将线网中所有引脚划分为 k 组，根据上述绕障策略生成相应的 RST。该算法将位置相近的引脚放在一组，同时使每组引脚的数量（至少两个引脚）尽可能少。

(2) 以最小化线长为优化目标，文献[50]的算法将所有被认为是实点的组连接起来，构建最终的 RST。

该算法使用 Prufer 数对 RST 的解进行编码，使用 0-1 编码选择 Steiner 点。例如，一个粒子表示如下：

$$\boldsymbol{X}_i^t = \begin{bmatrix} 2 & 5 & 4 & 5 & 4 & 100 \\ 0 & 1 & 0 & 0 & 1 & 15 \end{bmatrix} \tag{2.27}$$

其中，Prufer 数为{2,5,4,5,4}，Steiner 点的选择方案为{0,1,0,0,1}，树的总长度为 100，该粒子的障碍物数量为 15。该算法引入遗传算法的交叉和变异算子来处理离散的 Prufer 数。基于 SPSO（见式(2.3)），求解离散问题的位置更新公式如下：

$$\boldsymbol{X}_i^t = c_2 \oplus F_2(c_1 \oplus F_1(\omega \oplus F(\boldsymbol{X}_i^{t-1}), \boldsymbol{P}_i^{t-1}), \boldsymbol{G}_i^{t-1}) \tag{2.28}$$

式(2.27)用“+”操作将以下 3 个部分连接起来，即两个操作——变异操作和交叉操作。

(1) 变异操作如下：

$$\lambda_i^t = \omega \oplus F(\boldsymbol{X}_i^{t-1}) = \begin{cases} F(\boldsymbol{X}_i^{t-1}), & r_0 \leqslant \omega \\ \boldsymbol{X}_i^{t-1}, & \text{否则} \end{cases} \tag{2.29}$$

其中，F 表示 GA 的变异算子，概率为 ω，r_0 是区间[0,1]的随机数。

(2) 交叉操作如下：

$$\boldsymbol{\delta}_i^t = c_1 \oplus F_1(\boldsymbol{\lambda}_i^t, \boldsymbol{P}_i^{t-1}) = \begin{cases} F_1(\lambda_i^t, \boldsymbol{P}_i^{I-1}), & r_1 \leqslant c_1 \\ \lambda_i^t, & \text{否则} \end{cases} \tag{2.30}$$

$$\boldsymbol{X}_i^t = c_2 \oplus F_2(\boldsymbol{\delta}_i^t, \boldsymbol{G}_i^{t-1}) = \begin{cases} F_2(\boldsymbol{\delta}_i^t, \boldsymbol{G}_i^{t-1}), & r_2 \leqslant c_2 \\ \boldsymbol{\delta}_i^t, & \text{否则} \end{cases} \tag{2.31}$$

其中，F_1、F_2 分别为影响自我认知和社会认知的交叉算子，概率分别为 c_1、c_2，r_1 和 r_2 是区间[0,1)的随机数。

算法提出一种新的 PSO 框架来解决 OARMST 问题，并扩展 SI 在 VLSI 物理设计中的应用。后来的很多工作包括但不限于文献[51]～[56]，文献[62]、[63]、[75]、[76]提出的算法也都是基于式(2.28)的框架。

2) 使用 PSO 构建 OST

文献[51]～[56]在以下互连结构的基础上，对 X 形 Steiner 最小树（Octagonal Steiner Minimum Tree，OSMT）的构建做了大量的研究工作，并取得了优异的成果。

(1) 互连结构。

定义 2.6 pseudo-Steiner 点 除了引脚外的连接点，称为 pseudo-Steiner 点。图 2.7 中 S 为 pseudo-Steiner 点，pseudo-Steiner 点包含 Steiner 点。

如图 2.7 所示，连接引脚 A 和 B 的线段 L 有 4 种选择，文献[51]给出了 pseudo-Steiner 点选择的 4 种定义。

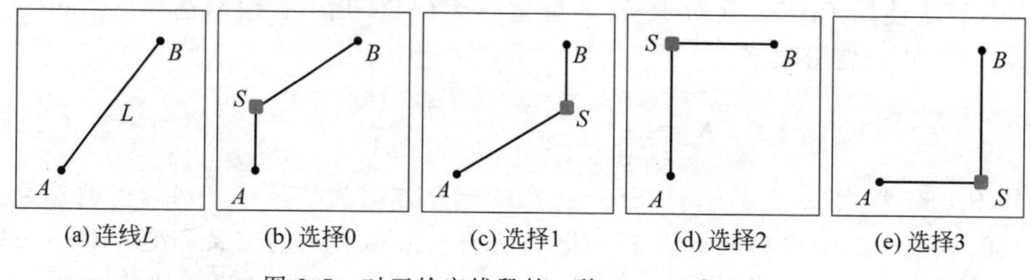

(a) 连线L (b) 选择0 (c) 选择1 (d) 选择2 (e) 选择3

图 2.7 对于给定线段的 4 种 Steiner 点选择

定义 2.7 选择 0 如图 2.7(b)所示，从 A 先引曼哈顿结构边至 S 再从 S 引非曼哈顿结构边至 B，则称作选择 0。

定义 2.8 选择 1 如图 2.7(c)所示，从 A 先引非曼哈顿结构边至 S 再从 S 引曼哈顿结构边至 B，则称作选择 1。

定义 2.9 选择 2 如图 2.7(d)所示，从 A 先引竖直边至 S 再从 S 引水平边至 B，则称作选择 2。

定义 2.10 选择 3 如图 2.7(e)所示，从 A 先引水平边至 S 再从 S 引竖直边至 B，则称作选择 3。

(2) 粒子编码。

基于以上互连线的设计，文献[26]的算法采用一种称为边点编码的数字编码方式来表示每个候选的 OST：对于有 n 个引脚的线网，则一棵生成树有 $n-1$ 条边，$n-1$ 个 pseudo-Steiner 点，额外一个编码位表示粒子的适应度。另外，两个编码位代表每条边的两个点。也就是说，粒子由一个 $3\times(n-1)+1$ 的数字串编码来表示。例如，一个粒子可以表示如下：

7 6 **0** 6 4 **1** 7 5 **1** 5 1 **2** 1 3 **0** 1 8 **1** 5 2 **2** 0.0100

其中，数字“0.0100”是粒子的适应度，每个黑体数字表示 pseudo-Steiner 点选择。以第一个子字符串(7,6,0)为例，它表示由引脚 7 和引脚 6 组成的生成树的一条边和这条边的 pseudo-Steiner 点选择(选择 0)。

同文献[51]的算法一样，文献[50]的算法引入了变异操作和交叉操作作为粒子更新策略。与 RST 的问题一样，也研究了 OST 的相关问题，例如，绕障 X 结构 Steiner 最小树(Obstacle-Avoiding Octagonal Steiner Minimum Tree，OAOSMT)。文献[52]~[55]提出的算法基于同样的编码方法和粒子更新策略，考虑了 OST 的构建的关键问题，如障碍物、时延和拐弯数等，同时使用并查集(Union-Find Sets，

UFS)来防止产生无效解。文献[56]提出了一种统一的X结构和直角SMT构建算法,同样采用了HTS策略以实现更好的线长优化。这两种算法都能够获得线长相同的多拓扑结构Steiner树,从而为总体布线的拥塞优化提供不同的拓扑选择。

2. 将PSO应用于总体布线

PSO由于其简单性和能够快速收敛到理想解的能力,被广泛应用于总体布线。对总体布线来说,最大限度地减少线长和减少拥塞是最常见和最重要的任务。文献[62]提出了一种X结构的高质量VLSI总体布线器(A Global Router in X-architecture,XGRouter),该布线器基于ILP技术、划分策略和PSO。文献[62]设计的ILP公式称为O-ILP,考虑了拥塞的均匀性,使布线分布更加均匀,不会产生过多的热点,且没有溢出边。在该算法的主要阶段,在原布线子区域的基础上构建了ILP算法,并设计了一种改进的PSO算法来求解O-ILP算法。在该算法的PSO中,粒子编码采用0-1整数编码,满足完整性和非冗余原则,并根据粒子更新公式(见式(2.28)),在交叉和变异算子中加入一种检查策略,以满足稳定原则。最后,在适应度函数中不仅考虑线长,还考虑拥塞均匀性,以求得更好的解。文献[63]的工作改进了XGRouter,主要介绍了几种新型的布线算法,并将粒子群算法与迷宫布线算法相结合。这种改进的算法可应用于多层布线,在溢出和线长总成本上均取得了较好的优化效果。

互连线延迟作为决定电路性能的主要因素,需要考虑除线长外的其他典型性能优化目标,如时延和功耗等。已有工作使用了几种技术来减少互连线延迟——线宽调整、缓冲器插入和缓冲器大小调整。其中,缓冲器插入是最有效的减少连线时延的互连优化技术。文献[58]提出的方法利用PSO解决VLSI布线中的缓冲器插入问题,同时考虑了导线和缓冲器障碍,以分布式RC网络为互连模型,并应用Elmore时延公式计算从源点到汇点的互连时延。

1) Elmore时延计算

对于时延的计算,迭代计算从源点开始,然后推进到汇点。导线上的每个节点都有一个电阻-时延对(r,t),其中r为连线电阻,t为累积到该节点的时延。如果后续段为导线,则子序列时延对(r',t')定义如下:

$$r'=r_{\mathrm{w}}+r \tag{2.32}$$

$$t'=\left(r+\frac{r_{\mathrm{w}}}{2}\right)c_{\mathrm{w}}+t \tag{2.33}$$

其中,r_{w}和c_{w}分别为线段的电阻和电容。若线段由带有缓冲器的导线组成,则(r',t')定义如下:

$$r'=r_{\mathrm{b}} \tag{2.34}$$

$$t'=r(c_{\mathrm{w}}+c_{\mathrm{b}})+r_{\mathrm{w}}\left(\frac{c_{\mathrm{w}}}{2}+c_{\mathrm{b}}\right)+d_{\mathrm{b}}+t \tag{2.35}$$

其中,d_{b}、r_{b}、c_{b}分别为固有缓冲器延迟、缓冲器输出电阻、缓冲器输入电容。

2）网格图模型

该算法利用网格图模型表示布线路径和缓冲器放置位置。图 2.8(a)显示了源点和汇点位置（黑色）、缓冲器障碍物位置（灰色）和导线障碍物位置（黑色）。图 2.8(b)给出了每个节点位置对应的值。值设置为 1，表示布线路径存在障碍物。值设置为 2，表示不允许区域通过缓冲器（缓冲器障碍区）。值为 0 表示区域可能用作布线路径或作为缓冲器放置位置。

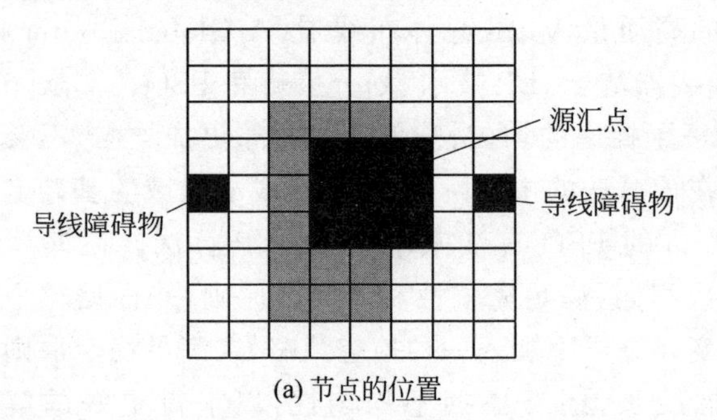

(a) 节点的位置

0	0	0	0	0	0	0	0
0	0	0	0	0	0	0	0
0	0	2	2	2	0	0	0
0	0	2	1	1	1	0	0
1	0	2	1	1	1	0	1
0	0	2	1	1	1	0	0
0	0	2	2	2	0	0	0
0	0	2	2	2	0	0	0
0	0	0	0	0	0	0	0

(b) 节点对应的值

图 2.8　网格图模型

3）粒子编码

在该问题模型中，每次迭代的每一个布线路径解都用 PSO 的一个粒子表示。如果使用 8 个拐弯的最大数量，每个粒子都可以用 7 个位置向量($\boldsymbol{e}_1 \sim \boldsymbol{e}_7$)进行编码，如图 2.9 所示。

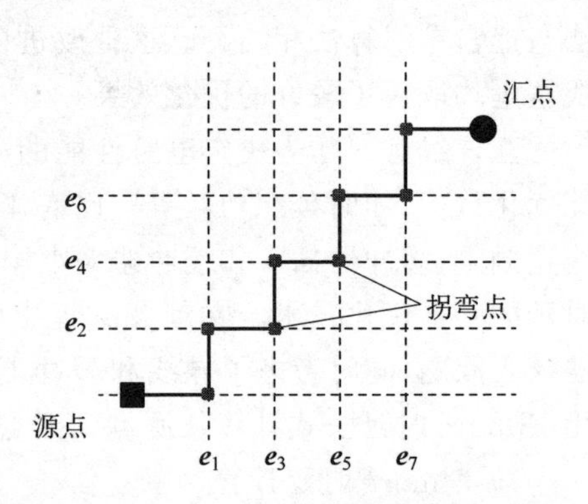

图 2.9　PSO VLSI 布线映射

其中，$\boldsymbol{e}_{\text{even}}$ 为在网格图中从原点沿 x 轴测量的位置，$\boldsymbol{e}_{\text{odd}}$ 为在网格图中从原点沿 y 轴测量的位置。通过连接这些连续的线段产生一条从源点到汇点的路径：源点→$\boldsymbol{e}_1 \rightarrow \boldsymbol{e}_2 \rightarrow \boldsymbol{e}_3 \rightarrow \boldsymbol{e}_4 \rightarrow \boldsymbol{e}_5 \rightarrow \boldsymbol{e}_6 \rightarrow \boldsymbol{e}_7 \rightarrow$汇点。对于更复杂的情况，可以通过增加位置向量($\boldsymbol{e}_1 \sim \boldsymbol{e}_n$)来增加拐弯数量。因此，具有位置和速度的粒子 i 表示如下：

$$\boldsymbol{x}_i = \begin{bmatrix} \boldsymbol{e}_1 \\ \boldsymbol{e}_2 \\ \vdots \\ \boldsymbol{e}_{n-1} \\ \boldsymbol{e}_n \end{bmatrix}, \quad \boldsymbol{v}_i = \begin{bmatrix} v_{e_1} \\ v_{e_2} \\ \vdots \\ v_{e_{n-1}} \\ v_{e_n} \end{bmatrix} \tag{2.36}$$

4）适应度函数

该算法的适应度是计算从源点到汇点（包括导线线段和终端为缓冲器的导线线段）累加的延迟时间。以图 2.9 为例，使用的总线段数可按式(2.37)计算：

$$p=(\sum_{a=1}^{n}|\boldsymbol{e}_a-\boldsymbol{e}_{a+2}|)+|x_{\mathrm{si}}-\boldsymbol{e}_{n-1}|+|x_{\mathrm{so}}-\boldsymbol{e}_1| \tag{2.37}$$

其中,n 为最大拐弯数,$\boldsymbol{e}_a$ 为节点在网格图中的位置。x_{so} 和 x_{si} 是源点和汇点的 x 轴坐标。对于每 6 条线段,随机放置一个缓冲器。由 p 的值和相应的缓冲器位置,可以在迭代计算中使用 Elmore 时延模型来确定时延。

然而该算法不执行导线线宽和缓冲器大小调整。因此,文献[59]的方法扩展了文献[58]的工作,在存在导线和缓冲器障碍的情况下,在缓冲器插入和线宽调整中使用 BPSO 进行优化。在该算法中,粒子位置 $\boldsymbol{X}$ 可以建模如下:

$$\boldsymbol{X}=[\boldsymbol{x}_1\boldsymbol{x}_2\cdots\boldsymbol{x}_q]^{\mathrm{T}}$$

其中,$\boldsymbol{x}_q$ 代表对应网格线段 q 有或没有缓冲器的网格线段类型。每个 $\boldsymbol{X}$ 都用 7 位表示,其中前 3 位表示使用的导线的类型,第四位表示缓冲器的使用,最后 3 位代表使用的缓冲器的类型。适应度函数由电容-时延(c,t)确定,c 代表节点 v 在时延模型的总接地电容。为上述互连线段确定一个新的电容-时延对(c',t'):

$$c'=\begin{cases}c_{\mathrm{w}}+c; & 分支1\\ c_{\mathrm{w}}+c_{\mathrm{b}}; & 分支2\end{cases} \tag{2.38}$$

$$t'=\begin{cases}r_{\mathrm{w}}(c_{\mathrm{w}}/2+c)+t; & 分支1\\ r_{\mathrm{w}}(c_{\mathrm{w}}/2+c_{\mathrm{b}})+d_{\mathrm{b}}+r_{\mathrm{b}}c+t; & 分支2\end{cases} \tag{2.39}$$

通过式(2.3)更新粒子速度。基于正态分布的概率,通过式(2.40)为每一位在下一次迭代 t 中更新位置 X:

$$X_{\mathrm{id}}^{t+1}=\begin{cases}1, & r<\dfrac{1}{1+\mathrm{e}^{-v_{\mathrm{id}}^{t+1}}}\\ 0, & r\geqslant\dfrac{1}{1+\mathrm{e}^{-v_{\mathrm{id}}^{t+1}}}\end{cases} \tag{2.40}$$

其中,r 为[0,1]区间的随机数。

此外,文献[60]还提出了一种两步 BPSO 方法,以获得从源点到汇点带有缓冲器插入的最佳布线路径。该算法分别使用两个 BPSO 来寻找布线的最短路径和沿导线插入缓冲器的最佳位置。第二个 BPSO 使用的适应度函数是基于迭代 RLC 延迟模型的时延公式。

然而,BPSO 方法的探索能力较弱,可能导致布线算法收敛速度较慢。为了克服这一缺点,文献[61]提出了一种带有变异集成的两步调整压缩粒子群优化(A two-step modified Constricted PSO with the integration of the Mutation,CPSO-MU)算法。带变异的粒子群优化(PSO with Mutation,PSO-MU)算法首先找到放置导线的最短路径,最后探索沿导线插入缓冲器的最优位置。与文献[60]的方法相比,CPSO-MU 可以以较少的迭代次数实现全局收敛,并产生较小的互连延迟。

2.5.3 DE算法的应用

1. 将DE应用于SMT构建

文献[64]描述了一种改进的DE,并将其用于寻找RSMT。整个搜索空间由一个$n\times n$的零矩阵表示。其中n是搜索空间的维度。随机地将元素从0变为1,产生一个初始种群。为了更好地解决离散问题,该算法对DE的3个部分进行了重新设计。

(1) 变异。随机选择一个粒子,然后随机地将矩阵中的元素从0变为1,已经为1的元素保持不变。这个新矩阵被视为变异矩阵。

(2) 交叉。将变异矩阵与目标矩阵进行交叉,利用式(2.13)生成试验矩阵。如果生成的随机数大于CR,则从目标粒子的位置矩阵复制整行(或整列)到新形成的试验粒子的位置矩阵;否则,将从变异矩阵复制行(或列)。

(3) 选择。比较试验矩阵与目标矩阵的适应度值,将目标矩阵替换为适应度较好的矩阵。

2019年,文献[65]提出了一种可行有效的基于离散差分进化(Discrete Differential Evolution,DDE)的X结构SMT构建算法。结合UFS,文献[65]设计了适用于DDE的新型变异和交叉算子。在这项工作中,每个粒子都被编码为边点对形式的数字字符串。最后一位表示OSMT的长度,适应度设置为长度的函数。采用式(2.8)、式(2.13)和式(2.14)作为粒子更新公式,分别表示变异、交叉和选择操作。

该算法设计了新的算子,使用DE搜索OSMT的相应演变如图2.10所示。

(1) 变异。式(2.8)中的减法运算为差集运算,加法运算为并集运算。随机选取3个粒子分别为p_1、p_2、p_3。减法运算可以分为两种情况。

① 一种情况是p_2-p_3的结果为空集,则从粒子p_1中随机选取待变异的边m_1,然后删除这条边,p_1被分成两棵子树。结合UFS,分别从两棵子树中随机选取两点重新连接,作为变异粒子(如图2.10(a)所示)。

② 另一种情况是p_2-p_3的结果为非空集。差集的元素作为变异结果的边的一部分。然后从p_1的边集中选择剩余的边,重构一棵新树作为最终的变异粒子(如图2.10(b)所示)。

(2) 交叉。当变异粒子m与当前粒子i交叉时,将这两棵树的公共边作为开始集,其余边作为候选集。结合UFS,不断地从候选集中提取剩余的边,直到交叉结果是一棵合法的树(如图2.10(c)所示)。

(3) 选择。在选择操作中采用了基于适应度的贪心策略。

与基于DPSO的RSMT和OSMT构建算法相比,这种DDE在构建RSMT方面能够实现更强的线长缩减。可以看出,DE在寻找RSMT方面比PSO更具优势。

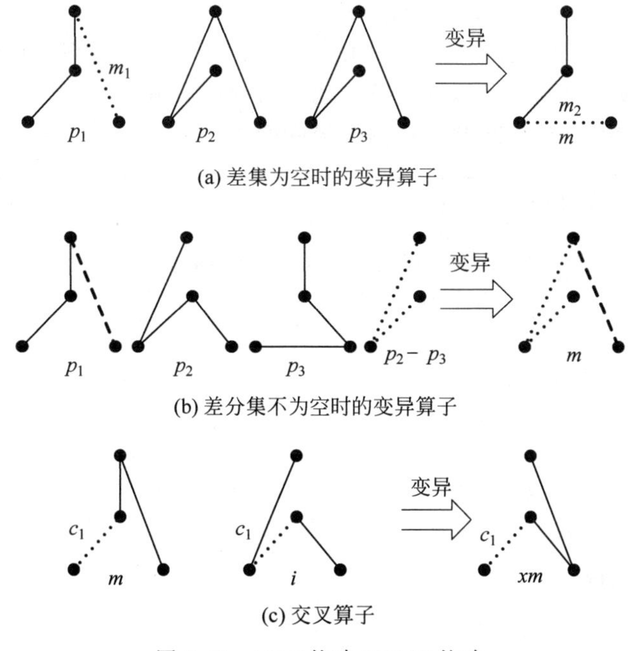

(a) 差集为空时的变异算子

(b) 差分集不为空时的变异算子

(c) 交叉算子

图 2.10 DDE 构建 OSMT 构建

2. 将 DE 应用于总体布线和详细布线

DE 也被广泛应用于 VLSI 的总体布线。文献[66]的算法将 DE 用于 3D IC 总体布线,以最小化关于硅通孔(Through Silicon Vias,TSV)的线长。算法的变异操作采用式(2.8),即变异算子通过扰动随机选择的向量 $\boldsymbol{X}_{r_1}$ 以及另外两个随机选择的向量 $\boldsymbol{X}_{r_1}$ 和 $\boldsymbol{X}_{r_2}$ 的差来产生变异向量。交叉和选择操作由式(2.13)和式(2.14)执行。而文献[67]的算法使用 DE 进行限制性通道布线,在解向量编码中使用水平和垂直约束来消除不可行解,从而降低复杂度,减小搜索空间。

2.5.4 ABC 算法的应用

1. 将 ABC 应用于 SMT 构建

文献[68]提出了一种求解布线优化问题的 ABC 算法,显著优化总互连长度的减少。该算法的目标是要找到一个 RSMT 来连接所有的终端或引脚,而不会过度丧失网格图的通用性,搜索空间同样用 Steiner 矩阵表示。由于 ABC 算法的探索能力较强,但开发能力较差,编者在算法中引入了两个步骤来提高开发能力。一个步骤是考虑问题的类型和复杂度,设计新的选择食物源的概率函数,描述如下:

$$p_i = \mathrm{e}^{-\frac{\mathrm{fit}_i}{\rho}} \tag{2.41}$$

其中,ρ 是一个常数,具体取决于所处理问题的类型和复杂度。另一个步骤是在算法的跟随蜂阶段设计食物源开发的新方程,描述如下:

$$v_{ij} = x_{\text{best}} + \phi(x_{\text{best}} - x_{ij}) \tag{2.42}$$

其中，X_{best} 是当前迭代的最优解。利用式(2.42)，最坏解将得到局部搜索的机会，并且当前种群中的最优解可以修改下一代中其他所有解。

用 ABC 求解 RSMT 问题的具体步骤见算法 2.3。

算法 2.3　用 ABC 算法构建 RSMT

1　定义目标函数 $f(x)$，最大迭代次数 maxit 以及一个计数器 c；
2　初始化蜂群 $x_i(i=1,2,\cdots,\text{NP})$ 以及迭代计数器 iter＝0；
3　**while** iter＜maxit **do**
4　　**for** $i=1$:NP/2(雇佣蜂)**do**
5　　　根据式(2.16)计算新的解；
6　　　对所有 i 计算 $f(x_i)$；
7　　　根据式(2.41)计算 p_i；
8　　**for** $i=1$:NP/2(跟随蜂) **do**
9　　　基于 p_i 计算解；
10　　　计算 $f(x_i)$；
11　　　根据式(2.40)计算 p_i；
12　　　使用贪心选择策略；
13　　**if** 对于某个 x_i 经过 c 次 $f(x_i)$ 都没有改善 **then**
14　　└侦查蜂根据式(2.18)生成新的解；
15　　iter＝iter＋1；

2015 年，文献[69]为构建 OARSMT 提出了一种离散 ABC 算法，用于 VLSI 设计中多端线网的布线。该算法首先生成 OARSMT 的逃逸线段，然后利用离散 ABC 搜索近似最优解。与基础 ABC 算法相比，该算法有以下改进点：

(1) 采用基于键-节点编码方案来构建一个紧凑搜索范围表示可行解；

(2) 对于 Steiner 树构建，提出改良的经典启发式算法作为编码器构建具有良好解的 Steiner 树；

(3) 在局部搜索策略中引入一个键-节点的邻域构型和两个具有不确定搜索步长的局部搜索算子；

(4) 此外，设计了一个全局搜索算子来避免每次生成相同的初始解，并通过合并操作来增强全局搜索。

2. 将 ABC 算法应用于总体布线

文献[70]提出的方法利用 ABC 算法来寻找总体布线时芯片的最优线长。问题的搜索空间用 Steiner 矩阵表示。

求解过程分为 3 个阶段。

(1) 雇佣蜂阶段。

初始化一些解(数量等于种群大小的一半)。通过随机选取相应矩阵的一些元素并设为1(这些点可视为原始总体布线图中的 Steiner 点),生成每个解。而原始终端节点保持不变。

(2) 跟随蜂阶段。

利用 Prim 算法得到各矩阵的适应度值。每个解(矩阵)的概率值由式(2.17)得到。根据这个概率,在跟随蜂阶段选择解。

(3) 侦查蜂阶段。

对于任何食物源(矩阵),如果解在设定的阈值范围内没有得到改进,则丢弃解,算法进入侦查蜂阶段。然后通过在原矩阵中随机选取点来生成新的解。

重复上述步骤,直到满足终止条件为止。然后根据适应度值确定最优解,得到最优长度。在这篇文献中,因为 ABC 是通过一种简单而基本的方法从父类中获得候选解,所以算法可以有效地工作。而该方法的实现是通过找出随机选择的父解部分与种群中随机解之间的差异,从而加快了算法的收敛速度。总体布线器 NTHU 2.0 能够解决国际物理设计研讨会(International Symposium on Physical Design,ISPD)的所有测试函数,具有速度快与鲁棒性强的特点。而与 NTHU 2.0 相比,文献[70]的方法可以生成更好的结果和更优的布线结构。

文献[71]提出的方法将 ABC 算法应用于两端线网的布线,并与迷宫算法进行了性能比较。为了使 ABC 算法适应两端线网的布线问题,对 ABC 算法的几个部分进行了修改。

(1) 算法采用序列编码的方法,将解分为两部分:行解和列解。

(2) 初始解的一半由模式布线生成,另一半随机生成,以加快算法的收敛速度。

(3) 设计局部搜索操作,将辅助解的前部分序列(或后部分序列)与当前解交换,生成新解,然后从新解和当前解中选择最优解作为更新后的当前解。

(4) 设计动态吸引概率,在不同阶段调整算法的正反馈。实验结果表明,ABC 算法在解决两端线网布线问题时,比起迷宫算法,能找到成本更低的布线路径。

2.5.5 FA 算法的应用

FA 算法多用于总体布线中。文献[73]提出的算法将 FA 算法应用于 VLSI 布线,通过选择路径和智能地放置缓冲器来找到最小时延。算法使用拐弯的位置来建模代表布线解的萤火虫。与之前使用 PSO 解决布线问题的模型一样,在这项研究中,仍然使用分布式 RC 网络作为互连线模型,并应用 Elmore 时延公式计算从源点到汇点的互连延迟。如图 2.8(a)和图 2.8(b)所示,同样的网格图模型用来表示可能用于布线的区域和关于障碍物和缓冲器的信息。在如图 2.9 所示的模型中,每只萤火虫代表问题的一个候选解。与 PSO 算法相似,每只萤火虫在 FA 算法中的位置也是一个从 e_1 到 e_7 的七维向量。萤火虫在 VLSI 布线问题中的一般表示如下：

$$\boldsymbol{X}_i = [e_1 \quad e_2 \quad \cdots \quad e_{n-1} \quad e_n]^{\mathrm{T}}$$

算法 2.4 给出了应用于 VLSI 布线优化问题的 FA 算法的伪代码。该算法随机生成萤火虫的初始种群，通过适应度函数来评估萤火虫的位置。而在 $\boldsymbol{x}_i$ 的萤火虫 I_i 的光强由使用式(2.32)到式(2.35)的适应度函数 $f(x)$确定。在每次迭代中，每只萤火虫都会飞向光强较强的一只萤火虫，使用式(2.21)作为位置更新公式，其中距离 r 是两只萤火虫之间的笛卡儿距离。然而，当萤火虫向另一只移动时，由于坐标位置不精确，新的位置可能是无效的。因此，提出第 10 步的纠正策略，主要针对两种情况：一种情况是解为小数，最简单的方法是四舍五入；另一种情况是解超过坐标边界，采取的措施是忽略该次迭代。下一步(第 11 步)是对新萤火虫的适应度进行评估和更新光强。通过不断迭代和更新全局最优解，得到最终解。编者将该方法与文献[58]设计的基于 PSO 的布线算法进行了比较，得到了相同的最优解。对于没有插入缓冲器的布线问题，算法过程与算法 2.4 大致相同，只需要省略步骤 3～步骤 9。

算法 2.4　用 FA 算法解决布线问题

```
1   定义目标函数 f(x)，最大迭代次数 maxit；
2   初始化萤火虫种群 x_i(i=1,2,…,q)，参数 γ,β_0 以及计数器 iter=0；
3   为种群随机放置缓存器；
4     while iter<maxit do
5       for  i=1：q(对所有萤火虫)  do
6         for  j=1：q(对所有萤火虫)  do
7           if I_i<I_j then
8             根据式(2.21)使萤火虫 i 向 j 移动；
9             为萤火虫 i 随机放置缓冲器；
10            如果必要的话执行纠正操作；
11            根据 f(x)评估新的解，如果必要的话更新 I_i 和全局最优解；
12  输出荧光最强的萤火虫；
```

文献[57]采用 FA、带惯性权重的粒子群优化(PSO with inertia Weight，PSO-W)算法、带收缩因子的粒子群优化(PSO with Constriction factor，PSO-C)算法和带变异的粒子群优化算法来实现总体布线的最小线长。其中，FA 和 PSO-MU 产生的线长最小，但 FA 的计算时间约为 PSO-MU 的 6 倍，约为 PSO-W 的 10 倍。可以看出，传统的 FA 算法比传统的 PSO 算法具有更好的优化能力，但改进后的 PSO，如 PSO-MU，可以达到与传统 FA 相同的优化结果，同时时间复杂度低得多。

在文献[72]描述的初始设置中，终端节点坐标随机生成，使用 FA 和 ABC 连接所有终端节点。该文献比较了两种算法在最小化互连线长度方面的性能。实验结果表明，FA 在 RSMT 的终端节点搜索中可以获得更短的线长，但计算成本较高。因此，如果最终需求只是通过最小化互连线长来减少时延，那么 FA 无疑是一个更好的选择。而如果对运行时间的要求较高，则建议选择 ABC。

2.6 相关讨论

目前，大多数布线问题的目标都是最大限度地减少互连线长度，同时考虑布线过程中越来越多的因素，如绕障布线、最小化通孔数量、时延和拥塞优化等。芯片性能可以通过考虑这些布线优化目标得到进一步优化。因此，图 2.11 给出了每个 VLSI 布线研究问题中的 SI 技术分布，分别为 SMT 构造、线长驱动布线、绕障布线、时延驱动布线、功耗驱动布线。可以看出，使用 SI 技术的大多数布线问题目标都是为了优化线长，而优化时延、障碍和能耗的很少。为构建高效的自动化布线流程，研究人员总结了在不同的设计环境中布线问题的特点，并在各种新工艺下建立了一系列布线模型和评估模型，如基于 X 结构的多层布线、针对多动态电压设计的总体布线、先进通孔-柱技术下的新问题模型等。

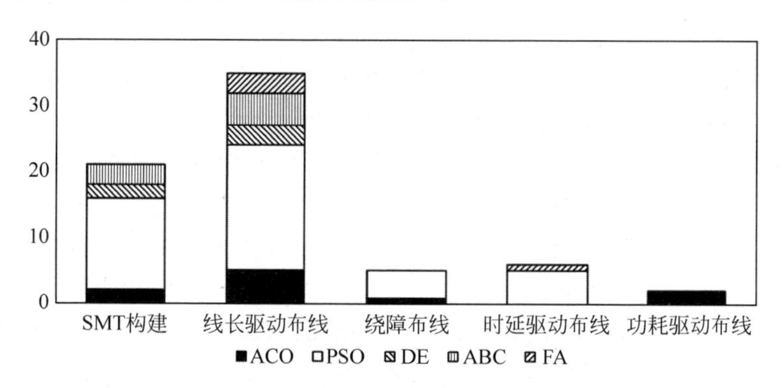

图 2.11 在所调查的研究工作中，每种 VLSI 布线子问题中 SI 技术的分布

2.6.1 基于 X 结构的多层布线

近年来，越来越多的研究文献([51]~[54]、[56]、[65]、[78]和[79])聚焦于 X 结构 SMT 的构建。早期的总体布线算法是基于曼哈顿结构的，通过优化 Steiner 树拓扑结构、变换线宽和插入缓冲器来优化线长和互连线延迟，从而帮助提升芯片的性能。此外，基于曼哈顿结构的总体布线在优化互连长度时，由于布线方向只能是水平和垂直的方向，其优化能力受限。因此，研究提出的 X 结构模型从根本上改变了传统的曼哈顿结构，解决了 RST 布线因走向受限而未能充分利用布线资源的问题，进一步缩小芯片面积，缩短线长，降低功耗，并使得物理设计中的多项性能指标得到提升。目前用于求解非曼哈顿结构 Steiner 树的算法主要为精确算法和传统启发式算法，但分别存在复杂度过高及算法早熟的缺点，不能充分利用非曼哈顿

结构的几何特性，均不能保证 Steiner 树的质量。因此，探索基于各类 SI 技术的布线算法具有重要的实际意义。目前，文献[51]～[54]和文献[56]中提及的工作将 PSO 应用于 X 结构布线，并取得了优异的成果。

当前对非曼哈顿结构的研究主要集中在 Steiner 树的构建上，缺乏对多层总体布线算法的研究。目前国内外的研究现状表明，虽然非曼哈顿结构可以有效降低线长和芯片面积，大大提高芯片的性能和密度，但同时带来了通孔数增加的代价。在多层布线中，通孔的数量和大小是关键的优化目标。因此，在非曼哈顿结构下构建高效的多层总体布线器具有重要的理论价值和实际意义。

2.6.2 总体布线的多动态电压设计

近 30 年来，随着工艺技术的发展，纳米级 CMOS 电路的晶体密度急剧增加，导致电路中功耗密度增加。根据相关研究显示，微处理器的功率密度以每 3 年增长两倍的速度增长，如此高密度的功率消耗将会导致晶片温度过热，从而使电路的可靠性降低。因此功耗问题必须引起重视。然而，目前提出的大部分总体布线算法都是以减少溢出数、线长和计算时间为优化目标，并且所有功能均工作在同一电压模式下。

这种传统的电压供电方式容易造成过多不必要的功耗。这是因为芯片的所有功能部件都在相同的高压电模式下工作，而本可工作在较低电压模式下的其他设备也同样工作在高电压模式下，增加了芯片的功耗，从而减少了电池寿命。为了改变这种电压供应模式，业界芯片公司和研究人员提出多电压（Multiple Supply Voltage，MSV）设计模式，通过复杂的控制策略来控制不同功能部件的电压，从而有效降低功耗，所以多电压设计被广泛应用于高端应用或低功率应用。与 MSV 设计相比，多动态电压（Multiple Dynamic Supply Voltage，MDSV）技术可以进一步降低功耗。在 MDSV 设计中，各功率域的电压可以根据相应的功率模式动态变化。在一些功率模式下，如待机模式和睡眠模式，一些功率域甚至可以设置为完全关闭以节省电能。

MDSV 的提出为 VLSI 的物理设计带来了新的机遇和挑战，并导致整个布图领域算法的更新。它对以 MDSV 为电压供应模型的物理设计过程，包括布图规划与布局、布线、参数提取等方面提出新的要求，也对与总体布线密切相关的电子设计自动化（Electronics Design Automation，EDA）工具的研究提出了巨大的挑战。文献[87]的工作是第一次针对多动态电压设计模式构建相应的总体布线器。但该工作过分简化了 MDSV 设计模式的数学问题，且未能对减少功率的目标进行相应的实验研究。在 MDSV 设计模式下，一个线网可以穿过多个电源定域，其中一些电源定域可能关闭状态，而其他电源定域仍然处于活动模式。对于一个在关闭的电源定域中有长距离绕线的活动线网，如果其中继器是放置在关闭的电源定域内，则可能会造成功能冲突。因此，限制活动线网在关闭的电源定域内的绕线长度是

MDSV 设计中一个极为重要的总体布线问题。文献[85]提出了一种长度限制的迷宫布线算法用于控制布线路径的线长，同时文献[86]也提出了一种考虑障碍物内可走线长度限制的快速 Steiner 最小树构造算法，但二者均并未考虑到不同电源定域下的长度约束是不同的。因此，文献[86]的总体布线器仍可能产生一些在 MDSV 设计下的非法布线结果。

现有关于 MDSV 设计模式的研究工作主要集中在布局、时钟树构造等一些局部阶段，缺乏一种有效、完整地解决 MDSV 设计下总体布线问题的方案。如果将新颖的 MDSV 引入到总体布线阶段，则将产生新的总体布线问题，包括新的约束和数学模型等各方面，需要提出有效的算法。在与包括美国 Cadence 等芯片设计相关公司在内的调查研究中，发现 MDSV 设计下的总体布线算法研究能够有效减少大量的功耗，而目前学术界却缺乏关于 MDSV 设计下的总体布线算法相关研究。事实上，为了解决动态功耗问题，学者们也基于 MSV、MDSV 等相关技术开发了一些新工具。但在这些工具中，相关的布线算法需要进行一些改变，才能解决新设计模式下的布线问题。因此，寻找有效的 MDSV 设计下总体布线算法，构造一个高效的低功耗总体布线器，具有重要的理论价值和实际意义。

2.6.3　基于先进通孔柱技术的多层布线

当前制造工艺下，互连线延迟已经超越门延迟，成为决定电路性能的主要因素。而互连线延迟主要是在布线阶段进行有效优化。现如今，传统的布线相关算法面临越发严格的约束，导致时序收敛也越发困难，不再满足芯片的性能要求。为此，美国 Synopsys 公司和台积电在 2017 年联合推出通孔柱这一关键工艺，作为 7ns 及以下设计中芯片性能的一个代表性技术。通孔柱工艺考虑时延问题中的重要因素——电阻，通过降低减低电阻从而大幅度优化时延，进而优化芯片性能。

传统布线问题的研究工作大多将通孔视为没有形状和大小，在处理相关布线子问题中未考虑到通孔的大小和位置，从而导致最终的布线结果与实际芯片设计需求不一致，加剧了芯片生产的失败率。同时业界对通孔柱工艺下的相关布线问题求解仍采取部分手工实现，目前尚缺少一种有效的自动化设计流程。因此，寻求通孔柱工艺下一个有效且完整的自动化布线算法，从而构建通孔柱工艺下一个高效的性能驱动多层布线器，具有重要的理论价值和实际意义。

1. 层分配

目前研究层分配问题的工作仍然没有考虑真实的芯片设计的相关需求。引入通孔柱工艺后，所构建的相关布线模型需要考虑通孔大小的存在，同时考虑时延优化这一关键性能指标，因此现有层分配算法不再适用于通孔柱工艺下的层分配问题，需要设计相应的有效算法。

2. 轨道分配

轨道分配的工作是为了更好地衔接总体布线与详细布线，提高最终详细布线的质量。而现有关于轨道分配问题的研究工作或是未考虑局部线网，或是未考虑到通孔的位置，或是未考虑时延问题，从而进一步加剧了总体布线对详细布线的不匹配程度。文献[90]的算法将 DPSO 应用于轨道分配问题，考虑了局部线网、重叠冲突、线长和阻塞等因素，与基于协商的优化算法相比，获得了更少的重叠代价。由此可见，将 SI 技术应用于轨道分配是一个明智的选择。对于通孔柱工艺下的轨道分配，需要重新建立新的模型，考虑通孔位置、时延优化和避免电路开路，同时还需要进一步减少总重叠代价、总线长和时延。为有效提高总体布线方案对详细布线的指导作用，构建有效的、高质量的、容易平行化的轨道分配算法是相当重要的。

3. 详细布线

详细布线主要可分为串行算法和并行算法两种。为了弥补线网顺序对布线结果的影响，串行布线通常采用拆线重绕的方式进一步精炼布线结果，可快速获得质量较好的布线方案，但这些串行布线方法可能会产生一些无效的解，而基于多商品流模型的并行详细布线算法能同时对多个线网进行布线。但这些算法并未考虑到时延优化问题且时间复杂度高，不能较好地解决性能驱动布线问题。通孔柱工艺的引入，能够有效优化时延，因此，通孔柱工艺下详细布线的有效求解算法也是一个值得探寻的问题。

2.7 未来研究

SI 作为一种近年来新兴的优化方法，正成为最受关注的优化领域之一，其对自然生物所表现出的智能行为的模拟为解决各种复杂的优化问题提供了新思路、新方法。前面提到的 5 种 SI 技术已广泛应用于 VLSI 领域的各类问题，尤其是 VLSI 布线。因此，SI 在布线领域的有效性和效率值得研究人员进一步挖掘其潜力。

2.7.1 使用 SI 的先进技术模型的布线

集成电路领域各种新工艺、新技术的出现，为研究优化布线问题提供了更多的可能性。图 2.12 描绘了针对每一项所调研的 VLSI 子问题基于 SI 的工作的发表频率。该图在一定程度上反映了近年来 VLSI 布线问题的研究趋势。可以发现，自 2009 年以来，学者们开始关注布线中时延和功耗的优化问题。2015 年论文产出率达到最高。而在 2015—2019 年的 4 年里，也有一些研究用 SI 技术解决布线问题。因此，新工艺的出现给布线领域带来了新的研究前景，包括进一步优化线长、时延、功耗等重要目标，以提高芯片的整体性能。

1. 使用 SI 解决非曼哈顿结构布线

从 2.5 节的对 SI 在布线问题上的应用来看，大多数都是基于网格布线，而在多层布线模型中，部分金属层的布线走向可以有很多种。若是将原有的方法直接应用到非曼哈顿结构布线问题中，会使得算法变得更为复杂，并且存在一定的局限性。因此，非曼哈顿结构与网格布线模型并不是一个很好的结合，特别是在总体布线阶段，需要重新考虑布线边的代价函数问题，更新布线资源分配问题等。为更好地解决 VLSI 的非曼哈顿结构布线问题，探究非曼哈顿结构 Steiner 最小树构造、绕障 Steiner 树的构造、拥挤区域的线网重布线问题、时延优化问题、层分配算法的构建等有效策略具有重要意义。

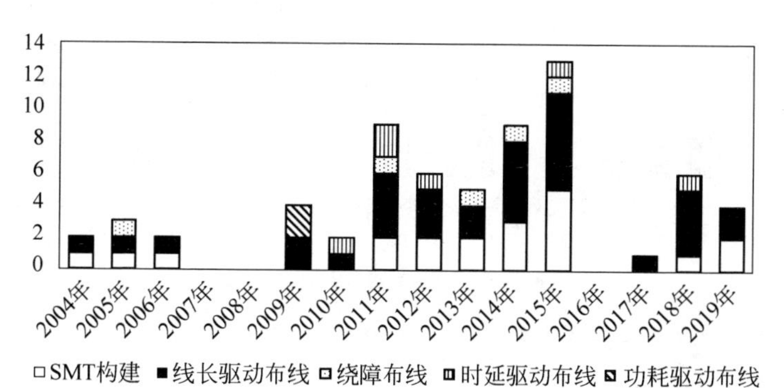

图 2.12 在所调查的研究工作中，使用 SI 技术解决 VLSI 布线子问题的年度分布

2. 使用 SI 解决 MDSV 设计模式下低功耗总体布线

相对于单个电压模式，多电压设计模式下的总体布线问题显得更加复杂，要么面临计算量爆炸，要么易陷入局部极值，无法接近全局最优解，以至于人们开始寻求各种启发式算法。大量研究成果表明，在解决各类 NP 难问题方面，SI 算法确实是强有力的优化工具。考虑使用 SI 技术来构造求解 MDSV 设计模式下低功耗总体布线问题的有效策略，在一定程度上能促进构建多动态电压芯片设计环境下高效的 VLSI 总体布线器。

3. 使用 SI 解决通孔柱工艺下的布线问题

对于复杂通孔柱工艺下性能驱动的多层布线，合理、高效地利用 SI 技术可以解决层分配、轨道分配和详细布线等问题。例如，在轨道分配阶段，通过建立多目标 SI 优化架构，综合考虑通孔位置、局部线网和时延，找到最优分配方案是一种明智的想法。

2.7.2 探索新型可用的 SI 技术

SI 算法的探索和开发能力在 VLSI 布线问题中得到了很好的发挥，为提高布线算法的质量、降低运行时间做出了很大的贡献。在上述方法中，PSO 简单易行，具有较强的全局寻优能力。图 2.13 给出了 SI 技术应用于 VLSI 布线子问题的年度分布。结果表明，自 2009 年以来，PSO 已成为 VLSI 布线问题中应用最广泛的 SI 技术。该技术自提出以来的短短几年的时间里就成了一个研究热点，取得了丰富的研究成果。近年来，PSO 被广泛应用于 VLSI 物理设计中的划分、布图规划与布局、布线及其他领域。探索新的、有效的SI技术也是未来VLSI布线问题的研究方向之一。

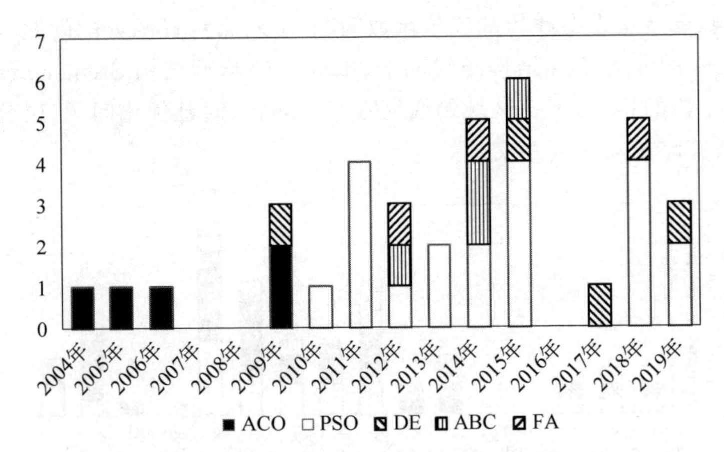

图 2.13 在所调查的工作中,应用于VLSI布线子问题中的SI技术的年度分布

1. QPSO

PSO中粒子的运动随时间的演化其轨迹是既定的;同时,因粒子飞行速度受限,其搜索空间呈现为一个有限并逐渐减小的区域,不能保证全局收敛。因此,文献[98]提出了基于δ势阱模型的量子粒子群优化(Quantum-Behaved Particle Swarm Optimization,QPSO)算法,并成为研究与运用最广泛的一个版本。在QPSO中,所有粒子具有量子行为特性而不再像PSO中粒子的运动状态遵守牛顿方程,是一个确定性的描述。相比PSO,QPSO采用更为简单的仅有位移的模型且控制参数更少,更重要的是,量子系统中粒子能够以一定的概率分布在任何位置以达到全局搜索。

近年来,QPSO已成功应用于神经网络、电力系统、电子与电磁学等多个领域。因此,比起PSO,QPSO有机会更好地解决VLSI布线问题。

2. CPSO

传统的PSO在处理高维问题时需要大量的粒子,计算相当复杂,很难得到令人满意的解。通常采用分治策略解决高维问题,早期的CPSO算法也是基于这种策略。文献[20]提出的CPSO算法将输入向量分解为多个子向量,并对每个子向量执行PSO,然后将搜索结果集成为一个全局种群。2005年,文献[102]提出的方法将主从模式引入PSO,一个种群是由一个主群和多个从属群组成的,从属群独立执行PSO(或其变体)来保持粒子的多样性,而主群根据自身的知识以及从属群中粒子的知识来增强其粒子。文献[104]的工作是将随机分组和自适应权重相结合,提出协同进化粒子群优化(Cooperatively Coevolving Particle Swarm Optimization,CCPSO)算法,该算法仅需少量评估就能取得较好的效果。随后,文献[104]的算法在CCPSO的基础上,采用新的PSO位置更新规则,该规则根据柯西分布和高斯分布在搜索空间中采样新点,并采取动态确定变量的协同进化子分量大小的方案,成为求解复杂多模态优化问题的一种很有竞争力的方法。

基于协同策略的PSO是提高PSO处理高维问题的一种有力方法。多个种群的并行执行,能够加快效率;以子群为单位,进行信息交流,能够平衡全局搜索和局部开发能力,降低过早收敛、陷入局部最优的风险。在处理VLSI布线问题时,协作粒子群算法有机会获得更好的解决方案。

3. 混合SI算法

每种SI技术都有其自身特性,在不同的应用场景中会产生不同的效果。近年来,为了提高各种SI技术的性能,进一步提高解的质量,各种混合SI技术应运而生并成功应用于各领域,如PSO-ACO、ACO-ABC、DE-ABC、FA-DE、PSO-DE和其他混合SI算法。文献[105]提出了一种两阶段混合SI算法,利用PSO和GA的随机性、快速性和整体性进行粗糙搜索,再利用ACO算法解的并行性、正反馈性和高精度进行详细搜索。文献[108]提出的方法综合了ABC的全局搜索能力和ACO的局部搜索能力两者的优点,克服了ACO容易陷入局部最优的问题。在文献[110]提出的混合DE-ABC算法中,雇佣蜂使用DE的变异和交叉策略以增强自己的探索能力,而跟随蜂则保持原有的更新策略以保持自己的开发能力,以此提高ABC算法的收敛速度和搜索能力。

使用单一的SI算法很容易受到初始种群和参数设置的影响,而不同SI的混合,或是通过不同类型种群的协同演化进行信息交流,或是学习其他SI算法的某些机制以弥补自身不足,能够大大提升算法性能,尽可能避免局部最优解的产生。上述成功案例表明,与单一SI技术相比,混合SI算法有可能更好地应用于VLSI的布线问题。

2.8 本章总结

SI技术可以解决超大规模集成电路布线中的各种NP难问题,包括Steiner树构建、线长驱动布线、绕障布线、时延驱动布线、功率驱动布线等。在Steiner树构建问题中,曼哈顿结构由于其布线方向限制而不能充分利用布线资源,因此提出非曼哈顿结构解决这一问题。越来越多的研究工作基于非曼哈顿结构展开,尤其是X结构。在线长驱动布线中,SI技术主要用于Steiner点的选择,并将线长作为评估指标。这些评估指标以函数的形式引导个体向最优目标发展。例如,在PSO和DE中,它们作为适应度函数。在ACO、ABC和FA中分别表现为信息素、食物源和亮度。在绕障布线中,障碍物的存在可能影响Steiner点的选择。通过设计有效的绕障策略,同时考虑线长和穿过障碍物的布线代价,可以同时最小化线长和拥塞。时延驱动布线通常是用一个分布式RC网络作为互连模型,使用Elmore时延公式计算源汇时延。功率驱动的布线除了考虑线长,也考虑通孔数量、电容等约束条件。后期的研究也引入 MDSV 来进一步降低功耗。

本章研究了 VLSI 布线领域的 5 种经典和常用的 SI 技术：PSO、DE、ACO、ABC 和 FA。其中 ACO 和 PSO 广泛应用于上述大多数布线问题中，而其余的 SI 技术使用较少，大多只用于 Steiner 点的选择和考虑最小化互连线长度的布线问题中。因此，期望看到更多可用的 SI 技术应用到考虑障碍物、时延和功耗的布线算法中，以提高解决方案的质量。此外，引入相关的新技术和新工艺以取得 VLSI 布线领域的突破是很有必要的，如引入 X 架构以充分利用布线资源，设计 MDSV 以解决低功耗总体布线问题、引入通孔柱工艺提高多层布线的性能。传统的布线模型在这些新的设计背景下并不适用且复杂度过高。因此，在这些新技术和新工艺下探索新的布线模型是未来 VLSI 布线的发展趋势。SI 作为一种强大的优化工具，将继续在 VLSI 布线中发挥重要作用。

参考文献

[1] Kumar S B V, Rao P V, Sharath H A, et al. Review on VLSI design using optimization and self-adaptive particle swarm optimization[J]. *Journal of King Saud University-Computer and Information Sciences*, 2018.

[2] Roy J A, Markov I L. High-performance routing at the nanometer scale[J]. *IEEE Transactions on Computer-Aided Design of Integrated Circuits and Systems*, 2008, 27(6): 1066-1077.

[3] Mavrovouniotis M, Li C, Yang S. A survey of swarm intelligence for dynamic optimization: Algorithms and applications[J]. *Swarm and Evolutionary Computation*, 2017, 33: 1-17.

[4] Zhu Y, Tang X. Overview of swarm intelligence[C]//2010 International Conference on Computer Application and System Modeling (ICCASM 2010). IEEE, 2010, 9: V9-400-V9-403.

[5] Wisittipanich W, Hengmeechai P. Comparison of PSO and DE for truck scheduling in multi-door cross docking terminals[C]//2017 IEEE International Conference on Industrial Engineering and Engineering Management (IEEM). IEEE, 2017: 50-54.

[6] Han Z, Li Y, Liang J. Numerical improvement for the mechanical performance of bikes based on an intelligent PSO-ABC algorithm and WSN technology[J]. *IEEE Access*, 2018, 6: 32890-32898.

[7] Sebtahmadi S S, Azad H B, Kaboli S H A, et al. A PSO-DQ current control scheme for performance enhancement of Z-source matrix converter to drive IM fed by abnormal voltage[J]. *IEEE Transactions on Power Electronics*, 2017, 33(2): 1666-1681.

[8] Cao W, Liu K, Wu M, et al. An improved current control strategy based on particle swarm optimization and steady-state error correction for SAPF[J]. *IEEE Transactions on Industry Applications*, 2019, 55(4): 4268-4274.

[9] Li Y, Soleimani H, Zohal M. An improved ant colony optimization algorithm for the multi-depot green vehicle routing problem with multiple objectives[J]. *Journal of cleaner production*, 2019, 227: 1161-1172.

[10] Yang F, Wang P, Zhang Y, et al. Survey of swarm intelligence optimization algorithms [C]//2017 IEEE International Conference on Unmanned Systems (ICUS). IEEE, 2017: 544-549.

[11] Dorigo M. Optimization, learning and natural algorithms[J]. *PhD Thesis*, Politecnico di Milano, 1992.

[12] Kennedy J E, Eberhart. Particle Swarm Optimization [C]// IEEE International Conference on Neural Networks. IEEE, 1995.

[13] Storn R, Price K. Differential evolution—a simple and efficient heuristic for global optimization over continuous spaces[J]. *Journal of global optimization*, 1997, 11 (4): 341-359.

[14] Karaboga D. An idea based on honey bee swarm for numerical optimization[R]. Technical Report-TR06, Erciyes university, Engineering faculty, Computer Engineering Department, 2005.

[15] Yang X S. Nature-Inspired Metaheuristic Algorithms[M]. Luniver Press, UK, 2008.

[16] Dorigo M, Maniezzo V, Colorni A. Ant system: optimization by a colony of cooperating agents[J]. *IEEE Transactions on Systems, man, and cybernetics*, Part B: Cybernetics, 1996, 26(1): 29-41.

[17] Socha K, Dorigo M. Ant colony optimization for continuous domains [J]. *European journal of operational research*, 2008, 185(3): 1155-1173.

[18] Shi Y, Eberhart R C. Empirical study of particle swarm optimization[C]//Proceedings of the 1999 Congress on Evolutionary Computation-CEC99 (Cat. No. 99TH8406). IEEE, 1999, 3: 1945-1950.

[19] Clerc M, Kennedy J. The particle swarm-explosion, stability, and convergence in a multidimensional complex space[J]. *IEEE transactions on Evolutionary Computation*, 2002, 6(1): 58-73.

[20] Van den Bergh, F Engelbrecht A P. A cooperative approach to particle swarm optimization [J]. *IEEE transactions on evolutionary computation*, 2004, 8(3): 225-239.

[21] Liang J J, Qin A K, Suganthan P N, et al. Comprehensive learning particle swarm optimizer for global optimization of multimodal functions [J]. *IEEE transactions on evolutionary computation*, 2006, 10(3): 281-295.

[22] Das S, Suganthan P N. Differential evolution: A survey of the state-of-the-art[J]. *IEEE transactions on evolutionary computation*, 2010, 15(1): 4-31.

[23] Qin A K, Huang V L, Suganthan P N. Differential evolution algorithm with strategy adaptation for global numerical optimization [J]. *IEEE transactions on Evolutionary Computation*, 2008, 13(2): 398. 417.

[24] Karaboga D, Basturk B. On the performance of artificial bee colony(ABC) algorithm[J]. *Applied soft computing*, 2008, 8(1): 687-697.

[25] Parkhurst J, Sherwani N, Maturi S, et al. SRC physical design top ten problem [C]// Proceedings of the 1999 international symposium on Physical design. 1999: 55-58.

[26] Lee C Y. An algorithm for path connections and its applications[J]. *IRE transactions on electronic computers*, 1961(3): 346. 365.

[27] Hightower D W. A solution to line-routing problems on the continuous plane [C]//

Proceedings of the 6th annual Design Automation Conference. 1969: 1-24.

[28] Kastner R, Bozorgzadeh E, Sarrafzadeh M. Pattern routing: Use and theory for increasing predictability and avoiding coupling[J]. *IEEE Transactions on Computer-Aided Design of Integrated Circuits and Systems*, 2002, 21(7): 777.790.

[29] Samanta T, Ghosal P, Rahaman H, et al. A heuristic method for constructing hexagonal Steiner minimal trees for routing in VLSI[C]//2006 IEEE international symposium on circuits and systems. IEEE, 2006: 4 pp.

[30] Moffitt M D, Roy J A, Markov I L. The coming of age of(academic) global routing[C]// Proceedings of the 2008 international symposium on Physical design. 2008: 148-155.

[31] Pan M, Chu C. IPR: An integrated placement and routing algorithm[C]//Proceedings of the 44th Annual Design Automation Conference. 2007: 59-62.

[32] Johann M, Reis R. Net by net routing with a new path search algorithm[C]//Proceedings 13th Symposium on Integrated Circuits and Systems Design(Cat. No. PR00843). IEEE, 2000: 144-149.

[33] Pan M, Chu C. FastRoute 2.0: A high-quality and efficient global router[C]//2007 Asia and south pacific design automation conference. IEEE, 2007: 250-255.

[34] Lee T H, Wang T C. Congestion-constrained layer assignment for via minimization in global routing[J]. *IEEE Transactions on Computer-Aided Design of Integrated Circuits and Systems*, 2008, 27(9): 1643-1656.

[35] Cho M, Lu K, Yuan K, et al. BoxRouter 2.0: A hybrid and robust global router with layer assignment for routability[J]. *ACM Transactions on Design Automation of Electronic Systems(TODAES)*, 2009, 14(2): 1-21.

[36] Cao Z, Jing T T, Xiong J, et al. Fashion: A fast and accurate solution to global routing problem[J]. *IEEE Transactions on Computer-Aided Design of Integrated Circuits and Systems*, 2008, 27(4): 726-737.

[37] Shin H, Sangiovanni-Vincentelli A. A detailed router based on incremental routing modifications: Mighty[J]. *IEEE transactions on computer-aided design of integrated circuits and systems*, 1987, 6(6): 942-955.

[38] McMurchie L, Ebeling C. Pathfinder: A negotiation-based performance-driven router for FPGAs[M]//Reconfigurable Computing. Morgan Kaufmann, 2008: 365-381.

[39] Soukup J. Fast maze router [C]//Design Automation Conference. IEEE Computer Society, 1978: 100-102.

[40] Zhang Y, Chu C. RegularRoute: An efficient detailed router with regular routing patterns [C]//Proceedings of the 2011 international symposium on Physical design. 2011: 45-52.

[41] Ozdal M M. Detailed-routing algorithms for dense pin clusters in integrated circuits[J]. *IEEE Transactions on Computer-Aided Design of Integrated Circuits and Systems*, 2009, 28(3): 340-349.

[42] Hu Y, Jing T, Hong X, et al. An efficient rectilinear steiner minimum tree algorithm based on ant colony optimization [C]//2004 International Conference on Communications, Circuits and Systems(IEEE Cat. No. 04EX914). IEEE, 2004, 2: 1276.1280.

[43] Hu Y, Jing T, Feng Z, et al. ACO-Steiner: Ant colony optimization based rectilinear Steiner minimal tree algorithm[J]. *Journal of Computer Science and Technology*, 2006,

21(1): 147-152.

[44] Hu Y,Jing T,Hong X,et al. An-OARSMan: Obstacle-avoiding routing tree construction with good length performance[C]//Proceedings of the 2005 Asia and South Pacific Design Automation Conference. ACM,2005: 7-12.

[45] Arora T,Moses M E. Ant Colony Optimization for power efficient routing in manhattan and non-manhattan VLSI architectures[C]//2009 IEEE Swarm Intelligence Symposium. IEEE,2009: 137-144.

[46] Arora T,Moses M. Using ant colony optimization for routing in VLSI chips[C]//AIP Conference Proceedings. AIP,2009,1117(1): 145-156.

[47] Dong C,Wang G,Chen Z,et al. A VLSI routing algorithm based on improved DPSO[C]//2009 IEEE International Conference on Intelligent Computing and Intelligent Systems. IEEE,2009,1: 802-805.

[48] Khan A,Laha S,Sarkar S K. A novel particle swarm optimization approach for VLSI routing[C]//2013 3rd IEEE International Advance Computing Conference(IACC). IEEE, 2013: 258-262.

[49] Nath S,Ghosh S,Sarkar S K. A novel approach to discrete Particle Swarm Optimization for efficient routing in VLSI design[C]//2015 4th International Conference on Reliability, Infocom Technologies and Optimization(ICRITO)(Trends and Future Directions). IEEE, 2015: 1-4.

[50] Shen Y,Liu Q,Guo W. Obstacle-avoiding rectilinear Steiner minimum tree construction based on discrete particle swarm optimization[C]//2011 Seventh International Conference on Natural Computation. IEEE,2011,4: 2179-2183.

[51] Liu G,Chen G,Guo W. DPSO based octagonal steiner tree algorithm for VLSI routing [C]//2012 IEEE Fifth International Conference on Advanced Computational Intelligence (ICACI). IEEE,2012: 383-387.

[52] Huang X,Liu G,Guo W,et al. Obstacle-avoiding octagonal steiner tree construction based on particle swarm optimization[C]//2013 Ninth International Conference on Natural Computation(ICNC). IEEE,2013: 539-543.

[53] Huang X,Liu G,Guo W, et al. Obstacle-avoiding algorithm in X-architecture based on discrete particle swarm optimization for VLSI design[J]. *ACM Transactions on Design Automation of Electronic Systems(TODAES)*,2015,20(2): 24.

[54] Liu G, X Chen, Zhou R,et al. Social learning discrete Particle Swarm Optimization based two-stage X-routing for IC design under Intelligent Edge Computing architecture[J]. *Applied Soft Computing*,2021,104(6): 107215.

[55] Liu G,Huang X,Guo W,et al. Multilayer obstacle-avoiding X-architecture Steiner minimal tree construction based on particle swarm optimization[J]. *IEEE transactions on cybernetics*,2014,45(5): 1003-1016.

[56] Liu G,Chen Z,Zhuang Z. et al. A unified algorithm based on HTS and self-adapting PSO for the construction of octagonal and rectilinear SMT[J]. *Soft Comput*, 2020, 24(6): 3943-3961.

[57] Ghosh S,Nath S,Biswas R,et al. PSO variants and its comparison with firefly algorithm in solving VLSI global routing problem[C]//2018 IEEE Electron Devices Kolkata

Conference(EDKCON). IEEE,2018: 513-518.

[58] Ayob M N, Yusof Z M, Adam A, et al. A particle swarm optimization approach for routing in VLSI [C]//2010 2nd International Conference on Computational Intelligence, Communication Systems and Networks. IEEE,2010: 49-53.

[59] Yusof Z M, Abidin A F Z, Salam M N A, et al. A Binary Particle Swarm Optimization Approach for Buffer insertion in VLSI Routing[J]. *International Journal of Innovative Management, Information & Production*, 2011, 2(3): 34-39.

[60] Yusof Z M, Hong T Z, Abidin A F Z, et al. A two-step binary particle swarm optimization approach for routing in vlsi with iterative rlc delay model[C]//2011 Third International Conference on Computational Intelligence, Modelling & Simulation. IEEE,2011: 63-67.

[61] Nath S, Neogi P P G, Sing J K, et al. VLSI routing optimization based on modified constricted PSO with iterative RLC delay model[C]//2018 International Conference on Current Trends towards Converging Technologies(ICCTCT). IEEE,2018: 1-7.

[62] Liu G, Guo W, Li R, et al. XGRouter: high-quality global router in X-architecture with particle swarm optimization[J]. *Frontiers of Computer Science*, 2015, 9(4): 576-594.

[63] 刘耿耿,庄震,郭文忠,等. VLSI 中高性能 X 结构多层总体布线器[J]. 自动化学报,2020, 46(1): 79-93.

[64] Manna S, Chakrabarti T, Sharma U, et al. Efficient VLSI routing optimization employing discrete differential evolution technique[C]//2015 IEEE 2nd International Conference on Recent Trends in Information Systems(ReTIS). IEEE,2015: 461-464.

[65] Wu H, Xu S, Zhuang Z, et al. X-architecture Steiner minimal tree construction based on discrete differential evolution[C]//The International Conference on Natural Computation, Fuzzy Systems and Knowledge Discovery. Springer, Cham, 2019: 433-442.

[66] Pandiaraj K, Sivakumar P, Sridevi R. Minimization of wirelength in 3rd IC routing by using differential evolution algorithm[C]//2017 IEEE International Conference on Electrical, Instrumentation and Communication Engineering(ICEICE). IEEE,2017: 1-5.

[67] Vijayakumar S, Sudhakar J G, Muthukumar G G, et al. A differential evolution algorithm for restrictive channel routing problem in VLSI circuit design[C]//2009 World Congress on Nature & Biologically Inspired Computing(NaBIC). IEEE,2009: 1258-1263.

[68] Bhattacharya P, Khan A, Sarkar S K. A global routing optimization scheme based on ABC algorithm[M]. Springer, Cham, 2014: 189-197.

[69] Zhang H, Ye D Y. Key-node-based local search discrete artificial bee colony algorithm for obstacle-avoiding rectilinear Steiner tree construction [J]. *Neural Computing and Applications*, 2015, 26(4): 875-898.

[70] Bhattacharya P, Khan A, Sarkar S K, et al. An artificial bee colony optimization based global routing technique [C]//Proceedings of The 2014 International Conference on Control, Instrumentation, Energy and Communication(CIEC). IEEE, 621-625.

[71] Zhang H, Ye D. An artificial bee colony algorithm approach for routing in VLSI[C]// International Conference in Swarm Intelligence. Springer, Berlin, Heidelberg, 2012: 334-341.

[72] Khan A, Bhattacharya P, Sarkar S K. A swarm based global routing optimization scheme [C]//2014 International Conference on Advances in Electrical Engineering (ICAEE).

IEEE,2014: 1-4.

[73] Ayob M N, Hassan F, Ismail A H, et al. A Firefly Algorithm approach for routing in VLSI[C]//2012 International Symposium on Computer Applications and Industrial Electronics(ISCAIE). IEEE,2012: 43-47.

[74] Prüfer H. Neuer beweis eines satzes über permutationen[J]. *Arch. Math. Phys*, 1918, 27 (1918): 742-744.

[75] Guo W, Liu G, Chen G, et al. A hybrid multi-objective PSO algorithm with local search strategy for VLSI partitioning[J]. *Frontiers of Computer Science*, 2014, 8(2): 203-216.

[76] Chen G, Guo W, Chen Y. A PSO-based intelligent decision algorithm for VLSI floorplanning[J]. *Soft Computing*, 2010, 14(12): 1329-1337.

[77] Zhou H, Wong D F, Liu I M, et al. Simultaneous routing and buffer insertion with restrictions on buffer locations[J]. *IEEE Transactions on Computer-Aided Design of Integrated Circuits and Systems*, 2000, 19(7): 819-824.

[78] Huang X, Guo W, Liu G, et al. FH-OAOS: A fast four-step heuristic for obstacle-avoiding octilinear Steiner tree construction[J]. *ACM Transactions on Design Automation of Electronic Systems(TODAES)*, 2016, 21(3): 1-31.

[79] Huang X, Guo W, Liu G, et al. MLXR: multi-layer obstacle-avoiding X-architecture Steiner tree construction for VLSI routing[J]. *Science China Information Sciences*, 2017, 60(1): 1-3.

[80] Thurber A P, Xue G. Computing hexagonal Steiner trees using PCX[for VLSI][C]//ICECS'99. Proceedings of ICECS'99. 6th IEEE International Conference on Electronics, Circuits and Systems(Cat. No. 99EX357). IEEE, 1999, 1: 381-384.

[81] Coulston C S. Constructing exact octagonal Steiner minimal trees[C]//Proceedings of the 13th ACM Great Lakes symposium on VLSI. 2003: 1-6.

[82] Hursey E, Jayakumar N, Khatri S P. Non-Manhattan routing using a Manhattan router [C]//18th International Conference on VLSI Design held jointly with 4th International Conference on Embedded Systems Design. IEEE, 2005: 445-450.

[83] Chang C F, Chang Y W. X-Route: An X-architecture full-chip multilevel router[C]//2007 IEEE International SOC Conference. IEEE, 2007: 229-232.

[84] Madden P H. Congestion Reduction in Traditional and New Routing Architectures[C]//Proceeding of the 13th ACM Great Lakes symposium on VLSI. Association for Computing Machinery, New York, NY, USA, 211-214. to appear, 2003.

[85] Liu W H, Kao W C, Li Y L, et al. Multi-threaded collision-aware global routing with bounded-length maze routing [C]//Proceedings of the 47th Design Automation Conference. 2010: 200-205.

[86] Held S, Spirkl S T. A fast algorithm for rectilinear Steiner trees with length restrictions on obstacles[C]//Proceedings of the 2014 on International symposium on physical design. 2014: 37-44.

[87] Liu W H, Li Y L, Chao K Y. High-quality global routing for multiple dynamic supply voltage designs [C]//2011 IEEE/ACM International Conference on Computer-Aided Design(ICCAD). IEEE, 2011: 263-269.

[88] Lu L C. Physical design challenges and innovations to meet power, speed, and area scaling

trend[C]//Proceedings of the 2017 ACM on International Symposium on Physical Design. 2017：63-63.

[89] Han S Y,Liu W H,Ewetz R,et al. Delay-driven layer assignment for advanced technology nodes[C]//2017 22nd Asia and South Pacific Design Automation Conference(ASP-DAC). IEEE,2017：456-462.

[90] 郭文忠,陈晓华,刘耿耿,等. 基于混合离散粒子群优化的轨道分配算法[J]. 模式识别与人工智能,2019,32(08)：758-770.

[91] Wong M P,Liu W H,Wang T C. Negotiation-based track assignment considering local nets[C]//2016 21st Asia and South Pacific Design Automation Conference(ASP-DAC). IEEE,2016：378-383.

[92] Zhang Y,Chu C. GDRouter：Interleaved global routing and detailed routing for ultimate routability[C]//Proceedings of the 49th Annual Design Automation Conference. 2012：597-602.

[93] Ahrens M,Gester M,Klewinghaus N,et al. Detailed routing algorithms for advanced technology nodes[J]. *IEEE Transactions on computer-aided design of integrated circuits and systems*,2014,34(4)：563-576.

[94] Prakash A,Lal R K. PSO：An approach to multiobjective VLSI partitioning[C]//2015 International Conference on Innovations in Information,Embedded and Communication Systems(ICIIECS). IEEE,2015：1-7.

[95] Karimi G,Akbarpour H,Sadeghzadeh A. Multi objective particle swarm optimization based mixed size module placement in VLSI circuit design[J]. *Applied Mathematics & Information Sciences*,2015,9(3)：1485.

[96] Wang H,Jin Y,Doherty J. Committee-based active learning for surrogate-assisted particle swarm optimization of expensive problems[J]. *IEEE transactions on cybernetics*,2017,47(9)：2664-2677.

[97] Zhao L,Wei J. A new bi-level PSO algorithm based on dynamic constraint processing and approximate navigation[C]//2019 IEEE Congress on Evolutionary Computation(CEC). IEEE,2019：1659-1663.

[98] Sun J,Feng B,Xu W. Particle swarm optimization with particles having quantum behavior[C]//Proceedings of the 2004 congress on evolutionary computation(IEEE Cat. No. 04TH8753). IEEE,2004,1：325-331.

[99] Das G,Panda S,Padhy S K. Quantum particle swarm optimization tuned artificial neural network equalizer[M]. Springer,Singapore,2018：579-585.

[100] Zhang W,Shi W,Zhuo J. BDI-agent-based quantum-behaved PSO for shipboard power system reconfiguration[J]. *International Journal of Computer Applications in Technology*,2017,55(1)：4-11.

[101] dos Santos Coelho L,Alotto P. Global optimization of electromagnetic devices using an exponential quantum-behaved particle swarm optimizer[J]. *IEEE Transactions on Magnetics*,2008,44(6)：1074-1077.

[102] Niu B,Zhu Y,He X. Multi-population cooperative particle swarm optimization[C]//European Conference on Artificial Life. Springer,Berlin,Heidelberg,2005：874-883.

[103] Li X,Yao X. Tackling high dimensional nonseparable optimization problems by

cooperatively coevolving particle swarms[C]//2009 IEEE Congress on Evolutionary Computation. IEEE, 2009: 1546-1553.

[104] Li X, Yao X. Cooperatively coevolving particle swarms for large scale optimization[J]. *IEEE Transactions on Evolutionary Computation*, 2011, 16(2): 210-224.

[105] Deng W, Chen R, He B, et al. A novel two-stage hybrid swarm intelligence optimization algorithm and application[J]. *Soft Computing*, 2012, 16(10): 1707-1722.

[106] Aaref A M, Mohammed S F, NOORI A B, et al. A hybrid(ACO-PSO) algorithm based on maximum power point tracking and its performance improvement within shadow conditions[J]. *International Journal of Engineering & Technology*, 2018, 7(4.37): 43-47.

[107] Shivaraman N, Mohan S. A reactive hybrid metaheuristic energy-efficient algorithm for wireless sensor networks[M]. Springer, Singapore, 2019: 1-13.

[108] Kefayat M, Ara A L, Niaki S A N. A hybrid of ant colony optimization and artificial bee colony algorithm for probabilistic optimal placement and sizing of distributed energy resources[J]. *Energy Conversion and Management*, 2015, 92: 149-161.

[109] Shunmugapriya P, Kanmani S. A hybrid algorithm using ant and bee colony optimization for feature selection and classification(AC-ABC Hybrid)[J]. *Swarm and Evolutionary Computation*, 2017, 36: 27-36.

[110] Yang J, Li W T, Shi X W, et al. A hybrid ABC-DE algorithm and its application for time-modulated arrays pattern synthesis [J]. *IEEE Transactions on Antennas and Propagation*, 2013, 61(11): 5485-5495.

[111] Long L D, Tran D H, Nguyen P T. Hybrid multiple objective evolutionary algorithms for optimising multi-mode time, cost and risk trade-off problem[J]. *International Journal of Computer Applications in Technology*, 2019, 60(3): 203-214.

[112] Zhang L, Liu L, Yang X S, et al. A novel hybrid firefly algorithm for global optimization [J]. *PloS one*, 2016, 11(9): e0163230.

[113] Varshney S, Mehrotra M. A hybrid particle swarm optimization and differential evolution based test data generation algorithm for data-flow coverage using neighbourhood search strategy[J]. *Informatica*, 2018, 42(3).

[114] Yadav N K. Hybridization of particle swarm optimization with differential evolution for solving combined economic emission dispatch model for smart grid[J]. *Journal of Engineering Research*, 2019, 7(3).

[115] Naz M, Iqbal Z, Javaid N, et al. Efficient power scheduling in smart homes using hybrid grey wolf differential evolution optimization technique with real time and critical peak pricing schemes[J]. *Energies*, 2018, 11(2): 384.

第3章 X结构Steiner最小树算法

3.1 引言

作为超大规模集成电路物理设计中一个关键的环节，总体布线面临诸多复杂的难题。Steiner最小树(Steiner Minimal Tree，SMT)问题是在给定引脚集合的基础上通过引入一些额外的点(Steiner点)以寻找一棵连接给定引脚集合的最小代价布线树。因为Steiner最小树模型是VLSI总体布线中多端线网的最佳连接模型，所以Steiner最小树构建是VLSI布线中一个关键环节。

总体布线的布线算法主要基于曼哈顿结构以及非曼哈顿结构两种。其中，非曼哈顿结构因其更强的布线优化能力受到越来越多研究人员的关注。为了更好地研究非曼哈顿结构布线，首要工作是研究非曼哈顿结构Steiner最小树的构建问题。本章3.2节～3.6节分别介绍了5种有效的X结构Steiner最小树(X-architecture Steiner Minimum Tree，XSMT)算法，并取得了不错的优化效果。

本章涉及的专有名词符号见表3.1。

表3.1 专用名词符号表

缩　写	英文全称	中文全称
VLSI	Very Large Scale Integration circuit	超大规模集成电路
EDA	Electronic Design Automation	电子设计自动化
SMT	Steiner Minimal Tree	Steiner最小树
RSMT	Rectilinear Steiner Minimal Tree	矩形Steiner最小树
XSMT	X-architecture Steiner Minimal Tree	X结构Steiner最小树
WL-XSMT	WireLength-driven X-architecture Steiner Minimum Tree	线长驱动X结构Steiner最小树
PSO	Particle Swarm Optimization	粒子群优化
SLPSO	Social Learning Particle Swarm Optimization	社会学习粒子群优化

续表

缩　　写	英文全称	中文全称
SLDPSO	Social Learning Discrete Particle Swarm Optimization	社会学习离散粒子群优化
DE	Differential Evolution	差分进化
DDE	Discrete Differential Evolution	离散差分进化
MDDE	Multi-strategy optimization Discrete Differential Evolution	多策略优化离散差分进化
MA	Memetic Algorithm	文化基因算法

XSMT 通过引入 Steiner 点以最小的代价连接给定的引脚集合，这里连接线可走线方向除了包括传统的水平方向和垂直方向，还允许 45°和 135°的绕线方向。

XSMT 问题中给定 $P=\{P_1, P_2, P_3, \cdots, P_n\}$ 作为待布线网的 n 个引脚集合，且每个 P_i 对应一个坐标对 (x_i, y_i)。例如有一个待布线网有 8 个引脚，表 3.2 给出了引脚的输入信息，相应的引脚版图分布如图 3.1 所示，例如，其中编号为 1 的引脚对应的坐标对信息为表 3.2 第二列所示的(33,33)。

表 3.2　待布线网的引脚输入信息

编　　号	1	2	3	4	5	6	7	8
X 坐标	33	2	42	47	34	38	37	20
Y 坐标	33	9	35	2	1	2	5	40

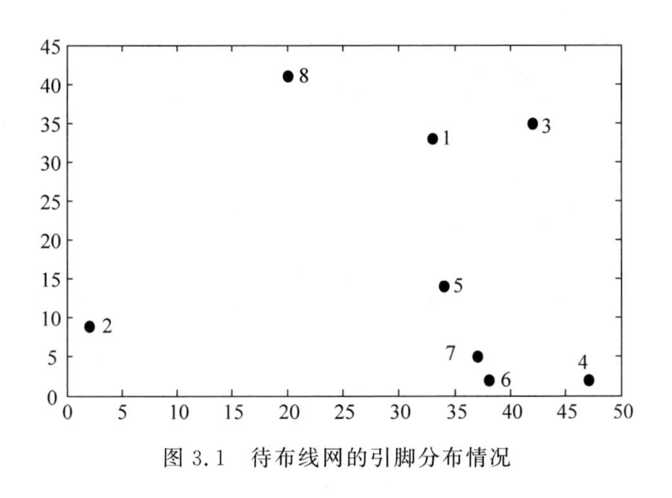

图 3.1　待布线网的引脚分布情况

对 X 结构的 4 种 pseduo-Steiner 点选择方式的具体定义已在前面给出，详见 2.5.2 节。

3.2 基于离散 PSO 的 X 结构 Steiner 最小树算法

由于 Steiner 最小树问题是一个 NP 难问题，所以一些在求解 NP 难问题中展现出良好应用前景的进化算法［包括粒子群优化算法（Particle Swarm Optimization，PSO）和蚁群算法（Ant Colony Optimization，ACO）］被用于求解 RSMT 和 XSMT 问题。作为一类基于种群进化的方法，粒子群优化算法于 1995 年由 Eberhart 和 Kennedy 共同提出。PSO 算法相对其他优化算法而言，操作简单且能快速收敛至一个合理、优秀的解方案。

基于以上相关研究工作的分析，本节设计并实现一种基于离散粒子群优化的有效算法，即 XSMT_PSO 算法，用来求解 X 结构 Steiner 最小树的构建问题。首先，为了解决 PSO 算法在高维问题中收敛慢的现象。其次，根据 X 结构 Steiner 最小树的特点，受遗传算法中的变异算子和交叉算子的启发，提出了离散化的 PSO 更新操作策略。然后，设计了一种适合于 X 结构 Steiner 最小树问题的有效编码策略。最后，设计相应的仿真实验，通过实验结果证明本节算法的可行性和有效性。

XSMT_PSO 算法的流程图如图 3.2 所示。

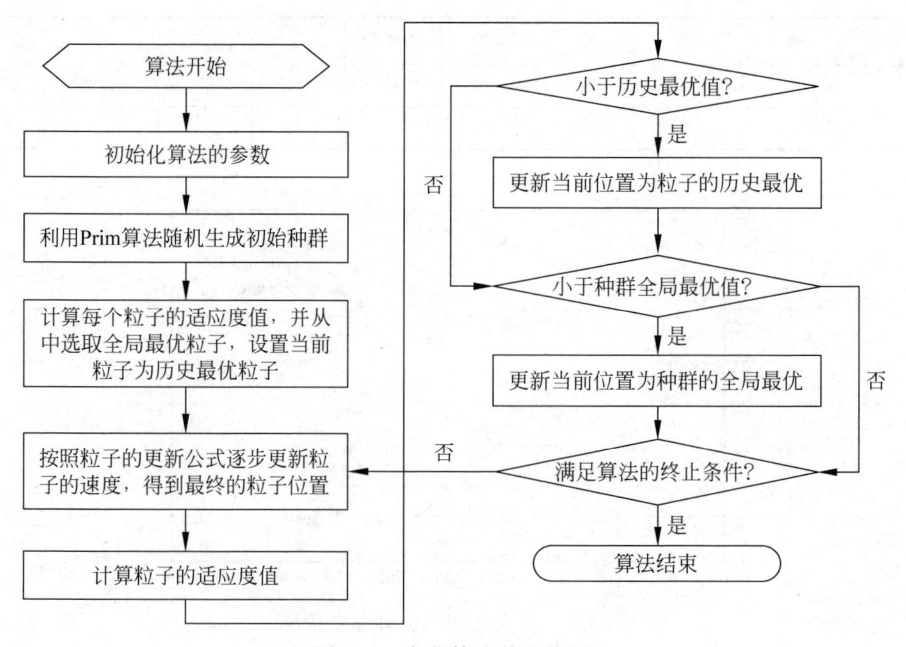

图 3.2　本节算法的流程图

3.2.1 XSMT_PSO 算法

对于基本 PSO 算法的具体介绍已在前面给出，详见 2.3.2 节。

基本 PSO 算法主要运用于解决连续优化问题，而 XSMT 问题的解空间离散，因此需要构造一种离散形式的 PSO 算法模型。现有文献应用 PSO 解决离散问题，主要有将速度作为位置变化的概率、直接将连续 PSO 用于离散问题的求解以及重新定义 PSO 操作算子 3 种策略。为此，本节设计了适合 XSMT 问题的有效离散 PSO 算法，即 XSMT_PSO 算法。

1. 粒子的编码策略

XSMT_PSO 算法采用边点对编码。在该编码方式中，候选 XSMT 的一条边由边的两个端点与边对应的 pseudo-Steiner 点选择方式。pseudo-Steiner 点选择方式是将生成树的边转化成 X 结构 Steiner 树(X-architecture Steiner Tree，XST)的 X 结构边。对于一个含 n 个引脚的线网，其每棵候选的 XST 都由 $n-1$ 条边构成，每条边有两个引脚以及一个对应的 pseudo-Steiner 点选择方式，同时用一位数字表示该 XST 的适应度值，所以每个粒子编码的总长度为 $3\times(n-1)+1$。例如，一个候选 XST($n=8$)可用 XSMT_PSO 算法中一个粒子的编码表示，其编码采用如下所示的数字串表示：

7 6 *0* 6 4 *1* 7 5 *1* 5 1 *2* 1 3 *0* 1 8 *1* 5 2 *2* 10.0100

其中，最后一个数“10.0100”为该粒子的适应度值，各个斜体数字为对应边的 pseudo-Steiner 点选择方式。对第二个数字子串(6 4 *1*)而言，编号 6 和 4 的引脚以及 pseudo-Steiner 点选择方式 1 选择构成了该边。

2. 粒子的适应度函数

定义 3.1 一棵 X 结构 Steiner 最小树的长度是该布线树中所有边片段的长度总和，其计算方式如下：

$$L(T_X)=\sum_{e_i\in T_X} l(e_i) \tag{3.1}$$

其中，$l(e_i)$表示在布线树 T_X 中每个边片段 e_i 的长度。

根据 X 结构 Steiner 树的 4 种互连线选择方式，XST 所有边片段可分为以下 4 种类型：水平边片段、垂直边片段、45°斜边片段及 135°斜边片段。为计算方便，将 45°边片段顺时针方向旋转为水平边；同理，将 135°边片段顺时针方向旋转为垂直边，使得所有边片段都可分为水平和垂直两种。最后将水平边根据其左引脚的大小按从下往上、从左到右的方式排列，垂直边则根据其下引脚的大小按从左到右、从下到上的方式排列。依照上述方式，求解 XST 的长度只需要计算所有不重复的边片段即可。

本节算法中的粒子的适应度函数设计如下：

$$\text{fitness}=\frac{1}{L(T_X)+1} \tag{3.2}$$

其中，分母做布线树的长度加1的操作是防止出现布线树的长度为0的情况，即两端线网中两个引脚的位置重合。可以看出，布线树长度越小，即粒子适应度值越大，则粒子越优。

3. 粒子的更新公式

XSMT_PSO 算法结合遗传算法的变异和交叉操作改变了基本 PSO 粒子的更新方式以实现构建 X 结构 Steiner 最小树这一离散问题。粒子的更新公式如下：

$$X_i^t = N_3(N_2(N_1(X_i^{t-1}, w), c_1), c_2) \tag{3.3}$$

其中，w 是惯性权重因子，c_1 和 c_2 是加速因子，N_1 表示变异操作，N_2 和 N_3 表示交叉操作，r_1、r_2、r_3 都是在区间[0,1)的随机数。

1）粒子的速度更新

粒子的速度更新公式如下：

$$W_i^t = N_1(X_i^{t-1}, w) = \begin{cases} M(X_i^{t-1}), & r_1 < w \\ X_i^{t-1}, & \text{否则} \end{cases} \tag{3.4}$$

其中，w 表示粒子进行变异操作的概率。

在式(3.4)中，变异操作的具体过程为：以3.1节中 $n=8$ 的候选布线树为例，如图3.3所示，取其中的 $n-1$ 位 pseudo-Steiner 点选择方式作为变异序列，即长度为7的序列，序列中每个位置只能取0～3的整数。此时，随机产生一个0～1的数 r_1，若小于变异概率 w，则随机选择序列中一个位置(mp1)，将 mp1 上的值更新为0～3的整数，但需与 mp1 位置的原值不一样。如图3.3所示，mp1 位置上值由2更新为1，此时变异操作结束。

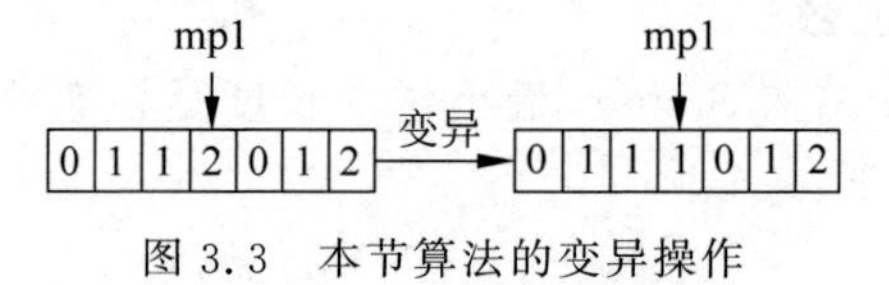

图3.3 本节算法的变异操作

2）粒子的个体经验学习

粒子的个体经验学习公式如下：

$$S_i^t = N_2(W_i^t, c_1) = \begin{cases} C_p(W_i^t), & r_2 < c_1 \\ W_i^t, & \text{否则} \end{cases} \tag{3.5}$$

其中，c_1 表示粒子与其历史最优进行交叉操作的概率。

3）粒子与种群其他粒子进行合作学习

粒子与种群其他粒子进行合作学习的公式如下：

$$X_i^t = N_3(S_i^t, c_2) = \begin{cases} C_p(S_i^t), & r_3 < c_2 \\ S_i^t, & \text{否则} \end{cases} \tag{3.6}$$

其中，c_2 表示粒子与全局最优方案进行交叉操作的概率。

在式(3.5)和式(3.6)中，粒子的交叉操作具体可描述为：在变异操作后，随机产生一个 0～1 的数 $r_2(r_3)$，若其小于交叉概率 $c_1(c_2)$，粒子的序列需与其历史最优方案(种群全局最优方案)进行交叉操作。如图 3.4 所示，随机产生两个交叉位置(cp1 和 cp2)，将本粒子中 cp1 和 cp2 的值替换为其历史最优方案(种群全局最优方案)在该区间的值，得到如图 3.4 右半部分所示交叉后的粒子编码情况。

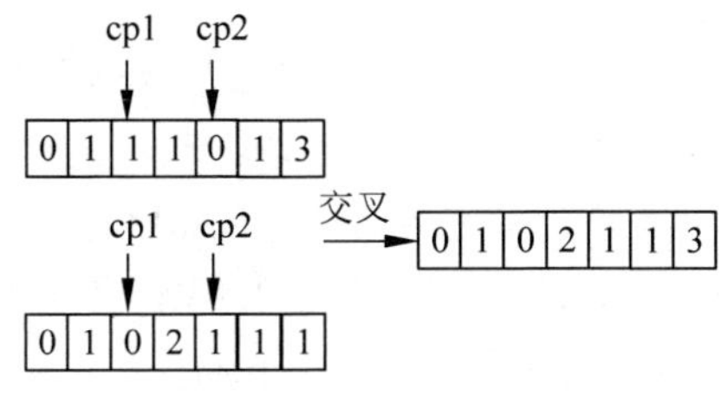

图 3.4　本节算法的交叉操作

4. XSMT_PSO 算法的参数设置

在粒子群优化算法中，参数的设置对于算法性能有很大的影响。其中，惯性权重 w 决定了粒子受前一时刻自身速度的影响程度，加速因子 c_1 和 c_2 控制粒子对于最优位置的学习步长。本节算法的 3 个参数均采用 Shi 和 Eberhart 所提的线性递减策略进行设置。其中，采用该策略的惯性权重使种群在迭代早期保持较好的全局搜索能力，在迭代后期保证一定的局部搜索能力；而线性递减的 c_1 及线性递增的 c_2 可保障算法的早期可在局部范围内进行详细搜索，使其不会在早期直接移动至下一个局部最优位置，同时在后期加快算法的收敛速度。

本节算法具体参数设置为惯性权重因子 w 从 0.9 线性递减至 0.1，加速因子 c_1 从 0.9 线性递减至 0.2，加速因子 c_2 从 0.4 线性递增至 0.9，每次迭代中相应的参数设置具体按照式(3.7)～式(3.9)进行更新。

$$w = \mathrm{w\_start} - \frac{\mathrm{w\_start} - \mathrm{w\_end}}{\mathrm{evaluations}} \times \mathrm{eval} \tag{3.7}$$

$$c_1 = \mathrm{c_1\_start} - \frac{\mathrm{c_1\_start} - \mathrm{c_1\_end}}{\mathrm{evaluations}} \times \mathrm{eval} \tag{3.8}$$

$$c_2 = \mathrm{c_2\_start} - \frac{\mathrm{c_2\_start} - \mathrm{c_2\_end}}{\mathrm{evaluations}} \times \mathrm{eval} \tag{3.9}$$

其中，w_start、$\mathrm{c_1\_start}$、$\mathrm{c_2\_start}$ 表示参数 w、c_1、c_2 迭代开始的初始值，w_end、$\mathrm{c_1\_end}$、$\mathrm{c_2\_end}$ 表示参数 w、c_1、c_2 迭代的最终值，eval 表示当前迭代次数，evaluations 则表示算法的最大迭代次数。

5. XSMT_PSO 算法的复杂度分析

引理 3.1　假设种群大小为 p，迭代次数为 iters，引脚的个数为 n，则 XSMT_PSO 算法的复杂度为 $O(\mathrm{iters} \times p \times n\log n)$。

证明：在 XSMT_PSO 算法的内部循环包含变异操作以及对适应度值的计算。其中，变异和交叉操作只变换 pseudo-Steiner 点选择方式，时间为常数时间。而在计算适应度（即布线树线长）时，主要由排序方法的复杂度决定。因此，算法内部循环的复杂度为 $O(n\log n)$。而外部循环的复杂度主要取决于种群规模以及算法的迭代次数，因此 XSMT_PSO 算法的复杂度为 $O(\text{iters}\times p\times n\log n)$。

3.2.2 实验仿真与结果分析

本节算法的参数设置如下：种群大小为 50，最大迭代次数为 1000。为了验证本节算法的有效性，进行两组实验对比，其中本节算法在每个测试实例中各执行 10 次并取最优值。在两组实验的实验结果中，RSMT 代表采用文献[3]的算法构造矩形 Steiner 最小树的长度，而 XSMT 则是采用本节算法构建的 X 结构 Steiner 最小树的长度。在第一组实验中，采用 OR-Library 测试数据用以对比文献[3]的算法和本节算法构造 Steiner 最小树的长度。如表 3.3 所示，给出了在 46 个测试实例中本节算法所构造的 XSMT 的长度值和文献[3]的算法所构造的 RSMT 的长度值以及它们的对比改进情况。如表 3.3 所示，可发现本节算法构造的 XSMT 的长度值相对于文献[3]的算法所构造的 RSMT 的长度值取得了平均 9.84%的优化率。而文献[6]设计了精确算法构建 XSMT，并指出了 XSMT 的长度一般比 RSMT 的长度优化 10%左右，同时文献[6]中算法的测试实例也是来源于 OR-Library 测试数据，并得到 XSMT 长度比 RSMT 长度的优化率范围一般（9.75±2.29）%。而本节算法的平均优化率 9.84%处于该优化率范围内。

表 3.3 在 46 个测试实例中 XSMT 和 RSMT 的长度对比情况

编 号	RSMT	XSMT	优化率/%
1	1.87	1.7646	5.64
2	1.68	1.5664	6.76
3	2.36	2.1855	7.39
4	2.54	2.2382	11.88
5	2.29	2.1385	6.62
6	2.48	2.3285	3.79
7	2.54	2.3475	7.58
8	2.42	2.2685	6.26
9	1.72	1.6543	3.82
10	1.85	1.7057	7.80
11	1.44	1.3511	6.17
12	1.80	1.6828	6.51
13	1.50	1.3243	11.71
14	2.60	2.3657	9.01
15	1.48	1.2895	12.87

续表

编　号	RSMT	XSMT	优化率/%
16	1.60	1.2485	21.97
17	2.01	1.6920	15.82
18	4.06	4.0566	0.08
19	1.93	1.8128	6.07
20	1.12	1.0685	4.60
21	2.16	1.9188	11.17
22	0.63	0.5363	14.87
23	0.65	0.5277	18.81
24	0.30	0.2680	10.67
25	0.23	0.2097	8.83
26	0.15	0.1290	14.00
27	1.33	1.2070	9.25
28	0.28	0.2156	23.00
29	2.00	1.4728	26.36
30	1.10	1.1000	0.00
31	2.66	2.4870	6.50
32	3.30	3.0381	7.94
33	2.69	2.3317	13.32
34	2.54	2.2682	10.70
35	1.57	1.4243	9.28
36	0.90	0.9000	0.00
37	0.90	0.8070	10.33
38	1.66	1.4808	10.80
39	1.66	1.4808	10.80
40	1.62	1.5204	6.15
41	2.24	2.0634	7.89
42	1.53	1.3833	9.59
43	2.68	2.5443	5.76
44	2.61	2.2910	12.22
45	2.26	2.0881	7.61
46	1.50	1.5000	0.00
均值			9.84

在第二组实验中，本节使用文献[5]提及的网站 rand_points 产生 10 个随机测试实例，并分别构造相应的 RSMT 和 XSMT。每个测试实例的引脚规模和实验结果在表 3.4 中给出，从中可看到本节算法构造的 XSMT 取得了 9.28%的长度优化率。该组实验的平均线长优化率也处于文献[6]给定的(9.75±2.29)%的优化率范围内。

表 3.4 在随机生成的 10 个测试实例中 XSMT 和 RSMT 的长度对比情况

实 例	引 脚 数	RSMT	XSMT	优化率/%
1	8	17 931	17 040	5.0
2	9	20 503	18 163	11.4
3	10	21 910	19 818	9.5
4	20	35 723	32 199	9.9
5	50	53 383	47 960	10.2
6	70	61 987	55 980	9.7
7	100	76 016	68 743	9.6
8	410	156 520	142 880	8.7
9	500	170 273	154 290	9.4
10	1000	245 201	222 050	9.4
均值				9.28

图 3.5 给出了一个测试实例，其引脚数为 10 个，通过多次运行本节算法可以得到 5 种不同拓扑结构（总共可得到拓扑的种类不止 5 种，在图 3.5 中简单给出 5 种拓扑），而且它们的长度值都是一样的。可见当最优值相同或近似时，XSMT_PSO 可以获得更多的拓扑结构，为总体布线进行拥挤度优化工作提供不同的拓扑选择方案。

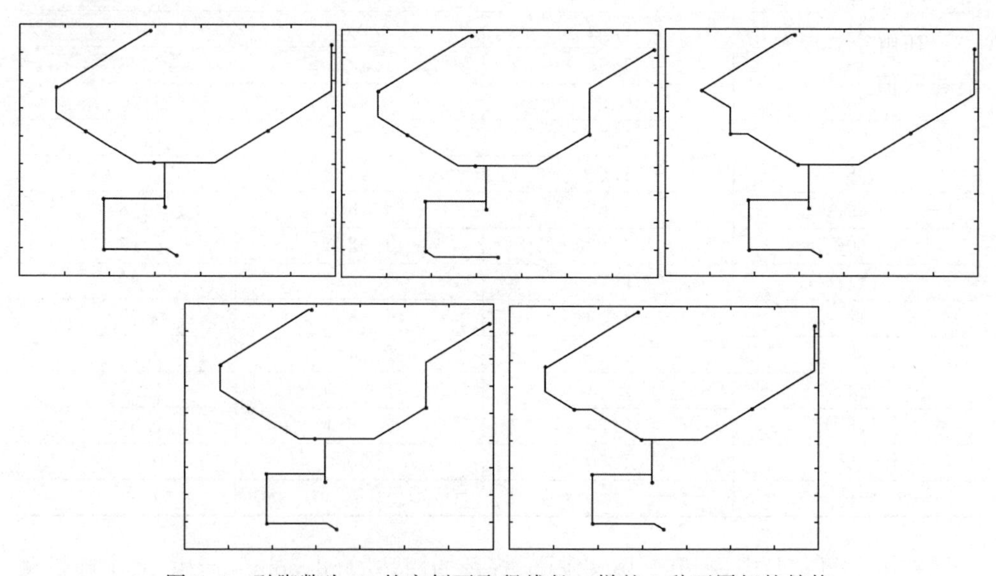

图 3.5 引脚数为 10 的实例可取得线长一样的 5 种不同拓扑结构

综上所述，两组实验均可取得跟文献[10]的算法相似的线长优化率，而且本节算法还可得到多种不同拓扑的 RSMT，这些不同的拓扑对 VLSI 总体布线的拥挤度优化工作可带来一定的帮助和指导。

3.2.3 小结

本节基于 PSO 提出了一种有效的 XSMT 构造算法，相对矩形 Steiner 最小树可更有效地优化线长，并且可获得多种拓扑结构，从而有利于对 VLSI 总体布线阶段的拥挤度进行优化。

3.3 基于离散差分进化的 X 结构 Steiner 最小树算法

3.3.1 传统差分进化算法

差分进化(Differential Evolution，DE)算法由 Storn 和 Price 于 1995 年首次提出，是一种基于种群的全局进化算法，其本质是一种高效的多目标全局优化算法，用于求解多维空间中的整体最优解，具有操作简单的特点和良好的优化能力。原始的差分进化算法通过变异、交叉、选择 3 个操作，不断迭代进化，使种群向全局最优解移动。

1. 传统差分进化算法粒子更新策略

1) 种群初始化

在解空间随机生成 M 个个体，每个个体由 D 维向量组成，第 i 个个体的第 j 维的取值方式如下：

$$X_i^j = L_{\mathrm{j\_min}} + \mathrm{rand}(0,1) \times (L_{\mathrm{j\_max}} - L_{\mathrm{j\_min}}) \tag{3.10}$$

其中，$L_{\mathrm{j\_min}}$ 和 $L_{\mathrm{j\_max}}$ 分别为第 j 维值的最小值及最大值范围。

2) 变异算子

在第 g 次迭代过程中，变异策略为

$$V_i(g) = X_{p1}(g) + F \times (X_{p2}(g) - X_{p3}(g)) \tag{3.11}$$

其中，$p_1 \neq p_2 \neq p_3 \neq i$，$F$ 为缩放因子在[0,2]区间选择。

其他变异算子包括：

$$V_i(g) = X_{\mathrm{best}}(g) + F \times (X_{p1}(g) - X_{p2}(g)) \tag{3.12}$$

$$V_i(g) = X_i(g) + F \times (X_{\mathrm{best}}(g) - X_i(g)) + F \times (X_{p1}(g) - X_{p2}(g)) \tag{3.13}$$

$$V_i(g) = X_{\mathrm{best}}(g) + F \times (X_{p1}(g) - X_{p2}(g)) + F \times (X_{p3}(g) - X_{p4}(g)) \tag{3.14}$$

$$V_i(g) = X_{p1}(g) + F \times (X_{p2}(g) - X_{p3}(g)) + F \times (X_{p4}(g) - X_{p5}(g)) \tag{3.15}$$

3) 交叉算子

差分进化算法在交叉过程的交叉策略为

$$v_i^j=\begin{cases}h_i^j(g), & \text{rand}(0,1)\leqslant \text{cr}\\ x_i^j(g), & \text{否则}\end{cases} \tag{3.16}$$

其中,cr 为交叉概率,且 cr∈[0,1]。

4）选择算子

选择过程的策略即为贪心策略,即

$$X_i(g+1)=\begin{cases}V_i(g), & f(V_i(g))<f(X_i(g))\\ X_i(g), & \text{否则}\end{cases} \tag{3.17}$$

传统差分进化算法流程如图 3.6 所示。

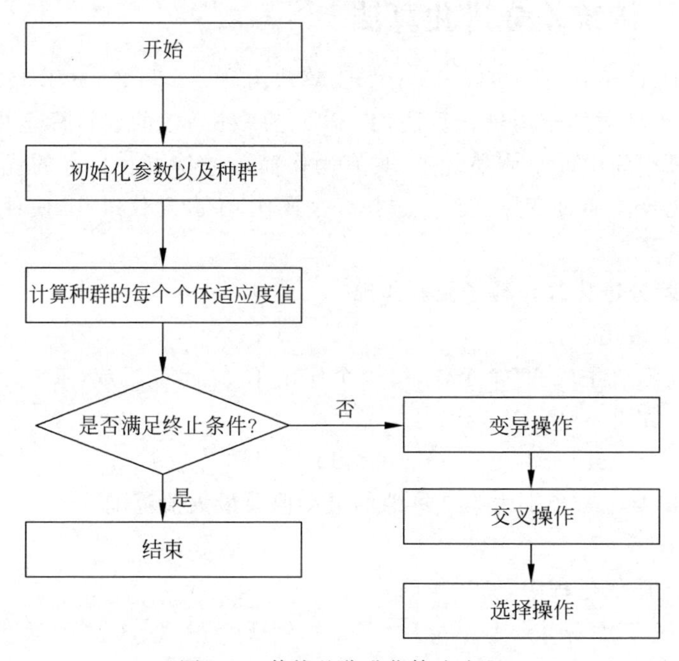

图 3.6 传统差分进化算法流程

2. 传统差分进化算法伪代码

如算法 3.1 所示,传统差分算法主要分为两个步骤：第一,初始化相关参数并初始化种群；第二,进入迭代过程,在每次迭代中,对每个个体做变异操作和交叉操作,获得一个新的试验个体,根据贪心选择,选择试验个体和父代中最优的个体进入下一代,如此循环,直至迭代结束或者满足算法结束的条件,从而获得一个全局最优解。

3.3.2 算法设计

1. 编码策略及适应度值函数

本节算法同样采用边点对编码策略,详细介绍见 3.2.1 节。

一棵 XSMT 的长度是该树所有边集长度的总和，详见式(3.1)。算法的适应度值求解函数进行预处理，将一棵 XSMT 的边分为 45°、135°、水平和垂直 4 种类型，再将 45°斜边与 135°斜边分别以顺时针和逆时针的方式旋转，转换成水平边和垂直边。记录所有的水平边和垂直边并进行排序，扣除共享的边之后，将所有边加起来即为该 XSMT 的线长值，因此本节算法中衡量一棵 XSMT 的适应度值函数设计如下：

$$f=L(T_X) \tag{3.18}$$

算法 3.1　DE 算法

输入：种群大小 M；维度 D；迭代次数 T；

输出：最优解向量 $\boldsymbol{\Delta}$

1. (initialization)；
2. **for** $i=1$ to M **do**
3. 　**for** $j=1$ to D **do**
4. 　　$x^j_{(i,t)}=x^j_{\min}+\text{rand}(0,1)\cdot(x^j_{\max}-x^j_{\min})$；
5. 　**end**
6. **end**
7. **while**($|f(\boldsymbol{\Delta})|\geqslant\varepsilon$) or($t\leqslant T$) **do**
8. 　**for** $i=1$ to M **do**
9. 　　**for** $j=1$ to D **do**
10. 　　　$v^j_{i,t}=\text{Mutation}(x^j_{i,t})$；
11. 　　　$u^j_{i,t}=\text{Crossover}(x^j_{i,t},v^j_{i,t})$；
12. 　　**end**
13. 　　**if** $f(\boldsymbol{u}_{i,t})<f(\boldsymbol{x}_{i,t})$ **then**
14. 　　　$x_{i,t}\leftarrow u_{i,t}$；
15. 　　　**if** $f(\boldsymbol{x}_{i,t})<f(\boldsymbol{\Delta})$ **then**
16. 　　　　$\boldsymbol{\Delta}\leftarrow\boldsymbol{x}_{i,t}$；
17. 　　　　**end**
18. 　　　**else**
19. 　　　　$\boldsymbol{x}_{i,t}\leftarrow\boldsymbol{x}_{i,t}$；
20. 　　　**end**
21. 　**end**
22. 　$t\leftarrow t+1$；
23. **end**
24. **return** the best vector；

2. 初始化策略

传统差分进化算法直接采用式(3.10)进行随机初始化。针对 XSMT 构建问题，如果采用随机初始化去生成种群的每个个体，将导致算法求解空间过大而无法收敛的情形，故本节采用最小生成树生成法对种群个体进行初始化，具体采用Prim算法，伪代码如算法3.2所示，算法中部分参数意义如下。

T：最小生成树集合，S：起始引脚点集合，V：引脚点集合（1～N）。

算法 3.2 Prim 算法

输入：待布线引脚点集合 N

---

1. 随机选取起点 s
2. $T=\varnothing$；
3. $S=\{s\}$；
4. **while**(S $!=V$) **do**
5. 　$(i,j)=i\in S$ **and** $j\in(V-S)$的最小权边；
6. 　$T=T\cup\{(i,j)\}$；
7. 　$S=S\cup\{j\}$；
8. **end**

---

3. 个体更新公式

针对XSMT构造问题，设计如下适合离散问题的新颖变异算子及交叉算子。

定义 3.2 定义以下集合运算。

$A\odot B$：表示求 A 与 B 的差集结果；

$A\oplus B$：表示将 A 中的元素以$\oplus$规则加入 B 中，直至 B 满足运算结束的条件结束；

$A\otimes B$：表示 A 与 B 以$\otimes$规则作交叉操作。

针对本节所求解的问题，A 与 B 都为Steiner树的边集，提出如下$\oplus$规则和$\otimes$规则。

$\oplus$规则即为：

(1) 若 B 为空集，则对 A 采取两点变异。

(2) 若 B 不为空，采用并查集的方法，将 A 中元素作为待选边加入 B 中，若 A 中可加入 B 的边，加完后 B 仍不是一棵不合法的Steiner树，则随机连接未连接的点构成新边并初始化其连接方式，将新边加入 B 中直至 B 为一棵合法的Steiner树结束。

$\otimes$规则即为：

起始边集为 A 和 B 的公共边，候选边集为剩余的边，采用并查集的方法，不断地从候选边集中选取边加入起始边集，直到起始边集构成一棵合法的Steiner树，若候选边集为空依旧无法构成一棵合法的Steiner树，则随机连接未连接的点构成新边并初始化其连接方式，将新边加入起始边集中直到构成一棵合法的Steiner树。

1) 变异算子

结合定义3.2，给出如下变异算子：

$$V_i(g)=X_{p1}(g)\oplus(X_{p2}(g)\odot X_{p3}(g)) \tag{3.19}$$

结合式(3.19)的变异策略，对变异操作会出现的两种情况进行如下讨论。

(1) 如图3.7所示，将随机选出的3个个体p_1、p_2、p_3代入式(3.19)后，$p_2\odot p_3$的结果为空集，则随机删除p_1个体的一条边m_1，则p_1变为两棵子树，结合并查集的方法，从两棵子树各随机选取一个引脚点连接并随机初始化该边的连接方式，则得到变异后的新个体。

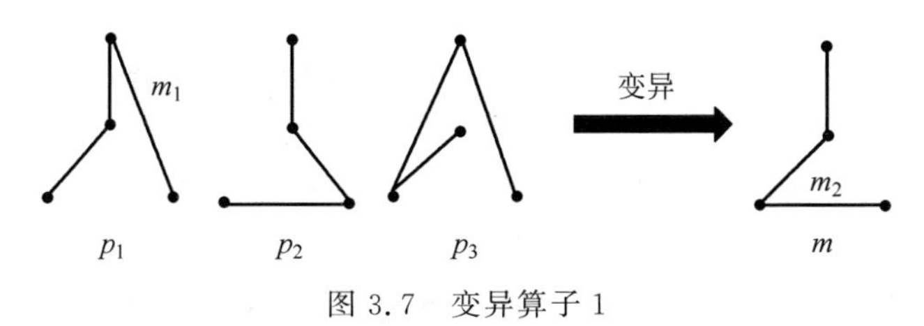

图3.7　变异算子1

(2) 如图3.8所示，根据式(3.19)，$p_2\odot p_3$的结果不为空集，结合并查集策略，将$p_2\odot p_3$的结果作为构建树的起始边集，p_1个体作为待选边集，不断从待选边集选择符合的边加入起始边集中，若待选边集所有元素都被选择完还未构成一棵合法的Steiner树，则随机选择尚未连接的点和已连接的点连接，并初始化走线方式直至起始边集构成一棵合法的Steiner树，将这棵构建完的Steiner树作为变异产生的个体。

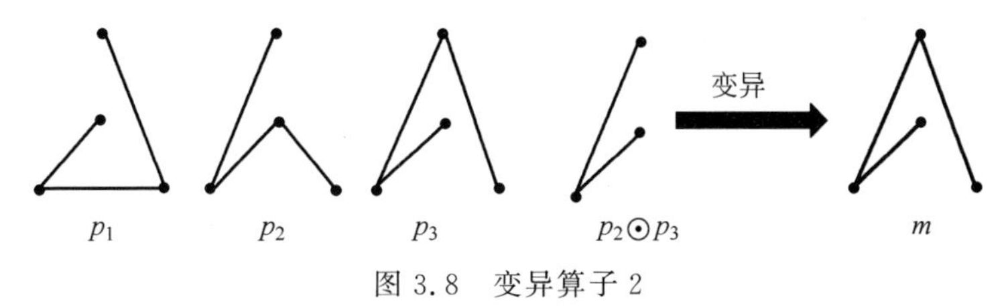

图3.8　变异算子2

2) 交叉算子

结合定义3.2，给出如下交叉策略：

$$\mathrm{XM}_i(g)=V_i(g)\otimes X_i(g)\ \mathrm{rand}(0,1)\leqslant \mathrm{cr} \tag{3.20}$$

如图3.9所示，根据式(3.20)，对变异后的个体m和当前个体i进行交叉操作，将m与i的公共边作为起始边集，则剩余的边作为候选边集。直到构成一棵合法的Steiner树，交叉过程将不断从候选边集中选取边加入起始边集。若候选边集为空时还未获得合法的Steiner树，则算法将随机连接未连接的点形成新的边，并为该边定义布线方式。这样得到的Steiner树作为交叉后产生的交叉个体，代码实现与变异操作类似，此处不再赘述。

3) 选择算子

差分进化的选择操作根据式(3.17)，采用贪心策略，比较交叉后的个体xm与当前个体i的适应度值，选择适应度值最优的个体进入下一代。

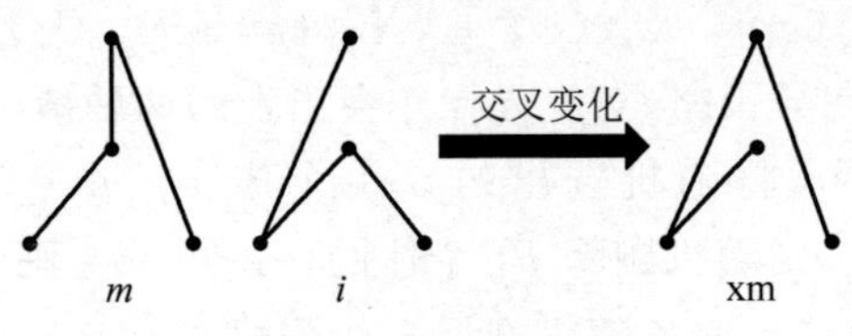

图 3.9 交叉算子

4. 精炼策略

针对算法最终的求解结果，种群中的每个个体可能存在着局部的优化空间，对此提出如下的精炼策略：

(1) 对于种群中的每个个体中每个 p_i 点，计算其度数，度数即为与该点所连的边的数目；

(2) 枚举每个点 p_i 的所有拓扑结构，假定点 p_i 的度为 d，由于每条边有 4 种走线方式，故该点的子结构总数量为 4^d，以子结构的线长为衡量依据，寻找每个点的最小子结构；

(3) 对于策略(2)所求得 n 个子结构，以边的共享程度为衡量依据，对其进行从大到小排序，结合并查集策略，不断地取每个子结构，直至构成一棵合法的树结束。算法的伪代码见算法 3.3。

算法 3.3 精炼策略

输入：迭代结束后的种群

```
1. for i=1 to popsize do
2.   for j=1 to vertice do
3.     CalculateDegree(p_i);
4.   end
5.   for j=1 to vertice do
6.     for k=1 to 4^d do
7.       FindBestSubstructure();
8.       GetSharelength();
9.     end
10.  end
11.  sort();
12.  for j=1 to vertice do
13.    tree=make_tree();
14.    if legal(tree) then
15.      break;
16.    end
17.  end
18. end
```

5. 算法相关参数设置

XSMT-DDE 算法的主要参数包括种群大小 NP、迭代次数 evaluations、阈值 threshold、缩放变量 F 和交叉概率 cr。

设 NP=50，evaluations=500，threshold=0.25，对于 F 和 cr，在算法的第一阶段，由于变异过程引进集合的运算规则，故算法第一阶段 $F=1$，第二阶段 F 采用自适应的策略，具体如下：

$$F_i = F_l + (F_u - F_l)\frac{f_m - f_b}{f_w - f_b} \tag{3.21}$$

其中，$F_l=0.1$，$F_u=0.9$，f_b、f_m、f_w 分别为变异过程中选择出的 3 个个体适应度值的从大到小排序后的结果。交叉概率同样采用自适应策略，具体如下：

$$\mathrm{cr}_i = \begin{cases} \mathrm{cr}_l + (\mathrm{cr}_u - \mathrm{cr}_l)\dfrac{f_i - f_{\min}}{f_{\max} - f_{\min}}, & f_i > \bar{f} \\ \mathrm{cr}_l, & \text{否则} \end{cases} \tag{3.22}$$

其中，$\mathrm{cr}_i=0.1$，$\mathrm{cr}_u=0.6$，f_i、$f_{\min}$、$f_{\max}$、$\bar{f}$ 分别为当前个体的适应度值、种群最小适应度值、种群最大适应度值及种群平均适应度值。

6. XSMT-DDE 算法流程

XSMT-DDE 算法流程图如图 3.10 所示。

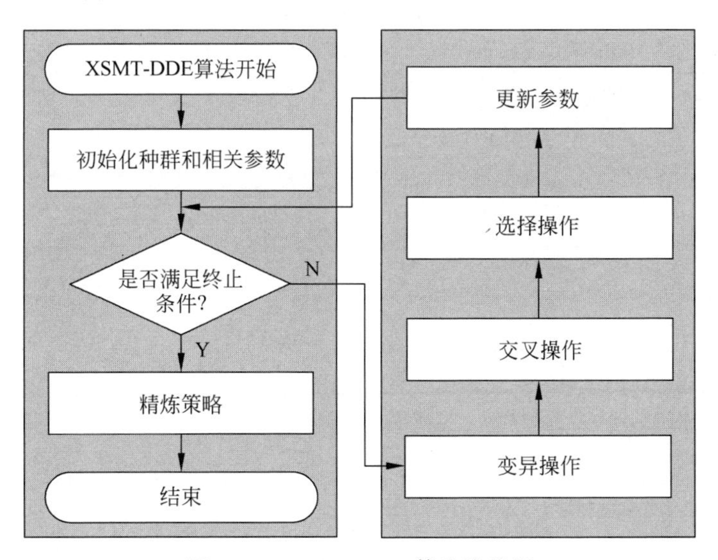

图 3.10　XSMT-DDE 算法流程图

当进行迭代操作时，在第一阶段的每次迭代中，依次以本节重新设计的变异算子（见式(3.19)）、交叉算子（见式(3.20)）进行种群的变异交叉；在第二阶段，由于只变换边的走线方式，故直接采用式(3.11)及式(3.16)对种群个体进行变异交叉，最后通过贪心选择策略进行种群的个体更新优化并根据式(3.18)重新计算种群每个个体的适应度值。

7. XSMT-DDE 算法伪代码

XSMT-DDE 算法伪代码如算法 3.4 所示，同样分为两个阶段。第一阶段，以引脚点的曼哈顿距离作为边的权值，采用 Prim 算法构造最小生成树。第二阶段分为两个时期：第二阶段前期，采用改进的变异算子及交叉算子对种群进行变异和交叉，再进行贪心选择；第二阶段后期，采用传统的变异算子和交叉算子，再进行贪心选择，直至达到最大迭代次数结束，最后再对得到的种群采取精炼操作。

算法 3.4 XSMT-DDE 算法

输入：XSMT-DDE 参数；阈值：threshold；引脚点集合

输出：最优解向量 $\boldsymbol{\Delta}$

1. $t \leftarrow 1$(initialization)；
2. **for** $i=1$ to M **do**
3.   Prim()；
4. **end**
5. **while** $|f(\boldsymbol{\Delta})| \geqslant \varepsilon$ or $(t \leqslant T)$ **do**
6.   **for** $i=1$ to M **do**
7.   **if** $t \leqslant T \times$ threshold **then**
8. $v_{i,t}^{j}=$ ImproveMutation($x_{i,t}^{j}$)；
9. $u_{i,t}^{j}=$ ImproveCrossover($x_{i,t}^{j}, v_{i,t}^{j}$)；
10.   **else**
11. $v_{i,t}^{j}=$ TraditionalMutation($x_{i,t}^{j}$)；
12. $u_{i,t}^{j}=$ TraditionalCrossover($x_{i,t}^{j}, v_{i,t}^{j}$)；
13.   **end**
14.   **if** $f(u_{i,t}) < f(x_{i,t})$ **then**
15. $x_{i,t} \leftarrow u_{i,t}$；
16.   **if** $f(x_{i,t}) < f(\boldsymbol{\Delta})$ **then**
17. $\boldsymbol{\Delta} \leftarrow x_{i,t}$；
18.   **end**
19.   **else**
20. $x_{i,t} \leftarrow x_{i,t}$；
21.   **end**
22.   **end**
23. $t \leftarrow t+1$；
24. **end**
25. Refinement()；
26. **return** the best vector $\boldsymbol{\Delta}$；

3.3.3 算法仿真与实验结果

1. 开发环境及数据来源

本节算法采用 Visual Studio 开发工具，采用 C/C++语言编写，在 Windows 10 的平台上实现，用于验证算法有效性的测试电路数据来源于文献[3]、文献[4]、文献[8]和文献[14]。为验证本节算法能够较好地解决 XSMT 求解问题，设计 3 组对比实验：第一组实验采用 OB-Library 测试数据，将本节算法与文献[3]和文献[4]的算法进行对比；第二组实验采用随机生成的 10 个测试用实例将本节算法与文献[8]和文献[14]的算法作对比；第三组实验采用 ibm 测试数据集将本节算法与文献[8]的算法进行对比。

2. 实验结果分析

1）验证最小生成树法的有效性

在本节算法中，对种群的初始化采用最小生成树法的方式进行种群的初始化，避免了因随机初始化导致算法解空间过大，从而使算法无法收敛的情况，具体实验结果如表 3.5 所示。其中最后一列表示优化率，具体计算方式如下：

$$\text{优化率} = \frac{\text{RIS} - \text{MST}}{\text{RIS}} \times 100\% \tag{3.23}$$

表 3.5 最小生成树策略带来的优化率

电　路	引　脚　数	随机初始解(RIS)	最小生成树法(MST)	优化率/%
1	8	16 900	16 900	0.00
2	9	18 023	18 023	0.00
3	10	19 397	19 397	0.00
4	20	32 219	32 039	0.56
5	50	55 751	47 908	14.07
6	70	80 640	56 166	30.35
7	100	123 767	68 509	44.65
8	410	1 042 081	141 666	86.41
9	500	1 378 707	154 697	88.78
10	1000	3 388 682	221 739	93.46
均值				35.83

从表 3.5 的最后一列可以看出，随着当前测试电路的引脚点数增多，最小生成树法能够有效地优化由于随机初始化种群导致算法解空间过大而无法收敛的情形。最小生成树法在解决此问题上取得了平均 35.83%的优化率。

2）验证精炼策略的有效性

在本节算法中，对 XSMT-DDE 迭代结束后最终的种群结果采取了精炼的策略，对种群中的每个个体进行精炼，优化布线树的局部结构，实验结果如表 3.6 所示，由实验结果可知，在加入精炼策略后，能够对算法最终结果起到优化作用，取得了平均0.55%的优化率。

表 3.6 精炼策略带来的优化率

电 路	引 脚 数	XSMT-DDE	精 炼	优化率/%
1	8	16 900	16 900	0.00
2	9	18 023	18 023	0.00
3	10	19 397	19 397	0.00
4	20	32 039	32 021	0.06
5	50	47 908	47 772	0.28
6	70	56 166	56 120	0.08
7	100	68 509	68 328	0.26
8	410	141 666	139 993	1.18
9	500	154 697	152 456	1.45
10	1000	221 739	216 958	2.16
均值				0.55

3) XSMT-DDE 实验对比

第一组实验采用 OB-Library 测试数据,将本节算法与文献[3]提出的 RSMT 算法进行对比,具体实验结果如表 3.7 所示,由实验结果可知,本节算法所构造的 XSMT 长度较文献[3]取得了平均 9.77%的优化率。第二组实验采用 GEO 测试数据,将本节算法与文献[3]提出的 RSMT 算法以及文献[4]提出的 OSMT 算法进行对比,实验结果如表 3.8 所示。由实验结果可知,XSMT-DDE 在解决 Steiner 最小树的构造问题中,与传统策略曼哈顿结构 RSMT 和非曼哈顿结构 OSMT 对比,分别取得了 10.23%和 1.05%的平均优化率。第三组实验将本节算法与文献[14]的 SAT 算法和文献[8]的 KNN 算法进行对比,具体实验结果如表 3.9 所示。由实验结果可知,本节算法相较于 SAT 和 KNN 算法分别取得了 9.86%和 8.57%的优化率。

表 3.7 XSMT-DDE 与 RSMT 的线长对比

编 号	RSMT	XSMT-DDE	优化率/%
1	1.87	1.7474	6.56
2	1.68	1.5664	6.76
3	2.36	2.1855	7.39
4	2.54	2.2382	11.88
5	2.29	2.1385	6.61
6	2.48	2.3285	6.11
7	2.54	2.3475	7.58
8	2.42	2.2685	6.26
9	1.72	1.6285	5.32
10	1.85	1.6974	8.25

续表

编　　号	RSMT	XSMT-DDE	优化率/%
11	1.44	1.3346	7.32
12	1.80	1.6828	6.51
13	1.50	1.3243	11.72
14	2.60	2.3657	9.01
15	1.48	1.2895	12.87
16	1.60	1.2485	21.97
17	2.01	1.6920	15.82
18	4.06	4.0328	0.67
19	1.93	1.7970	6.89
20	1.12	1.0685	4.60
21	2.16	1.9188	11.17
22	0.63	0.5363	14.88
23	0.65	0.5277	18.82
24	0.30	0.2680	10.67
25	0.23	0.2097	8.82
26	0.15	0.1290	14.00
27	1.33	1.2070	9.25
28	0.28	0.2156	23.01
29	2.00	1.4728	26.36
30	1.10	1.0743	2.34
31	2.66	2.4722	7.06
32	3.30	3.0188	8.52
33	2.69	2.2992	14.53
34	2.54	2.2317	12.14
35	1.57	1.4033	10.62
36	0.90	0.9000	0.00
37	0.90	0.8070	10.34
38	1.66	1.4808	10.79
39	1.66	1.4808	10.79
40	1.62	1.4940	7.78
41	2.24	2.0634	7.89
42	1.53	1.3750	10.13
43	2.68	2.4695	7.85
44	2.61	2.2909	12.22
45	2.26	2.0505	9.27
46	1.50	1.5000	0.00
均值			9.77

以上3组实验结果表明，本节算法在XSMT的构造问题中，能够较好地解决

线长优化的问题，从而构造一棵质量较佳的 XSMT。

表 3.8 XSMT-DDE 与 RSMT、OSMT 对比

电　路	引脚数	RSMT	OSMT	XSMT-DDE	优化率/%	
					XSMT-DDE：RSMT	XSMT-DDE：OSMT
1	8	17 931	17 040	16 900	5.75	0.82
2	9	20 503	18 163	18 023	12.10	0.77
3	10	21 910	19 818	19 397	11.47	2.12
4	20	35 723	32 199	32 021	10.36	0.55
5	50	53 383	47 960	47 772	10.51	0.39
6	70	61 987	55 980	56 120	9.46	−0.25
7	100	76 016	68 743	68 328	10.11	0.60
8	410	156 520	142 880	139 993	10.56	2.02
9	500	170 273	154 290	152 456	10.46	1.19
10	1000	245 201	222 050	216 958	11.52	2.29
均值					10.23	1.05

表 3.9 XSMT-DDE 与 SAT、KNN 对比

测试用例	线网数目	引脚数目	SAT	KNN	XSMT-DDE	优化率/%	
						XSMT-DDE：SAT	XSMT-DDE：KNN
ibm01	11 507	44 266	61 005	61 071	56 186	7.90	8.00
ibm02	18 429	78 171	172 518	167 359	155 239	10.02	7.24
ibm03	21 621	75 710	150 138	147 982	134 290	10.56	9.25
ibm04	26 263	89 591	164 998	164 828	149 946	9.12	9.03
ibm06	33 354	124 299	289 705	280 998	257 193	11.22	8.47
ibm07	44 394	164 369	368 015	368 015	336 085	8.68	8.68
ibm08	47 944	198 180	431 879	413 201	373 350	13.55	9.64
ibm09	53 039	187 872	418 382	417 543	382 966	8.46	8.28
ibm10	64 227	269 000	588 079	583 102	533 617	9.26	8.49
均值						9.86	8.57

3.3.4 小结

本节算法将改进的差分进化算法应用于 VLSI 总体布线问题。通过改进相关变异交叉策略，使得改进后的差分进化算法能够有效地应用于离散型的问题，从而可以应用到本节所研究的内容，即 XSMT 的求解构造问题。

3.4 基于多策略优化离散差分进化的 X 结构 Steiner 最小树算法

3.3 节所述的 XSMT-DDE 算法展现出良好的线长优化能力。本节设计并实现了基于多策略优化离散差分进化的 X 结构 Steiner 最小树算法(X-architecture Steiner Minimal Tree algorithm based on Multi-strategy optimization Discrete Differential Evolution,XSMT-MDDE),其中采用了与 3.3 节相同的模型的编码策略、适应度函数设计策略、初始化种群策略,在 DDE 算法中加入精英克隆选择策略、多变异策略和自适应学习因子策略优化离散差分进化算法的搜索过程,以提高最终布线树的质量。

3.4.1 算法设计

1. 精英克隆选择策略

性质 3.1 该策略使用了两种基于集合的个体自身变异策略,精英个体在短时间内进行变异。对精英个体进行克隆和变异,基于贪婪策略选择最优个体,在较小的时间复杂度内构建出高质量的精英区域。

1) 基于 DE 算法的精英克隆选择策略

精英克隆选择策略包括 4 个步骤:选择、克隆、变异和消亡。选取种群中的部分个体作为精英个体,然后对其进行克隆,形成克隆种群。克隆个体采用两种变异策略突变成变异个体。根据消亡策略选择变异个体进入精英区。精英区与种群的规模相当,精英区个体参与随后的差分进化过程。

精英选择和克隆策略可以有效地扩大 DDE 的搜索范围,提高算法的全局搜索能力,在一定程度上避免陷入局部峰值,防止算法过早收敛。

2) 精英克隆选择策略的算法流程

在解决基于离散差分进化算法的 XSMT 构造问题中,精英克隆选择策略的算法具体步骤如下。

(1) 选择。在差分进化算法进行一次变异、交叉、选择后,选择其中适应度值排名前 n 的个体组成精英种群,$n=k\times N$。设置精英比例系数 k,本算法经实验验证选取 k 为 0.2 时能够获得最好的效果。

(2) 克隆。对临时种群的个体进行扩增,扩增数量 N_i 依据式(3.24)进行计算,生成克隆群体 C。

$$N_i=\text{round}\left(\frac{N}{i}\right) \tag{3.24}$$

其中，N 为精英种群大小，round()为取整函数。

(3) 变异。对于克隆群体的个体逐个进行变异，变异策略采用连接方式变异或拓扑结构变异，两种变异方式如图 3.11 所示，每个个体随机选择一种方式变异。对于采用连接方式变异的个体随机选取 e 条边，e 的大小根据边的数量决定，如式(3.25)所示，对选中的边更改连接方式。对于采用拓扑结构变异的个体，从个体中随机选择一条边断开，从而形成两个集合，再从两个集合中各自随机选择一个点进行连接，变异过程采用并查集的思想以确保得到合法树。变异后形成变异种群 M。

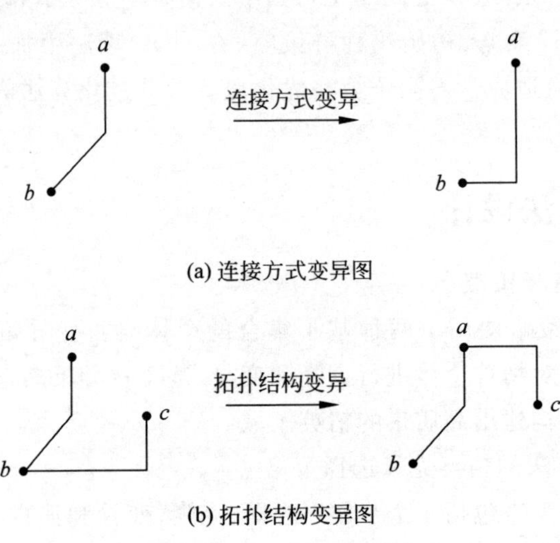

图 3.11 两种变异方式

$$e = \max\left\{1, \mathrm{round}\left(t\left(\frac{n-1}{10}\right)\right)\right\} \tag{3.25}$$

其中，n 为引脚数量，t 为比例系数。

(4) 消亡。开辟一个规模与种群大小相同的精英区，在集合 M 中选择适应度值最优的个体 m_{best}，若 fitness(m_{best})优于 fitness(g_{best})，则将个体 m_{best} 加入精英区中，集合 M 中其余个体全部消亡；否则，变异集合 M 中的所有个体全部消亡。若精英区已满，则选择适应度值最劣的个体淘汰，再加入新个体。算法流程的伪代码如算法 3.5 所示。

2. 多变异策略

性质 3.2 本策略提出的 3 种新的变异策略引入了集合运算的思想。在合理计算时间的前提下，通过调整当前个体的边集和其他个体的边集，改变 XSMT 中的一些子结构，寻找更好的子结构组合。

算法 3.5 精英克隆选择策略算法

输入 当前种群个体集合 P

输出 精英克隆选择得到的个体

1. $p_i = \text{get}(p)$；//获取精英个体
2. $N = k \times \text{NP}$；
3. **for** $i=1$ **to** N **do**
4. $N_i = \text{round}(N/i)$；
5. $M = \varnothing$；// M 为变异种群集合
6. **for** $j=1$ **to** N_i **do**
8. $m_j = \text{Mutation}(p_i)$；//将 p_i 变异
9. $M \cup \{m_j\}$；
10. **end for**
11. $m_{\text{best}} = \text{get}(M)$；//获取适应度值最优的变异个体
12. **if** $\text{Fitness}(m_{\text{best}}) < \text{Fitness}(g_{\text{best}})$ **then**
13. $Q \cup \{m_{\text{best}}\}$；
14. **end if**
15. **end for**

1）多变异策略概述

在差分进化算法中，常用的变异策略有 6 种，每种策略的表示方式为 DE/$\boldsymbol{a}$/b"，其中 DE 代表差分进化，$\boldsymbol{a}$ 代表基向量，b 代表差分向量的数量，6 种策略如下公式所示。

（1）DE/rand/1：

$$V_i^g = X_{r1}^g + F(X_{r2}^g - X_{r3}^g) \tag{3.26}$$

（2）DE/rand/2：

$$V_i^g = X_{r1}^g + F(X_{r2}^g - X_{r3}^g) + F(X_{r4}^g - X_{r5}^g) \tag{3.27}$$

（3）DE/best/1：

$$V_i^g = X_{\text{best}}^g + F(X_{r1}^g - X_{r2}^g) \tag{3.28}$$

（4）DE/best/2：

$$V_i^g = X_{\text{best}}^g + F(X_{r1}^g - X_{r2}^g) + F(X_{r3}^g - X_{r4}^g) \tag{3.29}$$

（5）DE/current-to-best/1：

$$V_i^g = X_i^g + F(X_{\text{best}}^g - X_i^g) \tag{3.30}$$

（6）DE/rand-to-best/1：

$$V_i^g = X_{r0}^g + F(X_{\text{best}}^g - X_{r0}^g) + F(X_{r1}^g - X_{r2}^g) \tag{3.31}$$

其中，$r_0 \neq r_1 \neq r_2 \neq r_3 \neq r_4 \neq r_5 \neq i \in \{1,2,\cdots,\text{NP}\}$，$X_r^g$ 表示第 g 次迭代种群中的随机个体，X_{best}^g 表示第 g 次迭代时的全局最优解，学习因子 $F \in [0,2]$。

2）基于 XSMT 构建问题的多变异策略

这里使用了两种基于集合运算的符号，对集合运算的定义如下。

A 为个体 X_1 的边集，B 为个体 X_2 的边集，全集为 $A\cup B$，定义以下两种运算符。

定义 3.3 $A\odot B$ 表示求 A 与 B 的对称差集，即为 $(A\cup B)-(A\cap B)$，如图 3.12(a)所示。

定义 3.4 $A\oplus B$ 首先计算集合 $C=A-B$，再将集合 B 中边加入集合 C 中，直至集合 C 的边集能够构成一棵合法的树为止，如图 3.12(b)所示。

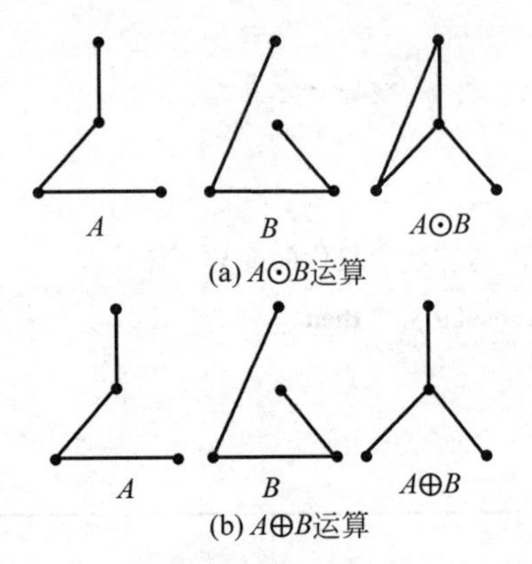

图 3.12 两种新型运算符的运算过程

给出以上两种运算的定义后，接下来讨论基于 XSMT 问题提出的 3 种新型变异策略，由此构成变异策略池。

变异策略 1：DE/current-to-best(gbest＋pbest)/1。在该变异策略中，第一部分的基向量为当前个体，差分向量由当前个体与当前个体的局部最优个体运算产生，经式(3.32)运算得到个体 $\boldsymbol{T}$。第二部分的基向量为个体 $\boldsymbol{T}$，差分向量由个体 $\boldsymbol{T}$ 与全局最优个体运算产生，经式(3.33)运算得到目标变异个体 $\boldsymbol{V}_i^g$，变异公式如下：

$$\boldsymbol{T}=\boldsymbol{X}_i^g\oplus\boldsymbol{F}*(\boldsymbol{X}_{\text{pbest}}^g\odot\boldsymbol{X}_i^g)\tag{3.32}$$

$$\boldsymbol{V}_i^g=\boldsymbol{T}\oplus\boldsymbol{F}*(\boldsymbol{X}_{\text{gbest}}^g\odot\boldsymbol{T})\tag{3.33}$$

变异策略 1 保留个体 $\boldsymbol{X}_i^g$ 与最优个体的局部共同边，剩余的边以相同的概率从个体 $\boldsymbol{X}_i^g$ 和最优个体中获取，使得当前种群个体得到最优个体的部分拓扑结构。

变异策略 2：DE/rand-to-best(gbest＋pbest)/1。其中，第一步的基向量选取为个体 $\boldsymbol{X}_i^g$，差分向量由种群中的随机个体与其对应的局部最优个体运算产生，经式(3.34)运算得到个体 $\boldsymbol{T}$。第二步的基向量为个体 $\boldsymbol{T}$，差分向量由另一随机个体(两次选取的随机个体不同)与全局最优个体运算产生，经式(3.35)运算得到目标个体 $\boldsymbol{V}_i^g$，变异公式如下：

$$\boldsymbol{T}=\boldsymbol{X}_i^g\oplus\boldsymbol{F}*(\boldsymbol{X}_{\text{pbest}}^g\odot\boldsymbol{X}_{r1}^g)\tag{3.34}$$

$$V_i^g = T \oplus F * (X_{\text{gbest}}^g \odot X_{r2}^g) \tag{3.35}$$

其中，$r_1 \neq r_2 \neq i$，变异策略 2 有较大的概率获取不同于当前个体与最优个体的结构，使得变异范围不局限在最优个体的边集。

变异策略 3：DE/current-to-rand/1。其中，个体 X_i^g 依旧为基向量，而差分向量的对象则分别是个体 X_i^g 与种群中的随机个体 X_r^g，目标个体 V_i^g 通过式(3.36)生成。

$$V_i^g = X_i^g \oplus F * (X_i^g \odot X_r^g) \tag{3.36}$$

变异策略 3 的变异范围广，在前期的搜索过程中能够扩大搜索空间。

在多变异策略中，设置阈值 threshold 将整个迭代过程分为两个阶段，在前期采用多变异策略，每种策略从策略池中等概率选取，根据变异式得到变异个体。在迭代后期种群具有较高的拓扑结构多样性，为了搜索每种结构下更优的适应度值，更改变异方式，采用自身变异策略，在不改变个体拓扑结构的原则上，变异部分边的连接方式。多变异策略伪代码如算法 3.6 所示。

算法 3.6　多变异策略算法

输入 当前种群 P，迭代次数 evaluations，阈值 threshold
输出 变异后种群 V

```
Begin:
1. for i=1 to N do
2.     if i≤evaluation * threshold then
3.         s=(rand()/(max size+1)) * 3+1;
4.     else
5.         s=0;
6.     end if
7.     if s=1 then
8.         V∪Mutation1(p_i); //采用变异策略 1
9.     else if s=2 then
10.        V∪Mutation2(p_i); //采用变异策略 2
11.    else if s=3 then
12.        V∪Mutation3(p_i); //采用变异策略 3
13.    else
14.        V∪Mutation4(p_i); //处于后期，采用自身变异
15.    end if
16. end for
End
```

3. 自适应学习因子策略

性质 3.3　学习因子是决定 DDE 算法性能的关键参数，对算法的开发和探索

能力有着决定性的影响。本节首次提出了一种基于集合运算的自适应学习因子，有效地平衡了 XSMT-MDDE 算法的搜索和开发能力。

1）自适应学习因子的定义

对于变异算子 $V_i^g = X_i^g \oplus F_i * (X_{\text{best}}^g \odot X_i^g)$，$F_i \in [0,2]$，现有如下定义来定义运算符 *：

定义 3.5 若 $F_i < 1$，从边集合 $X_{\text{best}}^g \odot X_i^g$ 中随机淘汰 n 条边 $\{e_1, e_2, \cdots, e_n\}$，其中 $e_i \in X_{\text{best}}^g$ 且 $e_i \notin X_i^g$，n 的值由式(3.37)计算得到。

$$n = \text{round}((1 - F_i) \times |X_{\text{best}}^g|) \tag{3.37}$$

其中，$|X_{\text{best}}^g|$ 为集合 X_{best}^g 的大小。

定义 3.6 若 $F_i > 1$，从边集合 $X_{\text{best}}^g \odot X_i^g$ 中随机淘汰 n 条边 $\{e_1, e_2, \cdots, e_n\}$，其中 $e_i \in X_i^g$ 且 $e_i \notin X_{\text{best}}^g$，$n$ 的值由式(3.38)计算得到。

$$n = \text{round}((F_i - 1) \times |X_i^g|) \tag{3.38}$$

定义 3.7 若 $F_i = 1$，则不改动任何边集合的保留比例，按原先的运算策略进行。

2）参数 F 更新过程

每个个体 X_i^g 设置一个自适应参数 F_i，初始化均为 1，在迭代过程中，每次选择操作结束后对参数 F_i 进行更新。自适应参数 F 更新过程的伪代码如算法 3.7 所示。

算法 3.7 自适应学习因子更新

```
输入 种群 P，种群大小 NP，迭代次数 evaluations
输出 自适应参数 F
Begin：
1. F_i ←1；//初始化
2. r=max{10,0.001×f_best}；
3. for j=1 to evaluations do
4.     for i=1 to NP do
5.         Δ=f_i - f_best；
6.         if Δ<r then
7.             F_i=F_i - 0.05；
8.         else
9.             F_i=F_i + 0.05；
10.        end if
11.    end for
12. end for
End
```

(1) 设置参考常数 r,本算法中常数 r 的选取方式如式(3.39)所示。

$$r = k \times f_{\text{best}} \tag{3.39}$$

其中,k 取 0.001,f_{best} 为 X_{best}^{g} 的适应度值;

(2) 计算当前个体 X_i^g 的适应度值 f_i 与 X_{best}^{g} 的适应度值 f_{best} 的差值 Δ;

(3) 更新 F_i,更新公式如下:

$$F_i = \begin{cases} F_i + 0.05, & \Delta > r \\ F_i - 0.05, & \Delta \leqslant r \end{cases} \tag{3.40}$$

适应度值 f_i 足够接近 X_{best}^{g} 的适应度值 f_{best} 时,此时减小 F_i 的值,更大程度地保留原有结构;反之增大 F_i 值,以扩大变异范围。

3.4.2 算法仿真与实验结果

1. 开发环境与数据来源

本节算法的开发工具为 Visual Studio 2019,使用 C/C++语言,操作系统为 Windows 10。为验证本节所述算法能较好地解决 XSMT 问题,设计如下 3 组对比实验,其中前两组的测试数据来源为 GEO,第三组的测试数据来源为 IBM:第一组实验为加入多策略优化前后的结果进行比较,验证多策略优化后的 DE 算法在解决 XSMT 问题中的有效性;第二组实验将本节算法的实验结果与 DDE、ABC 和 GA 算法进行对比;第三组实验采用 IBM 数据集,实验结果与 SAT 和 KNN 进行对比。在本节所述实验的所有算法初始种群大小均为 50,迭代次数均为 500。

2. 实验结果分析

1) 多策略优化的有效性验证

第一组实验:为了验证多策略优化 DE 算法在解决 XSMT 问题中的有效性,将加入多策略优化前后的实验结果进行对比,实验对比结果分别如表 3.10 和表 3.11 所示,其中表 3.10 为平均线长优化结果,表 3.11 为标准差优化结果。可以看出,加入多策略优化后能够取得 2.40%的平均线长优化率及 95.65%的标准差优化率。

表 3.10 多策略优化的平均线长优化结果

电路	引脚数	XSMT-DDE	XSMT-MDDE	平均线长优化率/%
1	8	16 956	16 900	0.33
2	9	18 083	18 023	0.33
3	10	19 430	19 397	0.17
4	15	25 728	25 624	0.40
5	20	32 434	32 091	1.06
6	50	49 103	48 090	2.06
7	70	57 386	56 105	2.23
8	100	70 407	68 457	2.77
9	400	145 183	138 512	4.59

续表

电　路	引脚数	XSMT-DDE	XSMT-MDDE	平均线长优化率/%
10	410	146 680	140 359	4.31
11	500	160 031	152 649	4.61
12	1000	232 057	217 060	5.90
均值				2.40

表 3.11　多策略优化的标准差优化结果

电　路	引脚数	XSMT-DDE	XSMT-MDDE	标准差优化率/%
1	8	56	0	100.00
2	9	58	0	100.00
3	10	42	0	100.00
4	15	198	8	95.96
5	20	343	22	93.59
6	50	1036	119	88.51
7	70	1082	136	87.43
8	100	1905	187	90.18
9	400	3221	57	98.23
10	410	3222	56	98.26
11	500	3193	50	98.43
12	1000	3977	113	97.16
均值				95.65

2）XSMT-MDDE 实验对比

第二组实验：为了测试多策略优化的离散差分进化算法（MDDE）在解决 XSMT 问题上的能力，将本节算法与传统离散差分进化算法（DDE）、人工蜂群算法（ABC）和遗传算法（GA）进行对比，表 3.12～表 3.14 分别展示了 4 种算法对于平均线长、最优线长和标准差的优化对比。与 DDE、ABC 和 GA 相比，本算法分别得到 2.40%、1.74%和 1.77%的平均线长优化率，1.26%、1.55%和 1.77%的最优线长优化率，95.65%、33.52%和 28.61%的标准差优化率。

表 3.12　各算法平均线长优化对比

电　路	引脚数	平 均 线 长				平均线长优化率/%		
		DDE	ABC	GA	MDDE	DDE	ABC	GA
1	8	16 956	16 918	16 918	16 900	0.33	0.00	0.00
2	9	18 083	18 041	18 041	18 023	0.33	0.10	0.10
3	10	19 430	19 696	19 696	19 397	0.17	1.52	1.52
4	15	25 728	25 919	25 989	25 624	0.40	1.14	1.40
5	20	32 434	32 488	32 767	32 091	1.06	1.22	2.06

续表

电　　路	引脚数	平均线长				平均线长优化率/%		
		DDE	ABC	GA	MDDE	DDE	ABC	GA
6	50	49 103	48 940	48 997	48 090	2.06	1.74	1.85
7	70	57 386	57 620	57 476	56 105	2.23	2.63	2.39
8	100	70 407	70 532	70 277	68 457	2.77	2.94	2.59
9	400	145 183	141 835	141 823	138 512	4.59	2.40	2.40
10	410	146 680	143 642	143 445	140 359	4.31	2.29	2.15
11	500	160 031	156 457	156 394	152 649	4.61	2.43	2.39
12	1000	232 057	222 547	222 487	217 060	5.90	2.47	2.44
均值						2.40	1.74	1.77

表 3.13　各算法最优线长优化对比

电　　路	引脚数	最优线长				最优线长优化率/%		
		DDE	ABC	GA	MDDE	DDE	ABC	GA
1	8	16 918	16 918	16 918	16 900	0.11	0.11	0.11
2	9	18 041	18 041	18 041	18 023	0.10	0.10	0.10
3	10	19 415	19 696	19 696	19 397	0.09	1.52	1.52
4	15	25 627	25 627	25 897	25 605	0.09	0.09	1.13
5	20	32 209	32 344	32 767	32 091	0.37	0.78	2.06
6	50	47 987	48 637	48 783	47 975	0.03	1.36	1.66
7	70	56 408	57 227	57 445	55 919	0.87	2.29	2.66
8	100	68 829	70 382	70 092	68 039	1.15	3.33	2.93
9	400	141 967	141 490	141 467	138 382	2.53	2.20	2.18
10	410	144 033	143 310	143 282	140 179	2.68	2.18	2.17
11	500	156 950	156 034	156 110	152 591	2.78	2.21	2.25
12	1000	226 654	222 262	222 285	216 824	4.34	2.45	2.46
均值						1.26	1.55	1.77

表 3.14　各算法标准差优化对比

电　　路	引脚数	标准差				标准差优化率/%		
		DDE	ABC	GA	MDDE	DDE	ABC	GA
1	8	56	0	0	0	100.00	—	—
2	9	58	0	0	0	100.00	—	—
3	10	42	0	0	0	100.00	—	—
4	15	198	148	46	8	95.96	94.59	82.61
5	20	343	118	45	22	93.59	81.36	51.11
6	50	1036	242	133	119	88.51	50.83	10.53
7	70	1082	195	140	136	87.43	30.26	2.86

续表

电　路	引脚数	标　准　差				标准差优化率/%		
		DDE	ABC	GA	MDDE	DDE	ABC	GA
8	100	1905	69	112	187	90.18	−171.01	−66.96
9	400	3221	200	170	57	98.23	71.50	66.47
10	410	3222	146	122	56	98.26	61.64	54.10
11	500	3193	160	133	50	98.43	68.75	62.41
12	1000	3977	131	107	113	97.16	13.74	−5.61
均值						95.65	33.52	28.61

第三组实验：为了验证本节算法在构造多线网 XSMT 的能力，本实验采用 IBM 数据集，与文献[14]的 SAT 算法和文献[8]的 KNN 算法进行对比，实验结果如表 3.15 所示，分别得到 10.05%和 8.86%的线长优化率。

表 3.15　IBM 数据集中各算法构造 XSMT 的效果对比

电　路	线网数	引脚数	线长			平均线长优化率/%	
			SAT	KNN	MDDE	SAT	KNN
ibm01	11 507	44 266	61 005	61 071	56 080	8.07	8.17
ibm02	18 429	78 171	172 518	167 359	154 868	10.23	7.46
ibm03	21 621	75 710	150 138	147 982	133 999	10.75	9.45
ibm04	26 263	89 591	164 998	164 828	149 727	9.26	9.16
ibm06	33 354	124 299	289 705	280 998	256 674	11.40	8.66
ibm07	44 394	164 369	368 015	368 015	335 556	8.82	8.82
ibm08	47 944	198 180	431 879	413 201	371 948	13.88	9.98
ibm09	53 039	187 872	418 382	417 543	382 282	8.63	8.44
ibm10	64 227	269 000	588 079	589 102	532 644	9.43	9.58
均值						10.05	8.86

3.4.3　小结

本节设计了 3 种优化策略用于改进离散差分进化算法，以求解 XSMT 问题。通过精英克隆选择策略扩大搜索空间，多变异策略扩大变异范围，更好地平衡全局与局部的搜索能力，自适应学习因子策略动态调整保留当前个体边集与全局最优个体边集之间的比例。本节提出的基于多策略优化离散差分进化的 XSMT 算法，以线长优化和标准差优化为评价指标，与其他相关算法相比均取得了不错的优化结果。同时，XSMT-MDDE 在引脚数量越大的线网中所体现出的优化能力越强，因此应用在 VLSI 布线中能够得到优秀的布线结果。

3.5 基于文化基因的 X 结构 Steiner 最小树算法

文化基因算法(Memetic Algorithm,MA)于 1989 年由 Pablo Moscato 首次提出,并逐渐引起各国研究人员的兴趣和关注。在一般遗传算法中,操作的对象是局部搜索得到的优秀种群,避免迂回的无用搜索,以更好地搜索全局最优。而文化基因则是结合全局搜索和局部搜索,在某些问题领域提高了算法的搜索效率,适用于求解 NP 难问题。近年来,文化基因算法已被成功地应用到了自动化控制、工程优化、机器学习等领域并得到了令人满意的结果。

本节主要介绍一种基于文化基因算法的 X 结构 Steiner 最小树构建算法,即 MA_XMST 算法。首先,使用 Prim 算法预处理种群,产生初始种群,解决了因引脚数过多而无法收敛的情况。然后,通过修改文化基因的个体更新公式并设计了一种新的文化基因中的操作,使其能应用于离散 X 结构 Steiner 树,用于解决 VLSI 中的布线问题。最后,调整文化基因中的权重因子,能在一定迭代次数下,快速得到一个最优或者较优的拓扑结果。

3.5.1 MA_XMST 算法

1. MA_XMST 算法描述

MA_XMST 算法是基于文化基因算法,通过使用 Prim 算法进行预处理,产生初始种群,并修改文化基因算法中的个体编码方式,同时修改相关操作来实现 X 结构 Steiner 最小树构建这个问题的解决。个体的更新公式如式(3.41)所示。

$$P_i^t = S(M_2(M_1(C(P_i^{t-1}, w), m_1), m_2)) \tag{3.41}$$

其中,P_i^t 表示第 t 次迭代以后种群中第 i 个个体。C 表示基于最大并集的交叉操作,M_1、M_2 表示双重变异操作,S 表示局部搜索操作。m_1、m_2、w 是权重因子。

MA_XMST 算法伪代码如算法 3.8 所示。

算法 3.8 MA_XMST

输入: 所有的线网

Step1. 选取一个线网

Step2. 用 Prim 算法产生种群

Step3. 遍历种群中每个个体并计算其适应度函数值

Step4. 算法终止条件内:

  1 基于最大并集的交叉操作

  2 双重变异操作

  3 局部搜索

  4 计算适应度函数值

---

5. 选择下一次迭代的个体
6. 迭代次数加一
Step5 算法终止
Step6 输出结果

2. 初始化种群

初始化种群一般使用随机的方法,也可以根据已有信息人为选取比较优质的种群个体。在 MA_XMST 算法中,使用 Prim 算法初始化种群。这种预处理策略,能加速收敛,并能辅助算法优化拓扑结构。其中,Prim 算法的伪代码如 3.3.2 节中的算法 3.2 所示。

3. 适应度函数

在 X 结构 Steiner 最小树问题中,优化 Steiner 树的拓扑结构,使其总线长最短是首要目标。因此,在 MA_XMST 算法中,个体的目标函数值是所有边的长度之和,计算公式如 3.2.1 节式(3.1),个体的适应度函数是一个非零常数与目标函数值之和的倒数,其计算公式如式(3.42)所示。

$$F(N_i)=\frac{1}{C+L(T_X)} \tag{3.42}$$

其中,C 是一个非零常数,代表的是线网中的单位长度。这样做的目的是防止式(3.42)中分母为 0 的情况出现,即引脚重合。

4. 混合优化的遗传算子

遗传操作将局部的启发式搜索与全局寻优搜索结合得到混合搜索机制:首先选出适应度值较优的个体且产生一些交叉作用后的新个体。可能位于新区域的新个体,在下一代局部搜索中被优秀个体取代,然后再进行进一步的全局进化。这种混合优化的策略在进化效率上显然要比单纯的个体间搜索高得多。本节使用是混合优化遗传算子,分别使用基于最大并集的交叉操作和双重变异操作。

1) 基于最大并集的交叉操作

为了加快算法的收敛速度,MA_XMST 算法采用最大并集的策略来实现交叉操作,选择当前最优的个体和迭代过程中最优的个体进行交叉。初始阶段是得到两个个体的交集,第二个阶段是将剩下未连接到 Steiner 树的引脚,随机选择前两者中的一种连接方式连接起来,最终得到交叉操作的结果。例如,有一个 5 个引脚的线网,图 3.13(a)是个体 A,图 3.13(b)是个体 B,基于最大并集的交叉操作后得到的结果如图 3.13(c)、图 3.13(d)所示。

2) 双重变异操作

为了降低造成局部收敛的可能性,避免种群选择的局限性。本算法采用双重变异操作,即两种变异方式来拓展文化基因算法的搜索:第一种是拐点的变异;第二种是引脚选取方式的变异。

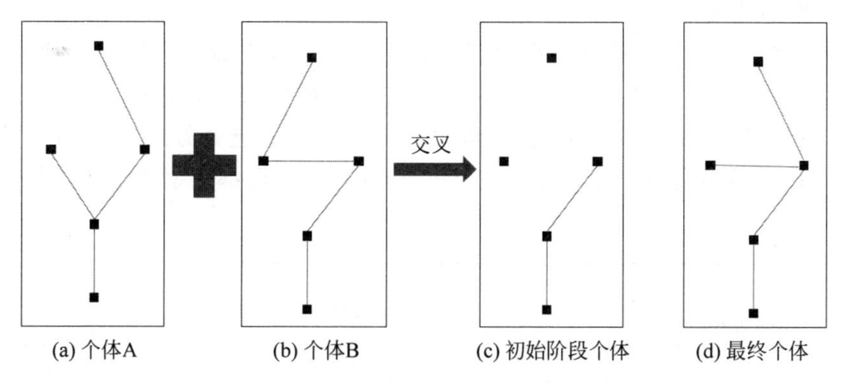

图 3.13　基于最大并集的交叉操作

拐点的变异是改变边的选择方式，从 4 种选择方式中随机选择一种边选择方式。图 3.14 是拐点变异操作，线网 1 的边选择方式从选择 2(见图 3.14(a))变异成为选择 0(见图 3.14(b))，从而得到了更优的个体。

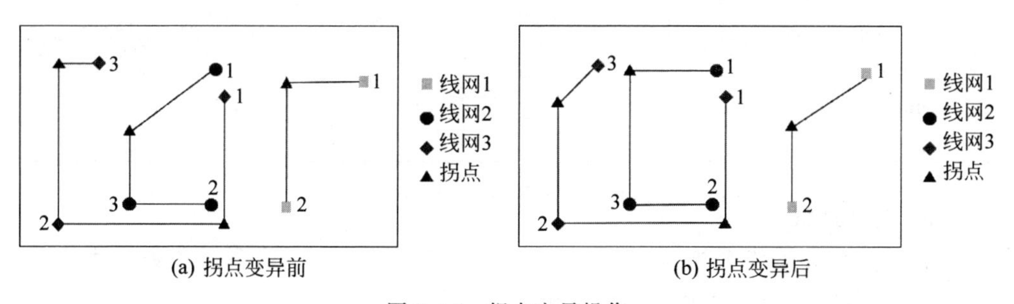

图 3.14　拐点变异操作

引脚的变异是多点变异，改变了 X 结构 Steiner 树的拓扑结构。通过不同的拓扑结构来寻优，让 MA_XMST 算法有较强的搜索能力，使其得到更好的结果。例如，将线网 1 上的引脚 1 和引脚 2 的连接变异成为引脚 1 和引脚 3 的连接，得到了不同的拓扑结构，如图 3.15 所示。

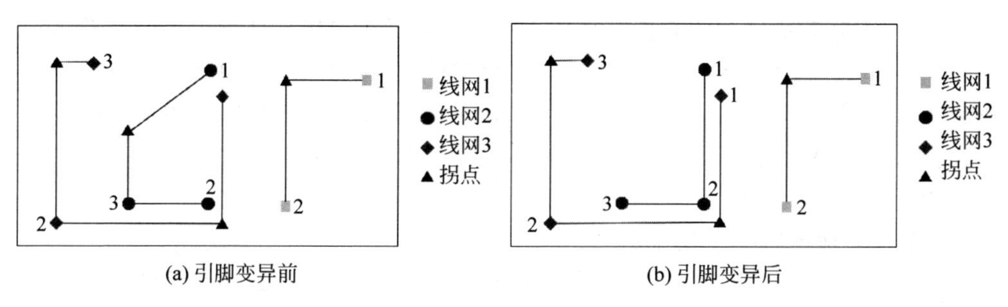

图 3.15　引脚变异操作

5. 局部搜索

局部搜索的目的是得到局部区域内最优秀的个体。若不采用局部搜索算法，则可能导致算法的局部搜索能力变差，无法得到最优或者较优的结果。在 MA_XMST 算法中，局部搜索的领域是个体所有边的 4 种边选择方式，从选择 0 到选择 3。最终得到局部搜索领域中最优的个体，更新种群。局部搜索算法的伪代码如算法 3.9 所示。

算法 3.9 局部搜索算法

输入：个体的边集

```
1. E={e}
2. while E!=NULL do
3.   for i=0 to choice[i]<4 do
4.     NewFitness=calculateFitness(choice[i]);
5.     if NewFitness>MaxFitness do
6.       MaxFitness=NewFitness;
7.       Update(choice[i]);
8.     end
9.   end
10. End
```

6. 选择种群

合并父代和子代个体，计算所有个体的适应度值，按照适应度函数值大小排序，选择与种群规模大小相同的优秀个体组成新种群。

3.5.2 实验仿真与结果分析

1. 开发环境及数据来源

本节算法采用 C++实现，用 Visual Studio 2015 编写与开发，在 Windows 10 操作平台上运行，分别对单个线网和多个线网两种测试电路数据进行实验。为了验证预处理策略有效性的实验数据来自文献[5]，并与未采用预处理策略的实验结果进行对比；为了验证 MA_XMST 算法的优越性，实验数据采用 ISPD98 测试数据集，并与文献[8]提出的 K 近邻算法（K-Nearest Neighbour，KNN）和文献[14]提出的伪布尔 SAT 的算法（A pseudo boolean SAT）进行对比。

2. 实验结果分析

1）预处理策略的有效性证明

为了验证 MA_XMST 算法所使用的预处理策略的有效性，本节算法设置种群规模为 50，最大的迭代次数为 200，验证预处理有效性的 10 组测试用例是单个线网数据集，其引脚数量最少的为 8，最多的是 1000，每个测试用例均运行 10 次的本节算法并取线长的平均值。

表 3.16 给出的是在算法中使用 Prim 算法和未使用 Prim 算法预处理种群在相同的运行环境下，通过这 10 组测试用例，验证预处理策略的有效性。通过使用 Prim 算法预处理种群生成一个最小生成树，避免了因为引脚数过多造成的解空间过大而不能得到一个收敛结果的情况。

实验结果如表 3.16 所示，第三列是未使用预处理策略得到的线网线长，第四列是使用预处理策略得到的线网线长，对于任何一个测试用例，预处理策略都产生了优化效果，并且随着引脚数量的增加，使用 Prim 算法预处理得到的结果优化率显著提高。

表 3.16　验证预处理策略的有效性

测试用例	引脚数	未使用预处理	使用预处理	减少率/%
1	8	17 107	16 918	1.10
2	9	19 273	18 040	6.40
3	10	20 955	19 695	6.01
4	20	48 060	32 257	32.88
5	50	127 884	48 580	62.01
6	70	180 752	57 329	68.28
7	100	215 120	70 086	67.42
8	410	926 264	143 318	84.53
9	500	1 244 181	156 331	87.44
10	1000	2 572 420	222 160	91.36
均值				50.74

对于这 10 组数据，使用了预处理方案的结果比未使用预处理的结果平均优化了 50.74%的布线线长。

2）与其他算法的实验对比

为了验证 MA_XMST 算法的优越性，本节算法设置种群规模为 50，最大的迭代次数为 200，验证算法优越性的测试用例是 ISPD98 的 9 组多线网数据集。其中线网数目从 11 507 个增长到 64 227 个，引脚总数从 44 266 个增长到 269 000 个。本节中每个测试用例均运行 10 次的本节算法并取线长的平均值，最后与 *K*NN 和 SAT 进行比较。

表 3.17 是本节提出的基于文化基因的 X 结构 Steiner 树算法与 *K*NN 算法和 SAT 算法的实验结果对比。本算法对于每个测试用例在线长方面都有较大的优化，几乎每个测试用例都优化了 10%以上。最终，MA_XMST 算法分别比 SAT 和 *K*NN 平均减少了 11.52%和 10.24%的布线线长，充分说明基于文化基因的 X 结构 Steiner 树算法在处理现实布线中能有较大的优越性。

表 3.17 与 SAT 和 KNN 算法的对比

测试用例	线网数目	引脚数目	SAT	KNN	MA_XMST	减少率/(%)	
						SAT	KNN
ibm01	11 507	44 266	61 005	61 071	54 823	10.13	10.23
ibm02	18 429	78 171	172 518	167 359	152 604	11.54	8.82
ibm03	21 621	75 710	150 138	147 982	131 848	12.18	10.90
ibm04	26 163	89 591	164 998	164 828	146 277	11.35	11.25
ibm06	33 354	124 299	289 705	280 998	253 548	12.48	9.77
ibm07	44 394	164 369	368 015	368 015	329 647	10.43	10.43
ibm08	47 944	198 180	431 879	413 201	368 694	14.63	10.77
ibm09	53 093	187 872	418 382	417 543	376 609	9.98	9.80
ibm10	64 227	269 000	588 079	583 102	523 730	10.94	10.18
均值						11.52	10.24

3.5.3 小结

本节提出了基于文化基因的 X 结构 Steiner 树算法，并成功应用于 VLSI 的布线问题。首先，在预处理阶段使用 Prim 算法处理种群，克服了因为引脚数量过多造成的无法收敛的问题，得到了将近 50.74%的优化率。其次，根据 X 结构 Steiner 树结构的特点，结合文化基因算法，设计了离散个体更新公式并修改了相应操作，使算法快速收敛。最后，通过实验证明基于文化基因的 X 结构 Steiner 树算法的有效性和优越性，在与最近几年提出解决布线问题的 SAT 和 KNN 算法相比，分别取得了 11.52%和 10.24%的优化率。

3.6 线长驱动的 X 结构 Steiner 最小树算法

3.6.1 引言

早期解决 Steiner 最小树问题的方法大多为精确算法和传统启发式算法，面临复杂度极高和极易陷入局部最优解的难题，而群智能(Swarm Intelligence，SI)技术的高效搜索能力和自组织能力，能够更好地完成 Steiner 最小树的构建。尤其是粒子群优化算法，其控制参数少、实现简单和优秀的寻优能力在提高 Steiner 树问题的解的质量方面具有明显优势。然而，由于传统的粒子群优化方法仅通过向种群最优粒子学习来实现粒子的社交过程，使得算法开发强度过大，一旦陷入局部极值，就很难跳出。因此，本节提出了基于社会学习离散 PSO 的线长驱动 X 结构 Steiner 最小树算法(Wirelength-Driven X-architecture Steiner Minimum Tree algorithm based on Social Learning Discrete Particle Swarm Optimization，SLDPSO-WL-XSMT)，使得算法能够平衡好开发和探索的强度，从而更好地解决

WL-XSMT 问题。该算法由两个阶段构成。

(1) 社会学习粒子群搜索阶段。该阶段通过 PSO 技术搜索到一棵令人满意的具有较短线长的 XST。首先,使用混沌惯性权重以加强 PSO 的全局搜索;其次,提出了一个新的社会学习策略,改变粒子在每次迭代中只向个体历史最优粒子(pbest)或种群最优粒子(gbest)位置靠近的单一学习方式,通过维护样例池不断改变粒子在每次迭代中的学习对象,增强了种群进化的多样性;最后,变异和交叉算子被融合进粒子的更新公式中以实现 PSO 的离散化,从而构建一棵理想的 X 结构 Steiner 树。

(2) 线长减少阶段。该阶段设计了一个有效的基于局部拓扑优化的策略以减少 XST 的线长。通过不断调整每个引脚所在的局部最优结构,进一步优化布线树的长度,得到最终的 XSMT。

3.6.2 算法设计

本节提出的 SLDPSO-WL-XSMT 算法首先通过 SLDPSO 搜索找到一棵令人满意的具有较短线长的 XST。在这个阶段,混沌下降变异策略和结合交叉算子的社会学习策略被加入到 PSO 中,用来增强种群进化的多样性,同时能够平衡算法的开发和探索能力。接着再通过线长减少阶段调整 Steiner 树的局部最优结构得到最终 XSMT。该算法的整体架构如图 3.16 所示。

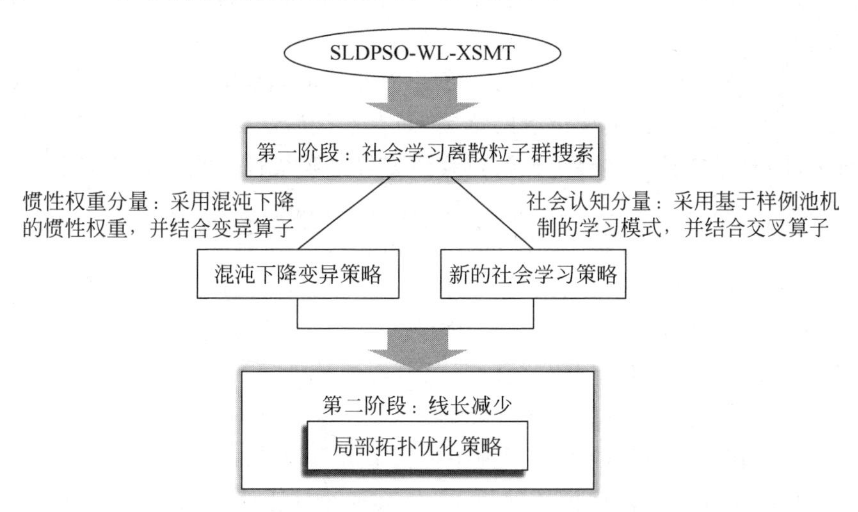

图 3.16　SLDPSO-WL-XSMT 算法的整体架构图

1. SLDPSO 搜索阶段

由于 XST 问题是一个离散问题,SPSO 的粒子更新过程不再适用于解决 XSMT 问题。为此,需要对 XSMT 问题进行编码,设计针对线长优化的适应度函数,同时变异和交叉算子被融合进粒子的更新公式中以完成 PSO 的离散化。本节基于混沌搜索和新的社会学习模式，设计了针对 WL-XSMT 问题的社会学习离散 PSO 算法，并给出了算法实现的细节，即从混沌下降变异策略，基于样例池机制的社会学习策略、粒子编码、适应度函数、粒子更新公式以及该阶段的具体步骤 5 个方面详细展开。

1）混沌下降变异策略

惯性权重是影响 PSO 收敛精度的重要参数，而常数的惯性权重会不利于 PSO 算法的全局探索。为此，Shi 和 Eberhart 提出了一种有效的参数策略，即线性递减策略。该策略能有效提高解的质量，并被广泛应用在 VLSI 布线的相关问题中。而文献[17]的工作对惯性权重进行了更为深入的研究，在 15 种惯性权重的实验对比中，发现混沌惯性权重能够获得最佳效果。

性质 3.4 混沌搜索是一种具有伪随机性、遍历性和规律性的随机运动，具有不对初始值敏感、计算精度高的特点。

定义 3.8 Logistic 映射 利用 Logistic 映射方程生成一组具有遍历性的随机序列。

$$z_{n+1}=\mu\cdot z_n\cdot(1-z_n),\quad n=0,1,2,\cdots \tag{3.43}$$

其中，$z\in(0,1)$为混沌变量，z 的初始值 $z_0\neq\{0.25,0.5,0.75\}$，否则最终的随机序列会是周期性的。$\mu\in[0,4]$为控制参数，当 $\mu=4$ 时，Logistic 映射将表现出完全的混沌动力学，混沌变量的轨迹在整个搜索空间上分布密集，即其混沌结果分布在区间$[0,1]$。

SLDPSO-WL-XSMT 采用混沌下降的惯性权重，使得 PSO 算法在迭代前期进行全局探索，尽可能扩大搜索解的范围，而在迭代后期更倾向于局部搜索使算法快速收敛，同时保持粒子在整个迭代过程中变异的随机性。具体公式如下：

$$\omega=(\omega_{\text{init}}-\omega_{\text{end}})\cdot\frac{\text{Maxiter}-\text{iter}}{\text{iter}}+z\cdot\omega_{\text{end}} \tag{3.44}$$

其中，ω_{init} 和 ω_{end} 分别是 ω 的起始值和结束值，z 是混沌变量，遵循式(3.44)，Maxiter 和 iter 分别是算法的最大迭代次数和当前的迭代次数。混沌下降的惯性权重能够在保持原有变化趋势的同时又具有混沌特性。

2）基于样例池机制的社会学习策略

社会学习在群体智能的学习行为中扮演着重要角色，有利于种群中的个体在不会增加自身试验和错误代价的前提下，从其他个体上学习行为。社会学习粒子群优化(Social Learning Particle Swarm Optimization，SLPSO)是一种改进 PSO 算法，其中提出的社会学习机制极大地提升了粒子群的全局搜索能力并改善算法性能。在该算法的基础上，文献[21]的研究工作设计了一种单样例学习和均值样例学习来分别代替 SLPSO 的模仿分量和社会认知分量。但是这些更新公式都不能直接应用在离散问题上。因此，受 SLPSO 算法的启发，本节设计了一个适用于离散问题的新的社会学习策略以融入粒子的更新公式中，从而提升粒子群优化算法的性能。

定义 3.9　学习样例池　种群 $S=\{X_i \mid 1\leqslant i\leqslant M\}$ 中所有粒子按适应度值大小升序排列：$S=\{X_1,\cdots,X_{i-1},X_i,X_{i+1},\cdots,X_M\}$，则粒子群 $\mathrm{EP}=\{X_1,\cdots,X_{i-1}\}$ 构成了粒子 X_i 的学习样例池。

性质 3.5　不同的粒子，其学习的样例池不同；同一个粒子，在每次迭代中，其学习的样例池也不一定相同。

性质 3.6　粒子在每一次的社会学习中，从自身当前的样例池中随机选择一个粒子作为学习对象。特别地，当粒子选择的学习对象是样例池中的第一个粒子 X_1，则粒子此时学习的是全局最优解 X_G。

图 3.17 显示了粒子学习的样例池。五角星是未知的待探索的最优解，粒子 X_G 是目前种群找到的最优解。对粒子 X_i 来说，圆形粒子是相对落后的粒子，而三角形粒子比 X_i 更接近全局最优解，具有比 X_i 更好的适应度值，这些粒子（包括 X_G）构成了 X_i 的样例池，其中每一个粒子都有可能成为其社会学习的对象。粒子 X_i 在每一次更新时会随机选择样例池中的任意一个粒子 X_k（$1\leqslant k\leqslant i-1$）并学习其经验（即该粒子的历史最优方案 X_k^P），来完成自身的社会学习过程。这样的社会学习方式，一方面允许粒子在进化过程中通过不断学习不同的优秀个体来提升自己（根据性质 3.5 可得），有利于种群的多样化发展；另一方面，粒子在更换学习对象的过程中也有一定的概率学习到全局最优粒子（根据性质 3.6 可得），从而使得算法能够较好地平衡种群的探索与开发。

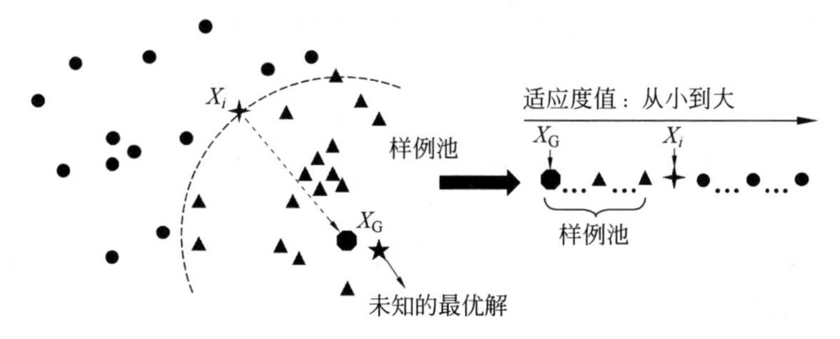

图 3.17　粒子的学习样例池示意图

3）粒子编码

算法采用的边点对的粒子编码策略，详细介绍见 3.2.1 节。

4）适应度函数

一个粒子就代表一棵候选 Steiner 树，粒子的适应度值就反映了 Steiner 树的质量。由于本节工作考虑的是线长驱动的 XSMT 问题。因此，设定粒子的适应度值为对应布线树的长度。一棵 X 结构 Steiner 树的长度等于这棵树中所有边线段的长度总和，具体计算公式如下：

$$\mathrm{fitFunc}=L(T_X)=\sum_{e_i\in T_X} l(e_i) \tag{3.45}$$

其中，$l(e_i)$表示布线树 T_X 中边线段 e_i 的长度。

5）粒子更新公式

由于 SPSO 算法不能直接应用在 XSMT 这个离散问题上，因此，本节借助交叉和变异操作来实现 SLPSO 的离散化，从而更好地解决 XSMT 问题。在 SLDPSO-WL-XSMT 算法中，粒子遵循以下的更新公式：

$$X_i^t = \mathrm{SF}_3(\mathrm{SF}_2(\mathrm{SF}_1(X_i^{t-1}, \omega), c_1), c_2) \tag{3.46}$$

其中，ω 为惯性权重因子，c_1 和 c_2 为加速因子，SF_1 为惯性分量，SF_2 和 SF_3 分别为个体认知分量和社会认知分量。在 SLDPSO-WL-XSMT 中，SF_1 通过变异操作实现，变异程度决定了多大程度上保留上一次迭代的状态；SF_2 和 SF_3 通过交叉操作实现，即分别与个体历史最优方案(pbest)和样例池中任意优秀粒子的历史最优方案(kbest)进行部分基因交叉。

SPSO 的社会认知分量，是通过与种群最优粒子(gbest)学习来实现的。gbest 是种群中所有粒子 pbest 中最优的一个，这是综合了种群(社会)中所有粒子的学习经验而得出的最佳学习对象。值得注意的是，每一次迭代粒子都以某种概率向 gbest 学习。这意味着，一旦算法搜寻到一个局部极值，这个局部极值会立即成为这一代中的 gbest，是其他所有粒子进行社会学习的对象。而所有粒子同时只向同一个对象学习，很容易陷入局部寻优的僵局，使得在后面的迭代中粒子会反复在局部极值附近寻找最优值。因此，本节将基于样例池的社会学习策略融入离散的 PSO 中，同时使用混沌下降的惯性权重，以更好地解决 WL-XSMT 问题。

(1) 惯性分量。算法使用 SF_1 表示粒子的惯性分量，通过变异操作实现，表示如下：

$$W_i^t = \mathrm{SF}_1(X_i^{t-1}, \omega) = \begin{cases} M_p(X_i^{t-1}), & r_1 < \omega \\ X_i^{t-1}, & \text{否则} \end{cases} \tag{3.47}$$

其中，W_i^t 是变异后的粒子，惯性权重 ω 决定了粒子进行变异操作的概率，遵循式(3.44)的混沌下降公式，$M_p()$为针对 PSP 变换的变异操作，r_1 是[0,1)区间的随机数。

SLDPSO-WL-XSMT 算法采用两点变异。如果产生的随机数 $r_1 < \omega$，算法将随机选出两条边，更换这两条边的选择方式(选择 0～3)，从而达到随机改变布线树拓扑结构的目的；如果产生的随机数 $r_1 \geqslant \omega$，则保持布线树不变。图 3.18 给出了一棵含有 6 个引脚的布线树的变异示意图，布线树下方是粒子的编码(图中未给出粒子适应度值)。从图 3.18 可以看到，算法随机选择了粒子 X_i：*321 122 253 42 3 260 673* 的两条边 m_1(3,2,*1*)和 m_2(2,5,*3*)，经过 SF_1 操作后，m_1 和 m_2 的布线方式分别由选择 1 和选择 3 变成选择 2 和选择 0。

(2) 个体认知分量。算法使用 SF_2 表示粒子的个体认知分量，通过交叉操作实现，表示如下：

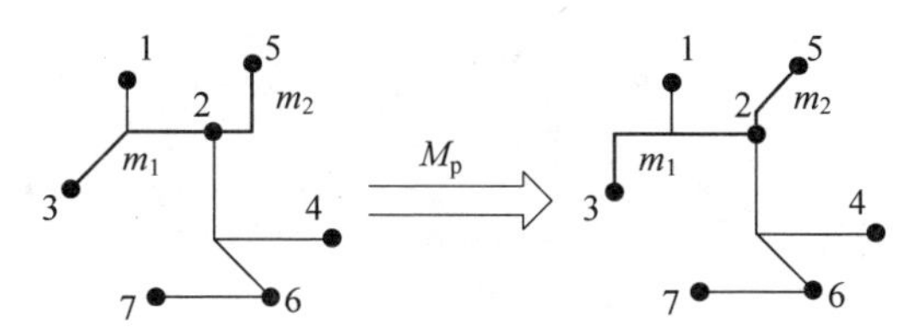

图 3.18　SLDPSO-WL-XSMT 算法的变异操作

$$S_i^t = \mathrm{SF}_2(W_i^t, c_1) = \begin{cases} C_p(W_i^t, X_i^P), & r_2 < c_1 \\ W_i^t, & \text{否则} \end{cases} \tag{3.48}$$

其中，S_i^t 是交叉后的粒子，c_1 决定了粒子 W_i^t 与个体历史最优 X_i^P 交叉的概率，$C_p()$ 为交叉操作，r_2 是[0,1)内的随机数。这个阶段粒子的学习对象是 X_i^P。

(3) 社会认知分量。算法使用 SF_3 表示粒子的社会认知分量，通过交叉操作实现，表示如下：

$$X_i^t = \mathrm{SF}_3(S_i^t, c_2) = \begin{cases} C_p(S_i^t, X_k^P), & r_3 < c_2 \\ S_i^t, & \text{否则} \end{cases} \tag{3.49}$$

其中，c_2 决定了粒子 X_i 与学习样例池中的任意一个粒子的历史最优解($X_k^P(1 \leqslant k \leqslant i-1)$)交叉的概率，$r_3$ 是[0,1)内的随机数。这个阶段粒子的学习对象是样例池中的优秀粒子的历史最优方案 X_k^P。

式(3.48)和式(3.49)中的交叉操作如下：当产生的随机数 $r_2 < c_1$(或 $r_3 < c_2$)时，执行交叉操作，对一棵含 n 个引脚的 Steiner 树：算法首先随机产生需要交叉的连续区间$[C_{\text{start}}, C_{\text{end}}]$，其中 C_{start} 和 C_{end} 是$[1, n-1]$区间的随机整数；然后，找到粒子 X_i 的学习对象(X_i^P 或 X_k^P)在区间$[3\times(C_{\text{start}}-1), 3\times C_{\text{end}}]$上的编码；最后，将粒子 X_i 该区间上的 pseudo-Steiner 编码值替换其学习对象该区间上的编码。如图 3.19 所示，粒子 X_i(321 122 253 423 260 673)是待交叉的粒子，粒子(321 121 250 423 262 673)是其学习对象，在式(3.48)中呈现为个体历史最优粒子 X_i^P，在式(3.49)中呈现为样例池中任意粒子的历史最优 X_k^P。算法首先产生一个连续区间$[C_{\text{start}}, C_{\text{end}}]=[2,4]$，对应需要交叉的边为 e_1、e_2 和 e_3；接着，找到 X_i 的学习对象在区间$[3\times(2-1), 3\times 4]=[3,12]$上的编码：*121 250 423*，对应图中蓝色实线段；最后，将粒子 X_i 该区间上的 pseudo-Steiner 编码值替换为上述编码串中的值。交叉操作结束后 X_i 中的边 e_1、e_2 和 e_3 的布线方式分别由选择 2、选择 3 和选择 3 转变成选择 1、选择 0 和选择 3，同时其余边的拓扑结构不变。

经过上述交叉操作，粒子 X_i 能够从更优秀的粒子上学习到部分基因，按照这样，反复的迭代学习就能使得粒子 X_i 逐渐向全局最优位置靠拢。

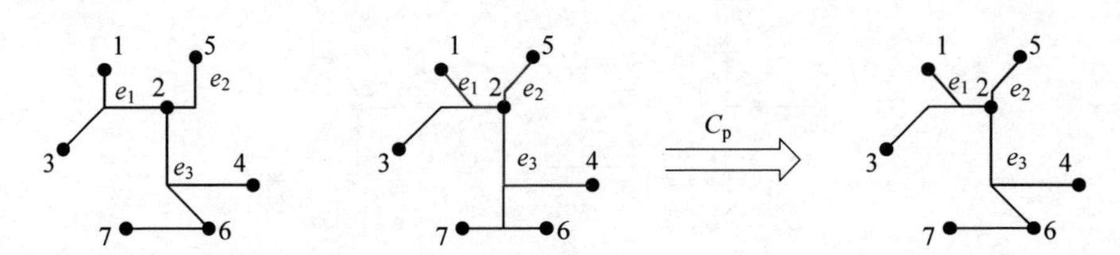

X_i: 321 122 253 423 260 673　X_i^P / X_k^P: 321 121 250 423 262 673　　X_i': 321 121 250 423 260 673

图 3.19　SLDPSO-WL-XSMT 的交叉操作

6) SLDPSO 搜索的具体步骤

SLDPSO 搜索的算法步骤可以总结如下。

步骤 1,通过最小生成树方法构建初始布线树,并随机初始化每条边的连接方式为选择 0 或选择 1。

步骤 2,根据边点对编码方式进行粒子编码,初始化种群及每个粒子的历史最优解 pbest 和样例池 EP。

步骤 3,根据式(3.46)~式(3.49)更新每个粒子的速度和位置。其中,ω 采用混沌下降策略(式(3.44)),c_1 和 c_2 分别采用线性递减和线性递增策略。

步骤 4,计算每个粒子的适应度值。

步骤 5,更新每个粒子的 pbest 和 EP,更新粒子的 kbest。

步骤 6,如果达到设定的最大迭代次数,输出所有 pbest 中的最优解 gbest,结束算法;否则,返回步骤 3。

性质 3.7　SLDPSO-WL-XSMT 算法的 SLDPSO 搜索阶段中,初始化边的布线选择时,相比随机初始化为 4 种选择方式(选择 0~3),初始化为选择 0 或选择 1 的初始边选择策略,能够有效提高解的质量。

由于曼哈顿结构的走线方式(选择 2 和选择 3)限制了线长的优化,而 45°和 135°的走线方式,更能充分利用有限的布线资源。因此,在某种程度上,将布线树的边初始化为选择 0 和选择 1,能够产生较为优质的初始粒子,加快算法找到最优方案。

性质 3.8　本节提出的基于样例池机制的 SLDPSO 方法能较好地平衡算法的全局探索和局部开发能力,从而有效解决 XSMT 问题。

值得注意的是,在粒子群优化算法中,粒子是基于历史信息来更新的,包括由每个粒子自身找到的最优解(X_i^P)和整个群体找到的最优解(X_G)。而在本节算法中,粒子不仅会根据自身的历史经验(X_i^P)来学习,也会学习当前群体中任意一个更好的粒子的历史最优(X_k^P)(有概率学到全局最优解 X_G)。一方面,混沌下降的惯性权重增大了种群进化过程中的多样性,有利于增强算法的探索能力,从而突破局部最优解;另一方面,粒子 X_k 具有比 X_i 更好的适应度值(在第 t 次迭代时,总有 $f(X_k^{P,t}) \leqslant f(X_k^t) \leqslant f(X_i^t)$),粒子没有学习 X_k,而是直接学习 X_k 的历史最优经验，这样有利于加强算法的开发能力，加速收敛。

2. 线长减少阶段

1）局部最优拓扑的分析

粒子飞行的随机性是PSO算法具有如此强大搜索能力的主要原因之一，针对大规模离散问题，PSO能在有限的时间内找到令人满意的解，但是通常离未知的最优解还会有一定差距。另外，X结构的引入在一定程度上减少了Steiner树的线长，但并不是在所有情况下，X结构的走线方式都优于直角结构。因此，本节设计了一个局部拓扑优化策略，对SLDPSO搜索阶段找到的Steiner树进行更精确的调整。

如图3.20所示，v_2是一个2-度节点，分别与v_1和v_3连接。在已有的拓扑结构(v_2, v_3, s_1)的基础上（其中，s_1是连接点v_2和v_3的PS），考虑v_2和v_1之间的连接方式，以使得这个2-度节点v_2具有最优的拓扑结构。图3.20列出了几种典型的情况，其中，s_2和s_3分别是v_2通过直角结构和X结构与v_1相连形成的PS。

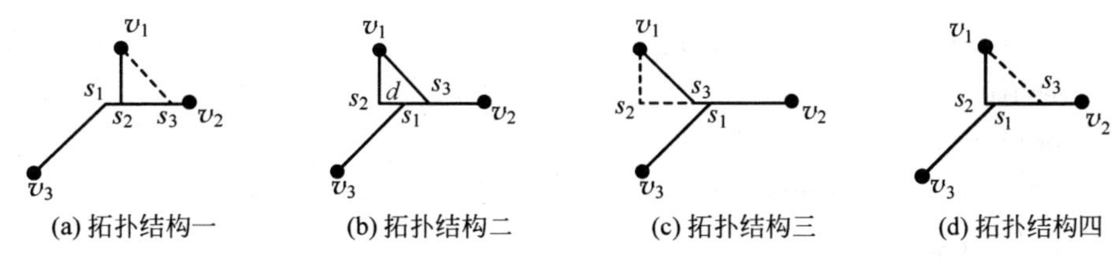

图3.20　X结构下2-度节点的局部最优拓扑

(1) 当s_2位于s_1右侧时（见图3.20(a)）：v_2通过选择3连接到v_1，需要新增线长$e(s_2, v_1)$；v_2通过选择0连接到v_1，需要新增线长$e(s_3, v_1)$。很明显，(v_2, v_1, s_2)是最优的结构，因为直角边$e(s_2, v_1)$的线长始终小于斜边$e(s_3, v_1)$的线长。

(2) 当s_2位于s_1左侧时（见图3.20(b)、(c)和(d)）：在图3.20(b)中，有$e(s_1, s_2)=d$，使得$e(s_1, s_2)+e(s_2, v_1)=e(s_3, v_1)$。在这种情况下，针对已给的拓扑结构，$(v_2, v_1, s_2)$和$(v_2, v_1, s_3)$两种连接方式得到的总线长是一样的；而当$e(s_1, s_2)>d$时（见图3.20(c)），由于始终有$e(s_1, s_3)+(e(s_1, s_2)+e(s_2, v_1))>e(s_1, s_3)+e(s_3, v_1)$，所以$v_2$通过选择0连接到$v_1$，即$(v_2, v_1, s_3)$是最优的结构；当$e(s_1, s_2)<d$时（见图3.20(d)）时，很明显，相比X结构，直角结构的布线方式能获得更短的线长，即(v_2, v_1, s_2)是最优结构。

上述分析一方面说明了仅仅依靠X结构或直角结构都不能获得最佳的拓扑，二者的有效结合才能得到更短的线长。另一方面，基于这种思考模式，本节设计了相应的局部拓扑优化策略来进一步优化SLDPSO算法得到的XSMT。

2）线长优化的具体步骤

性质3.9　SLDPSO-WL-XSMT算法提出的局部拓扑优化策略通过逐一调整线网中所有引脚的局部拓扑结构，能有效减少XST的线长。局部拓扑优化策略的伪代码如算法 3.10 所示。

假定线网中度数最多的引脚度数为 Q，q 是用户自定义参数，且满足：$1 \leqslant q \leqslant Q$。考虑到实际线网结构的复杂性，不建议对引脚的所有邻接边进行调整，尤其是 Q 很大，并且线网中存在较多的度接近 Q 的引脚的时候，此时会付出较大的时间代价。因此，局部拓扑优化策略设定最多遍历每个引脚的 q 条邻接边并进行适当的调整。同时，算法可以通过调整参数 q 的大小，在优化效果和时间之间做一个折中。q 的值越接近 Q，优化效果就越好。本节设定 $q = \lceil 0.8 \times Q \rceil$。

算法 3.10 局部拓扑优化策略

```
输入：XST
输出：XSMT
Begin
1.   // 1.记录 XST 中每个点的度数及其邻接点列表
2.   for each terminal v_i in P of XST do
3.     Initialize v_i.degree=0, v_i.adj_list[]=∅;
4.   end for
5.   for each edge(v_i, v_j) of XST do
6.     if v_i.degree < q then
7.       v_i.degree +=1;
8.       add v_i to v_j.adj_list[];
9.     end if
10.    if v_j.degree < q then
11.      v_j.degree +=1;
12.      add v_j to v_i.adj_list[];
13.    end if
14.  end for
15.  // 2. 所有点按度降序排列，每个点的邻接点列表中的元素也按照点的度数降序排列
16.  Sort(P) in decreasing order according to v_i.degree;
17.  for each terminal v_i in P of XST do
18.          Sort(v_i.adj_list) in decreasing order according to v_i.adj_list[k].degree;
//1≤k≤v_i.degree
19.  end for
20.  // 3.依次优化各个点的局部拓扑结构
21.  for each terminal v_i in P do
22.    for each edge(v_i, v_i.adj_list[k]) connected to v_i do
23.      curChoice=getChoice(v_i, v_i.adj_list[k]); //获取边的连接方式
24.        if choice==bestChoice then //如果已经是最优结构，则不处理
```

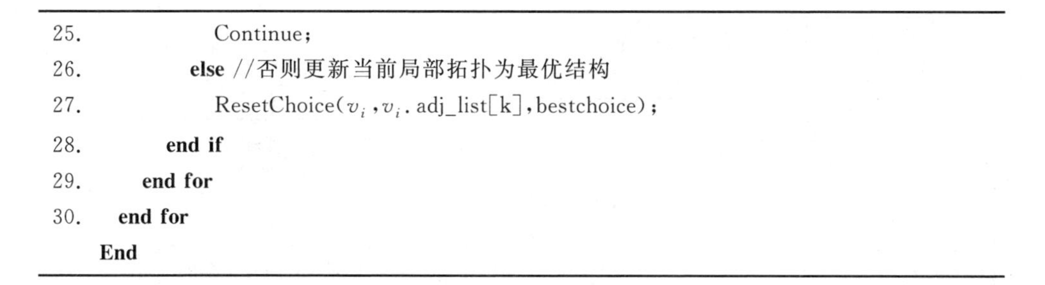

```
25.             Continue;
26.           else //否则更新当前局部拓扑为最优结构
27.             ResetChoice(v_i, v_i.adj_list[k], bestchoice);
28.         end if
29.       end for
30.     end for
    End
```

布线树中的每个节点都有两个属性：一个是 degree，存储的是这个节点的度，即其邻接点个数；另一个是邻接点列表 adj_list[]，用来存储各个邻接点。该策略的具体实现步骤如下。

步骤 1，记录 XST 中每个点的度数及其邻接点列表。在这一步骤中，算法通过遍历 XST 的每一条边来记录每个点的度数，并将其邻接点加入对应列表。特别地，对于度大于 q 的点来说，算法仅仅记录该点的 q 个邻接点。

步骤 2，设置局部拓扑优化的顺序为：从度数大的点往度数小的点优化。通过将所有点按度数从大到小排列，同时将每个点的邻接点也按度数从大到小排列，来实现先优化密集区域的拓扑结构，再优化稀疏区域的拓扑结构。

步骤 3，优化局部拓扑结构。按照步骤 2 的顺序，依次优化各个点的局部拓扑结构。对于 P 中的每个点 v_i，遍历该点的每一条邻接边(v_i，v_i. adj_list[k])，其中 $1 \leqslant k \leqslant v_i$. degree，并通过调整该条边的选择方式(选择 0～3)，用局部最优拓扑替换当前的拓扑结构，若已经是最优结构，则不进行处理。

局部拓扑优化策略通过不断调整每个点的每条邻接边的选择方式，以获得在当前 XST 拓扑下的局部最优结构，从而优化 XST 的线长。

3. 算法的流程和复杂度分析

SLDPSO-WL-XSMT 算法由社会学习离散粒子群搜索阶段和线长减少阶段构成。首先，通过基于样例池机制的社会学习粒子群的迭代搜索以寻找一棵较高质量的 X 结构 Steiner 树，再利用局部拓扑优化策略对上一阶段的解方案进行线长优化，以得到最终的 XSMT。算法的整体流程如图 3.21 所示。

引理 3.2 假设种群大小为 M，迭代次数为 T，引脚个数为 n，则 SLDPSO-WL-XSMT 的时间复杂度为 $O(MT\times(M\log_2 M+n\log_2 n))$。

证明：

(1) SLDPSO 搜索阶段。在 SLDPSO 搜索阶段的步骤 3～步骤 5 中，包含变异与交叉操作、计算适应度和更新样例池。变异和交叉操作的时间复杂度均为常数时间 $O(1)$。布线树线长的计算时间主要由排序时间决定，为 $O(n\log_2 n)$。由于每一次迭代结束，粒子会进行样例池的更新，消耗的时间为排序所花的时间，即 $O(M\log_2 M)$。故算法内部循环的复杂度为 $O(M\log_2 M+n\log_2 n)$。加上外部循环的条件 M 和 T，这一阶段的时间复杂度为 $O(MT\times(M\log_2 M+n\log_2 n))$。

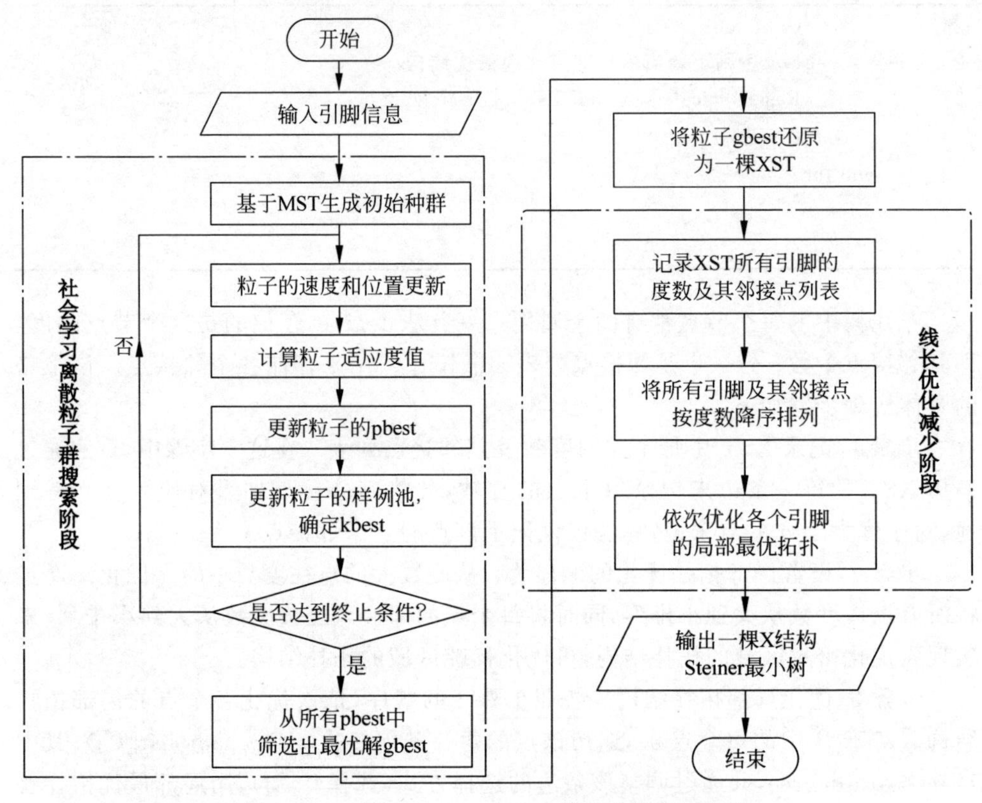

图 3.21 SLDPSO-WL-XSMT 算法的整体流程图

(2) 线长减少阶段。该阶段分为 3 个步骤。步骤 1 中记录 XST 中所有点的度数及其邻接点列表所花时间为 $O(n)$。步骤 2 需要对所有引脚按度排序，所需时间为 $O(n\log_2 n)$，并且需要对每个引脚的邻接表元素按度排序。由于在本节工作中每个引脚的邻接表元素个数最大不超过 4，可忽略这部分的排序时间，则步骤 2 的总时间复杂度为 $O(n\log_2 n)$。步骤 3 中优化所有点的局部拓扑结构时需要遍历每个引脚，时间复杂度为 $O(n)$。因此，这一阶段的时间复杂度为 $O(n\log_2 n+2n)$，即其近似复杂度为 $O(n\log_2 n)$。

综上所述，SLDPSO-WL-XSMT 算法的近似时间复杂度为 $O(MT\times(M\log_2 M+n\log_2 n))$。

3.6.3 实验仿真与结果分析

为了验证本节算法和相关策略的有效性，本节在基准测试电路 GEO 上开展实验，并给出了详细的实验对比数据。该测试电路的规模包括总引脚数为 8～1000 的线网。本节算法设置种群大小为 100，粒子迭代次数为 1000，其余参数与文献[22]设置的参数一致。考虑到粒子群算法的随机性，本节所有实验中的平均值均通过独立运行 20 次得来。

1. 初始边选择策略的有效性验证

为验证初始化边选择策略的有效性，本节对比了初始边选择为选择 0～3(记为 4-init)和本节算法所采用的初始边选择为选择 0 或选择 1(记为 2-init)所得到的布线树的线长，如表 3.18 所示。从表 3.18 中可以看到，对于所有的测试用例，2-init 的初始边选择方式相比 4-init 能够取得更好的平均线长，平均优化线长 6.762%；在最优粒子方面，除了测试电路 1 以外，2-init 能够获得比 4-init 具有更短线长的最优粒子。很明显，"平均线长"代表了初始种群的质量，而"最优线长"代表了种群中最有潜力的粒子。因此，2-init 的初始边选择方式能够为算法带来更多优质的初始粒子，从而加快算法找到最优的解方案。

表 3.18　2-init 初始边选择策略的有效性验证

电　路	引脚数	最优线长			平均线长		
		4-init	2-init	优化率/%	4-init	2-init	优化率/%
1	8	17 434	17 506	−0.411	18 939	17 751	6.269
2	9	18 377	18 041	1.831	20 211	18 283	9.540
3	10	19 823	19 703	0.603	21 710	19 944	8.134
4	20	33 874	32 810	3.142	35 624	33 072	7.163
5	50	51 022	49 138	3.692	52 884	49 340	6.702
6	70	59 494	57 547	3.272	61 093	57 721	5.519
7	100	73 271	70 365	3.966	75 104	70 569	6.038
8	410	151 451	143 302	5.381	153 109	143 683	6.156
9	500	164 033	155 888	4.965	166 340	156 481	5.927
10	1000	235 507	222 235	5.636	237 172	222 542	6.168
均值				**3.208**			**6.762**

2. SLDPSO 方法的有效性验证

为验证 SLDPSO-WL-XSMT 算法第一阶段，即基于样例池机制的社会学习 DPSO(记为 SLDPSO-XSMT)方法的有效性，本节将 SLDPSO-XSMT 与文献[4]提出的 DPSO-XSMT 算法进行比较，实验结果如表 3.19 所示。为了实验的公平，DPSO-XSMT 算法的数据均是在本节设定的参数下运行得来的，其中惯性权重设置 0.95～0.4 线性递减。本节比较了 20 次独立实验中，SLDPSO 方法和 DPSO 方法找到的最佳 XSMT 的线长、平均线长以及标准差。

表 3.19　SLDPSO-XSMT 和 DPSO-XSMT 算法的性能比较

电路	引脚数	最优线长			平均线长			标准差		
		DPSO	SLDPSO	优化率/%	DPSO	SLDPSO	优化率/%	DPSO	SLDPSO	优化率/%
1	8	16 918	16 918	0.000	16 918	16 918	0.000	0	0	0.00
2	9	18 041	18 041	0.000	18 041	18 041	0.000	0	0	0.00

续表

电路	引脚数	最优线长			平均线长			标准差		
		DPSO	SLD PSO	优化率 /%	DPSO	SLD PSO	优化率 /%	DPSO	SLD PSO	优化率 /%
3	10	19 696	19 696	0.000	19 696	19 696	0.000	0	0	0.00
4	20	32 193	32 193	0.000	32 213	32 207	0.019	11	10	11.29
5	50	47 960	47 953	0.014	48 038	47 982	0.118	83	32	61.45
6	70	56 279	56 278	0.002	56 448	56 341	0.191	98	35	64.73
7	100	68 578	68 486	0.133	68 911	68 697	0.311	182	104	42.69
8	410	141 427	140 902	**0.371**	141 852	141 143	**0.499**	238	108	**54.50**
9	500	154 365	153 889	0.308	154 742	154 056	0.443	204	97	52.70
10	1000	220 795	219 955	0.380	221 142	220 240	0.408	282	167	40.68
均值				**0.121**			**0.199**			**32.80**

从表 3.19 可以看出，相对 DPSO 方法，本节提出的 SLDPSO 方法在测试电路 4～测试电路 10 上(引脚数为 20～1000)取得了线长优化。其中，对电路 8(引脚数为 410)的优化效果最好，得到的最佳 XSMT 的线长优化了 0.371%、平均线长减少了 0.499%以及标准差优化了 54.50%。表 3.19 中的实验数据证明了本节提出的社会学习策略的有效性。

值得注意的是，SLDPSO 相对早期的 DPSO 方法，其标准差大大减少，说明算法的稳定性得到了极大的提升。其一是由于本节算法采用了混沌下降的惯性权重。因为粒子群的惯性保持部分是通过变异操作实现的，而惯性权重的大小决定了变异的概率。单纯的线性递减方式，使得粒子群变异的频率在很大程度上依赖于设定的初始值和结束值，因此会出现在迭代初期变异的频率很高，而在迭代后期变异的频率又很低的情况。由于混沌搜索的伪随机性、遍历性和对不依赖初始值的特点，使得惯性权重的值能较均匀地分布在线性递减的区域中，使得变异的概率相对稳定，同时又能随迭代次数的增长而降低。其二是因为粒子的社会学习通过样例池实现，扩大了学习对象的范围，而 DPSO 方法只通过学习种群最优粒子(gbest)来进行社会学习。对于种群中落后的粒子来说，由于与 gbest 的差距较大，它们的一次更新可能产生很大的位置改动，从而导致算法稳定性较差。而通过样例池随机选择学习对象，从一定程度缓解了这种跳跃的情况，从而提高了算法的稳定性。

3. 局部拓扑优化策略的有效性验证

SLDPSO-WL-XSMT 算法提出的局部拓扑优化策略通过逐一调整线网中所有引脚的局部最优拓扑，能有效减少 XST 的线长。为验证该策略的有效性，本节分别对比了使用该策略前后算法获得的最佳 Steiner 树的线长、最差 Steiner 树的线长以及平均线长，如表 3.20 所示。可以看到，局部拓扑优化策略对 50 个引脚以上的测试用例有明显优化效果，并且引脚数越多，该策略的优化效果越强。对于

1000个引脚的线网来说，该策略能减少2.381%的平均线长，其中针对最不理想的Steiner树，其线长为220 629，经过局部拓扑优化之后，线长减少到214 950，减少了2.574%。

表3.20　局部拓扑优化策略使用前后的实验结果对比

电路	引脚数	最佳线长			最差线长			平均线长		
		之前	之后	优化率/%	之前	之后	优化率/%	之前	之后	优化率/%
1	8	16 918	16 918	0.000	16 918	16 918	0.000	16 918	16 918	0.000
2	9	18 041	18 041	0.000	18 041	18 041	0.000	18 041	18 041	0.000
3	10	19 696	19 696	0.000	19 696	19 696	0.000	19 696	19 696	0.000
4	20	32 193	32 193	0.000	32 214	32 214	0.000	32 205	32 205	0.001
5	50	47 960	47 953	0.014	48 032	47 953	0.165	47 977	47 953	0.051
6	70	56 281	56 271	0.018	56 489	56 307	0.323	56 351	56 280	0.125
7	100	68 486	68 335	0.221	69 019	68 335	0.991	68 697	68 347	0.510
8	410	140 902	139 082	1.291	141 332	139 122	1.564	141 143	139 074	1.466
9	500	**153 889**	**151 455**	1.582	**154 196**	**151 441**	1.786	154 056	151 408	1.719
10	1000	219 970	214 991	2.263	**220 629**	**214 950**	**2.574**	220 233	214 990	**2.381**
均值				0.539			0.740			0.625

另外，可以很明显看到，对于所有的测试用例，最差XST的线长减少率均高于最佳XST的线长减少率，并且最差的XST经过局部拓扑优化后，有可能得到比最佳XST更短的线长。例如，对于测试电路9来说，由SLDPSO搜索得到的最佳XST线长为153 889，最差的为154 196，而在经过该优化策略后，最差的XST线长为151 441，比最好的XST优化后的线长151 455还要短。表3.20中的实验数据证明了局部拓扑优化策略在减少线长上的有效性。

4. 与现有SMT算法的对比

为验证本节提出的SLDPSO-WL-XSMT算法的有效性，本节先后对比了SLDPSO-WL-XSMT算法与现有的SMT算法的线长优化能力，包括RSMT和XSMT算法。表3.21给出了本节算法与文献[3]提出的DPSO(R)和文献[22]提出的HTS-PSO(R)两种RSMT算法的线长优化能力的对比。表中数据显示，在测试电路1～电路10上，DPSO(R)、HTS-PSO(R)和本节提出的SLDPSO-WL-XSMT算法得到的SMT的线长平均比为1.114∶1.089∶1。

其中，针对引脚数量最小的测试电路1，DPSO(R)和HTS-PSO(R)算法求得的SMT线长分别比本节算法长6.0%和4.6%；针对规模最大的测试电路10，DPSO(R)算法得到的SMT线长是本节算法的1.141倍，HTS-PSO(R)算法得到的SMT线长比本节算法长11.6%。并且观察表3.21中的数据可以看到，针对引脚数越多的线网，本节算法得到的Steiner最小树线长优化越明显。

表 3.21　SLDPSO-WL-XSMT 和两种 RSMT 算法的线长优化能力对比

电　　路	引脚数	平均线长			归一化值		
		DPSO(R)	HTS-PSO(R)	本节算法	DPSO(R)	HTS-PSO(R)	本节算法
1	8	17 931	17 693	16 918	**1.060**	**1.046**	1.000
2	9	20 503	19 797	18 041	1.136	1.097	1.000
3	10	21 910	21 226	19 696	1.112	1.078	1.000
4	20	35 723	35 072	32 205	1.109	1.089	1.000
5	50	53 383	52 025	47 953	1.113	1.085	1.000
6	70	61 987	61 129	56 280	1.101	1.086	1.000
7	100	76 016	74 416	68 347	1.112	1.089	1.000
8	410	156 520	153 672	139 074	1.125	1.105	1.000
9	500	170 273	166 592	151 408	1.125	1.100	1.000
10	1000	245 201	239 824	214 990	**1.141**	**1.116**	1.000
均值					**1.114**	**1.089**	**1.000**

同时，本节也将提出的算法与 3 种性能较好的 XSMT 算法进行线长优化能力对比，包括文献[23]的 DDE(X)算法、文献[4]的 DPSO(X)算法和文献[22]的 HTS-PSO(X)算法。表 3.22 和表 3.23 分别对比了上述算法所求 XSMT 的平均线长和标准差，这两个评价指标分别反映了算法的线长优化能力和稳定性。

表 3.22　SLDPSO-WL-XSMT 和 3 种 XSMT 算法的平均线长优化能力对比

电　　路	引脚数	平均线长				归一化值			
		DDE (X)	DPSO (X)	HTS-PSO(X)	本节算法	DDE (X)	DPSO (X)	HTS-PSO(X)	本节算法
1	8	16 911	16 918	16 921	16 918	1.000	1.000	1.000	1.000
2	9	18 039	18 041	18 023	18 041	1.000	1.000	0.999	1.000
3	10	19 469	19 696	19 397	19 696	0.988	1.000	0.985	1.000
4	20	32 342	32 213	32 063	32 202	1.004	1.000	0.996	1.000
5	50	48 668	48 038	48 027	47 953	1.015	1.002	1.002	1.000
6	70	57 255	56 448	56 350	56 278	1.017	1.003	1.001	1.000
7	100	70 686	68 911	68 625	68 347	1.034	1.008	1.004	1.000
8	410	147 115	1 441 852	140 898	139 074	1.058	1.020	1.013	1.000
9	500	159 672	154 742	153 708	151 408	1.055	1.022	1.015	1.000
10	1000	**232 359**	221 142	219 954	**214 990**	**1.081**	**1.029**	**1.023**	1.000
均值						**1.025**	**1.008**	**1.004**	**1.000**

表 3.23　SLDPSO-WL-XSMT 和 3 种 XSMT 算法的标准差对比

电　路	引脚数	标准差				归一化值			
		DDE(X)	DPSO(X)	HTS-PSO(X)	本节算法	DDE(X)	DPSO(X)	HTS-PSO(X)	本节算法
1	8	34	0	16	0	—	—	—	—
2	9	41	0	0	0	—	—	—	—
3	10	133	0	0	0	—	—	—	—
4	20	165	11	31	10	16.01	1.10	3.01	1.000
5	50	827	83	94	0	—	—	—	—
6	70	1135	98	145	14	79.63	6.89	10.16	1.000
7	100	1802	182	150	14	**130.94**	**13.22**	**10.86**	1.000
8	410	3615	238	188	36	100.80	6.64	5.23	1.000
9	500	3688	204	181	46	80.21	4.44	3.93	1.000
10	1000	4089	282	184	34	119.95	8.28	5.40	1.000
均值						**87.92**	**6.76**	**6.43**	1.000

如表 3.22 所示，3 种 XSMT 算法与本节算法产生的 XSMT 线长平均比为 1.025：1.008：1.004：1，说明本节算法总体上优于这 3 种 XSMT 算法。与 DDE(X)算法相比，在引脚数为 20 及以上的线网测试集中，本节算法具有明显的线长优化。其中，针对电路 10，SLDPSO-WL-XSMT 算法产生的 Steiner 树线长仅为 214 990，而 DDE(X)产生的线长为 232 359，比本节算法得到线长多出 8.1%。与 DPSO(X)算法相比，本节算法能够在所有测试数据上取得相同或者更短的线长。而 HTS-PSO(X)算法针对引脚数为 20 及以下的线网测试集来说，比本节算法略胜一筹，但在大规模线网中，SLDPSO-WL-XSMT 算法能够获得更短的线长。综合分析，本节算法较上述 3 种 XSMT 算法，在电路 5～电路 10 上有明显的线长优化，并且线网规模越大，SLDPSO-WL-XSMT 算法的线长优化能力越强。特别地，对于测试电路 10，DDE(X)、DPSO(X)和 HTSPSO(X)算法得到的线长比本节算法长 8.1%、2.9%和 2.3%。可见，SLDPSO-WL-XSMT 算法具有较强的线长优化能力，尤其针对大规模线网，效果显著。

在稳定性方面，SLDPSO-WL-XSMT 算法表现出明显优势。如表 3.23 所示，在电路 1～电路 3 和电路 5 上，本节算法能够将标准差降到 0，而对于其他测试用例来说，DDE(X)、DPSO(X)、HTSPSO(X)算法与本节算法产生的 XSMT 线长标准差平均比为 87.92：6.76：6.43：1。特别地，SLDPSO-WL-XSMT 算法在测试电路 7(100 个引脚)上表现出最强的稳定性，而上述 3 种算法的实验结果波动性较大，其标准差分别是本节算法的 130.94 倍、13.22 倍和 10.86 倍。

3.6.4　小结

本节针对 VLSI 布线中线长驱动的 Steiner 最小树问题，提出了一个基于

SLDPSO 的 XSMT 算法。算法首先采用 X 结构作为 Steiner 树边的连接方式以充分利用布线资源。其次，为了克服 SPSO 算法容易陷入局部极值的不足，在粒子群搜索阶段使用混沌下降的惯性权重并结合变异算子实现 PSO 的惯性部分，以保持粒子在整个进化过程中变异的随机性，增强了算法的全局搜索能力；设计了一个基于样例池机制的社会学习策略并结合交叉算子实现 PSO 的社会认知部分以拓宽粒子的学习范围，从而保持种群进化的多样性。最后，在线长减少阶段，设计了一个局部拓扑优化策略，通过逐一调整线网中引脚的局部最优拓扑来进一步优化 Steiner 树的线长。实验证明，本节提出的 SLDPSO 方法具有较强的全局搜索能力和算法稳定性，从而更好地解决 Steiner 树问题。

3.7 本章总结

本章主要介绍了 X 结构 Steiner 最小树算法的基本原理以及多种的研究方法并提出了 5 种有效的 X 结构 Steiner 最小树算法：基于离散 PSO 的 X 结构 Steiner 最小树构建算法、基于离散差分进化的 X 结构 Steiner 最小树算法、基于多策略优化离散差分进化的 X 结构 Steiner 最小树算法、基于文化基因的 X 结构 Steiner 最小树算法、线长驱动的 XSMT 算法，详细描述了算法原理后在每节实验部分详细列出了与多个先进算法的实验对比结果，证实了本章提出算法的有效性。

参考文献

[1] Garey M R, Johnson D S. The rectilinear Steiner tree problem is NP-complete[J]. *SIAM Journal on Applied Mathematics*, 1977, 32(4): 826-834.

[2] Jacob T P, Pradeep K. A multi-objective optimal task scheduling in cloud environment using cuckoo particle swarm optimization[J]. *Wireless Personal Communications*, 2019, 109(1): 315-331.

[3] Liu G G, Chen G L, Guo W Z, et al. DPSO-based rectilinear Steiner minimal tree construction considering bend reduction[C]//2011 Seventh International Conference on Natural Computation, 2011, 1161-1165.

[4] Liu G, Chen G, Guo W. DPSO based octagonal steiner tree algorithm for VLSI routing[C]//2012 IEEE Fifth International Conference on Advanced Computational Intelligence (ICACI). IEEE, 2012: 383-387.

[5] Zachariasen M. GeoSteiner Homepage, 2003. [Online]. Available: http://www.diku.dk/geosteiner.

[6] Coulston C S. Constructing exact octagonal Steiner minimal tree[C]//Proceeding of the 13th ACM Great Lakes Symposium on VLSI. New York, NY, USA: ACM Press, 2003, 28-29.

[7] Beasley, J. E. OR-Library: Distributing Test Problems by Electronic Mail[J]. *Journal of the Operational Research Society*, 1990, 41(11): 1069-1072.

[8] Kundu S, Roy S, Mukherjee S. K-nearest neighbour (KNN) approach using SAT based

technique for rectilinear steiner tree construction [C]//2017 Seventh International Symposium on Embedded Computing and System Design(ISED), Durgapur, India: IEEE, 2017: 1-5.

[9] Epitropakis M G, Tasoulis D K, Pavlidis N G, et al. Enhancing differential evolution utilizing proximity-based mutation operators [J]. *IEEE Transactions on Evolutionary Computation*, 2011, 15(1): 99-119.

[10] 刘漫丹. 文化基因算法(Memetic Algorithm)研究进展[J]. 自动化技术与应用, 2007, 26(11): 1-4.

[11] 谭立状, 负国潇, 张家华. 采用基于遗传算法的文化基因算法求解 TSP 问题[J]. 科技视界, 2016(05): 62-64.

[12] 许晶, 陈建利. 求解边坡最小安全系数的混合文化基因算法[J]. 福州大学学报(自版), 2017, 45(04): 559-565.

[13] 张亚娟, 刘寒冰, 靳宗信. 一种解决 VLSI 布局问题的文化基因算法[J]. 科技通报, 2013, 29(12): 154-156.

[14] Kundu S, Roy S, Mukherjee S. Sat based rectilinear steiner tree construction[C]//2016 2nd International Conference on Applied and Theoretical Computing and Communication Technology(iCATccT), Bengaluru, India: IEEE, 2016: 623-627.

[15] Chen X, Liu G, Xiong N, et al. A survey of swarm intelligence techniques in VLSI routing problems[J], *IEEE Access*, 2020, 8: 26266-26292.

[16] Huang X, Liu G, Guo W, et al. Obstacle-avoiding algorithm in X-architecture based on discrete particle swarm optimization for VLSI design[J]. *ACM Transactions on Design Automation of Electronic Systems*, 2015, 20(2): 1-28.

[17] Bansal J C, Singh P K, Saraswat M, et al. Inertia weight strategies in particle swarm optimization[C]//2011 Third World Congress on Nature and Biologically Inspired Computing. IEEE, 2011: 633-640.

[18] Xu X, Rong H, Trovati M, et al. CS-PSO: chaotic particle swarm optimization algorithm for solving combinatorial optimization problems [J]. *Soft Computing*, 2018, 22(3): 783-795.

[19] Feng Y, Teng G F, Wang A X, et al. Chaotic inertia weight in particle swarm optimization [C]//The Second International Conference on Innovative Computing, Informatio and Control. IEEE, 2007: 475-475.

[20] Cheng R, JIN Y. A social learning particle swarm optimization algorithm for scalable optimization[J]. *Information Sciences*, 2015, 291: 43-60.

[21] Zhang X, Wang X, Kang Q, et al. Differential mutation and novel social learning particle swarm optimization algorithm[J]. *Information Sciences*, 2019, 480: 109-29.

[22] Liu G, Chen Z, Zhuang Z, et al. A unified algorithm based on HTS and self-adapting PSO for the construction of octagonal and rectilinear SMT[J]. *Soft Computing*, 2020, 24(6): 3943-3961.

[23] Wu H, Xu S, Zhuang Z, et al. X-architecture Steiner minimal tree construction based on discrete differential evolution[C]//The International Conference on Natural Computation, Fuzzy Systems and Knowledge Discovery. Springer, Cham, 2019: 433-442.

第4章 时延驱动X结构Steiner最小树算法

4.1 引言

近年来,总体布线的优化目标包括互连线的长度、互连线延迟、拥挤度、通孔数等。早期关于Steiner最小树的构造方法主要集中在将互连线的线长最小化的优化工作中。近年来,受到芯片特征尺寸的减小的影响,互连线延迟已经成为纳米领域中超大规模集成电路布线的一个关键指标。因此,有学者开展了以互连线延迟为优化目标的性能驱动总体布线工作。文献[5]提出一种效果不错的时延驱动Steiner树构造算法,可以达到互连线延迟的优化。文献[6]提出一种最小线长半径生成树模型用来构建性能优化的布线树。文献[7]提出了一种性能驱动总体布线模型,其优化目标是满足给定每个汇点的时延约束值,并引入Steiner点的变换操作以减少互连线延迟。文献[8]基于重新调度Steiner点位置的思想,提出了一种有效的调度算法用来满足时延约束要求。

通常拥挤度和通孔数是影响芯片质量的重要指标,从而影响芯片的可布线性。文献[9]设计了一种单层总体布线器,可以控制拥挤的情况和减少拐弯数。一个拐弯数在层调度或详细布线阶段通常意味着布线层之间的一个转换,从而导致需要使用一个甚至多个通孔进行连接,所以减少拐弯数有利于布线后期减少通孔数。因此,文献[10]和文献[11]提出了一种基于引力方向的矩形Steiner最小树算法用以减少拐弯数。该方法借鉴万有引力计算公式,通过计算一个引脚受到其他所有引脚的引力以判断引脚下一步走线的方向。文献[12]定义了灵活度的概念,并于此提出一种提高芯片可布线性的有效算法,其输入是一棵Steiner树,输出是一棵具有更强灵活度的Steiner树,从而增强芯片的可布线性。文献[8]提出的算法也探索了在一棵布线树中布线边的灵活度的改进,以期缓和布线拥塞度。

以上相关工作均是基于曼哈顿结构Steiner树的构造,尚未涉及非曼哈顿结构。然而曼哈顿结构限制布线方向只能是水平和垂直方向,影响了布线对线长和时延的优化。因此,能够允许更多布线方向的非曼哈顿结构布线工作得到越来越多的关注和研究，以期能进一步提高芯片的可布线性。

基于非曼哈顿结构布线的研究工作，其优化目标大多局限于布线树长度的优化，而互连线延迟对芯片性能有重大影响，因此有必要构造时延驱动的Steiner最小树，但相关研究成果较为匮乏。文献[16]提出了一种基于Steiner点调度和边变换思想的时延驱动X结构Steiner最小树算法。文献[17]基于两电极(Two-pole)和Elmore时延估算模型构造了一种近似最优的时延驱动Y结构Steiner最小树。但前者所构造的时延X结构驱动Steiner最小树(Timing-Driven X-Architecture Steiner Minimum Tree，TD-XSMT)，其质量十分依赖Steiner点的优化顺序和初始解质量，因此容易陷入局部最优。而后者的工作则侧重于时延估算模型的研究，并且是基于Y结构。此外，通孔数量最小化能减少互连线延迟且可进一步加强芯片的可制造性。而减少拐弯数有助于后期通孔数的优化工作，同时在布线前期减少拐弯数的工作相对于后期详细布线减少通孔数的工作来得容易。因此，在Steiner最小树算法的研究中有必要考虑到拐弯数的优化工作。目前关于非曼哈顿结构下时延驱动Steiner最小树的相关研究中尚未考虑优化拐弯数。

综上，本章提出了两种有效的算法。

(1) 基于多目标粒子群优化算法的时延驱动X结构Steiner最小树算法称为TXST_BR_MOPSO。该算法提出了混合变换策略，同时考虑点变换与边变换的情况，进一步优化了布线树的线长，同时设计了一种新的编码策略以减少布线树的拐弯数，并且提出MRMCST模型用于寻找并构造X结构下的时延驱动布线树。

(2) 基于最近最优社会学习离散粒子群优化算法(Nearest and Best Social Learning Discrete Particle Swarm Optimization，NBSLDPSO)的最大汇延迟驱动X结构Steiner最小树算法，称为NBSLDPSO-TD-XSMT。该算法设计了基于X结构的普灵姆迪杰斯特拉模型(X-Architecture Prim-Dijkstra，X-PD)，以同时考虑时延驱动Steiner树的线长和最大源汇路径，提出了最近最优社会学习策略，以解决粒子群优化算法(Particle Swarm Optimization，PSO)过早收敛的问题。

本章涉及的专有名词符号见表4.1。

表4.1　主要符号表

英文缩写	英文全称	中文名称
DPSO	Discrete Particle Swarm Optimization	离散粒子群优化算法
HTS	Hybrid transformation Strategy	混合变换策略
IC	Integrated Circuit	集成电路
MD	Maximum source-to-sink Delay	最大源汇延迟
MOPSO	Mulitple Objective Particle Swarm Optimization	多目标粒子群优化算法

续表

英文缩写	英文全称	中文名称
MST	Minimum Spanning Tree	最小生成树
NBSLDPSO	Nearest and Best Social Learning Discrete Particle Swarm Optimization	最近最优社会学习离散粒子群优化算法
PD	Prim-Dijkstra	普灵姆迪杰斯特拉模型
PL	Path Length	半径代价
PSP	pseudo-Steiner Point	伪斯坦纳点
PSO	Particle Swarm Optimization	粒子群优化算法
RSMT	Rectilinear Steiner Minimum Tree	直角斯坦纳最小树
SMT	Steiner Minimum Tree	斯坦纳最小树
SPSO	Standard Particle Swarm Optimization	标准粒子群优化算法
SPT	Shortest Path Tree	最短路径树
TD	Total Delay	总时延
TD-XSMT	Timing-Driven X-Architecture Steiner Minimum Tree	时延驱动 X 结构斯坦纳最小树
TOA	Timing-Driven Octilinear Steiner tree Algorithm	时延驱动 X 结构斯坦纳树算法
TOST_MOPSO	Multiple Objective Particle Swarm Optimization-based Timing-Driven Octilinear Steiner Tree algorithm	基于多目标粒子群优化算法的时延驱动 X 结构斯坦纳树算法
VLSI	Very Large Scale Integration Circuit	超大规模集成电路
WL	Wire Length	线长代价
XSMT	X-Architecture Steiner Minimum Tree	X 结构斯坦纳最小树
X-PD	X-Architecture Prim-Dijkstra	X 结构普灵姆迪杰斯特拉模型

4.2 时延驱动 X 结构 Steiner 最小树算法概述

本节基于多目标粒子群(Multiple Objective Particle Swarm Optimization，MOPSO)优化设计一种有效的算法以构建一棵时延驱动的 X 结构 Steiner 树，并同时考虑到拐弯数的优化，该算法称为 TXST_BR_MOPSO。本节工作的贡献体现在如下方面。

(1) 相对于文献[15]的方法只考虑 Steiner 点的变换，本节算法设计了边变换策略，用以增强 PSO 算法中粒子的进化能力。本节算法同时考虑到 Steiner 点和布线边的变换工作，相对于文献[15]的方法能够进一步加强布线树的线长优化能力，从而取得一定的线长优化。对于 PSO 算法中的粒子来说，要想拥有向 MRMCST 模型进化的能力，边变换策略是必不可少的。

(2) 基于伪 Steiner 点(Pseudo-Steiner Point，PSP)及其灵活度的定义，本节工

作通过4种边选择方式重新调度PSP点的位置，提出了一种有效的编码策略用以优化布线树的拐弯数。同时边变换策略可很好地结合所提出的边点对编码策略以减少拐弯数。本节工作是非曼哈顿性能驱动总体布线工作中第一次考虑到拐弯数的优化。实验结果表明，本节算法在引入边变换策略后可取得将近20%的拐弯数减少率。

(3) 本节工作基于X结构布线边的距离计算方式，提出相应的MRMCST模型用以寻找并构造X结构下的时延驱动布线树。为了能够同时优化MRMCST模型中线长和半径两个互为竞争的目标，本节工作基于多目标PSO模型设计相应的多目标算法以构造最终的时延驱动X结构布线树。实验结果表明，最终的布线树相对于直角Steiner树(Rectilinear Steiner Minimum Tree，RSMT)和X结构Steiner树(X-Architecture Steiner Minimum Tree，XSMT)两类算法在最大源汇点时延和总的源汇点时延两个时延指标上能够取得较大的优化率。而且在0.18μm的集成电路(Integrated Circuit，IC)制造工艺上，本节算法构造的最终布线树相对于文献[16]所构造的时延驱动X结构Steiner最小树在线长、半径、最大源汇点时延、总的源汇点时延以及拐弯数5个性能指标上分别能够取得2.08%、5.22%、4.93%、10.07%、19.67%的优化效果。

4.2.1 问题描述

1. 时延驱动X结构Steiner最小树问题

时延驱动X结构Steiner最小树问题中Steiner树的代价是指时延。本节算法通过优化Steiner树的线长和半径以优化最终布线树的最大源汇点时延和所有源汇点时延之和，以获得最终的时延驱动X结构Steiner最小树。

图4.1(a)是一个初始的引脚分布情况，表4.2是对应的各引脚坐标信息，其中编号为4的引脚为源点，其他引脚则为汇点，图4.1(b)则是构建一种时延驱动XSMT的布线方案。

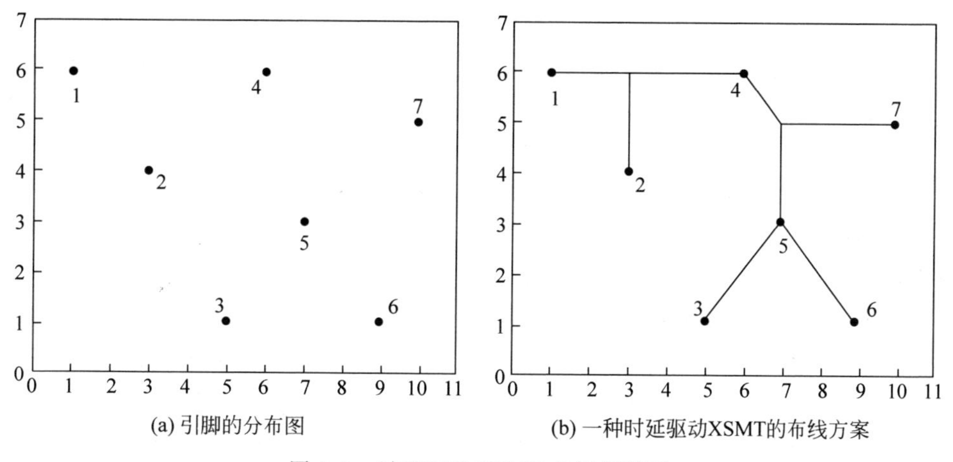

(a) 引脚的分布图

(b) 一种时延驱动XSMT的布线方案

图4.1　时延驱动XSMT的问题模型

表 4.2 图 4.1 所示布线实例中引脚的坐标信息

引脚编号	1	2	3	4	5	6	7
X 坐标	1	3	5	6	7	9	10
Y 坐标	6	4	1	6	3	1	5

2. Elmore 时延模型

本节采用 Elmore 时延模型对时延指标进行计算，该时延模型可描述如下。给定一个线网 N 及其相应的一棵布线树 $T(N)$，令 e_i 表示引脚 i 至其所在布线树 $T(N)$中父节点的一条边，其电阻和电容分别用 r_{e_i} 和 c_{e_i} 表示。令 $T(N)_i$ 表示一棵源点为 i 在布线树 $T(N)$中的子树，而 C_i 表示集总电容，它是该子树 $T(N)_i$ 中所有汇点电容和所有边电容的总和。令 n_0 表示源点，其电容和电阻分别用 R_0 和 C_0 表示。最后，在汇点 i 的 Elmore 时延可按照如下公式进行计算。

$$t_i = R_0 C_0 + \sum_{e \in \text{path}(s,j)} r_{e_j} (c_{e_j}/2 + C_j) \tag{4.1}$$

其中，path(s,j)是表示从源点 s 到汇点 j 路径上的所有边集合。

Elmore 时延模型有如下的优势。首先，估算所有汇点到源点的 Elmore 时延值的时间复杂度为 $O(n)$，其中 n 为引脚个数。因此，Elmore 时延模型的计算量相对较少。其次，Elmore 时延模型的计算准确度高于线性时延模型。最后，基于 Elmore 时延模型所得到的近似最优或最优布线树相对基于其他高阶时延模型具有同等的优越性。因此，本节采用式(4.1)的 Elmore 时延模型计算布线树中源汇点之间的时延值。

3. MRMCST 模型

如图 4.2(a)所示，给定一个引脚集合，这些引脚的分布特殊，中间有一个源点(称为 S)，引脚集合中其他引脚均匀分布在以源点为中心的一个圆周上，以此例子为基础可形象地对比 3 种不同类型的布线树。如图 4.2(b)所示的树是最小生成树(Minimum Spanning Tree，MST)，拥有最小的线长，而线长是 VLSI 布局和布线的一个重要性能指标。然而最小生成树容易给布线带来冗长的关键路径(称为半径)，从而带来较大时延，降低芯片性能。如图 4.2(c)所示是最短路径树(Shortest Path Tree，SPT)，拥有最短的关键路径，但是其线长却远大于 MST。而一棵布线树的半径意味着芯片设计中最大源汇点时延，同时其线长的最小化意味着最小化驱动器的输出电阻和互连线的总电容。因此，线长和半径两个指标对芯片总体性能的优化都有重要影响，故要使芯片的性能得到改善，需要同时优化这两个指标。

如图 4.2(d)所示的 MRMCST 模型可以很好地权衡线长和半径，给出二者的折中方案，因此，MRMCST 模型可用于时延驱动布线树的构建。因为求解 MRMCST 模型是一个 NP 难问题，所以本节工作基于多目标 PSO 方法构建时延驱动 X 结构 Steiner 最小树算法，以同时优化线长和半径，从而为布线获得更好的

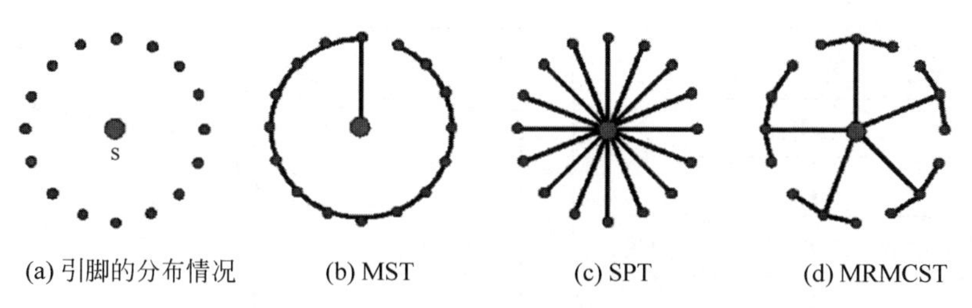

图 4.2　给定引脚集合的不同类型连接拓扑

芯片性能。

4.2.2　算法设计

鉴于 VLSI 物理设计的重要性和 PSO 的优势，已有相关工作将 PSO 应用于电路划分、布图规划以及布线等方面，并取得了一定的研究成果。文献[15]的研究工作也开展了关于非曼哈顿结构布线的初步分析，并设计一种有效的 X 结构 Steiner 最小树算法，但该方法只对线长这一目标进行优化，并未考虑到时延等一些其他重要的优化指标。此外，文献[21]和文献[22]已经成功构建了多目标 PSO 算法的基础框架，并提出了相应的更新操作算子和适应度函数。

基于以上相关工作的基础上，本节设计了一种有效的多目标 PSO 算法，用以求解时延驱动 X 结构 Steiner 最小树问题并同时考虑到拐弯数的优化。在该算法中，表现型共享函数应用于适应度函数的定义以期同时优化线长和半径这两个目标。一种有效的边变换策略能很好地结合本节的编码方式，可在时延驱动 X 结构 Steiner 最小树构建过程中进一步考虑拐弯数的优化。

TXST_BR_MOPSO 算法的流程如图 4.3 所示。

1. 性能驱动总体布线的两个重要指标

线长和半径是性能驱动总体布线的两个重要指标。为每个线网构建的布线树，其线长和半径对最后的时延都会产生直接的影响，因此，本节引入 MRMCST 模型以构建时延驱动 Steiner 最小树，这对性能驱动的总体布线工作是非常必要的。不同之前基于 Euclidean 距离构建 MRMCST 模型，本节提出了 X 结构 MRMCST 模型，其中源汇点的长度计算公式采用 X 结构边的距离进行计算，并给出相应的实验结果。引脚 i 和 j 的 X 结构距离(称为 $\mathrm{Odis}(i,j)$)是按照如下公式进行计算的：

$$\mathrm{Odis}(i,j)=\begin{cases}(\sqrt{2}-1)\min(|x_i-x_j|,|y_i-y_j|)+\\ \max(|x_i-x_j|,|y_i-y_j|), & \text{如果 pspc}=0\text{ 或 }1\\ |x_i-x_j|+|y_i-y_j|, & \text{否则}\end{cases}\tag{4.2}$$

其中，$x_i(x_j)$ 和 $y_i(y_j)$ 分别表示引脚 $i(j)$ 的水平坐标和垂直坐标。$|x_i-x_j|(|y_i-y_j|)$表示绝对值，而符号 min(max)表示$|x_i-x_j|(|y_i-y_j|)$的最小值(最大值)。

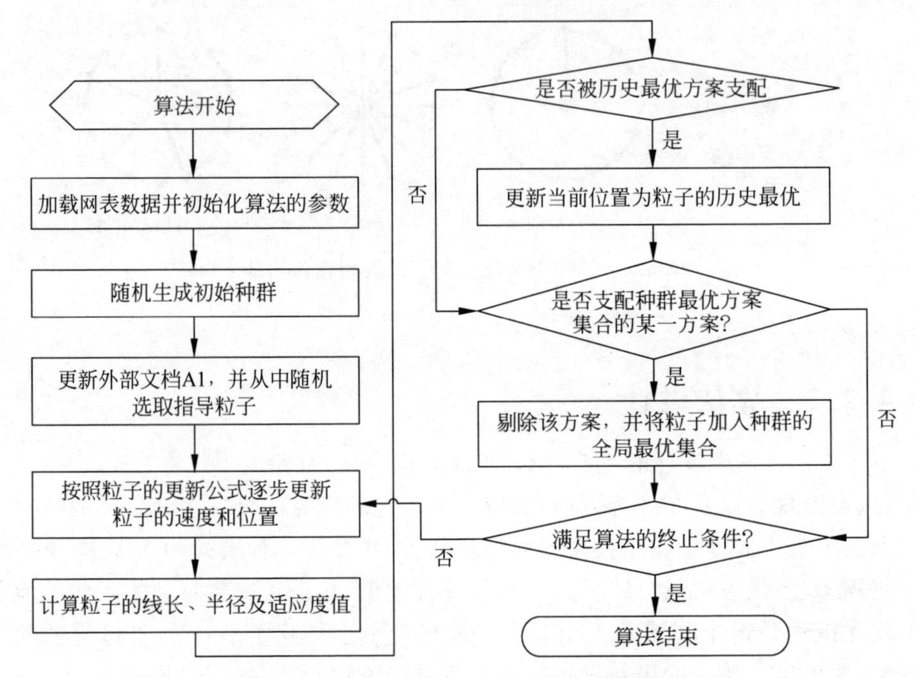

图 4.3 TXST_BR_MOPSO 算法的流程图

定义 4.1 XSMT 线长 X 结构 Steiner 最小树的长度是树中每个 X 结构边片段长度之和，可按照如下公式计算：

$$L(T_x)=\sum_{e_i\in T_x} l(e_i) \tag{4.3}$$

其中，$l(e_i)$表示在布线树 T_x 中 X 结构边片段 e_i 的长度。

定义 4.2 XSMT 半径 一棵 X 结构 Steiner 最小树的半径是指从源点到各个汇点的 X 结构距离的最大值：

性能驱动总体布线主要的优化目标是时延，而因为 Elmore 时延模型是芯片设计中估算时延值的一种好方法，所以本节是基于 Elmore 时延模型按照式(4.1)计算布线树中每对源汇点之间的时延值。令 m_i 和 n_i 为布线边 e_i 的两个端点，$r_0(c_0)$表示单位长度的电阻(电容)，则更为详细的计算时延值的公式如下所示：

$$t_i=R_0C_0+\sum_{e_j\in \mathrm{path}(s,j),e_j=(m_j,n_j)} \mathrm{Odis}(m_j,n_j)\times r_0\left(\mathrm{Odis}(m_j,n_j)\times\frac{c_0}{2}+C_j\right) \tag{4.4}$$

线长和半径的优化对最终时延最小化都是同等重要的，然而这两个指标经常互相矛盾，处于竞争关系。当尝试最小化线长，往往会导致半径增大；反之同理。因此，本节设计多目标 PSO 算法以期更好地同时优化这两个指标。

2. 多目标算法

不管是曼哈顿结构还是非曼哈顿结构的 VLSI 布线问题都是一个复杂的多目

标优化问题。在纳米级 VLSI 布线工作中经常需要同时考虑到一些处于竞争关系且不能同时优化的电学性能指标和几何约束，从而增加纳米级 VLSI 布线的复杂度。因此，如何为纳米级 VLSI 布线问题构建一个有效且稳定的多目标优化算法是一个非常重要的问题。

传统的用于多目标优化问题的算法是给每个目标分配对应的正系数，使多个目标聚合为单个目标，再用单目标优化算法进行求解，其中正系数的值是由决策者根据实际情况定义。这些方法包括加权和方法、约束法、目标规划方法等，是以相对较小的计算成本寻找较优解。但这些方法存在以下不足。

(1) 因为决策者很难获得关于这些问题的先验知识导致系数设定困难，从而无法构造合适的算法。

(2) 使用这些方法求解相关问题，很容易受解空间的非劣前端分布的影响，不能有效解决非劣前端凹形分布等问题。

(3) 使用这些方法求解多目标问题，每个优化过程中获得非劣解集合是独立的，从而导致决策者很难做出合理的选择。而文献[21]和文献[22]所构建的多目标 PSO 框架，则在用于求解多目标优化问题中较好地克服了这些问题，取得较为理想的多目标方案。

因此，本节工作将使用多目标 PSO 算法构建时延驱动 X 结构 Steiner 最小树，以优化线长和半径两个目标，同时减少拐弯数，从而解决非曼哈顿结构性能驱动总体布线问题。一些关于多目标 PSO 的基础知识描述如下。

定义 4.3　目标距离 fd_{ij}　表示两个粒子 i 和 j 之间的距离。假设粒子之间的距离包括 m 维，每一维分别标记为$(\sqrt{2}-1)|y_i-y_j|+|x_i-x_j|$，则

$$\begin{aligned}\mathrm{fd}_{ij} &= f_1 d_{ij} + f_2 d_{ij} + \cdots + f_m d_{ij} = | f_1(x^i) - f_1(x^j) | + | f_2(x^i) - \\ &\quad f_2(x^j) | + \cdots + | f_m(x^i) - f_m(x^j) |, \quad i \neq j\end{aligned} \tag{4.5}$$

其中，本节算法中考虑到两个优化目标，故 $m=2$，分别标记为 f_1 和 f_2。其中 f_1 表示布线树的线长函数，f_2 表示布线树的半径函数。

定义 4.4　支配度量 $D(i)$　表示在当前种群中支配粒子 i 的粒子数量，计算公式如下：

$$D(i)=\sum_{j=1}^{p}\mathrm{nd}(i,j) \tag{4.6}$$

其中，$\mathrm{nd}(i,j)$表示如果粒子 j 支配粒子 i 的话，则值为 1，否则值为 0。

定义 4.5　共享函数 $\mathrm{sh}(\mathrm{fd}_{ij})$

$$\mathrm{sh}(\mathrm{fd}_{ij})=\begin{cases}1, & \text{如果 } \mathrm{fd}_{ij} \leqslant \sigma_s \\ 0, & \text{否则}\end{cases} \tag{4.7}$$

其中，σ_s 是共享参数。

定义 4.6 邻近密度度量 $N(i)$ 粒子 i 相应的邻近密度度量值 $N(i)$ 的计算公式如下：

$$N(i)=\sum_{j=1}^{p}\mathrm{sh}(\mathrm{fd}_{ij}) \tag{4.8}$$

定义 4.7 适应度函数 $F(i)$ 一个给定粒子的适应度函数 $F(i)$ 计算公式如下：

$$F(i)=(1+D(i)^{\alpha})(1+N(i))^{\beta} \tag{4.9}$$

其中，α 和 β 是非线性参数。

相对于单目标 PSO 算法，在多目标 PSO 的搜索过程中，经常可得到不止一个的粒子历史最优方案和种群全局最优方案。本算法用 A1 和 A2 两个外部文档来保留这些方案。其中，文档 A1 存储当前种群的 Pareto 前端作为候选集合以指导粒子的飞行，同时 A2 用于存储历代种群的 Pareto 前端。在更新粒子时，一些较优粒子被随机选择用于指导其他粒子的飞行。当每次更新完成后，候选解集合 A1 便会更新。为了能够避免外部文档的规模变得非常大，本节采用 ε-支配方式以控制外部文档的规模大小。

3. 编码策略

本节算法所采用的边点对编码是用一条生成树的边 pseudo-Steiner 点选择方式以表示候选 TXST 的一条边。关于 pseudo-Steiner 4 种选择方式的定义具体见 3.2 节。如对于一个有 n 个引脚的布线网，一棵候选的 TXST 则有 $n-1$ 条边(两个引脚表示一条边)、$n-1$ 位 pseudo-Steiner 选择方式及 3 个额外的数字，这 3 个数字分别表示粒子适应度值、线长值、半径值。所以一个粒子的编码为 $3(n-1)+3$。例如，一个引脚数为 7 的 TXST 的候选布线树其编码如下面的数字串所示

5 7 2	5 4 0	2 4 1	5 3 1	2 1 1	5 6 0	7 2	18.7279	11.0711

其中，数字“72”是粒子的适应度值，即目标空间的表现型共享函数值。最后两位数字“18.7279”和“11.0711”分别是布线树的线长值和半径值。每个数字子串的第三位数字是 pseudo-Steiner 选择方式。比如，第一个数字子串(5 7 2)表示布线树的一条边，其两个端点的编号分别为 5 和 7，PSP 选择方式位是第三位数字 2。

定义 4.8 拐弯点 布线树中一个点的度数如果大于 1，则定义为拐弯点，拐弯点可能是 Steiner 点、拐角处的点、引脚端点。

近年来，随着 VLSI 特征尺寸的不断缩短，通孔数成为总体布线阶段中一个关键的指标。通孔数的优化可减少电路时延并加强芯片的可制造性。在层调度或详细布线阶段中，一个拐弯通常意味着布线层之间的一个转换，这个转换可能需要多个通孔的连接，所以拐弯数的减少即意味着通孔数的减少，且拐弯数相对后续阶段通孔数更易缩减，因此，Steiner 最小树的构建过程中有必要考虑拐弯数的减少。

文献[16]的算法采用类似本节算法编码中的两种 pseudo-Steiner 选择方式，

包括选择 0 和选择 1,以表示布线边的走线方式。相比而言,本节算法的编码策略采用 4 种 pseudo-Steiner 点选择方式拥有对拐弯数进行优化的潜能。这是因为额外引入选择 2 和选择 3 两种方式,有可能与选择 0 和选择 1 两种方式的走线在拐弯点的位置重合,从而有可能进一步优化拐弯数。比如,如图 4.4(b)所示,采用 4 种 pseudo-Steiner 选择方式的编码策略令边(4,2)和边(4,5)在拐弯点的位置重合。而如图 4.4(a)所示,采用两种 pseudo-Steiner 选择方式的编码策略,这两条边都有各自不同位置的拐弯点(编码为 4 的引脚在文献[16]的算法中定义为线网的源点)。而这种情况会在引脚规模较大的线网中多次出现。因此,在大多数电路中,采用如图 4.4(b)所示的编码策略并结合相应的边变换策略,会比采用如图 4.4(a)所示的编码策略在优化拐弯数的能力更强。在本节的后续实验部分会进一步通过实验结果给出说明。

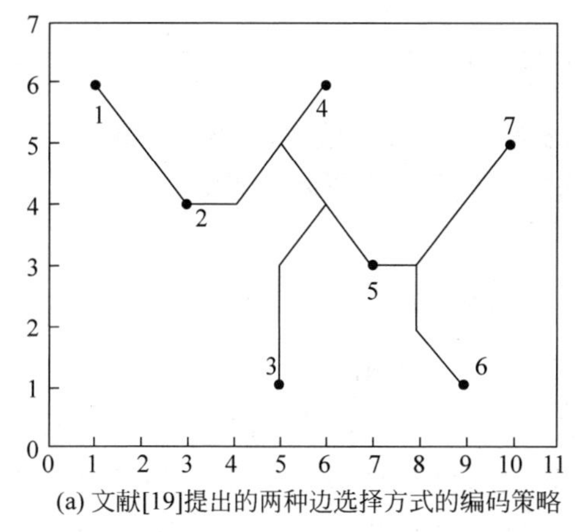

(a) 文献[19]提出的两种边选择方式的编码策略

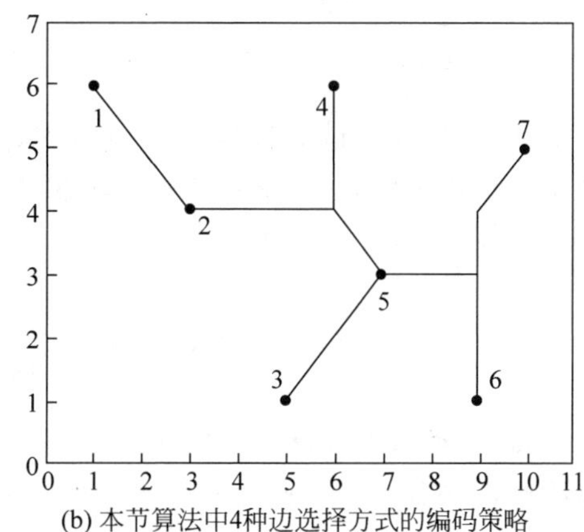

(b) 本节算法中4种边选择方式的编码策略

图 4.4 两种不同编码策略的拐弯数情况

4. 粒子的更新公式

因为 Steiner 最小树的构建问题是一个离散问题,本节采用一种基于遗传算子的离散位置更新方式,从而提出了 TXST_BR_MOPSO 算法以构建时延驱动 X 结构 Steiner 最小树,并考虑到拐弯数的优化。

粒子的更新公式具体可表示成如下公式:

$$X_i^t = N_3(N_2(N_1(X_i^{t-1}, \omega), c_1), c_2) \tag{4.10}$$

其中,ω 是惯性权重因子,c_1 和 c_2 是加速因子,N_1 表示变异操作,N_2 和 N_3 表示交叉操作。这里假定 r_1、r_2、r_3 都是在区间[0,1)的随机数。

在构建 XSMT 的工作中,更新操作只考虑到 Steiner 点变换。然而,在构建 MRMCST 的过程中,布线树的拓扑是变化的。例如,图 4.5 是构建 MRMCST 的过程中存在两种不同的拓扑结构,比如图 4.5(b)存在边(4,2),而图 4.5(a)的布线树中没有该边。因此在设计算法的更新操作时,除了考虑 Steiner 点变换,还要考虑边变换的操作。边变换的操作能够进一步优化线长,同时引入边变换策略,可保证算法的搜索空间包含最优解方案。

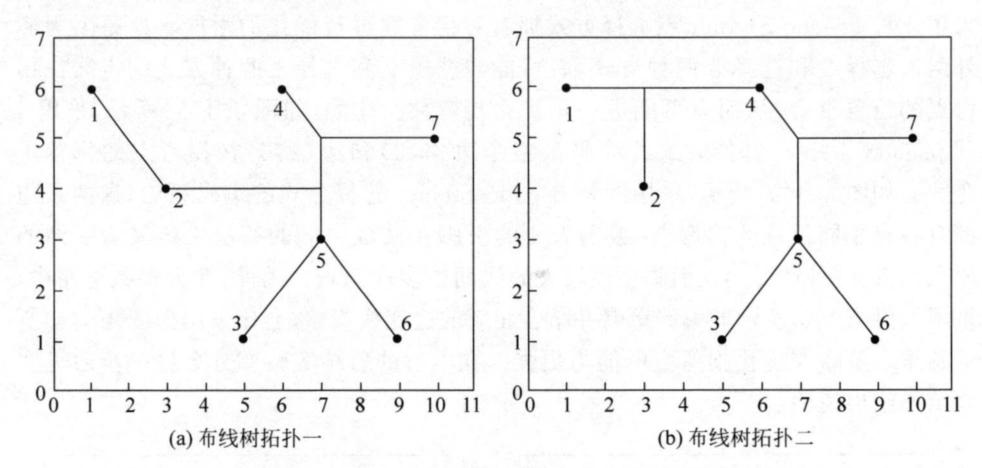

图 4.5 在 MRMCST 构建算法的进化过程中边变换策略的必要性

然而,边变换可能导致布线树出现环的情况,生成无效解,损害算法强壮性。为了避免这个缺陷,本节算法将并查集策略融入如下 3 个更新操作中。

1) 粒子的速度更新

$$W_i^t = N_1(X_i^{t-1}, \omega) = \begin{cases} M(X_i^{t-1}), & \text{如果 } r_1 < \omega \\ X_i^{t-1}, & \text{否则} \end{cases} \tag{4.11}$$

其中,ω 表示粒子进行变异操作的概率。进行粒子变异时,算法随机删除一条边,布线树被一分为二。此后两棵子树的引脚集合通过并查集的方法记录,并从中各选一个引脚作为变异后新布线边的两个端点。引入并查集策略的变异操作如图 4.6 所示,其中删除的边为 M_1,新布线边为 M_2。变异算子的伪代码如算法 4.1 所示。

2) 粒子的个体经验学习

$$S_i^t = N_2(W_i^t, c_1) = \begin{cases} C_p(W_i^t), & \text{如果 } r_2 < c_1 \\ W_i^t, & \text{否则} \end{cases} \tag{4.12}$$

其中,c_1 表示粒子与其历史个体最优进行交叉操作的概率。在进行交叉操作时,算法将粒子及其历史最优位置相应布线树的边分为共同边及剩余边两个集合,保留它们共同的边作为新的布线树的一部分,然后从剩余边集合中不断随机选择边加入新的布线树,直到构成一棵完整的合法布线树。这个过程同样采用并查集方法以避免出现环的情况。引入并查集策略的交叉操作如图 4.7 所示,其中 C_1、C_2、C_3、C_4、C_5、C_6 为两棵布线树的剩余边,C_1、C_3、C_5 为随机选取后布线树的新边。交叉算子的伪代码如算法 4.2 所示。

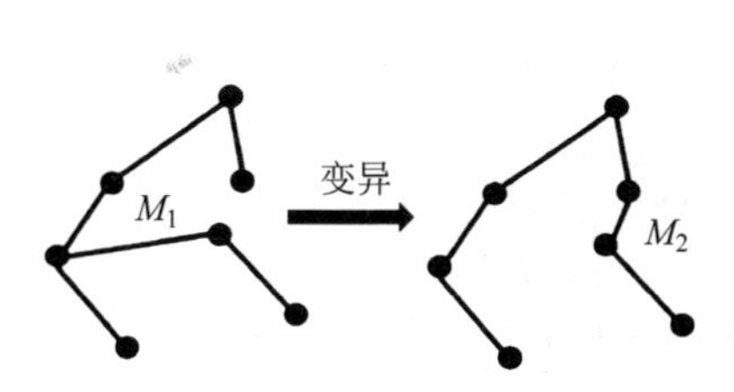

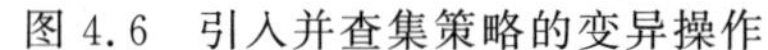
图 4.6　引入并查集策略的变异操作

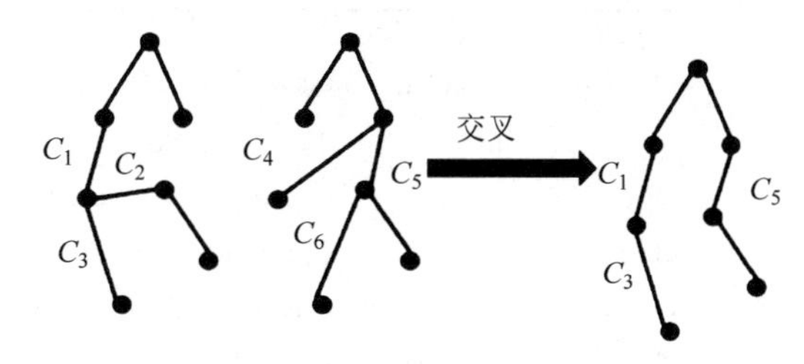

图 4.7　引入并查集策略的交叉操作

算法 4.1　Mutation operator(p)

输入：待变异的粒子 p

输出：变异后的新粒子

Initialize();//初始化每个粒子的 partition 为单元素集合

e_r = random(1, $n-1$);//随机产生 1 到 $n-1$ 的数，n 代表引脚的个数，e_r 表示随机边

for each edge e_i of p **do**

  if $e_i \neq e_r$ **then**

    Union_partition(u, v);// u 和 v 是 e_i 的两个端点，u 和 v 合并到同一个集合中

  end if

end for

while true **do**

    p_1 = random(1, $n-1$);

    p_2 = random(1, $n-1$);

    if Find_set(p_1) $\neq$ Find_set(p_2) **then**

      Union_partition(p_1, p_2);//若 p_1 和 p_2 不在同一集合则合并

      Generate_edge(p_1, p_2);

      break;

    end if

end while

算法 4.2　Crossover operator(p, q)

输入：待交叉的粒子 p, q

输出：交叉后的新粒子

Initialize();//初始化每个粒子的 partition 为单元素集合

Sort_edge(p, u);//根据边的第一个端点 u 的编号给粒子 p 中的所有边排序

Sort_edge(p, v);//根据边的第二个端点 v 的编号给粒子 p 中的所有边排序

Sort_edge(q, u);

Sort_edge(q, v);

```
Set1=Select_same_edge(p,q);//选择粒子 p 和 q 的共同边存放在 Set1
Set2=Select_different_edge(p,q); //选择粒子 p 和 q 的不同边存放在 Set2
Union_partition(u,v,Set1);//合并 Set1 中所有边的端点
New particle=Generate_edge(Set1);将 Set1 的边作为新粒子的部分边
while New particle is not a complete tree do
  L(u,v)=random_select_edge(Set2); //随机挑选 Set2 中的边
  if Find_set(u)≠Find_set(v) then
    Add L(u,v)to New particle;
    Union_partition(u,v,L);
  end if
end while
```

3）粒子与种群其他粒子进行合作学习

$$X_i^t = N_3(S_i^t, c_2) = \begin{cases} C_p(S_i^t), & \text{如果 } r_3 < c_2 \\ S_i^t, & \text{否则} \end{cases} \tag{4.13}$$

其中，c_2 表示粒子与种群全局最优个体进行交叉操作的概率。该过程的实现与粒子学习个体经验类似，此处不再赘述。

5. 本节算法与同类算法的测试情况

文献[16]的工作是第一次提出时延驱动 X 结构 Steiner 最小树算法，大致思想：首先构造一棵直角结构 Steiner 最小树，找出其中的拐点，如图 4.8(a)所示；接着将这些拐点和连接的两条直角边去除，并用连接这两个点的斜边代替，如图 4.8(b)所示，得到包含 Steiner 点的布线图；然后重新寻找合适的 Steiner 点位置，如图 4.8(c)所示的 P_3、P_1、P_2 均为重新寻找到 Steiner 点的新位置；最后将生成树的边转换成为 X 结构边，得到如图 4.8(d)所示的结果。

文献[16]所构造的时延驱动 X 结构 Steiner 最小树的线长为 10sqrt(2)+5=19.142。源点 Source(S)到各汇点 S_1、S_2、S_3、S_4、S_5、S_6 的线长分别为

$L(S,S_1)=2\text{sqrt}(2)+1=3.828$　　$L(S,S_2)=3\text{sqrt}(2)+2=6.243$

$L(S,S_3)=4\text{sqrt}(2)+1=6.657$　　$L(S,S_4)=3\text{sqrt}(2)+1=5.243$

$L(S,S_5)=5\text{sqrt}(2)+1=8.071$　　$L(S,S_6)=4\text{sqrt}(2)+2=7.657$

其中，sqrt()表示求平方根函数，$L(S,S_5)$是最大源汇点距离，而源点到所有汇点的距离之和为 37.699。

本节基于多目标 PSO 的时延驱动 X 结构 Steiner 树的构造算法，所构建的 Steiner 树如图 4.9 所示，关于该测试实例的运行结果为：时延驱动 X 结构 Steiner 最小树的线长为 6×sqrt(2)+10=18.485。

源点 Source(S)到各汇点 S_1、S_2、S_3、S_4、S_5、S_6 的线长分别为

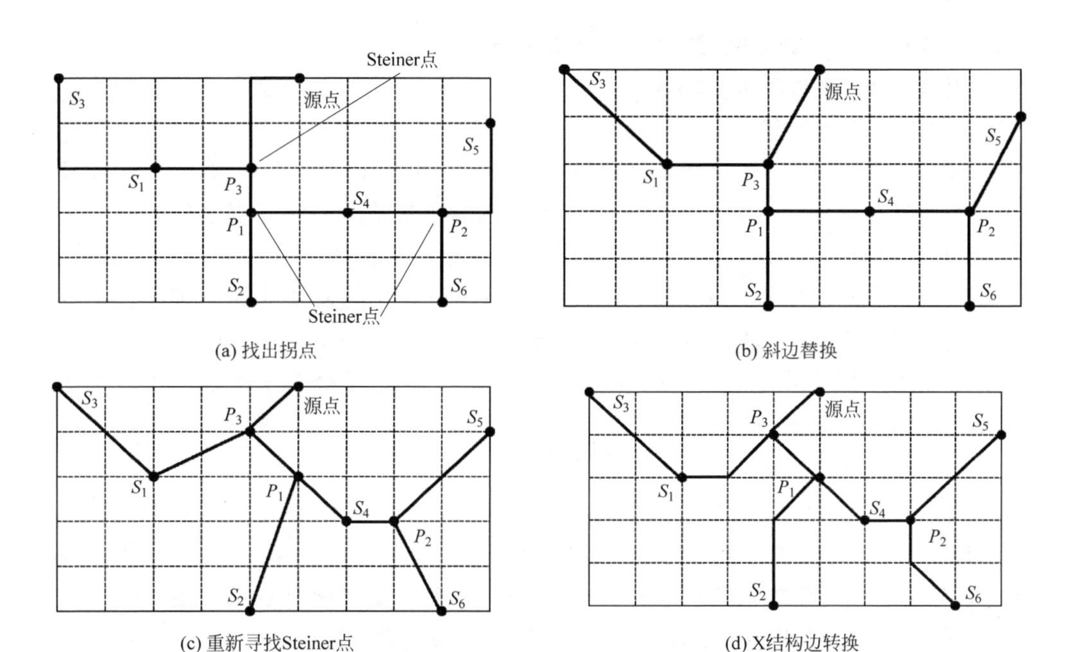

图 4.8　基于 Steiner 点重新调度和路径重构的时延驱动 X 结构 Steiner 树的构建过程

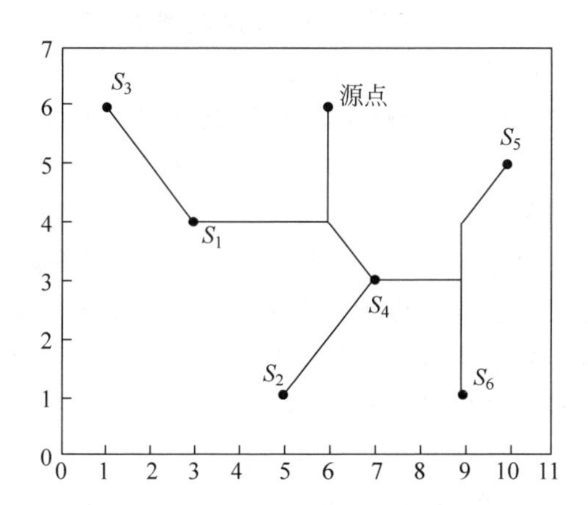

图 4.9　本节算法针对文献[16]的实例所构建的时延驱动 X 结构 Steiner 树

$L(S,S_1)=2\text{sqrt}(2)+1=5$　　$L(S,S_2)=3\times\text{sqrt}(2)+2=6.243$

$L(S,S_3)=2\text{sqrt}(2)+5=7.828$　　$L(S,S_4)=1\text{sqrt}(2)+2=3.414$

$L(S,S_5)=2\text{sqrt}(2)+5=7.828$　　$L(S,S_6)=1\text{sqrt}(2)+6=7.414$

其中，$L(S,S_5)$为最大源汇点距离，而源点到所有汇点的距离之和为 37.727。从中可看出本节算法所构造 TXST 的树长和半径都比文献[16]的算法所构造的树长和半径分别减少 3.43%和 3.01%。而且文献[16]的算法中拐弯数为 8 个，而本节构造的 TXST 的拐弯数为 5 个，在拐弯数的优化目标上也相对文献[16]的算法减少 3 个，即减少 37.5%。

6. TXST_BR_MOPSO 算法的复杂度分析

引理 4.1 假设种群大小为 p，迭代次数为 iters，引脚的个数为 n，则 TXST_BR_MOPSO 算法的复杂度为 $O(\text{iters}\times p\times n^2)$。

证明：在 TXST_BR_MOPSO 算法的内部循环包含变异操作、交叉操作以及适应度值计算操作。变异操作和交叉操作中的并查集策略的时间复杂度略多于线性时间，所以复杂度为 $O(n\log n)$ 的排序方法主导这些操作的算法复杂度。另外，计算布线树半径的复杂度为 $O(n^2)$，而计算布线树线长的复杂度亦由排序方法的复杂度决定。因此，算法内部循环的复杂度为 $O(n\log n+n^2+n\log n)=O(n^2)$。由种群的大小以及算法的迭代次数决定外部循环，因此 TXST_BR_MOPSO 算法的复杂度为 $O(\text{iters}\times p\times n^2)$。

7. TXST_BR_MOPSO 算法的收敛分析

定义 4.9 有限马尔可夫链　令 $X(X=X_k,k=1,2,\cdots)$表示定义在概率空间(Ω,F,P)中的离散参数关于有限状态空间 S 的随机过程。如果 X 有马尔可夫性质，即对任意非负整数 k 和状态 $i_0,i_1,i_{k-1}\in S$，若 X 是有限马尔可夫链，则

$$P(X_{k+1}=i_{k+1}\mid X_0=i_0,X_1=i_1,\cdots,X_k=i_k)=P(X_{k+1}=i_{k+1}\mid X_k=i_k)$$
$$P(X_0=i_0,X_1=i_1,\cdots,X_k=i_k)>0 \tag{4.14}$$

其中，$P(X_{k+m}=j\mid X_k=i)$称为步骤 m 的转换概率 X，它是从状态 i 在时刻 k(步骤 m 之后)到状态 j 在时刻 $k+m$(这里表示为 $P_{ij}(k,k+m)$)。对于 $i,j\in S$，如果 $P_{ij}(k,k+1)$(简称为 P_{ij})不依赖于时刻 k，则马尔可夫链是齐次的。$P=[P_{ij}]$称为转换矩阵，其中 P_{ij} 表示第 i 行第 j 列。齐次有限马尔可夫链的这种长期行为完全取决于其初始分布和第一步的转换概率。

定理 4.1 TXST_BR_MOPSO 算法的马尔可夫链是有限且齐次的。

证明：在算法的全局搜索过程中，TXST_BR_MOPSO 算法是通过随机变异操作和交叉操作获得全局最优方案和粒子的历史最优方案。从全局搜索的过程中可判断出，新产生的种群是取决于当前种群的状态，因此从一个状态到另一个具体状态的算法搜索过程的条件概率是满足式(4.14)，也就是算法满足马尔可夫性质。所以，TXST_BR_MOPSO 算法的马尔可夫链是有限且齐次的。在该算法中，所有种群$\{\alpha_1,\alpha_2,\cdots,\alpha_m\}$组成的集合是有限的。也就是发生在时刻 $k=0,1,\cdots$的事件都属于一个有限可数的事件集合，因此，其马尔可夫链也是有限的。综上所述，在以上关于马尔可夫链的理论分析和方法均可直接应用到本算法的分析中。

定理 4.2 TXST_BR_MOPSO 算法所构成的马尔可夫链的转移概率矩阵是正定的。

证明：在算法搜索过程中，种群通过一个粒子自身的变异操作和两个交叉操作(粒子与历史最优方案及全局最优方案的交叉操作)从状态 $i_i\in S$ 转移到状态 $i_j\in S$。这 3 个操作的转移概率分别为 m_{ij}、g_{ij}、d_{ij}，它们相应的转移矩阵分别为 $\boldsymbol{M}=\{m_{ij}\}$、$\boldsymbol{G}=\{g_{ij}\}$、$\boldsymbol{D}=\{d_{ij}\}$。令 $\boldsymbol{P}=\boldsymbol{MGD}$，则

$$m_{ij}>0,\sum_{i_j\in E}m_{ij}=1;g_{ij}\geqslant 0,\sum_{i_j\in E}g_{ij}=1;d_{ij}\geqslant 0,\sum_{i_j\in E}d_{ij}=1$$

因此,$\boldsymbol{M}$、$\boldsymbol{G}$、$\boldsymbol{D}$ 都是随机的,且 $\boldsymbol{M}$ 是正定的,然后可证明 $\boldsymbol{P}$ 是正定的。令 $\boldsymbol{B}=\boldsymbol{GD}$,对于 $\forall i_i\in S,i_j\in S$,存在

$$b_{ij}=\sum_{\lambda_k\in E}g_{ik}d_{kj}\geqslant 0$$

$$\sum_{\lambda_j\in E}b_{ij}=\sum_{\lambda_j\in E}\sum_{\lambda_k\in E}g_{ik}d_{kj}=\sum_{\lambda_k\in E}g_{ik}\sum_{\lambda_j\in E}d_{kj}=\sum_{\lambda_k\in E}g_{ik}=1$$

因此,$\boldsymbol{B}$ 是随机矩阵,同样可知道 $d_{ij}=\sum_{\lambda_k\in E}b_{ik}m_{kj}>0$。

定理 4.3　马尔可夫链的极限理论　假定 $\boldsymbol{P}$ 是齐次马尔可夫链对应的正定随机转移矩阵,则:

(1) 存在唯一的概率向量 $\bar{\boldsymbol{P}}^{\mathrm{T}}>0$,其满足 $\bar{\boldsymbol{P}}^{\mathrm{T}}\boldsymbol{P}=\bar{\boldsymbol{P}}^{\mathrm{T}}$。

(2) 对于任意的一个初始状态 i($\boldsymbol{e}_i^{\mathrm{T}}$ 作为其相应的初始概率),可得 $\lim\limits_{k\to\infty}\boldsymbol{e}_i^{\mathrm{T}}\boldsymbol{P}^k=\bar{\boldsymbol{P}}^{\mathrm{T}}$。

(3) 概率矩阵的极限为 $\lim\limits_{k\to\infty}\boldsymbol{P}^k=\bar{\boldsymbol{P}}$,其中 $\bar{\boldsymbol{P}}$ 是一个 $n\times n$ 的随机矩阵且其所有行等同于 $\bar{\boldsymbol{P}}^{\mathrm{T}}$。

该极限理论解释了马尔可夫链的长期行为不依赖于其初始状态,并且该理论是算法收敛的基础。

引理 4.2　如果变异概率 $m>0$,则 TXST_BR_MOPSO 算法是一个遍历且不可约的马尔可夫链,其中算法只有一个有限分布且与初始分布无关。另外,在任意随机时刻和任意随机状态中,变异概率是大于 0 的。

证明:在时刻 t,状态 j,种群的概率分布 $X(t)$是

$$P_j(t)=\sum_{j\in S}P_i(1)P_{ij}^{(t)},\quad t=1,2,\cdots \tag{4.15}$$

根据定理 4.2,可得如下公式:

$$P_j(\infty)=\lim_{t\to\infty}\Big(\sum_{i\in S}P_i(1)P_{ij}^{(t)}\Big)=\sum_{i\in S}P_i(1)P_{ij}^{(\infty)}>0,\quad \forall j\in S \tag{4.16}$$

定义 4.10　假设一个随机变量 $Z_t=\max\{f(x_k^{(t)}(i))\}$表示种群在状态 i 步骤 t 的粒子历史最优方案,则算法收敛于全局最优方案,当且仅当

$$\lim_{t\to\infty}P\{Z_t=Z^*\}=1 \tag{4.17}$$

其中,$\lim\limits_{t\to\infty}P\{Z_t=Z^*\}=1$ 表示全局最优方案。

定理 4.4　对于任意 i 和 j,一个可遍历的马尔可夫链从状态 i 至状态 j,其时间转移矩阵是有限的。

定理 4.5　TXST_BR_MOPSO 算法可收敛于全局最优方案。

证明:假设对于 $i\in S,i_i\in S$,且 $i_{i+1}\in S$ 是 TXST_BR_MOPSO 算法在状态

i 步骤 t 的概率矩阵，显然 $P_{i,i+1}$，因此可知 $P_{i,j}=\sum_{i=1}^{j}P_{i,i+1}>0$。

根据引理 4.2，在 TXST_BR_MOPSO 算法中状态 i 的操作算子的概率是 $P_i(\infty)>0$，则

$$\lim_{t\to\infty}P\{Z_t=Z^*\}\leqslant 1-P_i(\infty)<1 \tag{4.18}$$

给定一个新种群，例如 $X_t^+=\{Z_t,X_t\}$，$t\geqslant 1$，其中，$x_{ti}\in S$ 表示搜索空间（是有限集合或可数集合），跟定义 4.10 一样的 Z_t 表示当前种群的个体最优值，X_t 表示在搜索过程中的种群，可证明群体转移过程 $\{X_t^+,t\geqslant 1\}$ 仍是一个齐次的且可遍历的马尔可夫链，从而得到

$$P_j^+(t)=\sum_{i\in S}P_i^+(1)P_{ij}^+(t) \tag{4.19}$$

$$P_{ij}^+>0\quad(\forall i\in S,\forall j\in S_0)$$

$$P_{ij}^+=0\quad(\forall i\in S,\forall j\notin S_0)$$

即

$$(P_{ij}^+)^t\to 0\quad(t\to\infty)$$

$$P_{ij}^+(\infty)\to 0\quad(j\notin S_0)$$

$$\lim_{t\to\infty}P\{Z_t=Z^*\}=1 \tag{4.20}$$

4.2.3 仿真实验与结果分析

本节所有算法均在 MATLAB R2009a 的 PC 上运行，环境为 Windows XP，CPU 2GHz，RAM 2GB。在文献[29]的实验中关于 Oliver30 TSP 问题已经测试了 567 种加速因子的不同组合。每组实验中算法分别重复运行 5 次并计算平均值作为相应的实验结果。由最终的实验结果表明，$c_1=0.82\sim0.5$ 和 $c_2=0.4\sim0.83$ 这一加速因子组合是最佳的参数组合。本节算法采用文献[30]提出的线性递减策略和文献[29]提出的最佳参数组合进行加速因子 c_1 和 c_2 的参数更新。此外，算法的其他参数设置如下：种群大小为 200，ω 的更新策略与两个加速因子的更新策略相似，从 0.95 随着迭代次数的增加，线性递减至 0.4。本节采用 OR-Library 中的测试数据集进行实验仿真以验证本节算法的性能。

1. 边变换策略的有效性验证

为了验证本节算法中边变换策略的有效性，将本节算法与未采取边变换策略的 XSMT 构造算法在线长指标上进行对比。如表 4.3 所示，第一列表示测试实例的编号情况，第二列和第三列分别表示未引入边变换策略（称为 XSMT）和引入边变换策略（称为 EXSMT）的两种算法所构造 X 结构 Steiner 最小树的线长，最后一列表示 EXSMT 在线长指标上相对 XSMT 的线长减少率。从表 4.3 可以看出，引

入边变换策略的算法增强了算法在线长指标上的优化能力，相对未引入边变换策略的 XSMT 构造算法取得 1.57%的平均线长减少率。

表 4.3　EXSMT 和 XSMT 的线长对比

实　例	XMST 线长	EXSMT 线长	减少率/%
			$\frac{\text{XSMT-EXSMT}}{\text{XSMT}}$
1	33.0711	33.0711	0.00
2	27.4853	26.5563	3.38
3	35.4853	35.3848	0.28
4	27.0711	26.8995	0.63
5	26.2426	26.2426	0.00
6	34.7279	34.7279	0.00
7	36.4853	35.3137	3.21
8	34.8995	34.3137	1.68
9	31.8284	31.2426	1.84
10	33.1421	32.8995	0.73
11	28.7279	28.3137	1.44
12	27.0711	26.8995	0.63
13	29.0711	27.6569	4.86
14	32.0711	30.7279	4.19
15	27.2426	27.0711	0.63
均值	30.9748	30.4881	1.57

2. 本节 MOPSO 算法的性能分析

为了研究本节 MOPSO 算法的性能，将本节的 MOPSO 算法所产生的最优方案集合与文献[31]提出的 NSGA Ⅱ 和文献[32]提出的 SPEA 2 这两种典型的多目标进化算法在基准函数 ZDT1、ZDT2 和 ZDT6 上进行对比。这 3 个基准函数是由 Zitzler 提出来的，代表一些典型的函数类型，在多目标优化问题中拥有不同的非劣前端。其中 ZDT1 是凸函数，ZDT2 是非凸函数，ZDT6 是非连续函数。本节实验采用 Zitzler 等提出的 3 种量化指标，包括一元附加 EPS 指标、HYP 指标和一元 $R2$ 指标，以验证 MOPSO 算法的有效性。

表 4.4 为 EPS、HYP 和 $R2$ 指标的 Kruskal Wallis 统计测试结果。从表中可知，对于基准测试函数 ZDT2，本节 MOPSO 算法在 3 个量化指标上优于其他两种多目标优化算法，从而说明本节 MOPSO 算法特别适用于求解非凸函数的 Pareto 前端。而对于基准测试函数 ZDT6，本节 MOPSO 算法在量化指标 R2 和 HYP 取得相对较优的结果，而在 EPS 指标上微弱于其他两种算法。如果多个量化指标的实验结果不一致，则很难判断哪个算法更为优秀。

表 4.4 EPS、HYP 和 R2 指标的 Kruskal Wallis 统计测试结果

		MOPSO	NSGA Ⅱ	SPEA 2
ZDT 1			$I_{\varepsilon+}^{1}$	
	MOPSO	—	1	1
	NSGA Ⅱ	4.165 19E−17	—	1
	SPEA 2	3.486 66E−34	4.165 19E−17	—
			I_{H}^{-}	
	MOPSO	—	1	1
	NSGA Ⅱ	2.536 16E−16	—	1
	SPEA 2	4.007 93E−32	4.888 93E−15	—
			I_{R2}^{1}	
	MOPSO	—	1	0.999 96
	NSGA Ⅱ	7.6029E−08	—	0.055 145 5
	SPEA 2	3.996 55E−05	0.944 854	—
ZDT 2			$I_{\varepsilon+}^{1}$	
	MOPSO	—	2.204 62E−06	2.164 72E−05
	NSGA Ⅱ	0.999 998	—	0.726 99
	SPEA 2	0.999 978	0.273 01	—
			I_{H}^{-}	
	MOPSO	—	0.000 234 484	0.001 128 84
	NSGA Ⅱ	0.999 766	—	0.689 058
	SPEA 2	0.998 871	0.310 942	—
			I_{R2}^{1}	
	MOPSO	—	1.185 42E−14	7.161 23E−14
	NSGA Ⅱ	1	—	0.658 011
	SPEA 2	1	0.341 989	—
ZDT 6			$I_{\varepsilon+}^{1}$	
	MOPSO	—	1	1
	NSGA Ⅱ	3.279 23E−07	—	1
	SPEA 2	1.285 26E−20	3.948 64E−11	—
			I_{H}^{-}	
	MOPSO	—	3.103 37E−14	1.211 61E−20
	NSGA Ⅱ	1	—	0.000 456 755
	SPEA 2	1	0.999 543	—
			I_{R2}^{1}	
	MOPSO	—	8.721 07E−20	4.226 86E−29
	NSGA Ⅱ	1	—	1.431 07E−07
	SPEA 2	1	1	—

因此，本节 MOPSO 算法可在 ZDT6 这一类非连续函数上取得不错的结果。针对基准测试函数 ZDT1，本节 MOPSO 算法尽管在 3 种量化指标均劣于 NSGA Ⅱ和

SPEA 2,但总体差异不大。在解方案的优劣排序分布中,本节 MOPSO 算法相对其他两种多目标优化算法并未有明显的差异,而且本节 MOPSO 算法能以较少的迭代次数收敛于 Pareto 前端,因此可说明本节 MOPSO 能够在 ZDT1 这一类具有凸 Pareto 前端的函数中取得满意的解方案。

对于 3 个基准函数 ZDT1、ZDT2 和 ZDT6,在多数情况下,本节 MOPSO 算法可在迭代次数为 100 以内以较少的计算成本收敛于 Pareto 前端。表 4.4 列出了每一组由 QR 行的算法和 QC 列的算法所构成的 P 值,且相应交替假设算法 QR 在各个指标上是优于算法 QC 的,其中显著性水平值为 0.05。为方便起见,$I_{\varepsilon+}^{1}$ 表示 EPS,I_{H}^{-} 表示 HYP,I_{R2}^{1} 表示 $R2$。

通过上述关于 3 种基准测试函数的综合实验结果分析,可知本节 MOPSO 算法拥有较强的全局搜索能力,且能以较少的计算代价收敛于 Pareto 前端,并取得较好分布的解方案。因此,本节 MOPSO 算法值得在多目标优化问题领域中进行相关的应用研究。

3. 与两类 SMT 构造算法的对比

为了验证本节算法在布线树的线长和半径两个目标的优化能力,将本节算法与文献[15]~[18]提出的两类 SMT 构造算法进行比较,这两类算法分别命名为 RA 和 OA。RA 是基于曼哈顿结构,而 OA 是基于 X 结构,它们都只考虑线长这单一个目标的优化。本节算法采用多目标 PSO 优化方式可获得多组解方案,这里选取拐弯数量最少的一组解方案作为最终方案在后续实验中进行对比。

表 4.5~表 4.8 给出了本节算法与两类 SMT 构造算法的实验结果比较。

表 4.5　与两种 SMT 算法(RA,OA)在线长的对比

实　例	线　长				
	RA($A1$)	OA($B1$)	本节算法($C1$)	减少率/% $\frac{A1-C1}{A1}$	减少率/% $\frac{B1-C1}{B1}$
S0	21.000	19.0711	18.7279	10.82	1.80
1	35.000	33.0711	33.8995	3.14	−2.50
2	31.000	26.7279	30.5563	1.43	−14.32
3	38.000	36.0711	35.9706	5.34	0.28
4	29.000	27.0711	28.3137	2.37	−4.59
5	28.000	26.2426	26.8995	3.93	−2.50
6	40.000	34.8995	35.9706	10.07	−3.07
7	40.000	36.4853	35.3137	11.72	3.21
8	38.000	34.8995	36.5563	3.80	−4.75
9	33.000	31.2426	32.1421	2.60	−2.88
10	38.000	33.1421	34.2132	9.97	−3.23
11	32.000	29.3137	29.1421	8.93	0.59
12	29.000	26.8995	28.8995	0.35	−7.44

续表

实　例	线　长				
	RA($A1$)	OA($B1$)	本节算法($C1$)	减少率/% $\frac{A1-C1}{A1}$	减少率/% $\frac{B1-C1}{B1}$
13	32.000	29.0711	27.7279	13.35	4.62
14	35.000	31.6569	31.1421	11.02	1.63
15	29.000	27.0711	27.0711	6.65	0.00
均值	33.000	30.1835	30.7841	6.59	−2.07

表 4.6　与两种 SMT 算法(RA,OA)在半径的对比

实　例	半　径				
	RA($A2$)	OA($B2$)	本节算法($C2$)	减少率/% $\frac{A2-C2}{A2}$	减少率/% $\frac{B2-C2}{B2}$
S0	11.0000	9.4142	6.6569	39.48	29.29
1	19.0000	17.8284	16.6569	12.33	6.57
2	27.0000	22.8995	14.2426	47.25	37.80
3	22.0000	25.0711	17.8995	18.64	28.61
4	15.0000	15.0000	13.2426	11.72	11.72
5	17.0000	16.4142	15.2426	10.34	7.14
6	24.0000	21.6569	19.3137	19.53	10.82
7	27.0000	24.0711	19.0711	29.37	20.77
8	30.0000	28.4853	21.6569	27.81	23.97
9	22.0000	19.4142	17.3137	21.30	10.82
10	30.0000	25.3137	15.4853	48.38	38.83
11	19.0000	19.4853	15.2426	19.78	21.77
12	18.0000	17.6569	16.8284	6.51	4.69
13	24.0000	22.2426	19.8995	17.09	10.53
14	25.0000	23.2426	18.6569	25.37	19.73
15	19.0000	17.8284	13.2426	30.30	25.72
均值	21.8125	20.3765	16.2907	24.07	19.30

表 4.7　与两种 SMT 算法(RA;OA)在最大源汇点时延的对比

实　例	max s-t delay(10^4 ps)				
	RA($A3$)	OA($B3$)	本节算法($C3$)	减少率/% $\frac{A3-C3}{A3}$	减少率/% $\frac{B3-C3}{B3}$
S0	3.2104	1.6763	1.5660	51.22	6.58
1	8.4546	7.1853	7.1764	15.12	0.12
2	14.4690	10.7030	5.8080	59.86	45.73

续表

实　　例	max s-t delay(10^4 ps)				
	RA($A3$)	OA($B3$)	本节算法($C3$)	减少率/% $\frac{A3-C3}{A3}$	减少率/% $\frac{B3-C3}{B3}$
3	14.3870	16.4570	8.6930	39.58	47.18
4	5.3217	5.3149	4.5980	13.60	13.49
5	8.4367	7.9756	6.9760	17.31	12.53
6	12.0040	11.0600	9.9370	17.22	10.15
7	26.2360	21.0310	14.0750	46.35	33.07
8	24.8310	22.9950	14.2810	42.49	37.90
9	12.3400	11.7040	8.4860	31.23	27.49
10	18.5070	14.6500	6.6450	64.09	54.64
11	8.6578	9.3386	6.7213	22.37	28.03
12	8.8019	7.9013	7.7136	12.36	2.38
13	15.8670	14.1490	11.6170	26.79	17.90
14	14.0990	12.6580	10.2200	27.51	19.26
15	10.8980	9.7978	6.4903	40.45	33.76
均值	12.9076	11.5373	8.1877	32.97	24.39

表 4.8　与两种 SMT 算法(RA,OA)在总的源汇点时延的对比

实　　例	sum s-t delay(10^5 ps)				
	RA($A4$)	OA($B4$)	本节算法($C4$)	减少率/% $\frac{A4-C4}{A4}$	减少率/% $\frac{B4-C4}{B4}$
S0	2.3524	1.1357	0.8036	65.84	29.24
1	5.4829	4.5786	5.1646	5.81	−12.80
2	14.2160	9.2560	5.0689	64.34	45.24
3	13.3370	13.8880	7.2170	45.89	48.03
4	3.7561	3.3623	2.9936	20.30	10.97
5	6.4900	6.2180	5.5906	13.86	10.09
6	9.3503	8.9313	7.4255	20.59	16.86
7	22.8060	18.4760	10.4730	54.08	43.32
8	15.7080	13.7140	10.0090	36.28	27.02
9	9.9499	9.7153	7.3543	26.09	24.30
10	13.0862	10.1170	4.6610	64.38	53.93
11	8.8057	7.7425	5.5512	36.96	28.30
12	7.9341	5.8701	5.8414	26.38	0.49
13	13.2660	9.6916	8.5143	35.82	12.15
14	14.6920	12.9530	9.8520	32.94	23.94
15	8.1944	7.5223	5.8524	28.58	22.20
均值	10.5892	8.9482	6.3983	36.13	23.95

其中，表4.5～表4.8中所列出的第一个实例S0是来自文献[16]的一个例子，而表4.5中的第5列和表4.6中的第5列说明本节算法构造的布线树相对RA算法在线长指标取得6.59%的平均减少率，同时在半径指标取得24.07%的平均减少率。表4.5中的第6列和表4.6中的第6列则说明了本节算法构造的布线树相对OA算法在半径指标上取得了19.30%的平均减少率，而只多付出了平均2.07%的线长代价。

从表4.7和表4.8可以看出，本节算法相对RA算法在最大源汇点时延(max s-t delay)指标上取得了32.97%的平均减少率，在总的源汇点时延(sum s-t delay)指标上取得了36.13%的平均减少率；同时相对OA算法在最大源汇点时延指标上取得了24.39%的平均减少率，在总的源汇点时延指标上取得了23.95%的平均减少率。以上实验结果表明，基于X结构布线相对于曼哈顿结构布线而言拥有更强的线长和时延优化能力，同时相对于同是X结构但只优化线长的OA算法，本节算法能够在以付出少量的线长代价换取时延指标的较大优化效果。

4. 与时延驱动X结构Steiner树构造算法的对比

表4.9、表4.10和表4.11给出了TXST_BR_MOPSO算法与文献[16]提出的时延驱动X结构Steiner树构造算法(Timing-Driven Octilinear Steiner tree construction Algorithm，TOA)在线长、半径、最大源汇点时延、总的源汇点时延、拐弯数5个指标上的实验对比情况。为了有效地与TOA算法进行对比，OR-Library中的所有测试数据都在乘以15的基础上取整。

表4.9 与同类TXST算法(TOA)在线长、半径的对比

实例	线长			半径		
	TOA($D1$)	本节算法($C1$)	减少率/% $\frac{D1-C1}{D1}$	TOA($D2$)	本节算法($C2$)	减少率/% $\frac{D2-C2}{D2}$
S0	19.1421	18.7279	2.16	8.0711	6.6569	17.52
1	33.4853	33.8995	−1.24	17.8284	16.6569	6.57
2	31.1421	30.5563	1.88	16.2426	14.2426	12.31
3	37.7279	35.9706	4.66	18.4853	17.8995	3.17
4	29.6569	28.3137	4.53	15.0000	13.2426	11.72
5	26.4853	26.8995	−1.56	15.8284	15.2426	3.70
6	36.9706	35.9706	2.70	19.8995	19.3137	2.94
7	36.4853	35.3137	3.21	19.0711	19.0711	0.00
8	37.9706	36.5563	3.72	21.6569	21.6569	0.00
9	34.7279	32.1421	7.45	17.6569	17.3137	1.94
10	34.6274	34.2132	1.20	17.4853	15.4853	11.44

续表

实例	线长			半径		
	TOA($D1$)	本节算法($C1$)	减少率/% $\frac{D1-C1}{D1}$	TOA($D2$)	本节算法($C2$)	减少率/% $\frac{D2-C2}{D2}$
11	29.5563	29.1421	1.40	15.0711	15.2426	−1.14
12	27.0711	28.8995	−6.75	18.2426	16.8284	7.75
13	29.3137	27.7279	5.41	21.0711	19.8995	5.56
14	31.8995	31.1421	2.37	18.6569	18.6569	0.00
15	27.6569	27.0711	2.12	13.2426	13.2426	0.00
均值	31.4949	30.7841	2.08	17.0944	16.2907	5.22

表4.10 与TXST算法(TOA)在最大源汇点时延与总的源汇点时延的对比

实例	max s-t delay(10^4 ps)			sum s-t delay(10^5 ps)		
	TOA($D3$)	本节算法($C3$)	减少率/% $\frac{D3-C3}{D3}$	TOA($D4$)	本节算法($C4$)	减少率/% $\frac{D4-C4}{D4}$
S0	1.8003	1.5660	13.01	1.3516	0.8036	40.54
1	7.5840	7.1764	5.37	5.2654	5.1646	1.91
2	8.7020	5.8080	33.26	6.6822	5.0689	24.14
3	8.3574	8.6930	−4.02	8.2290	7.2170	12.30
4	5.1806	4.5980	11.25	3.1631	2.9936	5.36
5	7.2874	6.9760	4.27	5.5906	5.5906	0.00
6	8.3432	9.9370	−19.10	6.6707	7.4255	−11.32
7	14.5640	14.0750	3.36	13.6470	10.4730	23.26
8	14.2820	14.2810	0.01	10.8670	10.0090	7.90
9	10.1480	8.4860	16.38	9.4058	7.3543	21.81
10	7.7577	6.6450	14.34	5.4999	4.6610	15.25
11	6.2610	6.7213	−7.35	5.0439	5.5512	−10.06
12	8.1007	7.7136	4.78	6.4449	5.8414	9.36
13	13.3840	11.6170	13.20	9.4219	8.5143	9.63
14	9.2866	10.2200	−10.05	10.1720	9.8520	3.15
15	6.5065	6.4903	0.25	6.3513	5.8524	7.86
均值	8.5966	8.1877	4.93	7.1129	6.3983	10.07

表 4.11 与 TXST 算法(TOA)的拐弯数的对比

实 例	拐弯数		
	TOA($D5$)	本节算法($C5$)	减少率/% $\frac{D5-C5}{D5}$
S0	8.0000	5.0000	37.50
1	10.0000	7.0000	30.00
2	12.0000	10.0000	16.67
3	10.0000	9.0000	10.00
4	9.0000	8.0000	11.11
5	10.0000	8.0000	20.00
6	14.0000	10.0000	28.57
7	12.0000	10.0000	16.67
8	10.0000	8.0000	20.00
9	8.0000	8.0000	0.00
10	14.0000	11.0000	21.43
11	12.0000	10.0000	16.67
12	10.0000	8.0000	20.00
13	12.0000	9.0000	25.00
14	10.0000	7.0000	30.00
15	9.0000	8.0000	11.11
均值	10.6250	8.5000	19.67

从表 4.9 可看出,在线长和半径两个指标上,TXST_BR_MOPSO 算法相对于 TOA 分别取得了 2.08%和 5.22%的平均减少率。从表 4.10 可看出,在最大源汇点时延、总的源汇点时延两个指标上,TXST_BR_MOPSO 算法相对于 TOA 算法分别取得了 4.93%和 10.07%的平均优化率。从表 4.11 可以看出,在指标拐弯数上,TXST_BR_MOPSO 算法相对于 TOA 可以取得 19.67%的平均优化率。由于 TXST_BR_MOPSO 算法从更为全局的角度进行搜索,以同时优化线长和半径两个对时延有重大影响的指标,所以 TXST_BR_MOPSO 算法可获得比基于贪心策略且容易陷入局部最优解的 TOA 算法更优秀的时延值。另外,TXST_BR_MOPSO 算法在拐弯数指标取得较大减少的情况,说明本节编码策略与边变换策略能够很好地结合从而有效地减少拐弯数。

表 4.12 的前 4 列给出 5 种集成电路工艺的具体参数值,后 5 列表示在 5 种不同 IC 工艺下 TXST_BR_MOPSO 算法与 TOA 算法在线长、半径、最大源汇点时延、总源汇点时延及拐弯数这 5 个指标上的平均减少率。因为一个数据集合的标准差可反映该数据集合的波动性,从图 4.10 可以发现,每个指标在 5 种 IC 工艺下所取得的平均减少率的标准差均非常小且小于 0.014,所以从中可表明本节算法在不同的 IC 工艺下是稳定且有效的。

表 4.12 与 TXST 算法(TOA)在不同 IC 工艺下的对比

r_d	r_0	c_0	c_k	IC 工艺	线长优化率	半径优化率	max s-t delay 优化率	sum s-t delay 优化率	拐弯数优化率
180.0	0.0075	0.118	23.4	tost	2.08%	5.22%	4.93%	10.07%	19.67%
164.0	0.0330	0.234	5.7	IC1	1.95%	5.23%	5.09%	12.45%	19.67%
212.1	0.0730	0.083	7.1	IC2	2.16%	5.10%	6.31%	13.24%	19.67%
270.0	0.1120	0.039	1.0	IC3	2.16%	5.10%	3.70%	11.87%	19.67%
25.0	0.0080	0.060	1000.0	MCM	2.42%	5.22%	7.24%	13.20%	19.67%
				标准差	0.0017	0.0007	0.0136	0.0130	0.0000

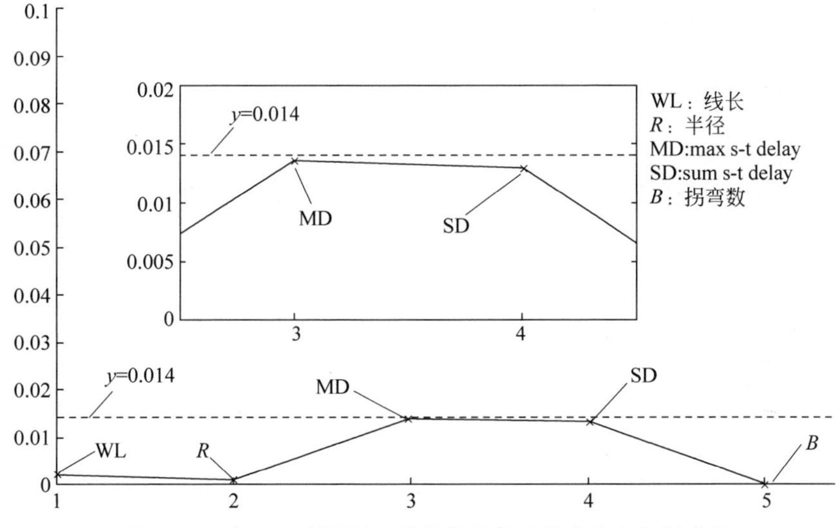

图 4.10 表 4.12 所示的 5 种性能指标改进率集合的标准差

图 4.11 给出了本节算法在编号为 1 和 2 的两个测试实例上的收敛曲线图。从图 4.11 可以看出,本节算法在两个测试实例上均能在较少的迭代次数内(总迭代次数为 200)收敛到一个较好的解方案。由于其他测试实例的收敛曲线图也与这两个测试实例的收敛曲线图类似,故此处不再赘述。

4.2.4 小结

本节基于 MOPSO 和 Elmore 时延模型提出了一种构建时延驱动 X 结构 Steiner 树的有效算法,从而有助于 X 结构性能驱动总体布线的研究。本节算法设计了边变换操作和并查集策略,以使算法的进化过程更为有效。另外,由于拐弯数是影响芯片可制造性的一个关键指标,本节算法第一次在非曼哈顿结构性能布线工作中考虑到拐弯数的减少。相关实验结果表明,TXST_BR_MOPSO 算法相对其他算法取得了可观的性能优化效果,并且在不同 IC 工艺下算法是稳定且有效的。

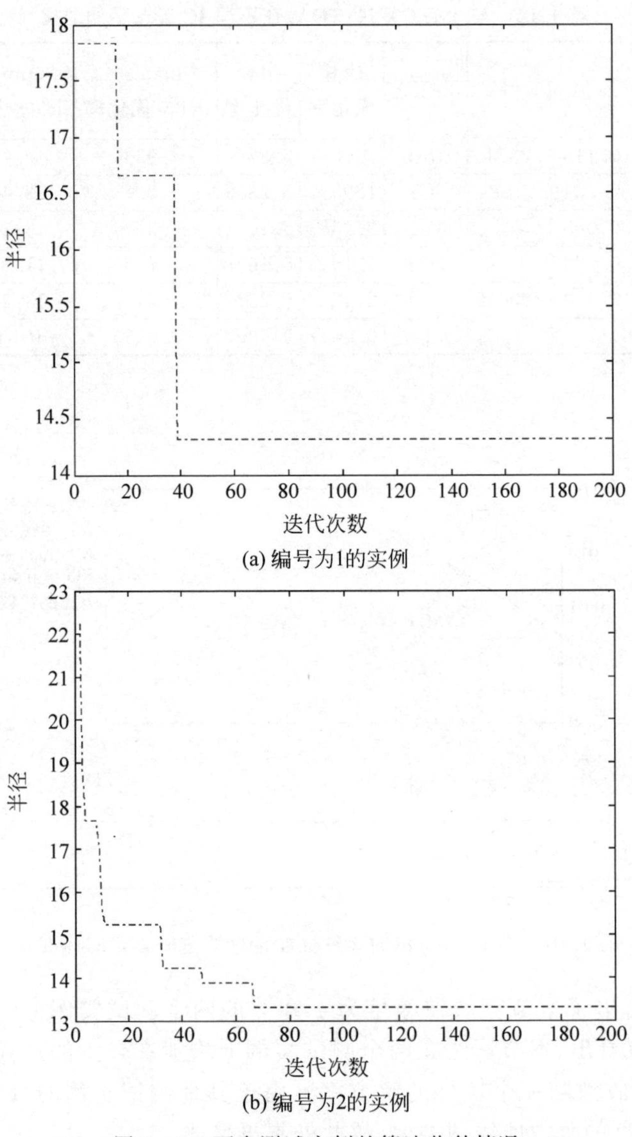

(a) 编号为1的实例

(b) 编号为2的实例

图 4.11 两个测试实例的算法收敛情况

4.3 最大汇延迟驱动的 XSMT 算法

随着芯片特征尺寸不断缩小,半导体工艺不断发展,线网引起的延迟影响加剧,从而影响电路的性能。因此,时延驱动 Steiner 最小树的构建便成为 VLSI 布线设计中的一个重点研究问题。一方面,最小化 Steiner 树的线长在节约布线资源、影响驱动线网的门的负载相关延迟方面发挥重要作用;另一方面,互连线之间产生的信号延迟也是时延驱动布线问题应该考虑的问题。通常,时延驱动布线主要是最小化最大汇延迟或总线长，而源汇长度又直接反映了源汇信号延迟。因此，用布线树同时求得最大汇路径长度和总线长是比较理想的做法，同时也是比较困难的。

为了能够更好地平衡最大汇延迟和总线长两个优化目标，本节基于 PSO 优化方法这一群智能技术来解决最大汇延迟驱动的 Steiner 最小树问题。同样，考虑到标准粒子群优化算法（Standard Particle Swarm Optimization，SPSO）单一的学习对象会使得算法开发强度过大而陷入局部极值的问题，本节提出了一种基于最近最优 SLDPSO 的最大汇延迟驱动 X 结构 Steiner 最小树算法，该算法主要包括以下内容。

（1）提出 X 结构 PD 模型以构建能同时考虑线长和最大源汇路径长度的 Steiner 最小树。只考虑线长的 Steiner 最小树工作大多通过 MST 来生成初步的模型，并未考虑到最大源汇路径长度这一影响时延的重要因素。而在本节设计的 X-PD 模型之上能更好地解决 TD-XSMT 问题。

（2）采用基于 Pareto 支配的多目标优化方法来搜索最优解，并提出了基于最近最优社会学习策略的粒子群优化算法，以解决粒子在社会学习过程中陷入学习单一对象的问题，进一步增强算法的探索能力，使得算法有机会寻找到更优的解。

（3）结合 TD-XSMT 问题的特点，设计了相应的离散更新操作，通过融入变异和交叉算子来完成粒子的速度和位置更新。

4.3.1　问题描述

最大汇延迟驱动的 X 结构 Steiner 最小树问题以最大汇延迟时间为优化目标，通过引入 Steiner 点连接给定的引脚集合，最终构建一棵具有最小代价的 Steiner 树。其中，布线方式为 X 结构。本节以布线树的最大汇时延和总时延为最终优化目标，通过优化 Steiner 树的总线长和最大源汇路径长度以构建代价最小的 Steiner 树。

考虑最大汇延迟的 X 结构 Steiner 最小树问题可以描述如下：给定一个线网 N，其中 s_0 为源点，集合 $S(N)=\{s_1,s_2,\cdots,s_{n-1}\}$ 为所有汇点，$d(s_i)$ 为 s_0 到汇点 S_i 的时延，$d(N)$ 为整个线网的时延。通过构建一棵能较好平衡总线长和最大源汇路径长度的 X 结构 Steiner 最小树，以最终优化布线树的最大 $d(s_i)$ 和 $d(N)$。表 4.13 和图 4.12 分别给出了一个线网的引脚坐标信息和分布情况。其中 s_6 为源点，其余引脚为汇点。

表 4.13　一个线网（包含 10 个引脚）的引脚坐标信息

P_i	1	2	3	4	5	6	7	8	9	10
x_i	35	19	24	24	38	10	15	4	20	7
y_i	27	8	33	5	12	22	29	59	42	47

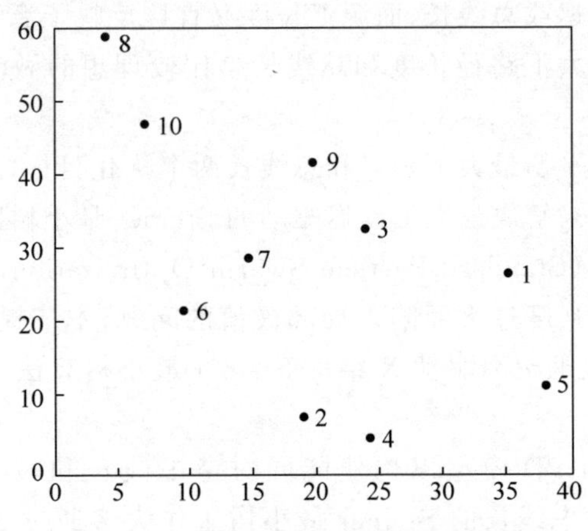

图 4.12 对应表 4.13 的引脚分布情况

1. Elmore 模型

由于 Elmore 模型具有时间复杂度较低、计算准确度高的特点，本节使用该模型对布线树的时延进行评估。对于线网 N 来说，其布线树 T 的一条边代表线网中的一条线段，被视为一个单独的 RC 单元。树中任意一条边 e_i 的时延计算公式如下：

$$d(e_i)=R(e_i)(C(e_i)/2+C_{\text{down}}(e_i)) \tag{4.21}$$

其中，$d(e_i)$、$R(e_i)$、$C(e_i)$和 $C_{\text{down}}(e_i)$分别表示边 e_i 的时延、电阻、电容和它的下游电容。这条边的下游电容等于以汇点 s_i 为根的子树中所有汇点电容和边的电容之和。

在一个汇点 s_i 处的时延 $d(s_i)$等于该汇点到源点之间路径经过的每条边线段的时延之和，其计算公式如下：

$$d(s_i)=\sum_{e_i\in \text{path}(s_0,s_i)} d(e_i) \tag{4.22}$$

一个线网的总时延 $d(N)$是所有汇点时延的权重和，其中每个汇点都有一个用户自定义的权重，其计算公式如下：

$$d(N)=\sum_{s_i\in S(N)} \alpha(s_i)d(s_i) \tag{4.23}$$

其中，$\alpha(s_i)$是汇点 s_i 的权重。为了使每个汇点的时延同样重要，本节中每个汇点权重设置为 $1/|S(N)|$。其中，$|S(N)|$为线网 N 的汇点数量。

2. PD 模型

对于信号线网来说，小的线长代价意味着低功耗，短的源汇路径长度意味着低时延。因此，VLSI 布线的关键在于同时优化线长代价和源汇路径长度。普灵姆迪杰斯特拉(Prim-Dijkstra，PD)模型是实现这种折中效果最佳的生成树算法之一，并且具有简单、快速的特点，能够较好地实现线长和最大源汇路径长度之间的平衡。

PD 模型描述如下。

一个线网 N 的顶点集合为 $V=\{S_0,S_1,\cdots,S_{n-1}\}$,其中 S_0 为源点,其余点为汇点。一棵布线树 $T=(V,E')$是 G 的一个生成子图,且$|E'|=n-1$。开始时,树 T 仅由 S_0 组成,然后迭代地添加汇点 S_i 和边 e_{ij} 到 T 中,要求最小化代价函数。

$$\gamma \cdot \text{cost}(s_i)+\text{cost}(s_i,s_j) \quad \text{s.t.}\ s_i \in T, s_j \in V-T \tag{4.24}$$

其中,$\text{cost}(s_i)$为 s_0 到 s_i 的最短路径上的总代价,$\text{cost}(s_i,s_j)$为 s_i 和 s_j 之间边的代价。当 $\gamma=0$ 时,PD 算法等价于 Prim 算法,此时构建的 T 是一棵 MST;当 $\gamma=1$ 时,PD 算法等价于 Dijkstra 算法,此时构建的 T 是一棵最短路径树(Shortest Path Tree,SPT)。图 4.13 给出了 PD 模型在不同 γ 取值下构建的生成树结果(对应表 4.13 给出的引脚信息),其中边的代价为两点之间的曼哈顿距离。可以发现,当 γ 越接近 0 时,PD 倾向于构建一棵线长代价较小而半径较大的生成树;当 γ 越接近 1 时,PD 倾向于构建一棵半径较小而线长代价较大的生成树。

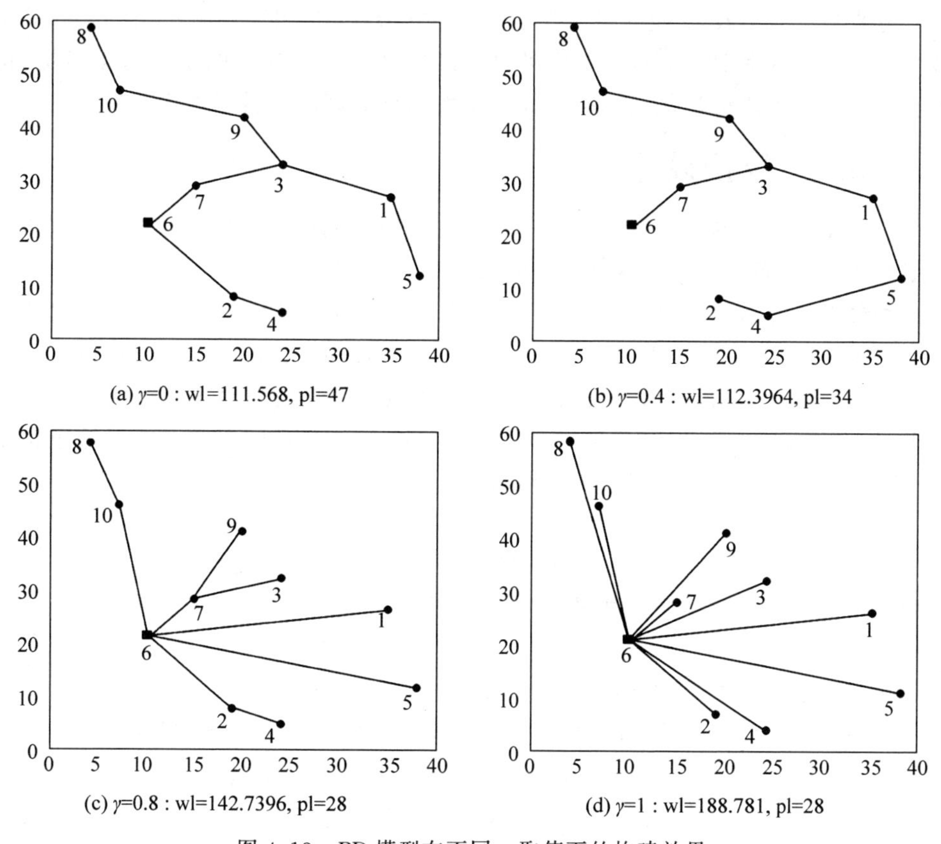

图 4.13 PD 模型在不同 γ 取值下的构建效果

3. Pareto 多目标优化方法

多目标优化问题通常包含两个或两个以上的目标,目标之间通常存在一定制约关系。本节的 TD-XSMT 构建问题就是一个典型的多目标问题，线长的优化往往会限制半径的优化，而半径的优化又可能会带来线长的劣化。常用的多目标优化方法包括加权法、极大极小值法、目标规划法和约束法等传统方法以及基于 Pareto 支配思想的方法。下面给出本节涉及的 Pareto 支配思想的相关定义。

定义 4.11 Pareto 支配 一个解方案 $u=\{u_1,u_2,\cdots,u_m\}$ 支配(或非劣于)解方案 $v=\{v_1,v_2,\cdots,v_m\}$，当且仅当对于 $\forall i\in\{1,2,\cdots,m\}$，$u_i\leqslant v_i$，且 $\exists i\in\{1,2,\cdots,m\}$，$u_i<v_i$，记为 $u>v$。

定义 4.12 Pareto 最优解 在可行解空间 S 中，称解 x^* 为 Pareto 最优解，当且仅当 $\neg\exists x\in S: x>x^*$。

定义 4.13 Pareto 最优解集和 Pareto 前端 满足定义 4.12 的所有 Pareto 最优解的集合称为 Pareto 最优解集。全部 Pareto 最优解对应的目标函数值所形成的区域称为 Pareto 前端。

上述基于 Pareto 支配的思想常常用于进化算法中，用来判断不同解之间的优劣。尤其在多目标 PSO 中，该思想可以帮助更好地选择粒子的个体历史最优(记为 pbest)和全局历史最优(记为 gbest)，从而达到更好的多目标优化效果。

4.3.2 算法设计

性质 4.1 NBSLDPSO-TD-XSMT 算法具有平衡线长代价和最大源汇路径长度的特点，从而构建出一棵高质量的布线树。

本节提出的 NBSLDPSO-TD-XSMT 算法是基于 X-PD 模型构建的。算法充分利用 X 结构灵活的布线走向以及 PD 模型对线长和最大源汇路径长度的折中特性来产生高质量的初始布线树；采用最近最优的社会学习策略来扩大粒子的学习范围，从而增强迭代过程中的种群多样性；在粒子的更新过程中引入了边重构策略，使得粒子能产生更多拓扑，扩大搜索空间。

1. X-PD 模型

PD 模型能够较好地平衡生成树的线长和最大源汇路径长度，同时考虑到 X 结构比传统的曼哈顿结构更加灵活，本节提出了基于 X 结构的 PD 模型，并基于该模型产生初始布线树。

在 X-PD 模型中，源汇点的距离计算公式见式(4.2)。

考虑到不同的 γ 取值对生成树拓扑的影响，本节在基准测试电路 ISPD 上测试了 $\gamma=\{0,0.25,0.5,0.75,1\}$ 时的两个指标 α 和 β，具体计算公式如下：

$$\alpha=\mathrm{wl}_{T_{\mathrm{init}}}/\mathrm{wl}_{T_{\mathrm{M}}},\beta=\mathrm{pl}_{T_{\mathrm{init}}}/\mathrm{pl}_{T_{\mathrm{S}}} \tag{4.25}$$

其中，T_{init}、T_{M} 和 T_{S} 分别表示由 PD 算法得到的初始生成树——MST 和 SPT。该项指标能够反映生成树在线长代价(wirelength，wl)和最大源汇路径长度代价(pathlength，pl)上的表现(代价的具体计算公式见本节第 4 部分)。当 $\alpha=1$ 时，说明 T_{init} 具有最小的线长代价；当 $\beta=1$ 时，说明 T_{init} 具有最短的最大源汇路径长度。从表4.14可以发现，当γ越接近1时，线长劣化得越快。当$\gamma=1$时，$\alpha=1.495$，说明此时的布线树相对最小生成树的wl增加了49.5%，但是换来的pl优化却不足5%。而当γ取值为0、0.25、0.5、0.75时，牺牲的线长都控制在5%以内。因此，在本节的实验中，针对初始种群中的每个粒子，产生随机值$\gamma_i=[0,0.75]$，并通过PD算法构建初始布线树，以获得多样的候选拓扑，增大种群的搜索空间。

表4.14 在基准测试电路ISPD上X结构PD模型的构建效果

γ	0	0.25	0.5	0.75	1
α	1.000	1.002	1.011	1.043	1.495
β	1.037	1.045	1.030	1.017	1.000

2. 最近最优社会学习策略

多目标PSO需要维护一个外部文档以保存目前为止的Pareto最优解集，那么，如何从外部文档里选取一个Pareto最优解作为粒子的社会学习对象是关键的一步。本节同样使用ε-支配策略来维护外部文档并控制外部文档大小。

粒子在完成自身惯性保持和个体历史最优经验的学习后，则进入社会经验学习。社会学习是实现种群个体之间信息交流的重要过程，是促进粒子向全局最优解方向移动的最主要途径。在SPSO中，每次迭代仅会产生一个gbest，因此在一次迭代中所有粒子的社会学习对象都是同一个粒子（即gbest）；并且当算法陷入局部极值时，gbest在多次迭代后可能仍然不会变化，导致所有粒子都向这个局部最优粒子移动，从而产生聚集现象，致使次优解的生成。而基于样例池的社会学习PSO，通过改变粒子的社会学习对象，使得同一次迭代中所有粒子的社会学习对象尽可能不同，并且在多次迭代中同一个粒子的学习对象也在不断变化，时刻维持种群的多样化，从而有机会跳出局部极值。基于这种学习机制，并结合多目标PSO算法的特性，本节设计了如下最近最优社会学习策略。

（1）首先，利用目标距离函数计算出粒子与每一个Pareto最优解的距离，具体公式如式(4.26)所示。

$$\mathrm{fd}_{ij}=|f_{\mathrm{wl}}(X_i)-f_{\mathrm{wl}}(X_j)|+|f_{\mathrm{pl}}(X_i)-f_{\mathrm{pl}}(X_j)|,\quad i\neq j \tag{4.26}$$

其中，fd_{ij}表示粒子X_i和X_j之间的距离，X_j是外部文档中任意一个最优解。

（2）选择fd_{ij}值最小的粒子作为当前粒子X_i的最近最优解，即粒子的社会学习对象，记为nbest。

（3）按照本节第5部分描述的粒子更新过程进行社会学习。

一般多目标PSO算法通过特定的方式，从外部文档中产生一个gbest，作为所有粒子的社会学习对象。筛选gbest的方式包括随机选择、基于密度距离或者适应度值函数等。这类学习模式的缺点是学习对象单一，算法容易早熟。而本节算法的最近最优社会学习策略能够有效克服传统社会学习模式的不足。如图4.14所示，在NBSLDPSO-TD-XSMT中，每个粒子的社会学习对象都是通过与自身目标距离的计算，从外部文档中产生的。这使得同一代中不同的粒子可能学习到不同的最优解对象；同一个粒子在不同迭代中学习的对象也尽可能不同，从而达到提高算法探索能力的目的。同时，因为粒子的 nbest 也都是从外部文档中选取的，所以保证了学习的质量，不会使算法过度探索而劣化开发能力。

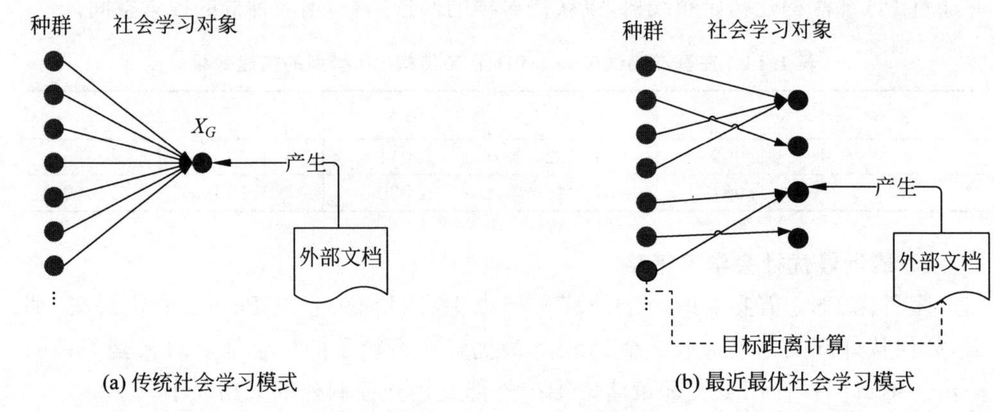

图 4.14 NBSLDPSO-TD-XSMT 算法的最近最优社会学习策略

3. 粒子编码

对于线长代价与半径代价的具体定义请见 4.2.2 节的第 1 部分。

最大汇延迟驱动 XSMT 的构建需要同时考虑到线长和最大源汇路径长度，因此粒子的编码除了 Steiner 树的所有边和每条边的 PSP 选择方式，还包括该布线树的线长代价和半径代价。对一个含 n 个引脚的线网，其布线树有 $n-1$ 条边，对应的粒子编码长度为 $3(n-1)+2$。其中，每一条边由(e_{start}，e_{end}，pspc)表示，代表边(e_{start}，e_{end})之间的 pseduo-Steiner 点选择方式为 pspc。编码的最后两位分别表示该粒子所表示布线树的线长代价和半径代价。例如，一棵 TD-XSMT($n=9$)的粒子编码具体表示如下：

6 7 *0* 7 3 *1* 3 9 *2* 3 1 *3* 9 1 *0* 10 8 *3* 6 2 *0* 2 4 *0* 1 5 *1* **120.0118 34**

其中，粗体数字“120.0118”和“34”分别是该布线树的线长代价和半径代价，编码的第一个子串(6,7,0)表示引脚 6 和引脚 7 通过选择 0 方式相连。

4. 目标函数

在多目标 PSO 中，个体适应度评估直接影响了粒子个体历史最优经验的学习(选择 pbest)和社会学习(选择 gbest)过程。本节算法根据定义 4.11 的 Pareto 支配原则来判定粒子之间的支配关系，考虑两个优化目标：线长和最大源汇路径长度，故 $m=2$，分别记为 f_{wl} 和 f_{pl}，表示布线树的线长代价函数和半径代价函数。

$$f_{\text{wl}} = \sum_{e_i \in T} l(e_i) \tag{4.27}$$

$$f_{\text{pl}} = \sum_{e \in \text{path}_m(s_0, s_i)} l(e_j) \tag{4.28}$$

5. 粒子更新公式

NBSLDPSO-TD-XSMT 算法中，粒子的更新过程仍然通过引入遗传和变异算子实现，遵循以下公式：

$$X_i^t = \mathrm{NF}_3(\mathrm{NF}_2(\mathrm{NF}_1(X_i^{t-1}, \omega), c_1), c_2) \tag{4.29}$$

其中，ω 为惯性权重，c_1 和 c_2 为加速因子，NF_1、NF_2 和 NF_3 分别代表粒子的惯性分量、个体认知分量和社会认知分量。文献[42]提出的算法使用边变换的策略，增强了线长的优化能力。本节工作使用如下包含 pseduo-Steiner 点变换和边变换的策略。

惯性分量

部分 NF_1 通过引入变异算子和边变换策略，以完成粒子的速度更新，表示如下：

$$W_i^t = \mathrm{NF}_1(X_i^{t-1}, \omega) = \begin{cases} M_{\mathrm{e}}(M_{\mathrm{p}}(X_i^{t-1})), & \text{如果 } r_1 < \omega \\ X_i^{t-1}, & \text{否则} \end{cases} \tag{4.30}$$

其中，$M_{\mathrm{p}}()$是针对 pseudo-Steiner 点变换的变异操作，$M_{\mathrm{e}}()$是针对边变换的变异操作。

如果产生的随机数 $r_1<\omega$，则粒子将发生变异操作，否则，维持粒子当前状态。变异操作的具体步骤如下：

（1）粒子首先进行 PSP 变换的变异操作；

（2）接着进行如图 4.15 所示的针对边变换的变异操作（图中每条边实际上为 X 结构走向）：算法随机选择一条待变异的边 e，移除该条边后，分别从两棵子树中各选一个引脚进行相连，得到变异后的 e'。

在步骤(2)中，算法使用并查集维护两棵子树的引脚集合。NBSLDPSO-TD-XSMT 算法中变异算子的伪代码如算法 4.3 所示。

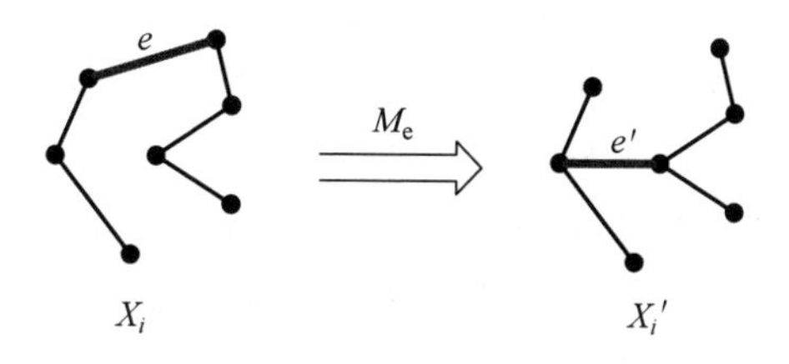

图 4.15　针对边变换的变异操作

算法 4.3　Mutation_PSP_ER

输入：待变异的粒子 p

输出：变异后的粒子 p

Begin

　　// 1. 针对 PSP 变换的两点变异操作

```
Select two edges e1,e2 from edge set E of particle p;  //随机选择两条待变异的边
ResetChoice(e1,random_new_choice);
ResetChoice(e2,random_new_choice);  //改变边的 PSP 选择为随机产生的连接方式
// 2. 针对边变换的变异操作
Initialize(); //初始化单元素集合
  Select an edge e3 form p→E;
  for each edge ei of p do
    if ei ≠ e3 then
      UnionPartition(ei.u,ei.v);//合并 ei 的两个端点
    end if
  end for
  p→RemoveEdge(e3);
  while true do
    v1 =Random(1,n-1);
    v2 =Random(1,n-1);
    if FindSet(v1) ≠ FindSet(v2) then //如果 v1 和 v2 不在同一集合,则作为新边的两个
                                      //端点
      UnionPartition(v1,v2);
      p→AddEdge(v1,v2);
      break;
    end if
  end while
End
```

本节算法实现基于边变换的交叉操作的方式与4.2.2节的第4部分类似,主要区别在于社会认识分量学习对象的选择,此处不再赘述。

6. NBSLDPSO-TD-XSMT 算法的总体流程

NBSLDPSO-TD-XSMT 算法的总体流程图如图4.16所示,具体步骤如下:

步骤1,初始化 PSO 参数,并基于 X-PD 模型构建初始布线树作为初始种群。

步骤2,根据式(4.26)和式(4.27)计算粒子的目标函数值,初始化粒子的 pbest 为其自身,并将非劣解存入外部文档。

步骤3,根据目标距离式(4.25),确定各个粒子的最近最优解 nbest。

步骤4,根据式(4.28)和式(4.29),进行粒子的速度和位置更新。

步骤5,重新计算粒子的目标函数值。

步骤6,根据 Pareto 支配原则更新粒子的 pbest 和外部文档,根据目标距离公式更新粒子的 nbest。

步骤7,如果满足终止条件(达到设定的最大迭代次数),使用基于邻近密度度

量的拥挤度距离方式从外部文档中筛选出最优解,结束算法;否则,返回步骤 4。

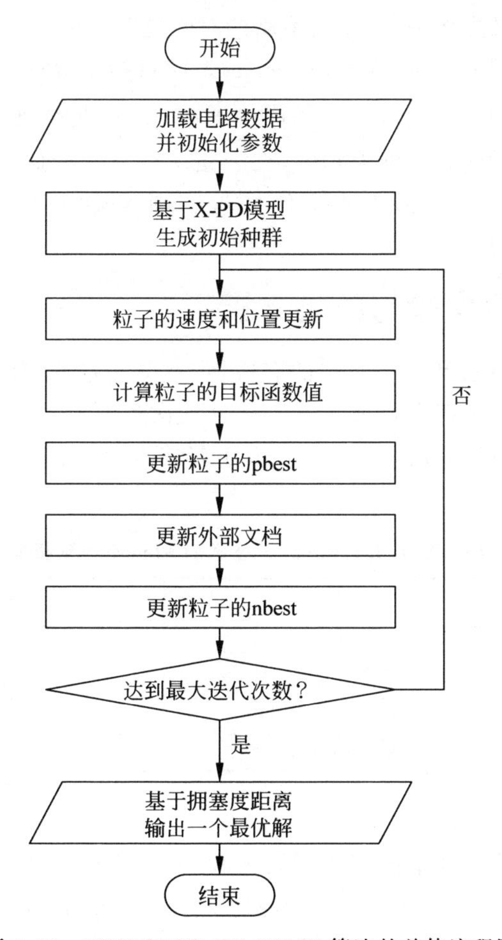

图 4.16 NBSLDPSO-TD-XSMT 算法的总体流程图

上述步骤 6 中关于外部文档的具体更新过程如下:设定外部文档的最大容量为 K,X 为更新后的粒子,A 和 A'分别为更新前和更新后的外部文档。

(1) 如果 $A=\varnothing$,则返回 $A'=\{X\}$;

(2) 如果 $X>X^P$,则更新粒子的个体历史最优解为当前粒子 $X^P=X$;

(3) 对于任意 $a_i\in A$,如果 $a_i>X$,则返回 $A'=A$;

(4) 对于任意 $a_i\in A$,如果 $X>a_i$,则 $A=A/\{a_i\}$;

(5) 如果$|A|<K$,则返回 $A'=A\cup\{X\}$。

7. NBSLDPSO-TD-XSMT 算法的复杂度分析

引理 4.3 假设种群大小为 M,迭代次数为 T,引脚个数为 n,则 NBSLDPSO-TD-XSMT 算法的时间复杂度为 $O(MTn^2)$。

证明:NBSLDPSO-TD-XSMT 算法的内部实现包括粒子的更新操作和目标函数值的计算(步骤 4~步骤 6)。其中,更新操作通过变异算子和交叉算子实现:

针对 pseudo-Steiner 点变换的变异操作的时间复杂度为常数时间 $O(1)$，针对边变换的变异操作和交叉操作中，并查集策略的时间复杂度略多于线性时间，因此排序决定了这部分的时间复杂度，为 $O(n\log_2 n)$。而目标函数 f_{wl} 的时间复杂度也主要在于排序算法，为 $O(n\log_2 n)$，半径代价函数 f_{pl} 的复杂度为 $O(n^2)$。因此，一个粒子迭代一次的时间复杂度为 $O(1+2n\log_2 n+n^2)$，近似为 $O(n^2)$。考虑外部循环条件中有 M 个粒子和需要进行 T 次迭代，则 NBSLDPSO-TD-XSMT 算法的时间复杂度为 $O(MTn^2)$。

4.3.3 仿真实验与结果分析

为了验证本节算法和相关策略的有效性，本节在基准测试电路 ISPD 和 GEO 展开实验。本节设置种群大小为 100，粒子迭代次数为 1000，其余参数与文献[41]设置的参数一致。本节使用基于 0.18μm 工艺技术的 Elmore 时延模型，具体参数如表 4.15 所示。

表 4.15 基于 0.18μm 工艺技术的 Elmore 时延模型参数

符 号	描 述	参 数 值
r_0	单位长度导线电阻	0.0075(Ω/μm)
c_0	单位长度导线电容	0.118(fF/μm)
C_L	汇点的负载电容	23.4(fF)
R_D	源点的驱动电阻	180(Ω)

1. 与现有的 SMT 算法比较

为了验证本节算法在平衡布线树线长和半径方面的性能，本节在基准测试电路 ISPD 上，先后将其与各类 RSMT 算法[文献[18]提出的离散粒子群优化算法(Discrete Particle Swarm Optimization，DPSO)(R)，文献[41]提出的基于混合变换策略的粒子群优化算法(Particle Swarm Optimization based on Hybrid Transformation Strategy，HTS-PSO)(R)]和 XSMT 算法[文献[15]提出的 DPSO(X)，文献[41]提出的 HTS-PSO(X)]进行对比。这几类算法均只考虑了线长代价这一优化目标。表 4.16 和表 4.17 分别给出了 NBSLDPSO-TD-XSMT 算法和两类 RSMT 算法在线长与半径的对比结果。

表 4.16 NBSLDPSO-TD-XSMT 算法与两类 RSMT 算法在线长的对比

电 路	线网数	WL/μm				
		DPSO(R)	HTS-PSO(R)	本节算法	优化率/%	
					$(D-O)/D$	$(H-O)/H$
1	24	110	110	102	7.61	7.61
2	37	273	272	252	7.65	7.14

续表

电　路	线网数	WL/μm				
		DPSO(R)	HTS-PSO(R)	本节算法	优化率/%	
					$(D-O)/D$	$(H-O)/H$
3	44	501	498	459	8.46	7.91
4	53	310	310	285	8.20	8.20
5	67	571	564	532	6.82	5.60
6	89	377	377	358	5.03	5.03
7	96	736	730	677	8.08	7.26
8	101	890	887	828	7.00	6.68
9	129	1201	1196	1128	6.05	5.65
均值					**7.21**	**6.79**

表 4.17　NBSLDPSO-TD-XSMT 算法与两类 RSMT 算法在半径的对比

电　路	线网数	PL/μm				
		DPSO(R)	HTS-PSO(R)	本节算法	优化率/%	
					$(D-O)/D$	$(H-O)/H$
1	24	96	99	85	11.39	14.60
2	37	231	230	168	27.28	27.03
3	44	404	404	275	31.91	31.84
4	53	293	294	205	30.21	30.52
5	67	398	455	282	29.33	38.10
6	89	356	349	290	18.65	17.09
7	96	534	560	363	32.05	35.10
8	101	799	813	590	26.09	27.37
9	129	990	1013	757	23.55	25.29
均值					**25.61**	**27.44**

两张表格第二栏为选取的线网数量(以 500 为分段间隔,进行等距抽样出部分线网)。从表 4.16 及表 4.17 的实验结果可以看出,本节算法相比 RSMT 算法,在线长(WL)和半径(PL)上都有明显的优化。其中,相比 DPSO(R)算法,本节算法能够平均优化 7.21%的线长和 25.61%的半径;相对 HTS-PSO(R)算法,能够平均优化 6.79%的线长和 27.44%的半径。

为了验证本节提出的 X-PD 模型和最近最优社会学习策略在算法中的有效性,本节将 NBSLDPSO-TD-XSMT 算法与 XSMT 算法进行了实验对比,如表 4.18 及表 4.19 所示。实验结果显示,相对 DPSO(X)和 HTS-PSO(X)算法,本节算法在半径上分别优化了 18.88%和 22.54%,而仅牺牲了 0.31%和 0.7%的线长代价。

表 4.18 NBSLDPSO-TD-XSMT 算法与两类 XSMT 算法在线长的对比

电　　路	线网数	WL/μm				
		DPSO(X)	HTS-PSO(X)	本节算法	优化率/%	
					$(D-O)/D$	$(H-O)/H$
1	24	102	102	102	0.00	0.00
2	37	251	249	252	−0.62	−1.17
3	44	455	454	459	−0.69	−1.00
4	53	285	284	285	0.02	−0.15
5	67	531	528	532	−0.14	−0.81
6	89	358	358	358	−0.02	−0.12
7	96	674	666	677	−0.35	−1.62
8	101	825	824	828	−0.35	−0.46
9	129	1121	1117	1128	−0.62	−0.98
均值					**−0.31**	**−0.70**

表 4.19 NBSLDPSO-TD-XSMT 算法与两类 XSMT 算法在半径的对比

电　　路	线网数	PL/μm				
		DPSO(X)	HTS-PSO(X)	本节算法	优化率/%	
					$(D-O)/D$	$(H-O)/H$
1	24	96	96	85	11.66	11.66
2	37	209	221	168	19.70	23.79
3	44	378	384	275	27.14	28.34
4	53	224	271	205	8.57	24.53
5	67	378	399	282	25.58	29.47
6	89	332	333	290	12.74	13.04
7	96	494	515	363	26.51	29.48
8	101	742	739	590	20.46	20.10
9	129	918	975	757	17.58	22.41
均值					**18.88**	**22.54**

本节的实验结果证明了 NBSLDPSO-TD-XSMT 算法能较好地平衡线长和最大源汇路径长度的优化能力，从而提高布线树的质量。

2. 与时延驱动的 XSMT 算法比较

平衡线长和最大源汇路径长度的最终目的是优化最大汇时延和总时延。因此，本节算法旨在大大降低源汇时延的同时，保证线长的劣化控制在可接受范围。为了验证本节算法在时延优化上的有效性，本节将 NBSLDPSO-TD-XSMT 算法与 4.2 节提出的 TXST_BR_MOPSO 算法进行比较，分别对比了二者在线长(WL)、半径(PL)、最大源汇时延(Maximum source-to-sink Delay，MD)和总时延

(Total Delay,TD)上的优化性能。表 4.20 是在基准测试电路 ISPD 上的 4 项性能对比优化率的实验结果,表 4.21 是在基准测试电路 GEO 上的 4 项性能对比优化率的实验结果。

表 4.20 与 TXST_BR_MOPSO 算法在基准测试电路 ISPD 上 4 项性能的对比

电路	线网数	TXST_BR_MOPSO				NBSLDPSO-TD-XSMT				优化率/%			
		WL/μm	PL/μm	MD/fs	TD/fs	WL/μm	PL/μm	MD/fs	TD/fs	WL	PL	MD	TD
1	24	102	85	30	55	102	85	30	36	0.00	0.00	0.59	34.78
2	37	250	171	56	128	252	168	54	112	−1.02	1.56	2.32	12.28
3	44	457	280	143	372	459	275	140	305	−0.29	1.88	1.86	17.88
4	53	284	204	49	82	284	205	49	75	0.06	−0.31	0.76	8.86
5	67	531	284	120	378	532	282	106	288	−0.26	0.92	11.66	23.79
6	89	358	289	61	83	358	290	61	80	0.05	−0.14	−0.18	3.40
7	96	676	365	230	1058	677	363	224	781	−0.07	0.65	2.46	26.16
8	101	826	592	256	697	828	590	254	498	−0.18	0.21	0.76	28.53
9	129	1126	760	294	637	1128	757	286	527	−0.17	0.40	2.82	17.39
均值										**−0.21**	**0.57**	**2.56**	**19.23**

表 4.21 与 TXST_BR_MOPSO 算法在基准测试电路 GEO 上的 4 项性能对比的优化率

电路	线网数	TXST_BR_MOPSO				NBSLDPSO-TD-XSMT				优化率/%			
		WL/μm	PL/μm	MD/ns	TD/ns	WL/μm	PL/μm	MD/ns	TD/ns	WL	PL	MD	TD
1	8	17170	6503	0.034	0.113	16951	6503	0.034	0.111	1.28	0.00	0.00	1.86
2	9	18041	6747	0.022	0.061	18039	6747	0.022	0.060	0.01	0.00	0.00	1.20
3	10	19586	6747	0.022	0.069	19467	6735	0.022	0.071	0.61	0.17	0.28	−3.61
4	20	32700	11523	0.085	0.294	32953	10883	0.077	0.272	−0.77	5.56	9.37	7.62
5	50	49139	14414	0.168	1.009	50467	11092	0.126	0.928	−2.70	23.05	24.97	8.01
6	70	57584	15730	0.254	2.283	57833	13009	0.189	2.017	−0.43	17.30	25.52	11.67
7	100	70483	15325	0.254	3.716	70363	13118	0.201	2.831	0.17	14.40	20.73	23.81
8	410	143535	23635	0.904	58.726	143764	21591	0.898	53.161	−0.16	8.65	0.71	9.48
9	500	156269	23490	1.279	96.154	155936	19818	0.960	65.983	0.21	15.63	24.92	31.38
10	1000	222378	21071	1.877	267.552	222115	19031	1.645	240.415	0.12	9.68	12.38	10.14
均值										**−0.17**	**9.44**	**11.89**	**10.16**

在表 4.20 中,本节算法相对 TXST_BR_MOPSO 算法,能够在每个测试集上实现明显的总时延优化,平均降低总时延 19.23%,最大汇时延优化 2.56%,而线长仅仅增加了 0.21%。表 4.21 对不同规模大小的线网进行了测试,在线长优化能力上,二者表现不相上下,从表 4.21 可以看出本节算法平均线长增加了 0.17%,但是在半径上优化了 9.44%,从而使得最大汇时延和总时延得到大大的提升,分别优化了 11.89%和 10.16%。尤其针对大规模线网(引脚数为 20 以上),牺牲很少

的线长就能换取半径的大大减少，这是因为算法的初始解是建立在X-PD模型之上的，再加上算法在粒子群寻优阶段，采用了最近最优的社会学习策略，扩大了粒子的学习对象范围，使得算法的探索能力增强，从而有机会探索到更多更优质的解。

4.3.4 小结

基于最近最优SLDPSO的最大汇延迟驱动X结构Steiner最小树算法，通过X-PD模型产生初始布线树，以获得较高质量的初始解。同时，为了更好地解决本节的多目标问题，算法使用基于Pareto支配的MOPSO方法来搜索最优解。进一步地，为了克服粒子在社会学习过程中容易处于始终学习单一对象而导致算法收敛过快或陷入局部极值的问题，提出了最近最优社会学习策略以增强算法的对搜索空间的探索。最后，在PSO的离散化过程中，通过变异算子和交叉算子来实现粒子的速度和位置更新，并结合点变换和边变换策略以获得更多的拓扑。实验结果显示，与现有的SMT算法相比，本节算法在优化最大源汇路径长度方面具有明显优势，能够更好地平衡布线树的总线长和最大源汇路径长度。同时，与同类时延驱动的布线树算法相比，本节算法在总体上能够大大减少最大汇延迟和总延迟，从而提升布线质量。

4.4 本章总结

本章以布线过程中的互连线延迟作为研究目标，介绍了相关的时延模型优化方法。首先提出了基于多目标粒子群优化算法的时延驱动X结构Steiner最小树构建算法，通过同时考虑点与边的连接变换和新的编码方式来优化时延并减少布线拐弯数；其次通过最近最优社会学习离散粒子群优化算法来解决收敛过早的问题，进一步提高了多目标粒子群算法的寻优能力。在每节的实验对比部分都充分展示了本章算法的优势所在，证明了工作有利于构造高质量芯片。

参考文献

[1] Ho T Y, Chang Y W, Chen S J. Full-chip nanometer routing techniques[M]. Berlin, Germany: Springer-Verlag Berlin Heidelberg, 2007.

[2] Hu J, Sapatnekar S. A survey on multi-net global routing for integrated circuits[J]. *Integration, the VLSI Journal*, 2001, 31(1): 1-49.

[3] Warme D M, Winter P, Zachariasen M. Exact algorithms for plane steiner tree problems: A computational study[M]. Netherlands, Dordrecht: Kluwer Academic Publishers, 2000. 81-116.

[4] Chu C, Wong Y C. FLUTE: Fast lookup table based rectilinear Steiner minimal tree

algorithm for VLSI design[J]. *IEEE Transactions on Computer-Aided Design of Integrated Circuits and Systems*,2008,27(1): 70-83.

[5] Cong J,Kahng A B,Robins G,et al. Provably good performance-driven global routing[J]. *IEEE Transactions on Computer-Aided Design of Integrated Circuits and Systems*, 1992,11(6): 739-752.

[6] Seo D Y,Lee D T. On the complexity of bicriteria spanning tree problems for a set of points in the plane. [D]. USA: Northwestern University,1999.

[7] Hou H,Hu J,Sapatnekar S S. Non-hanan routing[J]. *IEEE Transactions on Computer-Aided Design of Integrated Circuits and Systems*,1999,18(4): 436-444.

[8] Yan J T. Dynamic tree reconstruction with application to timing-constrained congestion-driven global routing[J]. *IET Computers & Digital Techniques*,2006,153(2): 117-129.

[9] Sarrafzadeh M,Feng L K,Wong C K. Single-layer global routing[J]. *IEEE Transactions on Computer-Aided Design of Integrated Circuits and Systems*,1994,13(1): 38-47.

[10] Liang J,Hong X,Jing T. G-Tree: Gravitation-direction-based rectilinear Steiner minimal tree construction considering bend reduction[C]//Proceedings of the 7th international conference on ASIC. Guilin,China: IEEE press,2007. 1114-1117.

[11] 梁敬弘,洪先龙,经彤. G-Tree:基于引力指向技术减少拐弯的 Steiner 树算法[J]. 计算机辅助设计与图形学学报,2008,2: 144-148.

[12] Bozorgzadeh E,Kastner R,Sarrafzadeh M. Creating and exploiting flexibility in rectilinear Steiner trees[J]. *IEEE Transactions on Computer-Aided Design of Integrated Circuits and Systems*,2003,22(5): 605-615.

[13] Chiang C,Chiang C S. Octilinear Steiner tree construction[C]//Proceeding of the 45th Midwest Symposium on Circuits and Systems. Tulsa,USA: IEEE Press,2002,603-606.

[14] Samanta T,Ghosal P,Rahaman H, et al. A heuristic method for constructing hexagonal Steiner minimal trees for routing in VLSI[C]//Proceeding of the 2006 International Symposium on Circuits and Systems. Island of Kos,Greece: IEEE Press,2006,1788-1791.

[15] Liu G G,Chen G L, Guo W Z. DPSO based octagonal steiner tree algorithm for VLSI routing[C]//Proceedings of the 5th International Conference on Advanced Computational Intelligence. Najing,China: IEEE press,2012,383-387.

[16] Yan J T, Wang T T, Lin K M, et al. Timing-driven octilinear Steiner tree construction based on Steiner-point reassignment and path reconstruction[J]. *ACM Transactions on Design Automation of Electronic Systems*,2008,13(2): 1-18.

[17] Samanta T,Rahaman H, Dasgupta P. Near-optimal Y-routed delay trees in nanometric interconnect design[J]. *IET Computers & Digital Techniques*,2011,5(1): 36-48.

[18] Liu G G,Chen G L, Guo W Z, et al. DPSO-based rectilinear Steiner minimal tree construction considering bend reduction [C]//Proceedings of the 7th International Conference on Natural Computation. Shanghai,China: IEEE Press,2011,1161-1165.

[19] Boese K D, Kahng A B, McCoy B A, et al. Near optimal critical sink routing tree constructions[J]. *IEEE Transactions on Computer-Aided Design of Integrated Circuits and Systems*,1995,14(12): 1417-1436.

[20] Ismail Y I,Friedman E G,Neves J L. Equivalent elmore delay for RLC trees[J]. *IEEE Transactions on Computer-Aided Design of Integrated Circuits and Systems*, 2000,

19(1): 83-97.

[21] Guo W Z, Park J H, Yang L T, et al. Design and analysis of a MST-based topology control scheme with PSO for wireless sensor networks[C]//Proceedings of the 2011 IEEE Asia-Pacific Services Computing Conference. Jeju Island, Korea: IEEE press, 2011, 360-367.

[22] Guo W Z, Xiong N X, Vasilakos A V, et al. Distributed k-connected fault-tolerant topology control algorithms with PSO in future autonomic sensor systems [J]. *International Journal of Sensor Networks*, 2012, 12(1): 53-62.

[23] Balling R. The maximin fitness function: multiobjective city and regional planning[C]// Proceedings of the 2nd International Conference on Evolutionary Multi-criterion Optimization. Berlin, Germany: Springer-Verlag Berlin Heidelberg, 2003, 1-15.

[24] Laumanns M, Thiele L, Deb K, et al. Combining convergence and diversity in evolutionary multi-objective optimization[J]. *Evolutionary Computation*, 2002, 10(3): 263-282.

[25] Alfred V A, John E H, Jeffrey U. *Data structures and algorithms* [M]. Boston, MA, USA: Addison-Wesley Longman Publishing, 1983.

[26] Julstrom B A. Encoding rectilinear Steiner trees as lists of edges[C]//Proceeding of the 2001 ACM Symposium on Applied Computing. New York, NY, USA: ACM Press, 2001, 356-360.

[27] Rudolph G. Convergence analysis of canonical genetic algorithms[J]. *IEEE Transactions on Neural Networks*, 1994, 5(1): 96-101.

[28] Lv H, Zheng J, Zhou C, et al. The convergence analysis of genetic algorithm based on space mating[C]//Proceeding of the 5th International Conference on Natural Computation. Tianjin, China: IEEE press, 2009, 557-562.

[29] Chen G L, Guo W Z, Chen Y Z. A PSO-based intelligent decision algorithm for VLSI floorplanning[J]. *Soft Computing*, 2010, 14(12): 1329-1337.

[30] Shi Y H, Eberhart R C. A modified particle swarm optimizer[C]//Proceedings of the 1998 IEEE International Conference on Evolutionary Computation. Anchorage, AK, USA: IEEE Press, 1998, 69-73.

[31] Deb K, Pratap A, Agarwal S, et al. A fast and elitistmultiobjective genetic algorithm: NSGA-Ⅱ[J]. *IEEE Transactions on Evolutionary Computation*, 2002, 6(2): 182-197.

[32] Zitzler E, Laumanns M, Thiele L. SPEA2: Improving the strength pareto evolutionary algorithm[C]//Giannakoglou K C, Tsahalis D T, Periaux J, Papailiou K D, Fogarty T (eds) Evolutionary methods for design optimization and control with applications to industrial problems. International Center for Numerical Methods in Engineering, 2001, 95-100.

[33] Zitzler E. Evolutionary algorithms for multiobjective optimization: methods and applications[D]. Switzerland: Swiss Federal Institute of Technology, 1999.

[34] Zitzler E, Thiele L, Laumanns M, et al. Performance assessment of multiobjective optimizers: An analysis and review [J]. *IEEE Transactions on Evolutionary Computation*, 2003, 7(2): 117-132.

[35] Conover W J. *Practical nonparametric statistics*[M]. NewYork: Wiley, 1999.

[36] 胡旺 YEN G G，张鑫. 基于 Pareto 熵的多目标粒子群优化算法[J]. 软件学报，2014(5): 1025-1050.

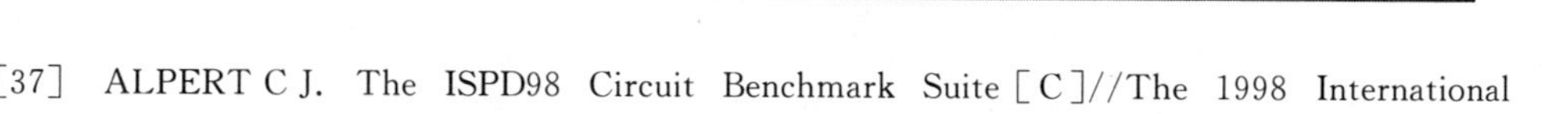

[37] ALPERT C J. The ISPD98 Circuit Benchmark Suite[C]//The 1998 International Symposium on Physical Design. 1998: 80-85.

[38] 刘耿耿,陈志盛,郭文忠,等. 基于自适应 PSO 和混合转换策略的 X 结构 Steiner 最小树算法[J]. 模式识别与人工智能,2018,31(5): 398-408.

[39] Liu G,Guo W,Niu Y,et al. A PSO-based timing-driven Octilinear Steiner tree algorithm for VLSI routing considering bend reduction[J]. *Soft Computing*, 2015, 19(5): 1153-1169.

[40] Warme D,Winter P,Zachariasen M. Geosteiner software for computing Steiner trees[EB/OL]. [2017.11-30]. http: //geosteiner.net.

[41] Liu G,Chen Z,Zhuang Z,et al. A unified algorithm based on HTS and self-adapting PSO for the construction of octagonal and rectilinear SMT[J]. *Soft Computing*,2020,24(6): 3943-3961.

第5章

单层绕障X结构Steiner最小树算法

5.1 引言

单层绕障 Steiner 最小树(Obstacle Avoiding Steiner Minimum Tree, OASMT)的构建方法主要包含4类:先构造再替换法、不确定性算法、基于生成图的方法、精确算法。先构造再替换法是指先构造连接布线端点的 Steiner 最小树而不考虑障碍物,之后再将穿过障碍物的边替换为经过障碍物边界的布线边;不确定性算法采用元启发式策略;基于生成图的方法一般能够将引脚端点以及部分障碍物端点包含在生成图中从而降低求解空间的复杂度;精确算法能为绕障布线得到准确的方案。

为求解线长优化能力更强也更具难度的非曼哈顿结构单层绕障布线问题,5.2节~5.4节分别介绍了4种有效的单层绕障X结构 Steiner 最小树构造算法。

单层绕障X结构 Steiner 最小树(Obstacle Avoiding X-architecture Steiner Minimum Tree, OAXSMT)问题的数学模型可以简化如下:设 $P=\{P_1,P_2,P_3,\cdots,P_n\}$ 是线网中的一组引脚,其中每个 P_i 被赋予其坐标 (x_i,y_i)。设 $B=\{B_1,B_2,B_3,\cdots,B_m\}$ 是芯片上的一组障碍物,其中每个 B_i 与两个坐标 (x_{i1},y_{i1}) 和 (x_{i2},y_{i2}) 相关联。(x_{i1},y_{i1}) 和 (x_{i2},y_{i2}) 分别是矩形障碍物的左下角和右上角的坐标。关键的问题是构建一个 Steiner 树,将所有给定的引脚用0°、45°、90°和135°的线连接起来,绕开所有给定的障碍物并且使成本最小化。应该注意,树可以包括一些 pseudo-Steiner 点。

关于布线结构的 λ-几何学理论的具体定义已由1.2.1节的定义1.2给出。

定义5.1 障碍物 在单层绕障X结构 Steiner 最小树问题中,障碍物可以是任意尺寸的矩形。任意两个障碍物不能互相重叠,但可以点与点接触或是边与边接触。

定义5.2 引脚 引脚端点可以是在布线区域内的任意端点,不能处于任意障碍内,但可以分布在障碍的边上或是障碍角点处。

定义 5.3　边界框　两个端点 p_i 和 p_j 的边界框是由 p_i 和 p_j 形成的矩形。一组障碍的边界框是完全包含所有障碍物的最小矩形。图 5.1 显示了两个实例。

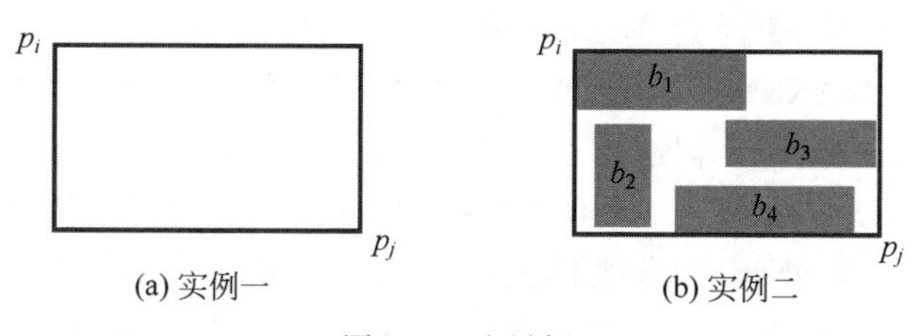

(a) 实例一　(b) 实例二

图 5.1　边界框

定义 5.4　矩形连接模型(Rec-Connected Model)　在布线模型中,如果一个引脚可以通过拐弯不超过一次连接到另一个引脚,并且布线选择仅限于选择 2 或选择 3,将其称为矩形连接模型。如图 5.2(a)所示,引脚 p 可以通过布线区域中的一次选择 3 与引脚 q 连接。

定义 5.5　八角连接模型(Oct-Connected Model)　在布线模型中,如果一个引脚可以通过拐弯不超过一次连接到另一个引脚,并且布线选择仅限于选择 0 或选择 1,将其称为八角连接模型。如图 5.2(b)所示,引脚 p 可以通过布线区域中的一次选择 1 与引脚 q 连接。

定义 5.6　完全连接模型(Fully Connected Model)　如果由两个引脚形成的布线模型既是矩形连接模型,也是八角连接模型,将其称为完全连接模型。

定义 5.7　断开连接模型(Disconnected Model)　障碍物的存在可能会阻止某些点被选为 pseudo-Steiner 点。如果一个引脚可以通过拐弯至少两次或更多次来连接到另一个引脚,如图 5.2(c)所示,则它形成断开连接模型。

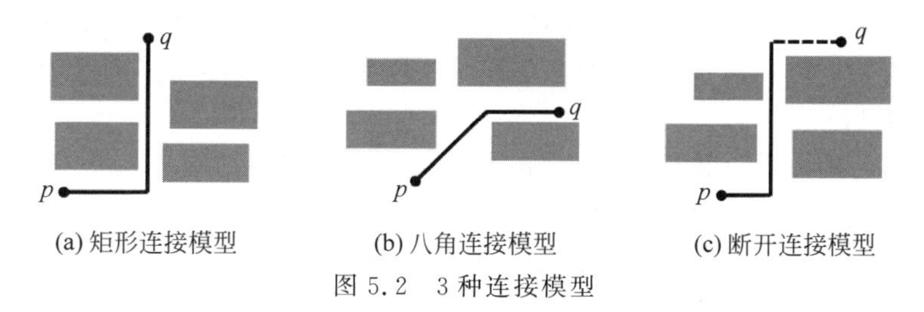

(a) 矩形连接模型　(b) 八角连接模型　(c) 断开连接模型

图 5.2　3 种连接模型

5.2　基于离散粒子群优化的 X 结构绕障 Steiner 最小树算法

绕障 X 结构 Steiner 最小树问题(Obstacle Avoiding Octagonal Steiner Minimum Tree, OAOSMT)是构造一棵将布线区域上所有给定点及 Steiner 点连接起来的树,同时以最小代价绕过所有障碍。为了解决这个问题,第一步是构造 X 结构 Steiner 最小树。文献[2]提出了一种时间复杂度为 $O(|V|+|E|)$的算法来

构造一个与给定的直角结构 Steiner 树同构的 X 结构 Steiner 最小树。其中,$|V|$和$|E|$是给定树的顶点和边。在绕障方面,2008 年文献[3]提出了一种通过修正构造的方法来解决绕障直角 Steiner 树(Obstacle Avoiding Rectilinear Steiner Minimum Tree, OARSMT)构造问题,它构建了一个障碍加权生成树在逃逸图上构造 OARSMT。文献[4]提出了一种基于迷宫布线的启发式方法来解决 OARSMT 问题,该方法基于迷宫布线的搜索过程,在解决方案质量和内存空间使用方面都能很好地处理多端线网。2009 年,文献[5]的算法改进并扩展了 GeoSteiner 方法,允许在布线区域内出现直线障碍。该算法可以在合理的时间内生成最优解。与以往的方法不同,文献[6]提出了一种新的算法,首先确定所有引脚的连接顺序,然后用贪心启发式算法迭代连接相邻的两个引脚。文献[7]应用计算几何技术开发了一种高效的算法,该算法可以获得质量优良的解,与之前已知的结果相比,速度有显著提高。然而,上述方法都是基于曼哈顿 Steiner 树,在布线长度上不能得到很好的优化。

作为一种基于群体的进化方法。由 Eberhart 和 Kennedy 在 1995 年提出的粒子群优化算法(Particle Swarm Optimization, PSO)被证明是一种全局优化算法。PSO 具有收敛快、全局搜索、稳定、高效等诸多优点。大量的实践证明,与其他方法相比,粒子群算法能够在全局优化问题上获得代价更低的最优解。

然而,PSO 的初始原型用于求解连续优化问题,但自 PSO 算法提出以来,已有许多工作尝试使用 PSO 来求解离散问题。例如,文献[9]提出了一种求解 TSP 的离散粒子群优化(Discrete Particle Swarm Optimization, DPSO)算法。文献[10]提出了一种基于 DPSO 的 X 结构 Steiner 最小树(Octagonal Steiner Minimal Tree, OSMT)算法来优化线长。

本节提出了一种有效的 OAOSMT 构造算法。它包括以下 5 个步骤。

(1) 初始化。在该步骤中,有效地生成粒子群,其中每个粒子是连接所有给定引脚的 OSMT。

(2) 预处理。在该步骤中,生成包含任何两个引脚的所有连接信息的表,为后续步骤提供快速的信息查询。

(3) 飞行。在此步骤中,通过引入两个新的基于并查集的遗传算子来更新每个粒子。

(4) 调整。在该步骤中,如果需要,调整群体的最终全局最优粒子 g_f 以确保所有边绕开所有障碍。

(5) 精炼。在该步骤中,应用精炼的方法,进一步提高了最终全局最优粒子 g_f 的质量。此外,采用后续处理方法来确保可用于当前的制造技术。

5.2.1 算法细节

1. 初始化

为每个引脚和障碍提供唯一的序列号。然后,使用一组最小生成树边来表示候选布线树，并向每个边添加一个额外变量，表示 pseudo-Steiner 点的布线选择，以便随后将其转换为 X 结构 Steiner 树。每个 pseudo-Steiner 点的布线选择包括 4 种类型，如定义 2.7～2.10(见 2.5.2 节)所示。如果网中有 n 个引脚，则最小生成树将包括 $n-1$ 个边，$n-1$ 个 pseudo-Steiner 点，以及一个额外变量，即粒子的适应度值(见式(5.1))。因此，一个粒子的长度为 $3(n-1)+1$。例如，如图 5.3 所示，粒子可以表示为以下数字串：1 3 2 2 3 0 3 4 1 3 5 3 27.3，其中 23.7 代表粒子的适应度值。前 3 个数字 1 3 2 表示一条边，即根据选择 2 来连接引脚 1 和引脚 3。

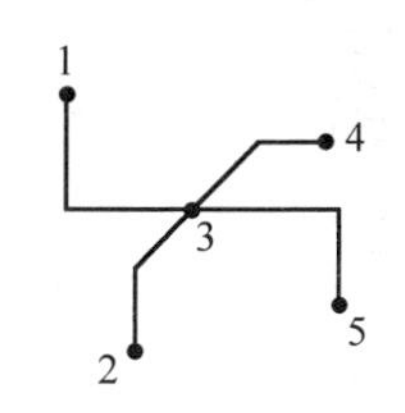

图 5.3　X 结构 Steiner 树

因为步骤 1 基于最小生成树(Minimum Spanning Tree, MST)算法，所以可以通过使用一些基于图形的方法(例如，Prim 算法或 Kruskal 算法)或更高效的基于 Delaunay 三角剖分的算法来轻松获得 X 结构 MST。应当注意，每条边的初始布线方向是从 4 个给定布线选择中随机选择的，因此可以穿过障碍物。

2. 预处理

根据 PSO 算法的基本模型，在初始化粒子群后，每个粒子将通过更新其速度和位置来移动，并且整个群体将相互合作以搜索期望的目标。但是，在介绍该粒子更新方法之前，首先描述预处理策略，主要是由于以下 3 个问题。

第一，在粒子飞行步骤中，当评估刚刚在运动之后生成的粒子时，除了计算每条边的长度之外，还应检查每条边是否避开所有障碍物。然后赋予每个粒子一个适当的适应度值，算法可以选择正确的全局最优粒子 g_i 和个体最优粒子 p_i。

第二，在操作调整方法之前，必须确定最终全局最优粒子 g_f 的每条边是否绕开所有障碍物。应该决定是否有必要进行调整。如有必要，应该调整哪些边，以及哪些障碍物已经被穿过？应计算所有这些信息。

第三，在精炼过程中，不断改变某些边的路径方向，以尽可能地增加公共边的长度。但是，怎样才能确保调整后的边能够避开所有障碍物？此信息也需要计算。

由于现代芯片的密度急剧增加，问题的规模变得越来越大。如果算法每次计算前面提到的信息，无疑会对整个算法的性能产生负面影响。因此，提出了一种预处理策略，该策略可以通过生成预先计算的查找表来为步骤 3～步骤 5 提供快速信息查询。

预处理策略的想法简单易行。令 $P=\{P_1,P_2,P_3,\cdots,P_n\}$ 为网络中的一组引脚，并且 $B=\{B_1,B_2,B_3,\cdots,B_m\}$ 芯片上的一组障碍物。对于每对引脚，例如 p_i 和 p_j，计算边 $p_ip_j(c)$ 穿过的障碍物的数量，并记录这些障碍物为集合 $\{B_k\}$，其中 c 表示 p_i 和 p_j 之间的布线选择。所有可能的边将构成最终的查找表。图 5.4 显示了预处理原理。线网中有 5 个引脚(1～5)，芯片上有 6 个障碍物(b_1～b_6)。以引脚 1 为例，图 5.4(a)显示了引脚 1 与基于选择 2 和选择 3 的其他引脚的连接图，而图 5.4(b)包括选择 0 和选择 1。可以看出，一些线段穿过障碍物而其他线则没有。

基于图 5.4,可以容易地生成引脚 1 的记录。如表 5.1 所示的引脚的连接信息,很容易查询关于引脚 1 的所有连接信息。例如,当引脚 1 基于选择 1 连接到引脚 4 时,边穿过障碍物 b_3 和障碍物 b_4。但是,当引脚 1 根据选择 2 连接到引脚 3 时,就避开了所有障碍物。

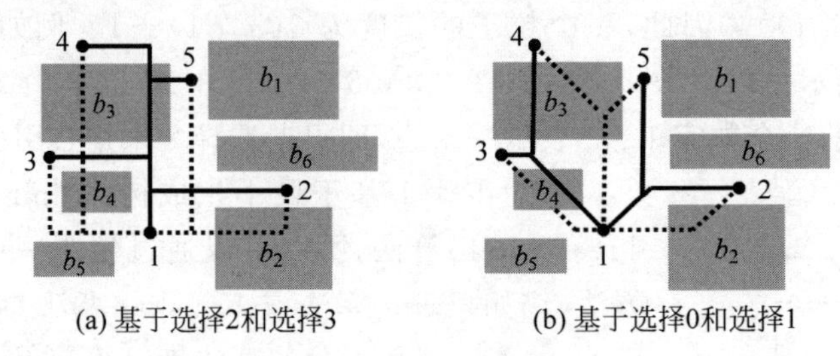

图 5.4 预处理原理

表 5.1 引脚 1 的连接信息

引 脚	布线选择			
	0	1	2	3
2	b_2	—	—	b_2
3	b_4	b_4	—	—
4	b_3	b_3,b_4	b_3	b_3,b_4
5	b_3	—	b_3	—

表 5.2 显示了具有 2.9GHz CPU 和 2GB 内存的 PC 中的查找表生成时间。Pin#和 Obs#分别代表引脚和障碍物的数量。因为只需要为每组布线数据生成一次查找表,所以在实现实验时只使用传统的数据结构,例如数组。在生成边记录时扫描每个障碍物 b_k,如果没有 b_k 的角点位于两个针脚的矩形边界框中,那么直接检查下一个障碍物 b_{k+1}。此外,45°和 135°段的存在无疑会增加问题的复杂性。当输入的比例很大时,可能需要几秒钟,但这是可以接受的。

表 5.2 查找表生成时间

引脚数/障碍物数	CPU 时间	引脚数/障碍物数	CPU 时间
10/32	10/43	10/50	25/79
0.000s	0.000s	0.000s	0.000s
33/71	10/10	30/10	50/10
0.000s	0.000s	0.000s	0.000s
70/10	100/10	100/500	200/500
0.000s	0.000s	0.140s	0.578s
200/800	200/1000	500/100	1000/100
0.889s	1.139s	0.795s	3.073s

3. 飞行

1) 粒子的适应度函数

在 PSO 算法的基本模型中,适应度函数是最重要的组件之一。p_i 和 g_i 的正确性直接影响适应度函数的准确性。因为优化的目标是线长,所以很明显使用 OSMT 的总长度作为一个粒子的适应度值是一个很好的选择;它可以直接反映一个部分的卓越程度。事实上,在定义的 OSMT 模型中,有 3 种边,可以定义如下。给定一个布线树 Ts 和两个引脚 p 和 q,有以下内容。

定义 5.8 Oseg(p,q) 表示 p 和 q 之间的边,其不穿过布线平面中的任何障碍物。

定义 5.9 Dseg(p,q) 表示穿过一个或多个障碍物的 p 和 q 之间的边,并且可以仅通过改变 p 和 q 之间的布线选择来绕开它们。

定义 5.10 Cseg(p,q) 表示穿过一个或多个障碍物的 p 和 q 之间的边,但是必须从这些障碍物中选择一些角点以绕开障碍物。

实际上,Cseg(p,q)是断开连接模型,Oseg(p,q)和 Dseg(p,q)可能是 3 个模型中的任何一个。如图 5.5(a)所示,A 和 B 之间的边属于 Oseg(A,B),A 和 D 之间的边属于 Dseg(A,D),因为它只能通过改变布线选择来绕开障碍物[即从选择 3 改为选择 1(见图 5.5(b)]。A 和 C 之间的边属于 Cseg(A,C),因为必须选择障碍物的角点 C_1 作为中间节点(见图 5.5(b))。应该注意,AC_1 和 CC_1 之间可以有其他布线选择。

定义 5.11 ADseg(p,q) 表示在改变 p 和 q 之间的布线选择之后从 Dseg(p,q)获得的 p 和 q 之间的边,并且避免了所有障碍物。

定义 5.12 ACseg(p,q) 表示在添加障碍物的一个或多个角点之后从 Cseg(p,q)获得的 p 和 q 之间的一组边,并且避免了所有障碍物。

在图 5.5(b)中,A 和 D 之间的边属于 ADseg(A,D)。另外,A 和 C 之间的两条边(AC 和 $CC1$)属于 ACseg(A,C)。假设 $L(r)$等于 r 的总长度。在前面的定义的基础上,适应度函数如下。

$$\text{Fitness}(P)=\Big(\sum_{\text{Oseg}(p,q)} L(\text{Oseg}(p,q))+\sum_{\text{Dseg}(p,q)} L(\text{Dseg}(p,q))+\sum_{\text{Cseg}(p,q)} L(\text{Cseg}(p,q))\Big) \tag{5.1}$$

在式(5.1)中,可以通过查找表容易地识别 Oseg(p,q)、Dseg(p,q)、ADseg(p,q)和 Cseg(p,q)。对于 ACseg(p,q),其计算类似于调整过程,但只是计算 L(ACseg(p,q))的结果而不是实现实际的加法和删除操作。

2) 粒子的更新方法

算法 5.1 显示了粒子更新的伪代码。本节算法具体的更新公式与 4.2.2 节介绍的更新方式类似,此处不再赘述。

引理 5.1 假设 Cp 是粒子 p 的当前位置,Ap 是更新后的位置。Fp 是 p 正在

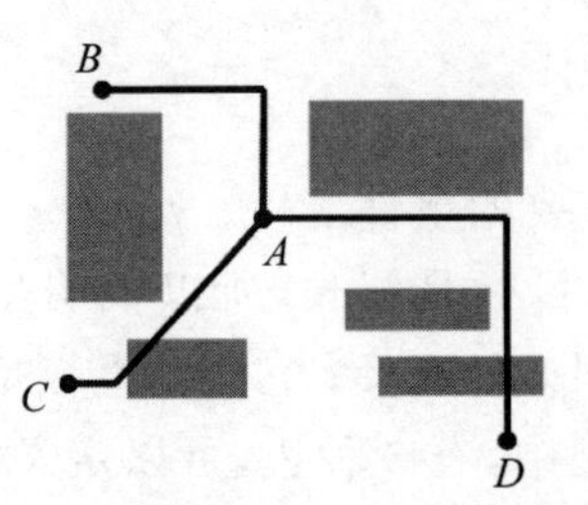

(a) Oseg(*A*, *B*)和Dseg(*A*, *D*)以及Cseg(*A*, *C*)

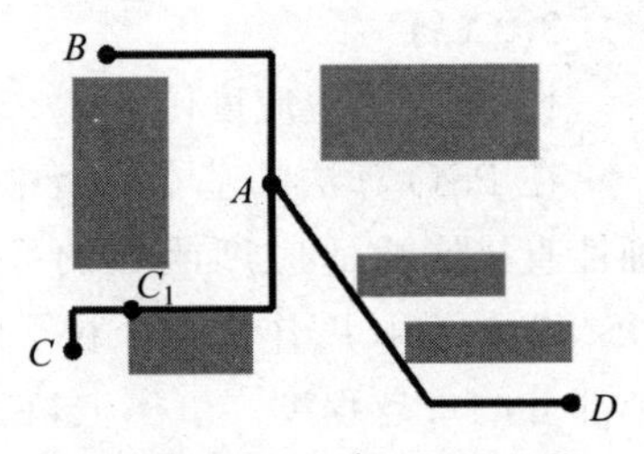

(b) ADseg(*A*, *D*)和ACseg(*A*, *C*)

图 5.5　3 种边对应绕障方法

寻找的目标，dis(t)表示位置 t 和 Fp 之间的距离。可能存在 dis(Ap)>dis(Cp)。

证明：很明显，因为更新方法以随机模式操作，所以可能导致 p 的一些好因素被一些意外因素(线长不减小，反而增加，因为 PSO 是随机算法)所取代。如图 5.6 的粒子更新示意图所示，当更新 p 的速度(见图 5.6(a))时，如果选择边 2 3 2 并由边 3 6 3 替换，则将获得图 5.6(b)。显然，dis(b)> dis(a)。

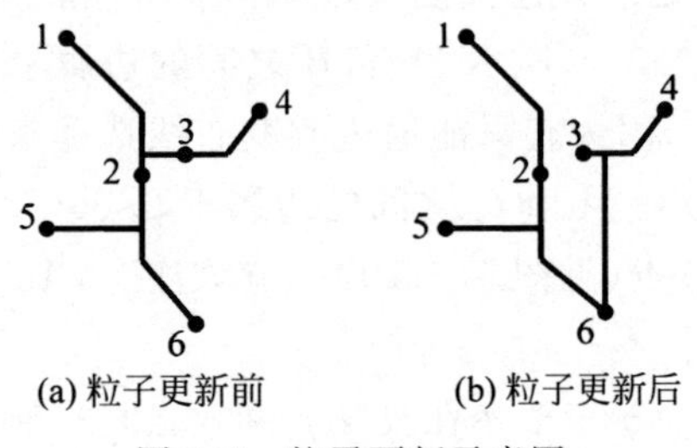

(a) 粒子更新前　　(b) 粒子更新后

图 5.6　粒子更新示意图

算法 5.1　粒子的更新方法

输入：惯性权重 w，加速因子 c_1 和 c_2，粒子 p，全局(个体) 最优粒子 g_i(p_i)

输出：新的粒子 p

```
for each particle p in Swarm do
    Generates r1 = Random(0,1);
    if (r1 < w) then
        mutation operator(p);//变异操作
    end if
    Generates r2 = Random(0,1);
    if(r2 < c1) then
        crossover operator(p, pi);//交叉操作
    end if
    Generates r3 = Random(0,1);
    if(r3 < c2) then
```

```
        crossover operator(p,g_i);//交叉操作
      end if
      Update(p_i);//更新个体最优粒子 p_i
    end for
    Update(g_i);//更新全局最优粒子 g_i
```

4. 调整

在粒子飞行结束后，选择全局最佳粒子 g_f 作为最终的X结构布线树。粒子 g_f 可能非常优秀，直接避开了所有障碍物。当然，它可能也很糟糕，穿过了许多障碍物。对于后者，当粒子的边 pq 穿过障碍物时，只有两种可能的场景：Dseg(p,q)和Cseg(p,q)。两者都可以通过表查找直接识别，第一个也可以通过查找表来调整。然而，第二个可能需要更多的技术支持，因此提出这种调整方法。详细步骤如下。

(1) 对于 g_f 的一个边 pq，通过查找表来判断是否避开了所有障碍物。如果避开，则重复此步骤以检查下一条边，直到检查完所有的边；否则，转到步骤(2)。

(2) 通过查找表来检查边 pq 的选择0和选择1。如果它们中的任何一个可以避开所有障碍物，则用当前布线选择替换原始布线选择；否则，删除边 pq，然后转到步骤(3)。

(3) 通过查找表列出 pq 贯穿的所有障碍物，并根据 p 与障碍物中心之间的距离以非递减顺序对这些障碍物进行排序。假设排序列表是 $B_k=\{B_{k,1},B_{k,2},\cdots,B_{k,n}\}$和当前起始点 $s=p$，并且当前障碍物 $B=B_{k,j}$，$j=1$。

(4) 从 B 中选择最接近直线 sq 的角点 c。计算 sc 的连接信息并将该信息添加到查找表中。同时，优先使用选择0和选择1连接 sc。然后设置 $s=c$。如果$j=n$ 并转到步骤(5)；否则，重复此步骤，$B=B_{k,j+1}$。

(5) 计算 sq 的连接信息，并将该信息添加到查找表中。然后根据选择0和选择1的标准连接 sq。

在这种调整方法中，步骤(2)用于处理Dseg(p,q)，因为它只需要表查找。步骤(3)～步骤(5)用于求解Cseg(p,q)。图5.7是粒子调整示意图，图5.7(a)显示了 pq 的原始连接图，它穿过障碍物 B_1 和 B_2。删除边 pq 后，根据 p 与 B_1 和 B_2 中心之间的距离，首先检查 B_1。从图5.7(b)可以看出，c_1 是与直线 pq 最近的角点，因此它被选择为中间节点并连接到 p。然后检查障碍物 B_2。在图5.7(c)中，c_2 连接到 c_1，因为它是与直线 c_1q 最近的角点。最后，c_2 连接到图5.7(d)中的 q。有3点需要注意。首先，应将新边的所有连接信息添加到查找表中，因为它对精炼策略很有用。其次，步骤(2)仅检查选择0和选择1。即使选择2或选择3可以避免所有障碍物，也不实施替换操作。最后，采用一种策略，其中在步骤(4)和步骤(5)中优选选择0和选择1。虽然这可能在少数情况下获得非最佳结果，但由于精炼策略

的存在而无关紧要。

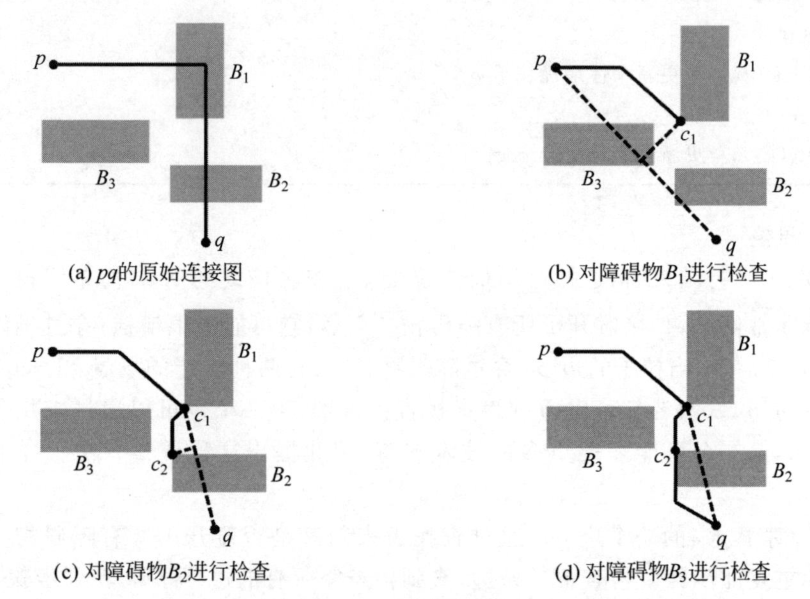

图 5.7　粒子调整示意图

在以下部分中，假设 Rec(p,q)表示使用选择 2 或选择 3 时 p 和 q 之间的距离。Oct(p,q)表示使用选择 0 或选项 1 时的距离，以及 L(p,q)表示 4 个布线选择中的任何一个的距离。

引理 5.2　假设引脚 p 和引脚 q 之间的边形成断开连接模型，并且该边 pq 穿过障碍物 b。为了避开 b，将 b 的一个角点作为中间节点添加会使线长最多增加 $1.3L \sim 1.6L$，其中 L 是 b 的边长。

证明：假设 MAX(a)和 MIN(a)分别是 a 的最大值和最小值。在不失一般性的情况下，假设 p 低于障碍物并且靠近 b 的左下角，q 高于障碍物，并且 pq 形成断开连接模型。图 5.8 是引理 5.2 的实例图，图 5.8(a)显示了 q 在 p 的左侧的情况，从而可以根据调整方法选择 b 的左下角和左上角两者作为中间节点。因为两个角点的 Rec(p,c)+Rec(c,q)是相同的，所以只给出第一个角点的证明。另一种情况是 q 位于 p 的右侧，因此可以选择 b 的左下角和右上角作为中间节点。图 5.8(b)和图 5.8(c)分别显示了连接图。对于图 5.8(a)，有以下内容。

$$\begin{aligned}
&\mathrm{MAX}(1(p,c)) + \mathrm{MAX}(1(c,q)) - \mathrm{MIN}(1(p,q))\\
&= \mathrm{Rec}(p,c) + \mathrm{Rec}(c,q) - \mathrm{Oct}(c,q)\\
&= pa + ab + bd + dc + ce + ef + fq - pb - bg - gq\\
&= (pa + ab - pb) + (bd + ce - bg) + dc + (ef - gq) + fq\\
&\approx 0.6 \times ad + 2 \times dc < 0.3L + L = 1.3L \left(ad < \frac{L}{2}, dc < \frac{L}{2}\right)
\end{aligned}$$

对于图 5.8(b)，有以下内容。

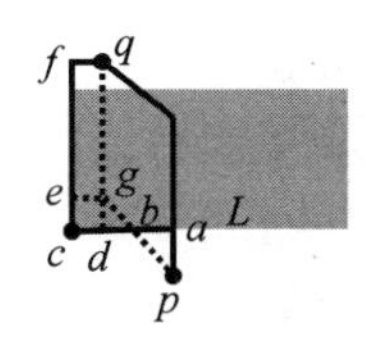

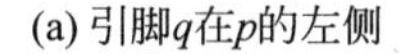
(a) 引脚q在p的左侧

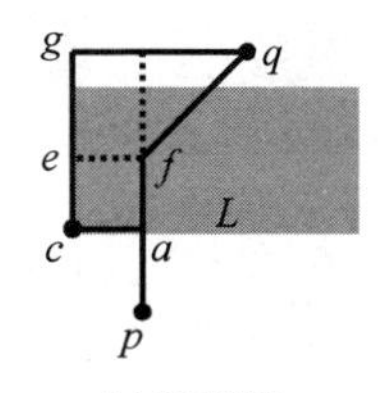

(b) 连接图一

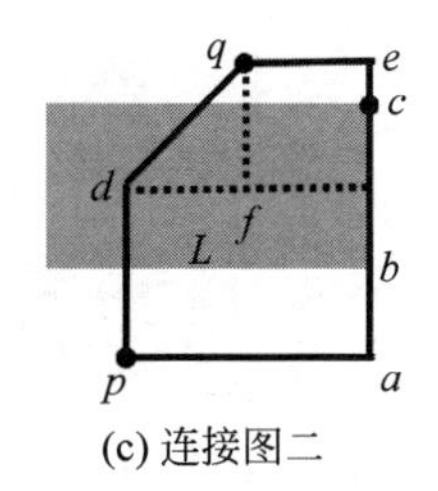

(c) 连接图二

图 5.8　引理 5.2 的实例

$$
\begin{aligned}
&\mathrm{MAX}(1(p,c))+\mathrm{MAX}(1(c,q))-\mathrm{MIN}(1(p,q))\\
&=\mathrm{Rec}(p,c)+\mathrm{Rec}(c,q)-\mathrm{Oct}(c,q)\\
&=pa+ac+ce+eg+gh+hq-pa-af-fq\\
&=ac+eg+gh+hq-fq\\
&=ac+gh+(eq+hq-fq)\\
&\approx 2\times gh+0.6\times hq<L+0.6L=1.6L\left(gh<\frac{L}{2},hq<L\right)
\end{aligned}
$$

对于图 5.8(c)，有以下内容。

$$
\begin{aligned}
&\mathrm{MAX}(1(p,c))+\mathrm{MAX}(1(c,q))-\mathrm{MIN}(1(p,q))\\
&=\mathrm{Rec}(p,c)+\mathrm{Rec}(c,q)-\mathrm{Oct}(c,q)\\
&=pa+ab+bc+ce+eq-pd-dq\\
&=pa+eq+df-dq\\
&\approx pa+eq-0.4fq<L+0.5L=1.5L\left(gh<\frac{L}{2},hq<L\right)
\end{aligned}
$$

因此，增加的线长为 $1.3L\sim1.6L$。对于具有不同 p 和 q 位置的其他情况，可以使用类似的证明，因此这里省略它们。

引理 5.3　如果点 c 是点 p 和点 q 的中间节点，则如果 c 位于 p 和 q 的矩形边界框中，则 $\mathrm{Rec}(p,q)=\mathrm{Rec}(p,c)+\mathrm{Rec}(c,q)$。如果 c 位于由 p 和 q 形成的 45°或 135°方向形成的平行四边形中，则 $\mathrm{Oct}(p,q)=\mathrm{Oct}(p,c)+\mathrm{Oct}(c,q)$。

证明： 根据 p、c 和 q 形成的分段之间的平行关系，可以很容易地得到方程。因此，此处不再赘述。

引理 5.4　当引脚 p 和引脚 q 之间的边形成矩形连接模型并穿过障碍物 b 时，与仅改变 pq 的布线选择相比，添加一个角点 c 作为中间节点可以使线长减少。

证明： 图 5.9 是引理 5.4 实例，如图 5.9(a)所示，pq 贯穿障碍物 b。由于边 pq 形成了一个矩形连接模型，可以通过将 pq 的布线选择从选择 0 替换为选择 2 来绕开障碍物 b。但是，如图 5.9(b)所示，如果选择 c 点作为中间节点，将有 $\mathrm{oct}(p,c)\leqslant\mathrm{Rec}(p,c)$，$\mathrm{oct}(c,q)\leqslant\mathrm{Rec}(c,q)$，所以当且仅当 p、c 和 c、q 分别共线时，等号成立。根据引理 5.3，由于 c 位于 pq 的矩形边界框中，因此 $\mathrm{Rec}(p,c)+\mathrm{Rec}(c,q)=\mathrm{Rec}(p,q)$。因此，有 $\mathrm{Oct}(p,c)+\mathrm{Oct}(q,c)\leqslant\mathrm{Rec}(p,q)$。请注意，在最坏的情况下，$pc$ 和 cq 会形成矩形连接模型，因此线长减少为零。

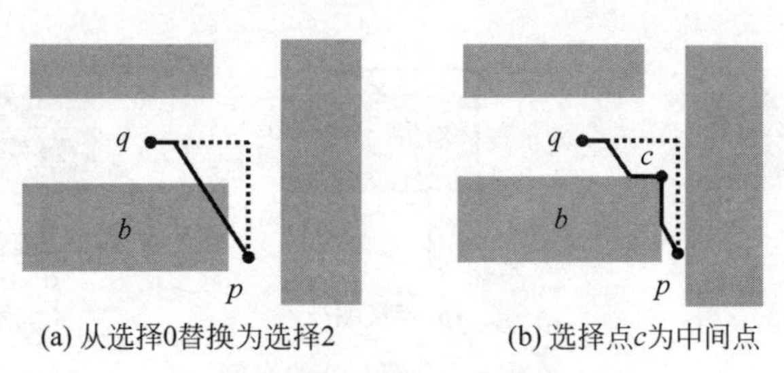

(a) 从选择0替换为选择2　　(b) 选择点c为中间点

图 5.9　引理 5.4 实例

定理 5.1　使用调整方法可以增加线长或减少线长。

证明：如上所述，当存在断开连接模型时，线长可能会增加 $1.3L \sim 1.6L$。然而，当存在矩形连接模型时，在引理 5.4 中已经证明，与边直接避开障碍物的情况相比，线长也可以减小。此外，对于八角连接模型与完全连接模型，如果存在一个穿过障碍物的边，则调整方法将用选择 0 或选择 1 来替换原始布线选择。它是 p 和 q 之间的最短路径。该策略对于减少线长具有重要意义。

5. 精炼

引理 5.1 证明了粒子在更新后的位置可能会变差。事实上，粒子以随机模式飞行是 PSO 算法具有如此强大的搜索能力的主要原因之一。此外，在调整步骤中，优先使用选择 0 和选择 1 的规则并不总是有效的，因此获得的结果可能仍然包括或多或少的非最优结构。图 5.10 是连接子结构的示意图，如图 5.10 所示（为了简单起见，只给出水平距离大于两垂直距离的两个引脚的图），p 是一个 2 度引脚，分别连接到引脚 q 和引脚 g。有两条边，每条边有 4 种布线选择，因此可以得到 16 个子结构，但只有一个是最优的。假设 $\mathrm{Hor}(p,q)$ 表示 p 和 q 之间的水平距离。

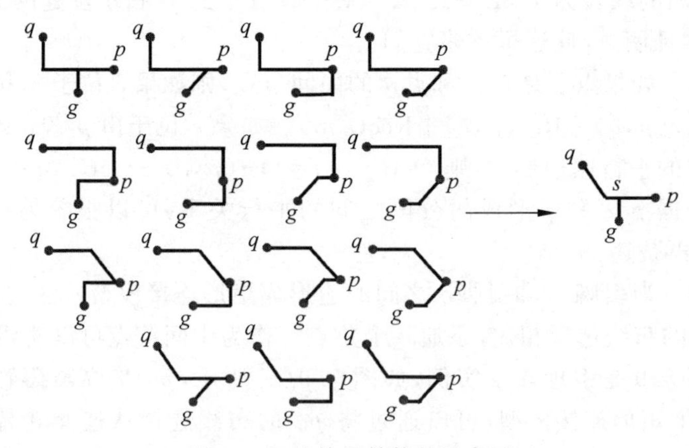

图 5.10　连接子结构的示意图

在图 5.11 中，$\mathrm{Hor}(p,q) > \mathrm{Hor}(p,g)$，$s$ 是 pq 使用选择 0 时的 Steiner 点。当 g 在 p 和 s 之间（包括边界）时，最优结构将是 $pq0$ $pg3$。图 5.11 是 g 在 q 和 s 的连接示意图。在这种情况下，p 和 g 之间的布线选择取决于实际长度的增加。

也就是说，当 $ge+es<gd$ 或 $es>ed>0$ 时，$pg3$ 将被选择，否则，$pg0$ 将被完成。此外，图 5.12 为一个 4 度模型，它可以被分成两个 2 度模型。图 5.12 右侧的 9 个结构是最佳结构的候选。

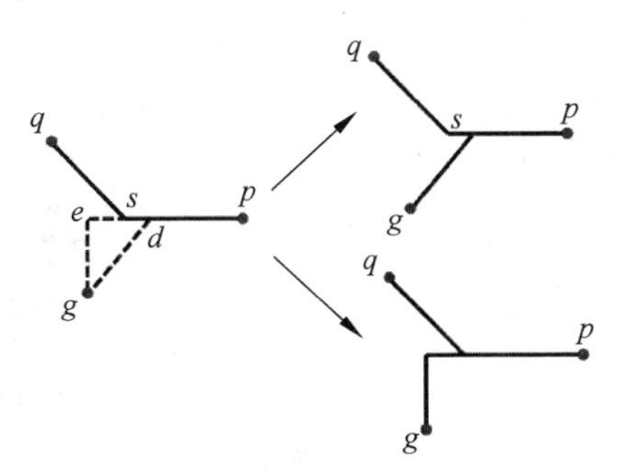

图 5.11 连接示意图

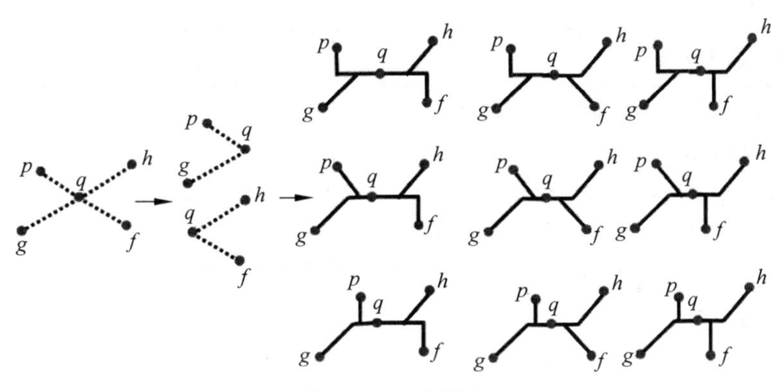

图 5.12 4 度模型

在前面分析的基础上，本节提出了一种基于公共边策略的面向引脚的精炼方法，该方法能够将所有这些非最优结构转换为最优结构，同时绕开所有障碍。具体步骤如下。

(1) 扫描粒子 g_f 的每个边以计数每个端点 p 的度，同时记录所有连接到 p 的端点。

(2) 对于每个端点 p，如果 p 的度为 d，则枚举 p 的所有 4^d 的布线选择组合，并选择获得最小适应度值的组合，同时避开所有障碍物。

在细化过程中，有两点需要注意。首先，关于终端的组合是否避开所有障碍物的问题可以通过查表直接确定，因为在调整过程中添加了障碍物角点的必要连接信息。其次，对于每个绕障组合，为了为整个粒子选择最优组合，可能需要计算整个粒子的适应度值，而不仅仅是组合本身的长度。图 5.13 显示了一个示例冲突。在计算引脚 p 的最优组合时，将得到 $pq0$ $pg3$。然而，当$sq>$

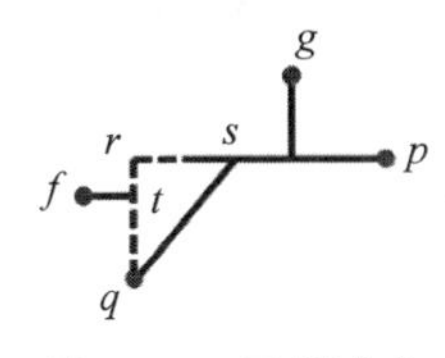

图 5.13 示例冲突

$sr+rt$ 时，$pq3$ $fq3$ 才是最佳结果，因此需要从全局角度来决定 pq 的布线选择。

实际上，图 5.14 是粒子改进的飞行过程，利用这种改进方法，粒子群不必在飞行步骤期间搜索期望的目标，因此提高了算法的效率。

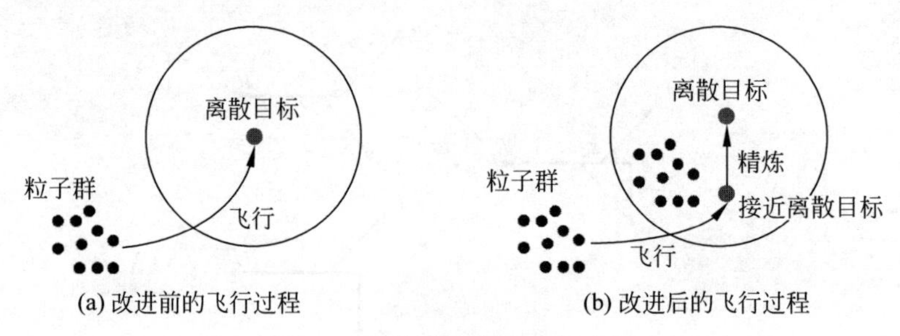

图 5.14　粒子改进的飞行过程

算法 5.2 显示了该改进方法的伪代码。

算法 5.2　改进方法

输入：经过调整后的全局最优粒子 g'_f，引脚总数 n

输出：新的粒子 p

```
Initialize list() to empty; //初始化每个引脚所连接的引脚列表为空
Initialize degree() to zero; //初始化每个引脚的度为 0
for each edge l(u,v) of g'_f do //粒子 g'_f 中的每条边，u 和 v 是一条边的两个引脚
  add u to list(v);
  degree(v)+1;
  add v to list(u);
  degree(u)+1;
end for
f=Fitness(g'_f);
g= g'_f;
for each pin p do //对于粒子 g'_f 中的每个引脚 p
  for each routing combination t of p do //枚举所有编码组合
    if check(t)=true then //如果当前的编码组合绕开障碍物或满足松弛条件
      replace(g, t); //使用当前编码组合替换原始编码组合
      fmid=Fitness(g'_f); //更新粒子适应度值
      if fmid<f then //如果在当前编码组合下整个粒子 g_f'的适应度值更小
        g'_f=g;
        f=fmid;
      else
        g= g'_f;
      end if
```

```
        end if
    end for
end for
```

degree(p)用于计算 p 的度，list(p)用于记录与 p 连接的所有终端，replace(g，t)表示用组合 t 代替粒子 g 的相应部分，check(t)表示通过表查找检查组合 t 的每条边是否绕开了所有障碍物。

5.2.2　考虑可制造性的后续操作

到目前为止，已经在全局最优粒子被精炼后获得了优秀的基于 X 结构的 OASMT。但是，应该注意的是，这个基于 X 结构的 OASMT 可能包括一些 45°角。这些锐角由两个相交的边形成，例如，如图 5.15(a)所示，两个边 $pg0$ 和 $pq3$ 形成角度 $\theta=45°$。考虑到工业生产的实际情况，应该去掉这些 45°角，因此提出了一种简单的后续处理方法。

通过分析锐角产生的原因和这些锐角的结构，将它们分为两类。第一个可以通过直接改变两条相交边的一个边的布线选择来解决。图 5.15 是消除锐角的示意图，以图 5.15(a)为例，可以通过改变边 pg 从选择 0 到选择 3 的布线选择来消除锐角。如图 5.15(b)所示，得到一个没有锐角的新布线结构。图 5.15(c)显示了第二种锐角。仅通过改变一个边的布线选择并不能消除这种锐角，因为这样做会产生交叉或新的锐角。因此，采用一种策略，通过删除边并生成新边来消除锐角。如图 5.11(d)所示，通过删除边 $pq0$ 并生成边 $pg3$，可以成功地移除 45°角。当然，也可以删除边 $gq0$ 并生成新的边 $gp2$ 以消除这个 45°角(见图 5.15(e))。应当注意，原始边的布线选择也可以在新生成的结构中改变，并且应该保证新的布线选择避开所有障碍物。很明显，可以通过直接查找表来执行此操作。例如，边 pq 的布线选择在图 5.15(e)中从选择 0 改变为选择 3。因为线长是优化目标，算法将选择具有最短线长的结构。根据精炼过程中 degree(p)和 list(p)的结果，可以快速识别所有相交的边。在将该后处理方法应用于最终的全局最优粒子 g_f 之后，可以有效地消除所有锐角。

算法 5.3 显示了后处理方法的伪代码。在算法 5.3 中，change_routing_choice(l)用于改变边 l 的布线选择并且选择不产生任何锐角的那个，同时实现最短的线长。Routing_combination(l_1，l_2)用于计算边 l_1 和 l_2 的布线选择组合，并且在获得最短线长时不获得任何锐角。Select(r_1，r_2)用于选择 r_1 和 r_2 之间的一个组合，并且必须保证该结果避开所有障碍物且实现更短的线长。从算法 5.3 中可以看出，首先尝试使用第一种类型的方法然后使用第二种类型的方法去除锐角。注意，可以通过直接查找表来获得边的所有连接信息，因此该过程是有效的。

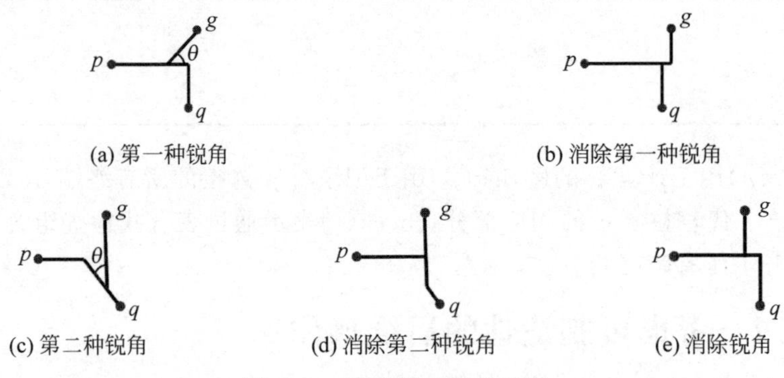

图 5.15 消除锐角的示意图

5.2.3 参数策略

性质 5.1 粒子的局部开发能力和全局探索能力受惯性权重影响。

在 PSO 算法中,粒子飞行的动力由惯性分量提供,体现了先前速度对飞行轨迹的影响,惯性权重则决定了这种影响程度。较大的惯性权重使粒子能够搜索未知的区域,从而跳出局部极值;反之,较小的惯性权重使粒子在目前所达区域附近搜索,使算法加速收敛。

文献[15]、[16]中提出了一种基于线性减小惯性权重的 PSO 算法,并在 4 种不同的基准函数上进行了仿真实验,实验结果表明这种参数策略能够提高 PSO 算法的性能。

性质 5.2 较大的加速因子 c_1 可能使粒子在本地范围内游荡,较大的加速因子 c_2 将使算法过早收敛。

加速因子 c_1 和 c_2 用于粒子之间的通信。在早期使用较大的 c_1 和较小的 c_2,并在之后进行反转。通过这种方式,该算法将保证在局部范围内进行详细搜索,以避免在早期阶段直接移动到全局最优的位置,并加快后续阶段的收敛。同样地,该算法的实验取得了很好的效果。

算法 5.3 后处理方法

输入: 最终的全局最优粒子 g_f

输出: 最终的布线结果

```
for each pair of intersected edges pg and pq do//对于每对相交的边 pg 和 pq
  if intersected_angle(pg,pq)=45° then//若其形成 45°角
    result1=change_routing_choice(pg);//改变边 pg 的布线选择并选择不产生锐角的那个
    if obstacle_avoiding(result1)=true then //若该结果避开所有障碍物
      set result1 as a result;
```

```
      continue;
    end if
    result2=change_routing_choice(pq); //改变边 pq 的布线选择并选择不产生锐角的
                                          //那个
    if obstacle_avoiding(result2)=true then
      set result2 as a result; //将其设置为最终布线结果
      continue;
    end if
    generate a new edge gq;//生成一条新的边 gq
    result3=routing_combination(pg,gq);//计算边 pg 和 gq 的布线选择组合
    result4=routing_combination(pq,gq); //计算边 pq 和 gq 的布线选择组合
    fr=select(result3,result4);//选择 result3 和 result4 之间的一个组合
    set fr as a result;
  end if
end for
```

5.2.4 实验结果

本节算法使用C/C++语言实现，在具有2.9 GHz CPU 和 2GB 内存的 PC 上进行所有实验。并使用 MATLAB 来模拟最终的布线图。通常使用多组基准作为绕障问题的测试用例。前 5 组是 Synopsys 的工业测试案例。其余的是绕障问题的基准。注意，引脚可以位于障碍物的边界。

表 5.3 显示了精炼之前和之后线长的比较结果，其中 Pin# 和 Obs# 分别表示引脚和障碍物的数量。改进率等于((before－after)/before)×100%。如前所述，粒子群在飞行过程中只需要搜索一个次优结果，然后使用精炼方法得到最优结构。从表 5.3 可以看出，经过精炼后，线长可以得到 0.00%～10.56%的改善，平均改善也可以达到 7.93%。

众所周知，这是专门解决基于 X 结构的单层绕障问题的第一项工作。以往的 X 结构的研究大多集中在无障碍布线平面上，然后对布线长度或时延进行优化。表 5.4 显示了线长与 λ-几何结构的比较，其中列 3 是通过该算法获得的线长。

与 OARSMT(λ=2)相比，线长减少 9.61%～48.16%，平均减少 25.08%。对于 OAOSMT(λ=4)，当问题的规模较小(即只有少数障碍物的小规模网络)时，文献[5]的算法在大多数测试用例中与该结果相似。然而，当问题的规模很大时，特别是当障碍物的数量多于引脚的数量时，由于文献[5]的算法可能会引入一些冗余的角点，该算法具有很大的优势，其中对于具有 200 个引脚和 1000 个障碍物的测试用例，最大减少率可以达到 42.36%。X 架构的平均改进率为 16.42%。

表 5.3 精炼前后的线长比较结果

引 脚 数	障 碍 数	精 炼 前	精 炼 后	优化率/%
10	32	618	562	9.06
10	43	9724	9431	3.01
10	59	574	574	0.00
25	79	1128	1033	8.42
33	71	1440	1288	10.56
10	10	26 761	24 717	7.64
30	10	44 822	40 751	9.09
50	10	57 253	52 033	9.12
70	10	61 725	57 250	7.25
100	10	80 486	72 738	9.63
100	500	85 992	78 643	8.55
200	500	116 905	105 542	9.72
200	800	126 820	116 204	8.37
200	1000	123 177	111 385	9.57
500	100	172 126	157 520	8.49
1000	100	239 231	219 037	8.44
均值				7.93

表 5.4 与 λ-几何结构算法的线长比较结果

引脚数	障碍数	本节算法线长	线 长		线长减少率/%	
			$\lambda=2$	$\lambda=4$	$\lambda=2$	$\lambda=4$
10	10	24 717	30 410	27 279	18.72	9.39
30	10	40 751	45 640	41 222	10.71	1.14
50	10	52 033	58 570	52 432	11.16	0.76
70	10	57 250	63 340	57 699	9.61	0.78
100	10	72 738	83 150	73 090	12.52	0.48
100	500	78 643	149 725	135 454	47.48	41.94
200	500	105 542	181 470	162 762	41.84	35.16
200	800	116 204	202 741	182 056	42.68	36.17
200	1000	111 385	214 850	193 228	48.16	42.36
500	100	157 520	198 010	176 497	20.45	10.75
1000	100	219 037	250 570	222 758	12.58	1.67
均值					25.08	16.42

此外，表 5.5 将所提出的算法的线长与近年来发表的基于直角结构的一些启发式算法(文献[31]、[32]、[11]、[12]、[19]和文献[20]提出的算法)进行了比较，并显示了迄今为止的最佳结果。为了简单起见，在实验表格中按照前面的顺序将对比文献标记为 A～F。

2014 年，在 GPU 的帮助下，文献[32]提出了构造 OARSMT 的并行方法，与之相比得到了−0.60%～6.95%的线长改善，平均线长减少了 3.87%，只有一个测试情况更糟(0.60%)。虽然文献[31]的算法提出时间稍早，但在这 6 篇论文中效果最好。其中一个主要原因是文献[31]的算法提出了一种优秀的 4 步 Steiner 点选择方法，该方法能够以令人满意的位置添加 Steiner 点，从而减少线长。与文献[31]的算法相比，本节算法获得了−0.47%～7.72%的线长改善，平均达到 4.23%。此外，从表 5.5 中可以看出，与 C、D、E、F 4 种优秀算法相比，本节算法可以获得平均 4.55%～6.68%的线长改善。

表 5.5　与一些直角结构启发式算法的线长比较结果

P	B	Our_L	线长			优化率$(X-\text{Our_L})/X$/%		
			[31]A	[32]B	[11]C	X=A	X=B	X=C
10	32	562	609	604	604	7.72	6.95	6.95
10	43	9431	9500	9600	9500	0.73	1.76	0.73
10	59	574	600	600	600	4.33	4.33	4.33
25	79	1033	1092	1092	1129	5.40	5.40	8.50
33	71	1288	1345	1353	1364	4.24	4.80	5.57
10	10	24 717	25 980	25 980	25 980	4.86	4.86	4.86
30	10	40 751	41 740	41 350	42 110	2.37	1.45	3.23
50	10	52 033	55 500	54 360	56 030	6.25	4.28	7.13
70	10	57 250	60 120	59 530	59 720	4.77	3.83	4.14
100	10	72 738	75 390	74 720	75 000	3.52	2.65	3.02
100	500	78 643	81 340	81 290	81 229	3.32	3.26	3.18
200	500	105 542	110 952	110 851	110 764	4.88	4.79	4.71
200	800	116 204	115 663	115 516	116 047	−0.47	−0.60	−0.14
200	1000	111 385	114 275	113 254	115 593	2.53	1.65	3.64
500	100	157 520	167 830	166 970	168 280	6.14	5.66	6.34
1000	100	219 037	235 866	234 875	234 416	7.13	6.74	6.56
均值						4.23	3.87	4.55

P	B	Our_L	线长			优化率$(X-\text{Our_L})/X$/%		
			[12]D	[19]E	[20]F	X=D	X=E	X=F
10	32	579	636	632	639	11.64	11.08	12.05
10	43	9489	9600	9600	10 000	1.76	1.76	5.69
10	59	588	613	613	623	6.36	6.36	7.87
25	79	1085	1116	1121	1126	7.44	7.85	8.26
33	71	1321	1364	1364	1379	5.57	5.57	6.60
10	10	25 130	25 980	26 900	27 540	4.86	8.12	10.25
30	10	40 924	42 070	42 210	41 930	3.14	3.46	2.81
50	10	54 039	54 630	55 750	54 180	4.75	6.67	3.96

续表

P	B	Our_L	线长			优化率(X−Our_L)/X/%		
			[12]D	[19]E	[20]F	X=D	X=E	X=F
70	10	58 536	59 270	60 350	59 050	3.41	5.14	3.05
100	10	74 063	75 410	76 330	75 630	3.54	4.71	3.82
100	500	78 643	82 300	83 365	86 381	4.44	5.66	8.96
200	500	105 542	111 752	113 260	117 093	5.56	6.81	9.86
200	800	116 204	116 646	118 747	122 306	0.38	2.14	4.99
200	1000	111 385	113 781	116 168	119 308	2.11	4.12	6.64
500	100	157 520	167 540	170 690	167 978	5.98	7.72	6.23
1000	100	219 037	234 097	236 615	232 381	6.43	7.43	5.74
均值						4.83	5.91	6.68

对于运行时间，一方面，与传统的直角结构相比，X结构引入了45°和135°的布线方向。这无疑会增加问题的复杂性。另一方面，由于PSO算法具有非常强的搜索能力，所以使用它来优化线长。但从本质上讲，PSO算法是一种基于群的方法，与普通的启发式方法相比非常耗时。表5.6给出了算法的详细运行时间。第3列显示了预处理时间，可以看到，大多数测试用例只需要不到一秒钟。第4列显示了粒子飞行步骤的运行时间。在这里，有两点要解释。首先，对于所有测试案例，由于在下一步骤中将会使用调整方法和精炼方法，粒子群只需要搜索次优结果，甚至可以包括一些穿过障碍物的边。因此大大减少了搜索时间。其次，当障碍物的数量大于引脚的数量时，很明显会形成许多断开连接模型，因此无论如何增加搜索过程的强度，粒子都无法避开所有障碍物。因此，借助于调整方法仅需要相对少量的搜索时间。表5.6第11行～第14行属于这种类型。第5列描述了有关调整方法的信息，其中null表示最终全局最佳粒子直接避免了所有障碍的情况，即没有用于调整的情况。在a/b中，a是调整的运行时间，b是通过调整选择的角点的总数。可以看出，大多数测试用例选择了几个角点。表5.6第11行～第14行选择更多的角点，因为它们包含更多断开连接模型，因此调整时间也相对较长。第6列是精炼方法的运行时间，这是算法中最耗时的部分。主要原因如下。为了选择一个端点的最佳布线组合，需要计算粒子的适应度值，而不仅仅是绕障组合本身的长度。问题是公共边应该只计算一次，因为由于存在45°和135°段，处理和判断它们需要花费更多的时间。最后一列显示了所提算法的总运行时间，其中超过一半的测试用例可以在一秒内获得很好的结果。对于最后一组测试用例，最长的运行时间是9.329s，但这是一个相当优异的结果。从表5.6可以看出，所有运行时间都是合理且可接受的。

表 5.6　算法的详细运行时间

引脚数	障碍数	预处理时间	粒子飞行时间	调整时间	精炼时间	合　　计
10	32	0.000s	0.015s		0.000s	0.015s
10	43	0.000s	0.015s	0.000s/7	0.000s	0.015s
10	59	0.000s	0.015s		0.000s	0.015s
25	79	0.000s	0.015s	0.000s/8	0.000s	0.015s
33	71	0.000s	0.015s	0.000s/19	0.031s	0.046s
10	10	0.000s	0.015s	0.000s/4	0.000s	0.015s
30	10	0.000s	0.015s	0.000s/5	0.000s	0.015s
50	10	0.000s	0.063s	0.000s/4	0.031s	0.094s
70	10	0.000s	0.094s	0.000s/4	0.095s	0.189s
100	10	0.000s	0.172s	0.000s/6	0.083s	0.255s
100	500	0.140s	0.016s	0.015s/91	0.385s	0.556s
200	500	0.546s	0.016s	0.015s/87	1.373s	1.950s
200	800	0.889s	0.032s	0.015s/76	2.015s	2.951s
200	1000	1.139s	0.078s	0.016s/209	2.030s	3.263s
500	100	0.795s	0.093s	0.000s/39	4.515s	5.403s
1000	100	3.073s	0.312s	0.000s/25	5.944s	9.329s

5.2.5　小结

随着制造技术的进步，在X结构模型中可以允许45°和135°对角线段。本节算法提出了一种基于离散PSO在X架构中构建OASMT的有效方法。同时，集成了一些启发式策略和GA算法的两个算子，进一步提高了算法的性能。经过实验证明所提出的算法在合理的运行时间内获得了很好的结果，与基于直角结构的最新成果相比，获得了线长提高3.87%～6.68%。对于X架构，与相关的工作相比较，本节算法平均减少了16.42%的线长。

5.3　快速绕障X结构Steiner最小树算法

5.3.1　引言

自从1966年人们提出Hanan网格以来，直角Steiner最小树(Rectilinear Steiner Minimum Tree，RSMT)被广泛应用于超大规模集成电路(Very Large Scale Integration，VLSI)的布线问题。另一方面，由于VLSI电路的密度急剧增加，许多可重复使用的组件集成在现代芯片中，例如IP块。在布线过程中无法移动这些组件。因此，在过去的几年中，OARSMT的构建问题得到了广泛的研究。

随着VLSI电路制造技术的进步，X结构布线模型中可以允许45°和135°的斜线段。与传统的直角结构相比，X结构可以极大地优化线长，从而降低了时间延迟、线容量和拥塞的成本。例如,文献[23]提出的 X 结构 Steiner 最小树(OSMT)算法显示了其与 RSMT 相比,通孔数量、总线长和管芯尺寸分别减少了 40%、20%和 11%。因此,近年来学术界和工业界都致力于使用 X 结构。

作为一个基本问题,研究人员已经提出了一些用于解决 OSMT 构造问题的算法。例如,文献[23]和文献[24]提出了构造时间驱动的 OSMT 算法,其可以显著提高芯片的性能。此外,文献[18]还提出了对应方法来解决 λ-几何绕障 Steiner 树构造问题。

本节提出了一种 OAOSMT 构建算法。主要贡献总结如下:

(1) 算法生成了两个有关引脚和障碍物的查找表,为整个算法提供了快速的信息查询。

(2) 在快速查表的基础上,提出了一种绕障策略和一种精炼技术。这两种方法都是有效和高效的。

(3) 与以前的算法相比,本节算法的线长和运行时间都是最好的。对科研和工业生产都具有价值。

5.3.2 算法框架

图 5.16 是 OAOSMT 的构建输入引脚和障碍物。本节算法可以分为以下 4 个步骤:

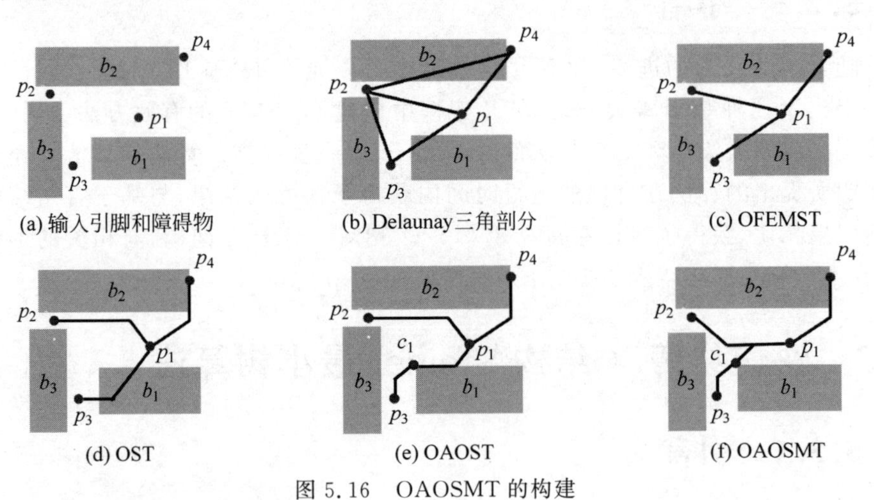

图 5.16 OAOSMT 的构建

步骤 1,首先在给定的引脚顶点上构造 Delaunay 三角剖分(DT)(见图 5.16(b)),并构造 OFEMST(见图 5.16(c))。

步骤 2,生成两个查找表,用于记录有关 OFEMST 边的连接信息。它们可以为第 3 步和第 4 步提供快速信息查询。

步骤 3,OFEMST 首先转换为 X 结构 Steiner 树(OST)(见图 5.16(d))。然后利用障碍物的一些角生成 OAOST。在图 5.16(e)中,c_1 被选择为 p_1p_3 之间的中间节点。

步骤4,采用一种能够充分利用共享边原理的精炼技术,来生成最终的OAOSMT(见图5.16(f))。

5.3.3 算法细节

1. OFEMST的构建

在无障碍平面上,有许多现有的最小生成树构造算法。本节采用了一种基于DT的策略,首先根据给定的引脚构建DT。然后可以使用Prim或Kruskal算法在$O(n\log n)$时间内构造OFEMST。之后直接使用文献[25]中的Sweepline算法来构造DT,此处不再赘述。

2. 预查表生成

本节算法计算了OFEMST边在一个X结构平面上的连接信息。在此步骤中生成两个预先计算的查找表。第一种称为边-障碍表(Edge-Obstacle Table,EOT),记录每条X结构边穿过的障碍物信息。另一个称为边-段表(Edge-Segment Table,EST),记录每条X结构边的两个线段的坐标信息。

由于OFEMST具有$n-1$个边,并且每条边具有4个布线选择,因此总共有$4(n-1)$条X结构边。对于每一条X结构边,记录穿过的障碍物集合。同时,将值设置为这些障碍物的半周长之和。所有$4(n-1)$条边和其集合构成了最终的EOT。此外,每条边包括两条线段。记录这两个段的坐标。所有X结构边的信息构成最终EST。

查找表生成的伪代码在算法5.4中给出。有两点需要注意。首先,在第3行,对于障碍物b,仅在b的至少一个拐角点与p_ip_j的边界框重叠时检查它。其次,如果存在一个45°或135°段,将其绕原点顺时针旋转45°,形成一个新的水平或竖直段(第9～14行),然后记录新段的坐标。这有利于总线长和局部线长的计算,因为可以轻松识别公共的45°和135°段,而无须更改线长。

算法5.4　查找表生成

```
输入: OFEMST
输出: EOT,EST
  for each edge p_i p_j of OFEMST do
    for each routing choice k do
      for each obstacle b do //EOT 生成
        if run_through(p_i s_k, b) = True or run_through(s_k p_j, b) = True then
          L_ijk = L_ijk + semi-perimeter(b); //将 L_ijk 值设置为这些障碍物的半周长之和
          Add b to {B_ijk}; //将障碍物 b 加入 p_i p_j k 穿过的障碍物集合{B_ijk}
        end if
      end for
```

```
    if p_i s_k =45° or p_i s_k =135° then//EST 生成
      Rotate(p_i s_k ,45°);//将 p_i s_k 绕原点顺时针旋转 45°
    end if
    if s_k p_j =45° or s_k p_j =135° then
      Rotate(s_k p_j ,45°); //将 p_i s_k 绕原点顺时针旋转 45°
    end if
    record the coordinates of p_i s_k ;//记录新段 p_i s_k 的坐标
    record the coordinates of s_k p_j ;//记录新段 s_k p_j 的坐标
  end for
end for
```

3. 绕障策略

1) OST 生成

在该步骤中，基于查找 EOT，将 OFEMST 转换为 OST，细节如下。

检查 OFEMST 的每条边 p_ip_j。如果 X 结构的边 p_ip_j0 或 p_ip_j1 可以避开所有障碍物，直接将 p_ip_j2 的布线选择设置为选择 0 或选择 1；否则，如果 p_ip_j2 或 p_ip_j3 可以避开所有障碍物，仍然设置（根据 L_{ij0} 和 L_{ij1} 的值）选择 0 或选择 1。如果所有 4 个布线选择都通过障碍物，那么选择具有最小 L_{ijk} 的布线选择。应该注意的是，所有判断都可以通过直接查找 EOT 来执行。因此，这个过程非常快。OST 生成的伪代码在算法 5.5 中给出。

算法 5.5　OST 生成

```
输入：OFEMST,EOT
输出：OST
  for each edge p_i p_j of OFEMST do
    if {B_ij0}=∅ then //如果 X 结构的边 p_i p_j 0 可以避开所有障碍物
      p_i p_j k= p_i p_j 0;//将 p_i p_j 的布线选择设置为选择 0
    end if
    else if{B_ij1}=∅ then //如果 X 结构的边 p_i p_j 1 可以避开所有障碍物
      p_i p_j k= p_i p_j 1; //将 p_i p_j 的布线选择设置为选择 1
    end if
    else if{B_ij2}=∅ or {B_ij3}=∅ then//如果 p_i p_j 2 或 p_i p_j 3 可以避开所有障碍物
      //根据 L_ij0 和 L_ij1 的值设置选择 0 或选择 1
    if L_ij0 <= L_ij1 then
      p_i p_j k= p_i p_j 0;
    else
```

```
            p_i p_j k = p_i p_j 1;
        end if
    else//如果所有 4 个布线选择都通过障碍物
            select min(L_ijt), t=0,1,2,3;//选择具有最小 L_ijt 的布线选择
            p_i p_j k = p_i p_j t;
    end if
end for
```

2) OAOST 生成

显然，OST 的某些边可能会穿过障碍物。因此，提出了一种绕障方法来帮助这些边绕开障碍。算法 5.6 中显示了 OAOST 生成的伪代码。

算法 5.6 OAOST 生成

```
输入：OST,EOT
输出：OAOST
  for each edge p_i p_j k of OST do
    if {B_ijk} ≠ ∅ then //如果边 p_i p_j k 穿过了障碍物
      delete(p_i p_j k);//删除 p_i p_j k
      sort({B_ijk});//根据 Dis(p_i ,o)按非递减顺序对{B_ijk}进行排序,o 是障碍物的中心点
    end if
    s=p_i;//设起点为 p_i
    for each obstacle b in {B_ijk} do//逐一检查障碍集中的障碍物
        c=select_corner(b);//从当前障碍物中选择一个拐点 c
        add sc to EOT and EST;//计算边 sc 的连接信息,并将这些信息添加到 EOT 和 EST 中
        connect s with c;//将 s 连接到 c
        s=c;//用 c 替换 s 作为当前起点
    end for
    add sp_j to EOT and EST;//计算边 sp_j 的连接信息,并将这些信息添加到 EOT 和
                            //EST 中
    connect s with p_j;//将最后一个选定的拐点 s 连接到 p_j
  end for
```

对于 OST 的每条边 $p_i p_j k$(k 是 OST 中的布线选择)，如果它穿过了障碍物，则直接删除 $p_i p_j k$，并根据 Dis(p_j,o)按非递减顺序对障碍物集{B_{ijk}}进行排序，其中 o 是障碍物的中心点。然后设起点 s 为 p_j。对于已排序的集合{B_{ijk}}，逐一检查这些障碍物。从当前障碍物中选择一个拐点 c，它是最接近直线 sp_j 的。然后计算边 sc 的连接信息，并将这些信息添加到 EOT 和 EST 中。将 s 连接到 c 后，

用 c 替换 s 作为当前起点，并继续检查下一个障碍物，直到最后一个选定的拐点连接到 p_j。

这种绕障方法可以操作多次，直到所有的边都绕开所有的障碍物。图 5.17 展示了一个简单绕障实例。图 5.17(a)是原始边 p_1p_2，它穿过障碍物 B_1 和 B_2($\{B_{123}\}=\{B_1,B_2\}$)。删除边 p_1p_2 后，由于 $\text{Dis}(p_1,o_1)<\text{Dis}(p_1,o_2)$，首先检查 B_1。由于 c_1 是 B_1 与直线 p_1p_2 最接近的拐点，因此选择它作为中间节点并连接到 p_1(见图 5.17(b))。然后检查 B_2。在图 5.17(c)中，由于 c_2 是与直线 c_1p_2 最近的拐点，所以 c_2 连接到 c_1。最后，在图 5.17(d)中，c_2 连接到 p_2。注意，新边的所有连接信息都应该添加到 EOT 和 EST，因为它们对于精炼是有用的。

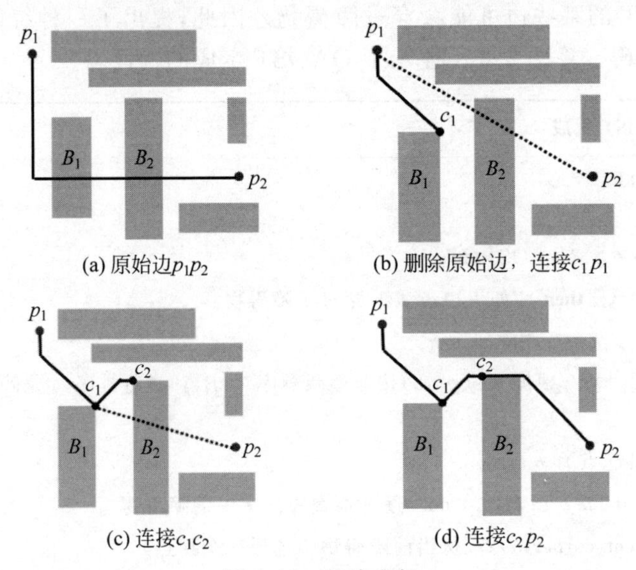

图 5.17 绕障实例

4. 精炼

事实上，对于任何一个引脚，其互连总是存在一个最佳结构。图 5.18 显示了具有 2 度端点 p_3 的一个示例，其中 p_1 和 p_2 连接到 p_3。在不损失一般性的情况下，假设两个引脚之间存在 $\Delta x>\Delta y$。由于每个边有 4 个布线选择，总共有 16 个子结构。但当 p_2 在 s_1 和 p_3 之间时，其中 s_1 是边 p_1p_2 的 pseudo-Steiner 点，则图 5.18(a)是 p_3 的唯一最佳结构。当 p_2 在 p_1 和 s_1 之间(见图 5.18(b))时，如果 $p_2e+es_1<p_2d$ 或 $es_1>ed$，则图 5.18(c)成为最佳结构；否则，图 5.18(d)是最佳的。障碍物存在的平面也遵循类似的原理。但是最佳结构可能成为 16 个子结构中的任意一个。例如，如图 5.18(e)所示，p_2 只能通过选择 3 连接到 p_3。因此，图 5.18(e)成为最佳结构之一。

基于上述分析，提出了一种精炼技术(见算法 5.7)。通过扫描 OAOST 的边一次，首先计算每个引脚 p_i 的度，并将连接到 p_i 的引脚记录为列表。然后计算每

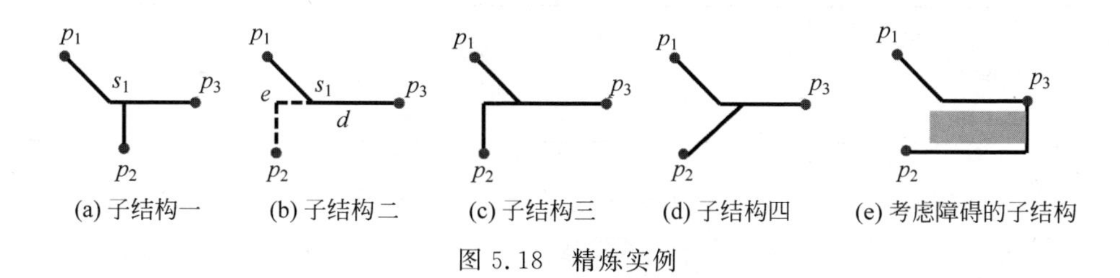

(a) 子结构一　(b) 子结构二　(c) 子结构三　(d) 子结构四　(e) 考虑障碍的子结构

图 5.18　精炼实例

个引脚 p_i 的最佳结构(os_i)。假设 p_i 的度为 d。列举了 p_i 的所有 4^d 个布线选择组合,并选择了具有最小线长的且绕障的那一个作为 os_i。此外,计算每个 os_i 的公共边(se_i)的长度。接着根据 se_i 的值按降序对所有引脚进行排序。最后,根据已排序的引脚列表将每个引脚的 os_i 应用于原始的 OAOST,直到确定了所有 OAOST 边的布线选择。

算法 5.7　精炼

输入: OAOST,EOT,EST
输出: OAOSMT

```
for each edge p_i p_j k of OAOST do
  degree(p_i)=degree(p_i)+1;//计算每个引脚 p_i 的度
  degree(p_j)=degree(p_j)+1;//计算每个引脚 p_j 的度
  add p_j to list(p_j);//将连接到 p_j 的引脚记录为列表
  add p_i to list(p_i);//将连接到 p_i 的引脚记录为列表
end for
  //计算每个引脚 p_i 的最佳结构 os_i
  Initialize each length(os_i)=+∞;
  for each terminal p_i of OAOST do
    for each substructure st of p_i do//对于 p_i 的所有布线选择组合
      if obstacle-avoiding(st)=True and length(st)<length(os_i) then
        os_i=st;//选择具有最小线长的且绕障的那一个作为 os_i
      end if
    end for
    se_i=length_shared_edges(os_i);//计算每个 os_i 的公共边的长度 se_i
  end for
  sort({P}) in decreasing order according se_i;//根据 se_i 的值按降序对所有引脚进行排序
  for each terminal p_i of OAOST do
    apply os_i to OAOST;//将每个引脚的 os_i 应用于原始的 OAOST
    if all edges of OAOST have been decided then //直到确定了所有 OAOST 边的布线选择
```

```
        break;
      end if
    end for
```

有两点需要注意。首先,可以通过直接查找表来确定布线选择组合是否避免所有障碍(第10行)。其次,如果已经确定了OAOST边的布线选择,则即使当前os_i对该边具有不同的选择,也不会改变它(第18行)。

定理5.2 该算法的最坏时间复杂度为$O(nm)$,其中n和m分别是引脚和障碍物的数。

5.3.4 实验结果

所有算法都已用C语言实现和执行,实验在具有2.9GHz CPU和2GB存储器的PC上进行。IND1~IND5是Synopsys的工业测试用例。RC01~RC12是绕障问题的基准。目前解决单层OAOSMT问题的唯一相关工作是文献[18]提出来的,是为λ-几何问题设计的。此外,还有近年来文献[31]、[32]、[12]所提出的OARSMT构建算法。表5.7显示了本节算法与其他算法的线长比较结果。

表5.7 与其他算法的线长比较结果

测试用例	引脚数	障碍物数	本节算法线长	线长		优化率/%	
				文献[18] λ=4	文献[32]	文献[18] λ=4	文献[32]
IND1	10	32	569	—	609	—	6.57
IND2	10	43	9549	—	9500	—	−0.52
IND3	10	59	575	—	600	—	4.17
IND4	25	79	1070	—	1092	—	2.01
IND5	33	71	1378	—	1345	—	−2.45
RC01	10	10	25 084	27 279	25 980	8.05	3.45
RC02	30	10	39 488	41 222	41 740	4.21	5.40
RC03	50	10	54 177	52 432	55 500	−3.33	2.38
RC04	70	10	59 988	57 699	60 120	−3.97	0.22
RC05	100	10	72 833	73 090	75 390	0.35	3.39
RC06	100	500	78 079	135 454	81 340	42.20	4.01
RC07	200	500	105 950	162 762	110 952	34.90	4.51
RC08	200	800	113 943	182 056	115 663	37.41	1.49
RC09	200	1000	111 258	193 228	114 275	42.42	2.64
RC10	500	100	156 329	176 497	167 830	11.43	6.85
RC11	1000	100	216 937	222 758	235 866	2.61	8.03
RC12	1000	10 000	703 669	1 564 170	762 124	55.01	7.67
均值						19.29	3.52

续表

测试用例	引脚数	障碍物数	本节算法线长	线长		优化率/%	
				文献[18] λ=4	文献[32]	文献[18] λ=4	文献[32]
IND1	10	32	569	604	639	5.79	10.95
IND2	10	43	9549	9500	10 000	−0.52	4.52
IND3	10	59	575	600	623	4.17	7.70
IND4	25	79	1070	1129	1126	5.23	4.97
IND5	33	71	1378	1364	1379	−1.03	0.01
RC01	10	10	25 084	25 980	27 540	3.45	8.92
RC02	30	10	39 488	42 110	41 930	6.23	5.82
RC03	50	10	54 177	56 030	54 180	3.31	0.00
RC04	70	10	59 988	59 720	59 050	−0.45	−1.59
RC05	100	10	72 833	75 000	75 630	2.89	3.70
RC06	100	500	78 079	81 229	86 381	3.88	9.61
RC07	200	500	105 950	110 764	117 093	4.35	9.52
RC08	200	800	113 943	116 047	122 306	1.81	6.84
RC09	200	1000	111 258	115 593	119 308	3.75	6.75
RC10	500	100	156 329	168 280	167 978	7.10	6.93
RC11	1000	100	216 937	234 416	232 381	7.56	6.65
RC12	1000	10 000	703 669	756 998	842 689	7.04	16.50
均值						3.80	6.34

表 5.7 中第 4 列是本节算法的线长，与文献[18]所提算法相比，当问题的规模较小时(即只有几个障碍的小规模网络)，文献[18]所提算法具有与本节算法相似的平均表现(RC01～RC05)。而在大规模的用例中，即在引脚数大于 70 的线网中，本节算法的线长优化能力比文献[18]的算法优秀很多，最大减少了 55.01%的线长。平均改善率也可达到 19.29%。与文献[32]相比，该算法产生的线长优化提高了−0.52%～8.03%，平均减少了 3.52%，只有两个测试用例比它差。此外，该算法平均比文献[31]所提算法优化 3.80%，比文献[12]所提出的算法优化 6.34%。

该算法在实际问题上的处理速度非常快。有 3 个主要原因。首先，步骤 3、4 中使用的查找表的方法只需要 $O(1)$的复杂度。其次，因为步骤 1 生成 MST，两个引脚的矩形边界框很小，除非它们彼此非常远。因此，在步骤 2 和步骤 3 中不需要检查大多数的障碍物。最后，对于步骤 3 中的 OAOST 生成，只需要检查穿过障碍物的边。在表 5.8 中提供与其他算法的运行时间对比。最后一行中的值是标准化结果。与文献[18]的算法相比，本节算法快了 5.93 倍。此外，比文献[32]的算法快 42 倍，比文献[12]的算法快 11.92 倍。特别是，文献[31]提出的算法实现了 4 种算法中最快的运行时间。与之相比，本节算法的平均速度依然提高了 2.35 倍。

表 5.8 与其他算法的运行时间对比

测试用例	CPU 时间/s				
	文献[18]$\lambda=4$	文献[32]	文献[31]	文献[12]	本节算法
IND1	—	0.05	0.00	0.01	0.00
IND2	—	0.06	0.00	0.01	0.00
IND3	—	0.05	0.00	0.01	0.00
IND4	—	0.09	0.00	0.02	0.00
IND5	—	0.08	0.00	0.02	0.00
RC01	0.00	0.05	0.00	0.01	0.00
RC01	0.00	0.06	0.00	0.01	0.00
RC03	0.00	0.07	0.00	0.01	0.00
RC04	0.01	0.06	0.00	0.02	0.00
RC05	0.01	0.09	0.00	0.02	0.00
RC06	0.07	0.38	0.03	0.13	0.02
RC07	0.08	0.31	0.03	0.15	0.02
RC08	0.12	0.46	0.05	0.27	0.03
RC09	0.16	0.61	0.06	0.36	0.03
RC10	0.03	0.20	0.02	0.08	0.02
RC11	0.05	0.34	0.03	0.14	0.03
RC12	3.03	21.78	1.19	5.88	0.45
合计	3.56	24.74	1.41	7.15	0.60
比率	5.93	42.23	2.35	11.92	1.00

5.3.5 小结

本节提出了一种高效、有效的 OAOSMT 构建算法。经过多组标准测试用例的测试，实验结果表明，本节设计的算法在线长和运行时间均取得了最佳效果。它在 VLSI 布线过程中非常实用和有效。未来的工作可能集中在三维绕障问题上。

5.4 X 结构绕障 Steiner 最小树四步启发式算法

表 5.9 和表 5.10 给出了本节的主要符号的描述和主要缩写的描述。

表 5.9 主要符号的描述

符 号	描 述
n	引脚顶点的数量
m	障碍物的数量
p_i	第 i 个引脚的序列号
b_i	第 i 个障碍物的序列号

续表

符 号	描 述
p_ip_jk	当使用布线选择 k 时,引脚 p_i 和 p_j 的 X 结构边
p_is_k	p_ip_jk 的第一个线段
s_kp_j	p_ip_jk 的第二个线段
$\text{rec}(p_i,p_j)$	p_ip_j2 或 p_ip_j3 的线长
$\text{oct}(p_i,p_j)$	p_ip_j0 或 p_ip_j1 的线长
$\text{dis}(p_i,p_j)$	引脚 p_i 和 p_j 的欧氏距离
$\{B_{ijk}\}$	p_ip_jk 穿过的障碍集
$\text{box}(t)$	t 的直角边界框
$sp(t)$	t 的半周长
L_{ijk}	$\text{box}(\{B_{ijk}\})$的半周长
$\text{len}(p_i,p_j)$	引脚 p_i 和 p_j 的绕障线长
os_i	引脚 p_i 的最优拓扑结构
se_i	os_i 的公共边长度

表 5.10 主要缩写的描述

缩 写	描 述
SMT	Steiner 最小树
OST	X 结构 Steiner 树
OSMT	X 结构 Steiner 最小树
RSMT	直角结构 Steiner 最小树
OAOST	绕障 X 结构 Steiner 树
OAOSMT	绕障 X 结构 Steiner 最小树
OARSMT	绕障直角结构 Steiner 最小树
OFEMST	不考虑障碍的欧氏最小生成树
DT	德劳内三角剖分
MST	最小生成树
HPWL	半周长线长
EOT	边-障碍表
EST	边-段表
TDST	二维线段树

图 5.19 是 OAOSMT 四步启发式算法实例。输入引脚和障碍物如图 5.19(a)所示。有 4 个引脚和 4 个障碍物。算法可以分为以下 4 个步骤。

步骤 1,OFEMST 构建。在此步骤中,OFEMST 用于构造 X 结构 Steiner 树(OST)的初始解,因为它可以很容易地生成并转换为 OST。首先在给定的引脚顶点上构造 DT(见图 5.19(b))。然后使用 Kruskal 算法生成 OFEMST(见图 5.19(c))。

步骤 2,查找表生成。在此步骤中,将生成两个查找表,用于记录有关 OFEMST 边的连接信息。两个表都可以为整个算法提供信息支持。

步骤 3,绕障策略。在此步骤中,OFEMST 首先根据表查找转换为 OST(见图 5.19(d))。然后选择布线平面上的一些点作为 pseudo-Steiner 点以生成 OAOST。在图 5.19(e)中,s_1 和 c_1 被选择为 p_1 和 p_3 之间的两个 pseudo-Steiner

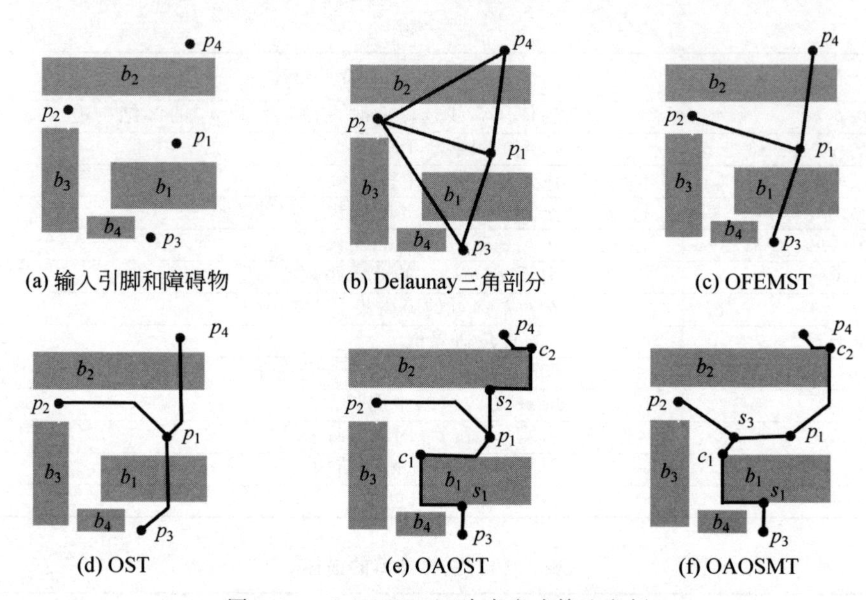

图 5.19 OAOSMT 四步启发式算法实例

点，并且 s_2 和 c_2 被选择为 p_1 和 p_4 之间的两个 pseudo-Steiner 点。

步骤 4，精炼。在该步骤中，采用包括 3 种策略的精炼方法，即冗余 pseudo-Steiner 点消除、pseudo-Steiner 点连接优化和布线选择优化，来生成最终的 OAOSMT。例如，通过共享 s_3 和 p_1 之间的布线路径并移除冗余的 pseudo-Steiner 点 s_2，图 5.19(e)中的 OAOST 被转换为图 5.14(f)中的 OAOSMT。

图 5.20 是 OAOSMT 四步启发式算法流程图。本节根据框架按顺序给出了所提算法的细节。

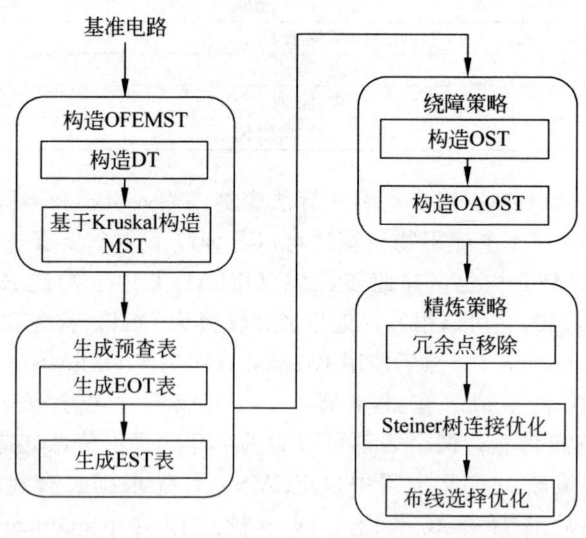

图 5.20 OAOSMT 四步启发式算法流程图

5.4.1　算法细节

1. OFEMST 的构建

OFEMST 通常用于在无障碍平面上构建 OST 的初始骨架，因为它可以很容易地生成并转换为 OST，所以首先研究 OFEMST 构造问题。有许多现成的 OFEMST 构造算法。文献[18]使用绕障约束 DT（Obstacle-Avoiding Constrained Delaunay Triangulation，OACDT）来构造绕障 MST（OAMST）算法。因为 OACDT 包含至少一个 OAMST 并且仅具有 $O(n)$ 个候选边，因此，本节首先根据给定的引脚构建 DT，然后可以使用 Prim 或 Kruskal 算法在 $O(n)$ 时间内构造 OFEMST。由于文献[25]的扫描线算法是 Voronoi 图（Voronoi Diagram，VD）构造中的一种非常成熟的技术，在此步骤中直接使用它来构造 VD，然后通过将 VD 转换为对偶图来生成 DT。

2. 查找表的生成

在此步骤中生成两个预先计算的查找表：第一种称为边障碍表（EOT），记录每条边穿过的障碍物信息；另一个称为边段表（EST），记录每条边的两个线段的坐标信息。

由于 OFEMST 具有 $n-1$ 条边，并且每条边具有 4 个布线选择，因此总共有 $4(n-1)$ 条边。对于每一条边 p_ip_jk，记录一个集合 $\{B_{ijk}\}$ 作为 p_ip_jk 穿过的障碍物。同时，计算每个 $\{B_{ijk}\}$ 的边界框，并将 L_{ijk} 值设置为该边界框的 HPWL。所有 $4(n-1)$ 的 $\{B_{ijk}\}$ 和 L_{ijk} 构成了最终的 EOT。此外，每条边 p_ip_jk 包括两条线段（p_is_k 和 s_kp_i）。记录这两个段的坐标。注意，对于 45°和 135°的线段，绕原点顺时针旋转 45°然后记录新段的坐标。所有 $4(n-1)$ 的边的信息构成最终 EST。

具体步骤如下。

(1) 初始化 $t=1$。

(2) 检查 OFEMST 的第 t 条边 p_ip_j。针对每个布线选择 k 计算两条分段 p_is_k 和 s_kp_j 的起始坐标和结束坐标。

(3) 对于每个活动障碍物 $B_p(0<p<m)$，如果 p_is_k 和 s_kp_j 穿过 B_p，则将 B_p 添加到相应的集合 $\{B_{ijk}\}$。

(4) 计算每个 $\{B_{ijk}\}$ 的 L_{ijk}。然后将 L_{ijk} 和 $\{B_{ijk}\}$ 记录到 EOT 中。

(5) 检查每个 p_is_k 和 s_kp_j。如果它是 45°或 135°段，顺时针旋转 45°形成一个新的水平段或竖直段。

(6) 将每条 p_is_k 和 s_kp_j 的坐标记录到 EST 中。然后 $t=t+1$；如果 $t<n$，则返回步骤(2)。否则，退出该过程。

有两点需要注意。首先，在步骤(3)中，对于障碍物 B_p，仅在 B_p 与边界框重叠时检查它。该障碍物也称为"活动障碍物"。图 5.21 是片段旋转的实例，例如，如图 5.21(a)所示，对于边 p_1p_2，只有两个引脚顶点 p_1 和 p_2；b_2、b_6 和 b_7 是 3 个活动障碍物；其余障碍物则不需要检查，因为不可能与边 p_1p_2 的任何布线选择相交。由于二维线段树（Two-Dimensional Segment Tree，TDST）通常用于记录平面区域的一些属性信息，为了以有效的方式找到给定引脚对的有效障碍物集，采用TDST来组织所有障碍物。更具体地，TDST的外部线段树用于组织水平轴上的间隔，内部分段树用于组织竖直轴上的间隔。另外，根据5.1节中描述的问题模型，每个障碍物 B_p 具有唯一的序列号 p；因此，对于构造的TDST的任何一个区域，如果该区域被障碍物 B_p 覆盖，则将序列号 p 添加到该区域。这样，在将所有障碍物添加到TDST的相应区域之后，最终的TDST将包含关于整个布线平面上的障碍物的所有信息，并且当给出一对引脚顶点 p_i 和 p_j 时，可以通过查询 p_ip_j 的边界框所覆盖的区域快速找到所有活动的障碍物。注意，一旦构建了TDST，它就不需要更新，并且可以为算法的所有后续步骤提供活动障碍物查询。由于线段树通常是完整的二叉树，因此每个操作都可以在对数时间内完成，例如，插入和查询。其次，对于步骤(5)中的45°或135°段采用旋转调整为水平或竖直方向。例如，如图5.21(c)所示，有4个45°段 p_1p_2、p_3p_4、p_5p_6 和 p_7p_8。在计算线长时，需要同时考虑所有4个45°段的位置，并且路径 p_2p_3 和 p_6p_7 应仅计算一次，因为两者都是公共边。由于实际电路的输入规模可能非常大，在布线平面中可能存在相当多的45°段，并且需要相对更多的计算量来获得这些公共边(如果考虑所有可能的45°段对的位置，最坏情况下它可以达到二次复杂度)。但是，如果事先将所有45°段绕原点顺时针旋转45°，则可以轻松计算所有公共边，因为所有生成的段都是水平的(见图5.21(c))，如果两个45°段具有公共边，那么两个生成的水平线段必须具有相同的 y 坐标；通过这种方式，可以首先根据其 y 坐标对这些旋转的段进行排序，然后通过仅扫描已排序的段一次来计算公共边的长度(排序过程主导此过程；它可以在 $O(e\log e)$ 时间内完成，其中 e 是45°段的数量)。135°段的旋转具有类似的原理。

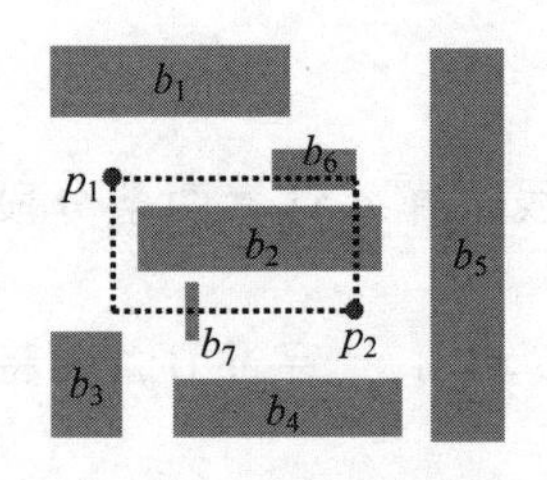

(a) 引脚与障碍物分布情况

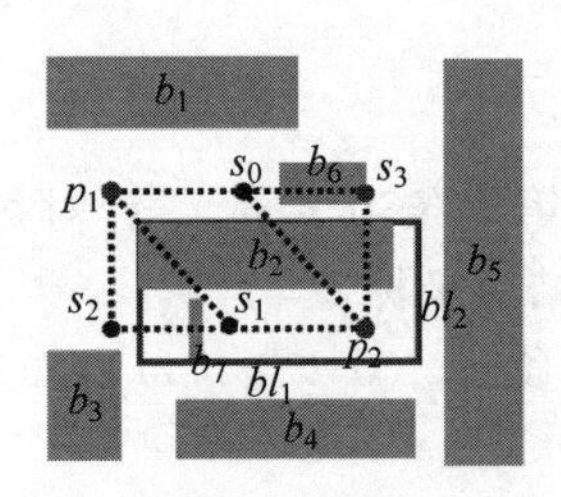

(b) 线段分布情况

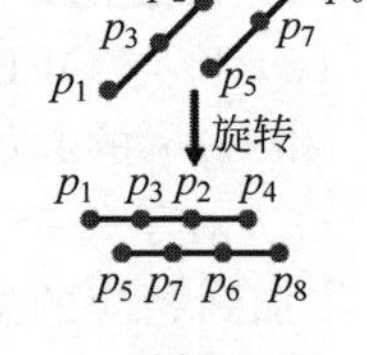

(c) 选择45°段

图5.21 线段旋转

$$\begin{cases} y_{\text{new}} = \dfrac{\sqrt{2}}{2} \times (y_i - x_i) \\ x_{\text{new1}} = \dfrac{\sqrt{2}}{2} \times (x_i + y_i) \\ x_{\text{new2}} = \dfrac{\sqrt{2}}{2} \times (x_j + y_j) \end{cases} \tag{5.2}$$

$$\begin{cases} x_{\text{new}} = \frac{\sqrt{2}}{2} * (x_i + y_i) \\ y_{\text{new1}} = \frac{\sqrt{2}}{2} * (y_i - x_i) \\ y_{\text{new2}} = \frac{\sqrt{2}}{2} * (y_j - x_j) \end{cases} \tag{5.3}$$

假设 $v_i(x_i, y_i)$ 和 $v_j(x_j, y_j)$ 是 45°或 135°段的两个端点。式(5.2)用于将45°段旋转到水平段,其中 y_{new} 是新段的 y 坐标,x_{new1} 和 x_{new2} 分别是两个新端点的 x 坐标。类似地,式(5.3)用于将135°段旋转到竖直段,其中 x_{new} 是新段的 x 坐标,y_{new1} 和 y_{new1} 分别是两个新端点的 y 坐标。

对于 EOT 和 EST 生成,将图 5.21(b)作为一个简单的例子。在一般情况下,假设在 X 结构布线平面中存在两个引脚 $p_1(3,4)$ 和 $p_2(5,3)$ 以及 7 个障碍(b_1 ~ b_7)。显然,在这个例子中,OFEMST 只包含一条边 p_1p_2。表 5.11 显示了 EOT 和 EST 的生成示例。

表 5.11 EOT 和 EST 的生成示例

EOT	EST
$\{B_{120}\}=\{b_2\}, L_{120}=\text{sp}(b_2)$	$p_1s_0\{(3,4),(4,4)\}$ $s_0p_2^*\{(4\sqrt{2},-\sqrt{2}),(4\sqrt{2},0)\}$
$\{B_{121}\}=\{b_2, b_7\}, L_{121}=\text{sp}(\text{box}(\{B_{121}\}))$	$p_1s_1^*\{(7/\sqrt{2},-\sqrt{2}/2),(7/\sqrt{2},\sqrt{2}/2)\}$ $s_1p_2\{(4,3),(5,3)\}$
$\{B_{122}\}=\{b_7\}, L_{122}=\text{sp}(b_7)$	$p_1s_2\{(3,4),(3,3)\}$ $s_2p_2\{(3,3),(5,3)\}$
$\{B_{123}\}=\{b_2, b_6\}, L_{123}=\text{sp}(\text{box}(\{B_{123}\}))$	$p_1s_3\{(3,4),(5,4)\}$ $s_3p_2\{(5,4),(5,3)\}$

可以快速查询有关 OFEMST 的所有连接信息。例如,从表 5.11 可以看出,边 p_1p_21 穿过障碍物 b_2 和 b_7。两条分段 p_1s_1 和 s_1p_2 的坐标分别为$\{(7/\sqrt{2}, -\sqrt{2}/2)$、$(7/\sqrt{2}, \sqrt{2})/2\}$和$\{(4,3),(5,3)\}$。

应该注意的是,$p_1s_1^*$ 表示 p_1s_1 旋转后的线段坐标。另外,如果一条边 p_ip_jk 可以避开所有障碍物($\{B_{ijk}\}=\varnothing$),那么 $L_{ijk}=0$。如果 p_ip_jk 只穿过一个障碍物 $b(\{B_{ijk}\}=\{b\})$,则 L_{ijk} 直接设置为 b 的 HPWL。否则,如果 p_ip_jk 经过多个障碍物,例如,p_1p_21 通过图 5.21(b)中的 b_2 和 $b_7(\{B_{ijk}\}=\{b_2, b_7\})$,则 L_{121} 设置为边界框的 HPWL($\{B_{121}\}$),等于 bl1+bl2,如图 5.21(b)中实线矩形框所示。

两个查找表的功能可以总结如下。

(1) 在绕障策略中,转换过程可以根据 EOT 提供的信息有效地执行。

(2) 在精炼过程中,基于 EOT 和 EST 可以有效地计算各个端点的最优结构。

此外，通过查找表，可以获得所需的关于冗余 pseudo-Steiner 点消除和 pseudo-Steiner 连接优化过程的所有连接信息。

(3) 利用 EST 可以有效地计算局部和全局的线长。

3. 绕障策略

1) OST 生成

在该部分中，基于查找 EOT，将步骤 1 中生成的 OFEMST 转换为 OST。

检查 OFEMST 的每条边 p_ip_j。如果边 p_ip_j0 或 p_ip_j1 可以避开所有障碍物，直接将 p_ip_j 的布线选择设置为选择 0 或选择 1。否则，如果 p_ip_j2 或 p_ip_j3 可以避开所有障碍物，仍然设置(根据 L_{ij0} 和 L_{ij1} 的值)选择 0 或选择 1。如果所有 4 个布线选择都通过障碍物，选择具有最小 L_{ijk} 的布线选择。应该注意的是，所有判断都可以通过直接查找 EOT 来执行。因此，这个过程非常快。OST 生成的伪代码在算法 5.8 中给出。

算法 5.8　OST 生成

```
输入：OFEMST，EOT
输出：OST
for each edge p_ip_j of OFEMST do
  if {B_ij0}=∅ then //如果 X 结构边 p_ip_j0 可以避开所有障碍物
    p_ip_jk=p_ip_j0;//将 p_ip_j 的布线选择设置为选择 0
  end if
  else if {B_ij1}=∅ then //如果 X 结构边 p_ip_j1 可以避开所有障碍物
    p_ip_jk=p_ip_j1; //将 p_ip_j 的布线选择设置为选择 1
  end if
  else if{B_ij2}=∅ or {B_ij3}=∅ then//如果 p_ip_j2 或 p_ip_j3 可以避开所有障碍物
    //根据 L_ij0 和 L_ij1 的值设置选择 0 或选择 1
    if L_ij0<= L_ij1 then
      p_ip_jk=p_ip_j0;
    else
      p_ip_jk=p_ip_j1;
    end if
  else//如果所有 4 个布线选择都通过障碍物
    select_min(L_ijt), t=0,1,2,3;//选择具有最小 L_ijt 的布线选择
    p_ip_jk=p_ip_jt;
  end if
end for
```

具体步骤如下。

(1) 初始化 $t=1$。

(2) 对于 OFEMST 的第 t 条边 p_ip_j，检查选择 0 和选择 1；如果它们中的任何一个可以避免所有障碍物，那么将 p_ip_j 的布线选择设置为当前的布线选择。重复此步骤以检查第($t+1$)条边，直到 $t+1\geqslant n$；否则，转到步骤(3)。

(3) 如果选择 2 或选择 3 可以避免所有障碍物，请转到步骤(4)；否则，转步骤(5)。

(4) 如果 $L_{ij0}<L_{ij1}$，则将 p_ip_j 的布线选择设置为 0。否则，将其设置为选择 1，然后 $t=t+1$；如果 $t<n$，转到步骤(2)；否则，退出流程。

(5) 选择最小的 $p_ip_j(k=0,1,2,3)$，并将 p_ip_j 的布线选择设置为选择 k。然后 $t=t+1$；如果 $t<n$，转到步骤(2)；否则，退出流程。

步骤(2)采用策略，在 OST 生成过程中优先选择 0 和选择 1(见定理 5.3)。另外，步骤(3)和步骤(4)意味着即使选择 2 或选择 3 可以绕开障碍物，仍然选择布线选择 0 或选择 1 作为结果(见定理 5.4)。

定理 5.3　对于任意两个端点 p_ip_j，相比于 $\mathrm{rec}(p_i,p_j)$，$\mathrm{oct}(p_i,p_j)$可使线长减少$(2-2\sqrt{2})\times\min(\Delta x,\Delta y)$。

证明：假设 $\Delta x<\Delta y$，$\mathrm{oct}(p_i,p_j)=\Delta y-\Delta x+\sqrt{2}\times\Delta x$，并且 $\mathrm{rec}(p_i,p_j)=\Delta x+\Delta y$。这样，$\mathrm{rec}(p_ip_j)-\mathrm{oct}(p_ip_j)=(2-2\sqrt{2})\times\Delta x$。对于 $\Delta x>\Delta y$ 的情况也可同样证明。

引理 5.5　c 是边 p_ip_j 的中间节点，则 $\mathrm{rec}(p_i,p_j)=\mathrm{rec}(p_i,c)+\mathrm{rec}(c,p_j)$，当且仅当 $c\subset\mathrm{box}(p_i,p_j)$。

引理 5.6　c 是边 p_ip_j 的中间节点，然后 $\mathrm{oct}(p_ip_j)=\mathrm{oct}(p_i,c)+\mathrm{oct}(c,p_j)$，当且仅当 $c\subset\mathrm{para}(p_ip_j)$，其中 $\mathrm{para}(p_ip_j)$是由 p_i 和 p_j 形成的具有 45°或 135°方向的平行四边形。

根据 p_i，c 和 c，p_j 形成的分段之间的平行关系，可以很容易地实现引理 5.5 和引理 5.6 中的等式。因此，这里省略了证明过程。

定理 5.4　对于每条边 p_ip_j，如果$\{B_{ij0}\}\neq\varnothing$且$\{B_{ij1}\}\neq\varnothing$，但$\{B_{ij2}\}\neq\varnothing$或$\{B_{ij2}\}\neq\varnothing$，则在框($\{B_{ij0}\}$)或框($\{B_{ij1}\}$的边界上选择一些 pseudo-Steiner 点作为中间节点可以使线长减少$(2-\sqrt{2})\times\min(\Delta x,\Delta y))$。

证明：图 5.22 是定理 5.4 实例，$\{B_{ij0}\}=\{B_{ij1}\}=\{b_1,b_2\}$，但$\{B_{ij2}\}=\varnothing$。但是，如图 5.22(b)所示，如果选择 pseudo-Steiner 点 c 作为中间节点，将得到 $\mathrm{oct}(p_j,c)\leqslant\mathrm{rec}(p_j,c)$和 $\mathrm{oct}(c,p_j)\leqslant\mathrm{rec}(c,p_j)$，当且仅当 p_i、c 和 p_j 共线时，等式才成立。根据引理 5.5，如果 $c\subset\mathrm{box}(p_ip_j)$，则 $\mathrm{rec}(p_j,c)+\mathrm{rec}(c,p_j)=\mathrm{rec}(p_i,p_j)$。因此，有 $\mathrm{oct}(p_i,c)+\mathrm{oct}(c,p_j)\leqslant\mathrm{rec}(p_ip_j)$。最好情况下，根据定理 5.3 得到$(2-\sqrt{2})\times\min(\Delta x,\Delta y)\times(\mathrm{oct}(p_i,c)+\mathrm{oct}(c,p_j))=\mathrm{rec}(p_ip_j)$。

注意，在最坏的情况下，p_ic 和 cp_j 都可以通过仅使用选择 2 或选择 3 来避免所有障碍，然后线长减小为零。

2) OAOST 生成

显然，根据 OST 生成方法，OST 的某些边可能会穿过障碍物。实际上，可以通过直接查找 EOT 来识别这些边。但它可能需要更多的技术支持以绕开障碍物。

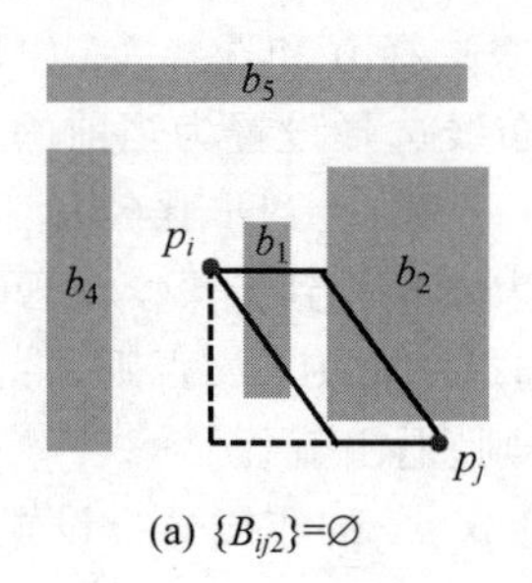

(a) $\{B_{ij2}\}=\varnothing$

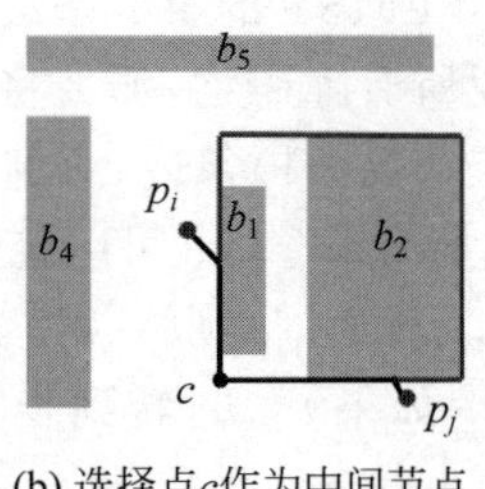

(b) 选择点c作为中间节点

图 5.22 定理 5.4 实例

因此，提出了一种 pseudo-Steiner 点选择方法，它可以有效地帮助所有边绕开障碍物。

参照图 5.23(a)所示的每个点 p，将平面划分为 8 个区域；每个区域不包括图 5.23(b)所示的两条边界线。显然，图 5.23(a)中的每条边界线($d_1 \sim d_8$)是布线平面中点 p 的合法布线路径。

在选择 pseudo-Steiner 点之前，首先扫描 OST 的所有边，对于每条边 p_ip_jk (k 是 OST 中的布线选择)；如果 $x_i > x_j$，则改变点 p_i 和 p_j 的位置，即将 p_ip_jk 变换为 $p_ip_jk^*$，其中相应的 k^* 值如图 5.23(c)所示。这样，对于每条边，可以确保起点位于终点的左侧，从而简化了边的可能场景。在变换之后，当检查边 p_ip_jk 时，只需要考虑点 p_i 的 X 形分区的右半轴和点 x_j 的 X 形分区的左半轴。

接下来，检查转换后的 OST 的每条边 p_ip_jk；如果它穿过了障碍物，则直接删除 p_ip_jk，并计算$\{B_{ijk}\}$的直线边界框 bx。然后沿着 5 个方向将 p_i 投影到它的右半轴。图 5.23 是合法路径划分这 5 个方向，包括图 5.23(a)中的 $d1 \sim d5$。假设 p_id_x 和 bx 之间的第一个交点是 t_x ($x=1,2,3,4,5$)；应该注意，t_x 可能不存在，因为 p_id_x 没有与 bx 相交。此外，计算直线 p_id_x 和 p_ip_j 之间的角度 a_x，然后选择具有最小 a_x 的 t_x 作为 pseudo-Steiner 点，因为 s 可能不能直接连接到 p_i，所以需要选择更多的 pseudo-Steiner 点，以便 p_i 和 p_j 可以连接。为了实现这个目标，检查 bx 的每个拐角点 c_y ($y=1,2,3,4$)，并选择一个使得 $\text{rec}(s,c_y)+\text{rec}(c_y,p_j)$ 最小且具有较大的 $\text{rec}(s,c_y)$ 的拐点作为另一个 pseudo-Steiner 点 c。最后，计算边 p_is、sc 和 cp_j 的连接信息，并将这些信息添加到 EOT 和 EST 中。此时，可以通过直接查找表来生成边 p_isk_1、sck_2 和 cp_jk_3。

考虑到集合$\{B_{ijk}\}$的障碍物可能在布线平面中广泛分散，在这种情况下，p_i 和 p_j 之间新生成的布线路径可能很长，因为它沿着$\{B_{ijk}\}$的边界框绕行。因此，为了确保高布线质量，在以下两种情况下采用其他 pseudo-Steiner 点选择策略。

(1) 两个选定的 pseudo-Steiner 点之间的布线路径穿过障碍物。

(2) 如果将 p_i 和 p_j 之间新生成的路径的长度除以 $\text{rec}(p_i,p_j)$并且得到的值大于 β(在实验中 β 设置为 2)。然后，根据 p_i 与障碍物之间的距离按递增顺序对$\{B_{ijk}\}$的所有障碍物进行排序，并根据上述投影方法按顺序选择每个障碍物上的

pseudo-Steiner 点。以这种方式,生成可以从$\{B_{ijk}\}$的大边界框逃逸的绕障路径。

OAOST 生成技术的详细步骤如下。

(1) 对于 OST 的每个边 p_ip_jk,如果 $x_i>x_j$,则将 p_ip_jk 变换为 $p_ip_jk^*$。

(2) 初始化 $t=1$。

(3) 对于变换后的 OST 的第 t 个直线边 p_ip_jk,如果它穿过障碍物,则转到步骤(4)。否则,继续检查第$(t+1)$个边沿,直到 $t+1\geqslant n$。

(4) 删除边 p_ip_jk。计算 $\mathrm{bx}=\mathrm{box}(\{B_{ijk}\})$。沿 $d1\sim d5$ 投影 p_i 并计算每个 $p_id_x(x=1,2,3,4,5)$和 bx 之间的第一个交点 t_x。

(5) 计算每个 p_id_x 和直线 p_ip_j 之间的角度 a_x。然后选择具有最小 a_x 的 t_x 作为 pseudo-Steiner 点 s。

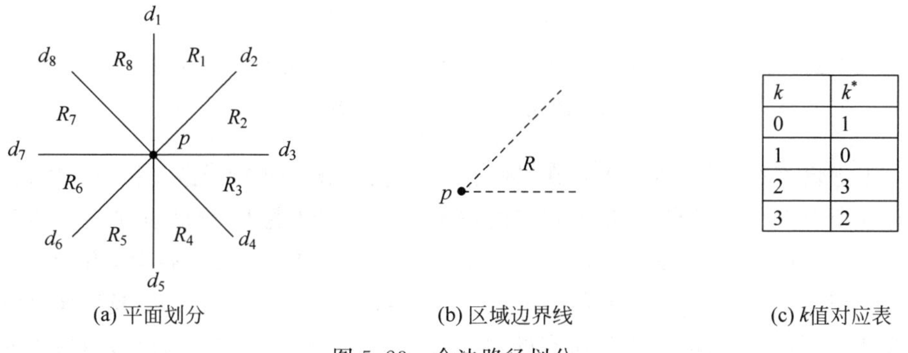

(a) 平面划分　(b) 区域边界线

k	k^*
0	1
1	0
2	3
3	2

(c) k值对应表

图 5.23　合法路径划分

(6) 从 bx 中选择一个角点 c,使 $\mathrm{rec}(s,c_y)+\mathrm{rec}(c_y,p_j)$最小,其中 c_y 是 bx 的第 y 个角点,$y=1,2,3,4$。

(7) 计算边 p_is、sc 和 cp_j 的连接信息,生成边 p_is、sc 和 cp_j。

(8) 如果$(\mathrm{len}(p_i,s)+\mathrm{len}(s,c)+\mathrm{len}(c,p_j))/\mathrm{rec}(p_i,p_j)>\beta$ 或边穿过障碍物,则对$\{B_{ijk}\}$排序,并按顺序在每个障碍物上选择 pseudo-Steiner 点,并生成从 p_i 到 p_j 的新路径。

引理 5.7　对于 OST 的边 p_ip_jk,如果$\{B_{ijk}\}\neq\varnothing$,则投影$(p_i)\cap\mathrm{box}(\{B_{ijk}\})\neq\varnothing$或投影$(p_j)\cap\mathrm{box}(\{B_{ijk}\})\neq\varnothing$,其中投影$(p_i)$和投影$(p_j)$分别是 p_i 和 p_j 沿其 5 个方向在其半轴上的投影。

3) 证明

使用归谬法来证明这个引理。图 5.24 是引理 5.7 实例,图 5.24(a)和图 5.24(b)分别显示了根据定义的 p_i 和 p_j 的半轴。如果投影$(p_i)\cap\mathrm{box}(\{B_{ijk}\})=\varnothing$,则 $\mathrm{box}(\{B_{ijk}\})$必须完全位于 p_i 右半轴的一个区域。类似地,如果投影$(p_j)\cap\mathrm{box}(\{B_{ijk}\})=\varnothing$,则 $\mathrm{box}(\{B_{ijk}\})$必须完全位于 p_j 的左半轴的一个区域中。因此,如果投影$(p_i)\cap\mathrm{box}(\{B_{ijk}\})=\varnothing$和投影$(p_j)\cap\mathrm{box}(\{B_{ijk}\})=\varnothing$都是真的,那么在不失一般性的情况下,假设边界框$(\{B_{ijk}\})\subset R_i$ $(R_i\in\{R_1,R_2,R_3,R_4\}$ of

p_i)和 box($\{B_{ijk}\}$)$\subset R_i$($R_i \in \{R_5, R_6, R_7, R_8\}$ of p_j),R_i 和 R_j 的两个边界线必须形成一个合法的 X 结构布线路径,这意味着 p_i 和 p_j 可以直接连接而不会遇到任何障碍,这是矛盾的。例如,如图 5.24(c)所示,p_i 的框($\{B_{ijk}\}$)$\subset R$ 和 p_j 的框($\{B_{ijk}\}$)$\subset R_7$,p_i 和 p_j 可以通过路径 $p_i s_1 p_j$ 或 $p_i s_2 p_j$ 连接。

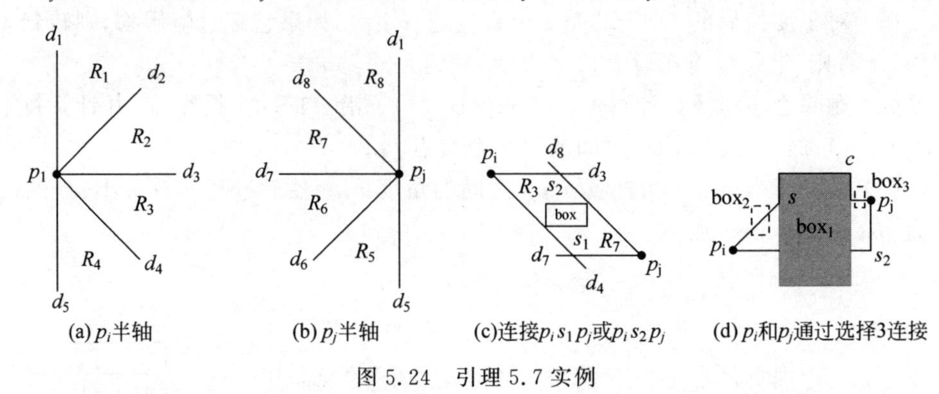

图 5.24 引理 5.7 实例

上面已经指出 t_x 可能不存在,因为 $p_i d_x$ 在步骤(4)中不与 bx 相交。因此,可能存在所有 5 个交叉点 t_x 都不存在的情况。在这种情况下,根据引理 5.7,将沿着图 5.24(a)中的 5 个方向($d_1, d_5 \sim d_8$)将 p_j 投影到其左半轴。此外,由于没有考虑其他障碍物,p_i 和 p_j 之间新生成的路径仍可能遇到障碍。因此,这种 OAOST 生成技术可以多次操作,直到所有的边都避开所有障碍物。幸运的是,当新生成的路径穿过障碍物时,这些障碍物的直角边界框的至少两个边界通常被限制在一定范围内。例如,如图 5.24(d)所示,p_i 和 p_j 通过选择 3 连接,并且它穿过 box_1,s 和 c 被选为两个 pseudo-Steiner 点。由于已经确保 s 和 c 之间的路径可以避开所有障碍,因此只有路径 $p_i s$ 和 $c p_j$ 仍然穿过障碍物。假设 box_2 是路径 $p_i s$ 穿过的障碍物的边界框。box_2 的底部必须位于 $p_i s_2$ 上方,box_2 的右侧受 box_1 右侧的限制。box_3 也受 $p_i s_2$ 和 box_1 的限制。显然,这种情况可以在恒定的时间内解决。其他 3 个选择遵循类似的原则。类似地,当在每个障碍物上选择 pseudo-Steiner 点时,新生成的路径的边界框也在至少两个方向上受到限制。它也可以在恒定的时间内解决。应该注意,该 OAOST 生成过程也会生成冗余的 pseudo-Steiner 点。

以图 5.25 作为一个简单的例子来进一步解释这个过程。图 5.25 是 OAOST 构建实例,图 5.25(a)是原始布线图,其中 $p_1 p_2$ 穿过障碍物 b_1、b_2 和 b_3(即$\{B_{120}\}=\{b_1, b_2, b_3\}$)。删除边 $p_1 p_2$ 后,首先计算框($\{B_{120}\}$);结果 bx 在图 5.25(b)中用实线矩形框显示。然后沿着它的 5 个方向投射 p_1。很明显,$p_1 d_1$ 和 $p_1 d_5$ 不与 bx 相交,因此,p_1 沿其 5 个方向投射得到与 bx 的交叉点集 $T_1=\{t_2, t_3, t_4\}$。接下来,计算直线 $p_1 p_2$ 和 p_1 的每条投影线之间的角度,得到 $a_2=\angle d_2 p_1 p_2$、$a_3=\angle d_3 p_1 p_2$、$a_4=\angle d_4 p_1 p_2$。因为 $a_4 < a_3 < a_2$,所以选择 t_4 作为 pseudo-Steiner 点 s。在图 5.25(c)中,检查了 bx 的 4 个角点;有 $\text{rec}(sc_2)+\text{rec}(c_1 p_2)=\text{rec}(sc_2)+$

$\mathrm{rec}(c_2p_2) < \mathrm{rec}(sc_3) + \mathrm{rec}(c_3p_3) = \mathrm{rec}(sc_4) + \mathrm{rec}(c_4p_2)$，因为 $\mathrm{rec}(sc_1) < \mathrm{rec}(sc_2)$，$c_2$ 被选为另一个 pseudo-Steiner 点。最后，计算并记录边 p_1s、sc_2 和 c_2p_2 的连接信息到 EOT 和 EST 中。最终的边可以通过表查找生成（见图 5.25(d)）。注意，生成的 OAOST 可能包括一些有进一步优化的空间的布线路径。

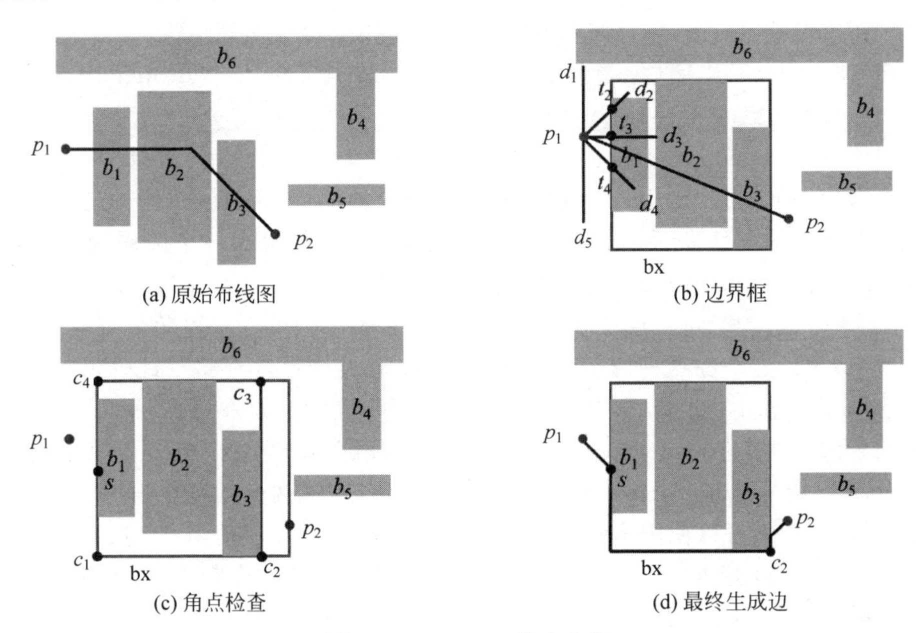

图 5.25　OAOST 构建实例

4. 精炼

由于生成的 OAOST 可能仍然包括一些次优的布线路径，因此在该部分中，提出了 3 种精炼策略以进一步减少线路长度。

1）冗余 pseudo-Steiner 点消除

在 OAOST 生成过程中，可以根据 OAOST 生成方法引入一些冗余的 pseudo-Steiner 点。例如，如图 5.19(e)所示，对于边 p_1p_41，选择 s_2 和 c_2 作为两个 pseudo-Steiner 点。但是，s_2 是多余的，因为 p_1 和 c_2 可以直接连接，而 $\mathrm{len}(p_1s_2) + \mathrm{len}(s_2c_2) > \mathrm{len}(p_1c_2)$，因此，$s_2$ 被删除，并且 p_1 连接到图 5.19(f)中所示的 c_2。为了消除这些冗余点，在 OAOST 中扫描每个选定的 pseudo-Steiner 点 s 并检查它的两条边 p_isk_1 和 sp_jk_2，如果 p_ip_j 可以直接连接并且 $\mathrm{len}(p_is) + \mathrm{len}(sp_j) \geq \mathrm{len}(p_ip_j)$，删除 pseudo-Steiner 点 s 和相关边 p_isk_1 和 sp_jk_2，然后将 p_i 连接到 p_j。注意，原始边 p_isk_1 和 sp_jk_2 的连接信息可以通过查找表来获得，因此，这个过程也非常快。

2）pseudo-Steiner 点连接优化

尽管 OAOST 生成技术可以使 OST 边避免所有障碍物，但 pseudo-Steiner 点之间的布线路径可能不够好。例如，图 5.25(d)中 s 和 c_2 之间的布线路径可以进一步优化，因为在障碍物的直角边界框中存在一些未使用的布线资源。当然，如果 OST 边仅穿过一个障碍物，或者在每个障碍物上选择了 pseudo-Steiner 点，则所选择的 pseudo-Steiner 点之间的布线路径没有优化空间。另一方面，如果两个选定的 pseudo-Steiner 点共线，则最佳布线路径是直线，并且也不能优化。因此，对于任何一对 pseudo-Steiner 点，如果可以进一步优化，它至少应满足两点：

(1) 原始 OST 边穿过多个障碍物，并且在边界上选择 pseudo-Steiner 点；

(2) 两个选定的 pseudo-Steiner 点不共线。

对于这种 pseudo-Steiner 点，使用一种称为滑动的操作来尝试减少线长。由于两个选定的 pseudo-Steiner 点位于直角边界框的两侧，因此必须在此边界框的两侧存在合法的布线路径。另外，边界框的两侧必须与至少一个障碍物线接触。图 5.26 是对 pseudo-Steiner 点连接优化，如图 5.26(a)所示，p_i 和 p_j 之间的边穿过障碍物 b_1、b_2 和 b_3。根据 OAOST 生成技术，选择点 s 和角 c_2 作为两个 pseudo-Steiner 点。在这种情况下，s 和 c_2 只能通过选择 3 连接。此外，b_1、b_2 和 b_3 分别与 t_1t_2、t_4t_5 和 c_2t_3 之间的直角框线接触。然而，如果沿着 s 和 c_2 之间的布线路径滑动两个 pseudo-Steiner 点并且在线接触的障碍角 t_5 处停止每个点，则 t_5 是距离原始 pseudo-Steiner 点最远的一个。然后，这两个角可以通过选择 0 或选择 1 连接，因为可以使用未使用的布线资源。例如，将 s 滑动到 t_2 和 c_2 到 t_5，然后 t_2 和 t_5 可以形成一个边 $t_2t_5$0。因此，与先前的结果相比，线长减小。图 5.26(b)显示了图 5.25(d)中的结果优化后的布线图。当然，当两个所选择的 t_5 之间存在其他障碍物，或者这两个 $t_i s$ 彼此重叠时，也没有优化线长的空间。

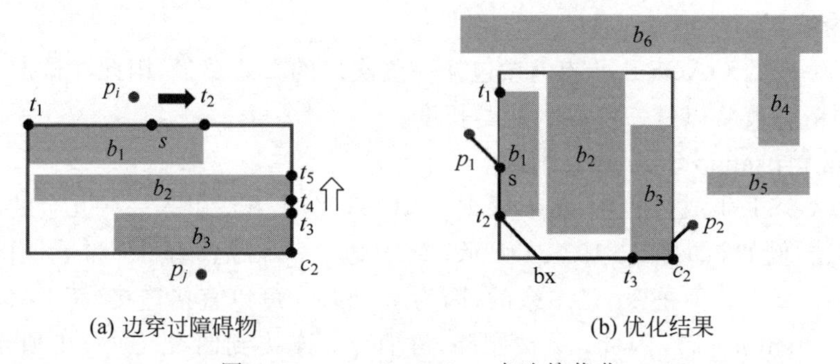

图 5.26　pseudo-Steiner 点连接优化

3) 布线选择优化

除了前两点，还没有考虑一个重要问题，即公共边。换句话说，可以进一步优化所获得的布线树。对于 OAOST 的任何一个引脚 p_i，其互连至少有一个最佳结构。

通过只讨论 2 度引脚，其他度的引脚遵循相似的原理。由于每条边有 4 个布线选择，对于一个 2 度引脚，总共有 16 个子结构。图 5.27(a)显示了无障碍平面中的 2 度端点 p_3，其中 p_1 和 p_2 连接到 p_3。在不失一般性的情况下，假设两个引脚之间存在 $\Delta x > \Delta y$。图 5.27 是布线选择优化的实例，当 p_2 在 s_1 和 p_3 之间时，其中 s_1 是边 $p_1p_3$1 的 pseudo-Steiner 点，图 5.27(a)是 p_3 的唯一最佳结构。当 p_2 在 p_1 和 s_1 之间(见图 5.27(b))时，如果 $p_2e+es_1<p_2d$ 或 $es_1>ed$，则图 5.27(c)成为最佳结构。否则，图 5.27(d)是最优的。障碍物存在的平面也遵循类似的原理。但是由于障碍物的存在，最优结构可能成为 16 个子结构中的任意一个。例如，如图 5.27(e)所示，p_2 只能通过选择 3 连接到 p_3。因此，图 5.27(e)是存在障碍物时的最佳结构。当然，p_1 也可以通过图 5.27(e)中的选择 0 连接到 p_3。总之，无论引脚有几度，其互连至少有一个最佳结构。

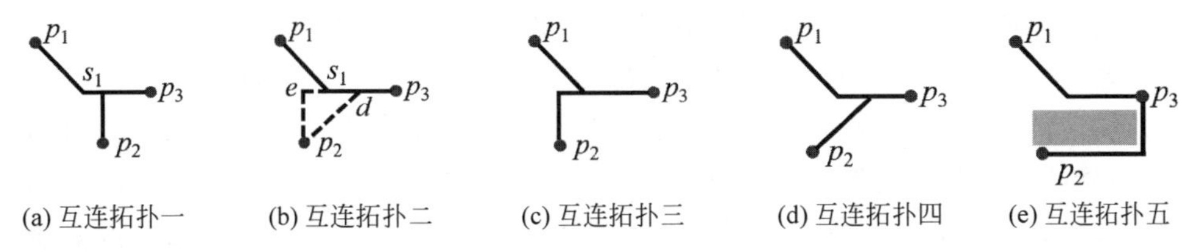

图 5.27　布线选择优化实例

基于这一事实，提出了一种面向引脚的布线选择优化方法。首先，计算每个引脚 p_i 的度以及与其连接的引脚列表。之后算法计算每个引脚 p_i 的最佳结构(os_i)，即 p_i 所有布线选择组合中具有线长最佳同时满足绕障的子结构。此外，计算每个 os_i 的公共边(se_i)的长度最后，根据 se_i 的值按降序对所有引脚进行排序，并用各引脚的 os_i 代替其原来的布线选择组合，以构建 OAOST。详细步骤如下。

(1) 扫描 OAOST 的边以计算每个引脚 p_i 的度，并同时记录连接到 p_i 的引脚作为列表。

(2) 对于每个引脚 p_i，如果 p_i 的度数是 d，则枚举 p_i 的所有 4^d 的布线选择组合。然后选择具有最小线长的且避开所有障碍物的那一个组合作为 os_i，同时计算每个 os_i 的 se_i。

(3) 根据 se_i 按递减顺序对 OAOST 的所有引脚进行排序。

(4) 对于每个引脚 p_i 按顺序，将 os_i 的布线选择组合应用于 OAOST，直到所有 OAOST 边都已确定。

有两点需要注意，第一，在步骤(2)中，可以通过直接查找 EOT 来确定布线选择组合是否避免所有障碍物。第二，在步骤(4)中，当前 os_i 不能改动之前已调整过的子结构。此外，可以通过直接查找 EST 来计算局部线长和总线长。

5.4.2　复杂性分析

定理 5.5　该算法的时间复杂度为 $O((m+n)\log x_m \log y_m + nm\log m)$，其中 n 和 m 分别是布线平面的顶点数和障碍物数，x_m 和 y_m 分别是布线平面的最大 x 坐标和 y 坐标。

证明：在步骤 1 中，可以在 $O(n\log n)$时间中生成 DT。然后可以使用 Kruskal 算法在 $O(n)$时间生成 OFEMST，因为 DT 中只有 $O(n)$个边。

在步骤 2 中，TDST 可以以 $m\times(\log x_m \log y_m)$时间构造。其中包括两个 for 循环，由于有 n 条边，所以 $O(n)$支配第一个循环。对于第二个循环，其时间复杂度为常数 4，即布线选择的数量。并且第二个循环内的每个查询都可以在 $O(\log x_m \log y_m)$时间内执行。因此，步骤 2 的时间复杂度为 $O((m+n)*(\log x_m \log y_m))$。

在步骤 3 中，OST 生成需要 $O(n)$时间，因为存在 n 个边并且表查找仅需要 $O(1)$时间。对于 OAOST 生成过程，外部 for 循环由 n 控制。对于每个 OST 边，如果它穿过障碍物，在最坏情况下找到边界框需要 $O(m)$时间。如果在每个障碍物上选择 pseudo-Steiner 点，则对障碍物排序主导该过程，在 $O(m\log m)$时间内完成执行。此外，当生成新路径的连接信息时，每个查询需要 $O(\log x_m \log y_m)$时间。因此，步骤 3 的时间复杂度是 $O(n\times(m\log m+\log x_m \log y_m))$。

在步骤 4 中，由于存在 n 条边并且需要计算新边的连接信息，冗余 pseudo-Steiner 消除和 pseudo-Steiner 连接优化都需要 $O(n(\log x_m \log y_m))$时间。在布线选择优化过程中，扫描 OAOST 的每条边需要 $O(n)$时间。当计算每个引脚 p_i 的 os_i 时，两个 for 循环分别由 n 和 4^d 支配。另外，所有引脚都可以使用快速排序算法在 $O(n\log n)$时间内进行排序。而将每个引脚的最优结构应用于 OAOST 也需要 $O(n)$时间，因此，布线选择优化由 $O(n\log n)$支配。步骤 4 的时间复杂度是 $O(n(\log x_m \log y_m+\log n))$。

总之，在最坏情况下，该算法的时间复杂度是 $O((m+n)\log x_m \log y_m+nm\log m)$。

5.4.3 实验结果

所有算法都已用 C 语言实现和执行。此外，MATLAB 被用于模拟最终的布线图。实验在具有 2.9GHz CPU 和 2GB 存储器的 PC 上进行。共有 17 个基准电路。ind1～ind5 是 Synopsys 的工业测试用例。rc01～rc12 是绕障问题的基准。另外，一些随机生成的电路用于进一步测试所提出的算法的可扩展性。在所有这些测试案例中，引脚和障碍物的数量分别为 10～1000 和 10～10 000。

1. 精炼策略的有效性

精炼过程对于算法的最终布线质量非常重要。它通过尽可能多地增加公共边的线长来构建最终的 OAOSMT，同时充分利用布线资源生成更多的对角线段。为了研究优化线长的精炼过程的有效性，通过比较使用该方法之前和之后的线长来说明精炼的效果。表 5.12 显示了精炼前后的线长比较结果。从表 5.12 可以看出，在使用精炼后可以实现 2.74%～9.76%的线长减小。此外，平均线长减少也可达到 6.16%。

表 5.12　精炼前后的线长比较结果

测试用例	引脚数	障碍物数	精炼前	精炼后	优化率/%
ind1	10	32	584	568	2.74
ind2	10	43	10 066	9548	5.15
ind3	10	59	601	574	4.49
ind4	25	79	1179	1069	9.33
ind5	33	71	1402	1334	4.85
rc01	10	10	27 716	25 084	9.50
rc02	30	10	43 758	39 488	9.76
rc03	50	10	56 048	54 177	3.34
rc04	70	10	64 011	59 643	6.82
rc05	100	10	79 844	72 738	8.90
rc06	100	500	83 842	77 592	7.45
rc07	200	500	113 528	105 480	7.09
rc08	200	800	122 917	113 110	7.98
rc09	200	1000	120 048	110 642	7.84
rc10	500	100	161 346	155 579	3.57
rc11	1000	100	222 132	216 401	2.58
rc12	1000	10 000	726 837	702 544	3.34
均值					6.16

2. 与最好的 OAOSMT 算法对比

到目前为止，文献[28]的算法是解决 OAOSMT 问题的最佳方案。其提出了一个基于 PSO 的框架，可以在合理的时间内产生出色的 OAOSMT。为了验证 OAOSI 构造的快速四步启发式算法(a Fast Four-Step Heuristic for Obstacle-Avoiding Octilinear Steiner Tree Construction，FH-OAOS)的有效性，将本节算法与文献[28]提出的算法在上述基准电路中进行了比较，表 5.13 显示了两个算法的线长和运行时间的比较结果。从实验数据可以观察到，当输入电路的规模很大时(即具有许多障碍的较大规模网)，FH-OAOS 产生了更好的结果。例如，对于测试用例 rc06～rc12，FH-OAOS 的线长小于文献[28]的线长。此外，从表 5.13 可以看出，与文献[28]相比，可以减少 －4.18%～3.10% 的线长。平均而言，FH-OAOS 的表现与文献[28]中所述表现相当。FH-OAOS 的线长仅比文献[28]提及的线长长 0.36%。分析这个结果主要有两个原因。第一，当输入电路的规模很小时(即只有少量障碍物的小规模网络)，文献[28]可以通过适度增加 PSO 算法的迭代次数来搜索出色的结果，同时保持合理的运行时间。此外，文献[28]引入了两个遗传算法的算子，可以进一步提高 PSO 算法的搜索能力。第二，当输入电路的规模变大时，如果在文献[28]中适度增加迭代次数，效果有限。如果在文献[28]中大大增加迭代次数，虽然它可能会得到很好的结果，但运行时间将变得不可接受；因此，需要在线长和运行时间之间进行折中。

表5.13的第7列和第8列中提供了两种算法的运行时间。尽管文献[28]的算法得到的线长结果看起来相当不错,但其运行时间并不令人满意。这主要是由于该算法的性质,它是一种基于粒子群的算法,需要更多的迭代次数来搜索解空间。此外,文献[28]的算法中候选边数量是$O(n^2)$。因此,它需要更多的时间来计算这种边信息。表5.13的最后一行在FH-OAOS上标准化。可以看出,FH-OAOS算法速度很快。例如,rc12包括1000个引脚顶点和10 000个障碍物,FH-OAOS能在仅仅0.41s内产生很好的效果,而文献[28]的算法需要13.12s。平均而言,FH-OAOS比文献[28]的方法快66.39倍。因此在工业生产中更实用。

表5.13 与文献[28]的线长和运行时间的比较结果

测试用例	引脚数	障碍物数	线长		优化率/%	CPU时间/s	
			FH-OAOS	[28]		FH-OAOS	[28]
ind1	10	32	568	562	−1.07	0.00	0.02
ind2	10	43	9548	9431	−1.24	0.00	0.02
ind3	10	50	574	574	0.00	0.00	0.02
ind4	25	79	1069	1033	−3.48	0.00	0.02
ind5	33	71	1334	1288	−3.57	0.00	0.05
rc01	10	10	25 084	24 717	−1.34	0.00	0.02
rc02	30	10	39 488	40 751	3.10	0.00	0.02
rc03	50	10	54 177	52 033	−4.12	0.00	0.10
rc04	70	10	59 643	57 250	−4.18	0.00	0.17
rc05	100	10	72 738	72 738	0.00	0.00	0.26
rc06	100	500	77 592	78 643	1.34	0.02	0.57
rc07	200	500	105 480	105 542	0.06	0.02	1.91
rc08	200	800	113 110	116 204	2.66	0.03	2.93
rc09	200	1000	110 642	111 385	0.07	0.03	3.20
rc10	500	100	155 579	157 520	1.23	0.02	5.42
rc11	1000	100	216 401	219 037	1.20	0.03	9.33
rc12	1000	10 000	702 544	724 425	3.02	0.41	13.12
均值(优化率(%))/合计(时间)					−0.36	0.56	37.18
比率(时间)					—	1.00	66.39

3. 与λ-Geometry算法对比

下面对FH-OAOS与文献[18]提出的λ几何算法进行比较。根据定义,当λ设置为2时,文献[18]的算法可以生成OARSMT;当λ设定为4时,文献[18]的算法可以生成OAOSMT。表5.14显示了线长和运行时间的比较结果。可以看出,FH-OAOS优于文献[18]所提出的算法。对于$\lambda=2$的所有测试用例,平均线长减少可达到27.83%。另外,对于$\lambda=4$的情况,当问题的规模很小时,文献[18]

具有与该算法相似的表现(rc01～rc05)。然而,当问题的规模很大(rc06～rc12)时,特别是当障碍物的数量大于引脚数时,本书算法具有显著的优势,线长减少−3.37%～55.09%。平均改善率也可达到19.53%。换句话说,文献[18]算法生成的最终布线树相对较差,主要原因是文献[18]的算法可能会引入更多的冗余点,以及文献[18]的布线树不能尽可能地共享相同的布线路径。此外,最后3列显示了两种算法的运行时间。可以看出,FH-OAOS比文献[18]的算法平均快5.79倍和6.34倍(当$\lambda=2$,$\lambda=4$时)。很明显,文献[18]的算法比文献[28]的算法在运行时间方面好。但是,对于最终布线树的质量,文献[28]的算法比文献[18]的算法好。因此,FH-OAOS弥补了文献[18]和文献[28]两个算法的缺点。

表5.14　与文献[18]的线长和运行时间的比较结果

测试用例	引脚数	障碍物数	FH-OAOS	[18]		优化率/%		CPU时间/s		
				$\lambda=2$	$\lambda=4$	$\lambda=2$	$\lambda=4$	FH-OAOS	$\lambda=2$	$\lambda=4$
rc01	10	10	25 084	30 410	27 279	17.51	8.05	0.00	0.00	0.00
rc02	30	10	39 488	45 640	41 222	13.48	4.21	0.00	0.00	0.00
rc03	50	10	54 177	58 570	52 432	7.50	−3.33	0.00	0.00	0.01
rc04	70	10	59 643	63 340	57 699	5.84	−3.37	0.00	0.00	0.01
rc05	100	10	72 738	83 150	73 090	12.52	0.48	0.00	0.00	0.01
rc06	100	500	77 592	149 725	135 454	48.18	42.72	0.02	0.06	0.07
rc07	200	500	105 480	181 470	162 762	41.87	35.19	0.02	0.06	0.08
rc08	200	800	113 110	202 741	182 056	44.21	37.87	0.03	0.10	0.12
rc09	200	1000	110 642	214 850	193 228	48.50	42.74	0.03	0.13	0.15
rc10	500	100	155 579	198 010	176 497	21.43	11.85	0.02	0.03	0.03
rc11	1000	100	216 401	250 570	222 758	13.64	2.85	0.03	0.04	3.03
rc12	1000	10 000	702 544	1 723 990	1 564 170	59.25	55.09	0.41	2.82	3.03
均值						27.83	19.53	0.56	3.24	3.55
比例								1.00	5.79	6.34

4. 与最新的3个OARSMT算法对比

为了进一步验证这一事实,即与直角结构相比,X结构对于线长优化有巨大的优势,在这一部分将本文算法与近年来提出的3种最新的OARSMT算法进行了比较。表5.15显示比较结果。表5.15的第4列显示了本节算法的线长。文献[32]是最新的关于OARSMT文献,它提出了借助GPU的并行方法,并以有效的方式取得了巨大的成果。与此并行算法相比,线长优化提高了−0.51%～8.25%,平均减少了3.96%,只有一个测试用例(ind2)比它差。此外,本节算法比文献[31]的算法优4.23%,比文献[12]的算法优6.77%。虽然45°和135°布线方向的引入增加了问题的复杂度,但本节算法也比OARSMT算法更快。在表5.15中提供不同算法的运行时。可以看出,与OARSMT算法相比,比文献[32]的算法快44.18倍,比文献[12]的算法快12.77倍。文献[31]提出的算法实现了3种算法中最快的运行时间，因为它是基于预计算的查找表的算法。与之相比，本节算法的平均速度依然提高了 2.52 倍。

此外，为了进行各方面一一对应的比较，尝试通过对 FH-OAOS 进行以下更改来生成 OARSMT。首先，从整个算法中删除选择 0 和选择 1。因此，算法的步骤 3 将生成的 OFEMST 转换为直角 Steiner 树(RST)。然后从布线平面中选取一些 pseudo-Steiner 点，生成 OARST。应该注意，在步骤 3 中，布线平面参照每个点 p 被划分为 4 个直角区域(即，图 5.24 的 d_1、d_3、d_5 和 d_7 是可用方向)。其次，pseudo-Steiner 点连接优化过程基于 X 结构，因此变得不可用，在布线选择优化过程中每个点只应考虑直角组合。此外，由于只有直线路径，冗余 pseudo-Steiner 点消除也不能减少线长，这是因为它被设计成尽可能用合法的 X 结构边来代替冗余直角边。可以看出，在选择 0 和选择 1 被删除之后，精炼过程几乎没有效果。这主要是因为 X 结构和直角结构的优化技术不是通用的。例如，文献[30]算法中的边替换法和"U 形图案细化"法被广泛用于优化直角结构，但不适用于 X 结构。

表 5.15 为与 3 个文献的算法关于线长和运行时间的比较结果，可以看出，FH-OAOS 的性能平均比文献[32]的算法差 2.66%，比文献[31]的算法差 2.38%，比文献[12]的算法优 0.36%。此外，对于 VLSI 布线的另一个重要指标，即运行时间，FH-OAOS 仍然具有巨大的优势。FH-OAOS 比文献[31]、[32]、[12]的算法分别快 2.52 倍、44.18 倍和 12.77 倍。

表 5.15　与 3 个文献的算法关于线长和运行时间的比较结果

测试用例	引脚数	障碍物数	线长		优化率/%	CPU 时间/s	
			FH-OAOS	[32]		FH-OAOS	[32]
ind1	10	32	568(618)	609	6.73(−1.48)	0.00(0.00)	0.05
ind2	10	43	9548(9800)	9500	−0.51(−3.16)	0.00(0.00)	0.06
ind3	10	50	574(613)	600	4.33(−2.17)	0.00(0.00)	0.05
ind4	25	79	1069(1146)	1092	2.11(−4.95)	0.00(0.00)	0.09
ind5	33	71	1334(1412)	1345	0.82(−4.98)	0.00(0.00)	0.08
rc01	10	10	25 084(27 630)	25 980	3.45(−6.35)	0.00(0.00)	0.05
rc02	30	10	39 488(43 290)	41 740	5.40(−3.71)	0.00(0.00)	0.06
rc03	50	10	54 177(56 940)	55 500	2.38(−2.59)	0.00(0.00)	0.07
rc04	70	10	59 643(61 990)	60 120	0.79(−3.11)	0.00(0.00)	0.06
rc05	100	10	72 738(75 685)	75 390	3.52(−0.39)	0.00(0.00)	0.09
rc06	100	500	77 592(84 662)	81 340	4.61(−4.08)	0.02(0.02)	0.38
rc07	200	500	105 480(113 598)	110 952	4.93(−2.38)	0.02(0.02)	0.31
rc08	200	800	113 110(119 177)	115 663	2.21(−3.04)	0.03(0.02)	0.46
rc09	200	1000	110 642(117 074)	114 275	3.18(−2.45)	0.03(0.02)	0.61
rc10	500	100	155 579(167 219)	167 830	7.30(0.37)	0.02(0.01)	0.20
rc11	1000	100	216 401(234 107)	235 866	8.25(0.75)	0.03(0.02)	0.34
rc12	1000	10 000	702 544(775 263)	762 089	7.81(−1.73)	0.41(0.36)	21.78
均值(优化率/%)/合计(时间)					3.96(−2.66)	0.56(0.47)	24.74
比率(时间)					—	1.00(1.00)	44.18(52.64)

续表

测试用例	引脚数	障碍物数	线长		优化率/%		CPU 时间/s	
			[31]	[12]	[31]	[12]	[31]	[12]
ind1	10	32	604	639	5.96(−2.32)	11.11(3.29)	0.00	0.01
ind2	10	43	9500	10 000	−0.51(−3.16)	4.52(2.00)	0.00	0.01
ind3	10	50	600	623	4.33(−2.17)	7.87(1.61)	0.00	0.01
ind4	25	79	1129	1126	5.31(−1.51)	5.12(−1.78)	0.00	0.02
ind5	33	71	1364	1379	2.20(−3.52)	3.26(−2.39)	0.00	0.02
rc01	10	10	25 980	27 540	3.45(−6.35)	8.92(−0.33)	0.00	0.01
rc02	30	10	42 110	41 930	6.23(−2.80)	5.82(−3.24)	0.00	0.01
rc03	50	10	56 030	54 180	3.31(−1.62)	0.00(−5.09)	0.00	0.01
rc04	70	10	59 720	59 050	0.13(−3.80)	−1.00(−4.98)	0.00	0.02
rc05	100	10	75 000	75 630	3.02(−0.91)	3.82(−0.07)	0.00	0.02
rc06	100	500	81 229	86 381	4.48(−4.23)	10.17(1.99)	0.03	0.13
rc07	200	500	110 764	117 093	4.77(−2.56)	9.92(2.98)	0.03	0.15
rc08	200	800	116 047	122 306	2.53(−2.70)	7.52(2.56)	0.05	0.27
rc09	200	1000	115 593	119 308	4.28(−1.28)	7.26(1.87)	0.06	0.36
rc10	500	100	168 280	167 978	7.55(0.63)	7.38(0.45)	0.02	0.08
rc11	1000	100	234 416	232 381	7.69(0.13)	6.87(−0.74)	0.03	0.14
rc12	1000	10 000	756 998	842 689	7.19(−2.41)	16.63(8.00)	1.19	5.88
均值(优化率(%))/合计(时间)					4.23(−2.38)	6.77(0.36)	1.41	7.15
比率(时间)					—	—	2.52(3.00)	12.77(15.21)

5. 与最优的 OARSMT 算法对比

文献[33]中提出的算法是一种精确的算法，它可以通过在障碍物中连接完整的 Steiner 树来构建最优的 OARSMT。表 5.16 展示了与文献[33]的算法得到的线长和运行时间的比较结果。表 5.16 第 4 列显示，FH-OAOS 平均优于文献[33]的方法 2.35%。这些结果进一步证明，对于降低 VLSI 设计中的布线成本，X 架构具有很大的优势。此外，第 6 列显示 FH-OAOS 比文献[33]的方法快 267 387.53 倍，这主要是因为文献[33]的方法具有指数最坏情况时间复杂度。

表 5.16　与文献[33]的算法的线长和运行时间的比较结果

测试用例	线长		优化率/%	CPU 时间/s	
	FH-OAOS	文献[33]		FH-OAOS	文献[33]
ind1	568	604	5.96	0.00	0.11
ind2	9548	9500	−0.52	0.00	0.25
ind3	574	600	4.33	0.00	0.19
ind4	1069	1086	1.57	0.00	0.87
ind5	1334	1341	0.52	0.00	1.09
rc01	25 084	25 980	3.45	0.00	0.16

续表

测试用例	线长		优化率/%	CPU 时间/s	
	FH-OAOS	文献[33]		FH-OAOS	文献[33]
rc02	39 488	41 350	4.50	0.00	0.52
rc03	54 177	54 160	−0.03	0.00	0.68
rc04	59 643	59 070	−0.97	0.00	0.95
rc05	72 738	74 070	1.80	0.00	1.31
rc06	77 592	79 714	2.66	0.02	335
rc07	105 480	108 740	3.00	0.02	541
rc08	113 110	112 564	−0.49	0.03	24 170
rc09	110 642	111 005	0.33	0.03	14 174
rc10	155 579	164 150	5.22	0.02	176
rc11	216 401	230 837	6.25	0.03	706
均值(优化率(%))/合计(时间)			2.35	0.15	40 108.13
比率(时间)			—	1.00	267 387.53

6. OSMT 生成的比较

OSMT 可视为 OAOSMT 的特例,实际上,FH-OAOS 可以生成 OSMT 而无须任何修改。在删除障碍后,本节算法对现有的基准测试进行了实验。如表 5.17 所示,将结果与文献[28]的算法进行比较,其中 FH-OAOS* 表示使用精炼方法之前的线长。表 5.17 是与文献[28]的算法的关于线长和运行时间的比较结果可以看出,精炼方法平均减少了 1.79%的线长。此外,本节的线长结果也优于文献[28]的算法。与文献[28]的算法相比,本节算法可以实现−2.19%～1.87%的线长减小,平均线长减少为 0.27%。在运行时间方面,本节算法比文献[28]的算法快 201.38 倍。

表 5.17 与文献[28]的算法的关于线长和运行时间的比较结果

测试用例	引脚数	障碍物数	FH-OAOS	线长		优化率/%		CPU 时间/s	
				FH-OAOS*	文献[28]	FH-OAOS*	文献[28]	FH-OAOS	文献[28]
ind1	10	32	563	578	559	2.60	−0.72	0.00	0.01
ind2	10	43	8814	8838	8814	0.27	0.00	0.00	0.01
ind3	10	50	547	559	547	2.15	0.00	0.00	0.01
ind4	25	79	955	975	963	2.05	0.83	0.00	0.01
ind5	33	71	1152	1163	1147	0.95	−0.44	0.00	0.02
rc01	10	10	24 098	24 311	24 123	0.88	−0.10	0.00	0.01
rc02	30	10	35 734	36 450	36 203	1.96	1.30	0.00	0.01

续表

测试用例	引脚数	障碍物数	FH-OAOS	线长		优化率/%		CPU 时间/s	
				FH-OAOS*	文献[28]	FH-OAOS*	文献[28]	FH-OAOS	文献[28]
rc03	50	10	48 553	49 816	48 819	2.54	0.54	0.00	0.07
rc04	70	10	51 737	52 992	50 627	2.37	−2.19	0.00	0.13
rc05	100	10	67 814	69 358	69 105	2.23	1.87	0.00	0.20
rc06	100	500	72 247	73 479	72 996	1.68	1.03	0.00	0.22
rc07	200	500	98 341	100 137	97 541	1.79	−0.82	0.00	1.02
rc08	200	800	101 239	103 002	101 479	1.71	0.24	0.00	1.23
rc09	200	1000	98 724	100 193	99 774	1.47	1.05	0.00	1.37
rc10	500	100	150 080	152 713	151 443	1.72	0.90	0.02	2.29
rc11	1000	100	214 841	219 484	214 073	2.12	−0.36	0.03	4.35
rc12	1000	10 000	698 164	712 154	707 993	1.96	1.39	0.03	5.15
均值(优化率(%))/合计(时间)						1.79	0.27	0.08	16.11
比率(时间)						—	—	1.00	201.38

7. 随机生成电路及仿真结果实验

此外，为了研究本节算法的可扩展性，还测试了一些随机生成的具有额外障碍的情况。在这些情况下，障碍物的数量远远超过引脚的数量。这些情况更类似于实际布线应用程序，例如详细布线或工程更改指令布线。如表 5.18 的仿真实验结果所示，本节算法可以为所有测试用例高效地生成 OSMT 和 OAOSMT。

表 5.18 仿真实验结果

测试用例	引脚数	障碍物数	线长		CPU 时间/s	
			OSMT	OAOSMT	OSMT	OAOSMT
random1	10	500	1710	2320	0.00	0.01
random2	50	500	41 948	46 013	0.00	0.01
random3	100	500	7084	8235	0.00	0.02
random4	100	1000	7190	12 233	0.00	0.03
random5	200	2000	40 257	50 037	0.00	0.13

5.4.4 小结

随着 VLSI 制造技术的快速发展，在一条直线布线平面上可以允许 45°和 135°的对角线段。本节基于 X 结构设计了一种高效的绕障算法，即 OAOSMT 和 OSMT 构造的快速四步启发式算法。与几种最先进的算法相比，实验结果表明，本节算法在线长和运行时均取得了很好的效果，在 VLSI 布线过程中非常实用和有效。

5.5 本章总结

本章主要介绍了4种有效的单层绕障X结构Steiner最小树构造算法。首先，由于离散粒子群在全局优化问题上的独特优势能够使布线结果有着较好的优化，本章基于离散粒子群优化算法构造X结构Steiner最小树；其次，介绍了快速绕障来构造X结构Steiner最小树以及提出了一种高效、有效的OAOSMT构建算法；最后，介绍了四步构建算法：OFEMST的构建、查找表的生成、绕障策略、精炼。本章通过实验展示了所提出算法的有效性，对未来的研究提供了新的思路以及方向。

参考文献

[1] Coulston C S. Constructing exact octagonal Steiner minimal trees[C]//Proceedings of the 13th ACM Great Lakes symposium on VLSI. 2003：1-6.

[2] Chiang C，Chiang C S. Octilinear Steiner tree construction[C]//The 2002 45th Midwest Symposium on Circuits and Systems，2002. MWSCAS-2002. IEEE，2002，1：I-603.

[3] Chang Y T，Tsai Y W，Chi J C，et al. Obstacle-Avoiding rectilinear steiner minimal tree construction[C]//2008 IEEE International Symposium on VLSI Design，Automation and Test(VLSI-DAT). IEEE，2008：35-38.

[4] Li L，Young E F Y. Obstacle-avoiding rectilinear Steiner tree construction[C]//2008 IEEE/ACM International Conference on Computer-Aided Design. IEEE，2008：523-528.

[5] Li L，Qian Z，Young E F Y. Generation of optimal obstacle-avoiding rectilinear Steiner minimum tree[C]//2009 IEEE/ACM International Conference on Computer-Aided Design-Digest of Technical Papers. IEEE，2009：21-25.

[6] Chuang J R，Lin J M. Efficient multi-layer obstacle-avoiding preferred direction rectilinear Steiner tree construction[C]//16th Asia and South Pacific Design Automation Conference (ASP-DAC 2011). IEEE，2011：527-532.

[7] Liu C H，Chen I C，Lee D T. An efficient algorithm for multi-layer obstacle-avoiding rectilinear Steiner tree construction [C]//Proceedings of the 49th Annual Design Automation Conference. 2012：613-622.

[8] Eberhart R，Kennedy J. A new optimizer using particle swarm theory[C]//MHS' 95. Proceedings of the Sixth International Symposium on Micro Machine and Human Science. Ieee，1995：39-43.

[9] Clerc M. Discrete particle swarm optimization，illustrated by the traveling salesman problem[M]//New optimization techniques in engineering. Springer，Berlin，Heidelberg，2004：219-239.

[10] Liu G，Chen G，Guo W. DPSO based octagonal steiner tree algorithm for VLSI routing [C]//2012 IEEE Fifth International Conference on Advanced Computational Intelligence (ICACI). IEEE，2012：383-387.

[11] Lin C W, Chen S Y, Li C F, et al. Obstacle-avoiding rectilinear Steiner tree construction based on spanning graphs[J]. *IEEE Transactions on Computer-Aided Design of Integrated Circuits and Systems*, 2008, 27(4): 643-653.

[12] Long J, Zhou H, Memik S O. EBOARST: An efficient edge-based obstacle-avoiding rectilinear Steiner tree construction algorithm[J]. *IEEE Transactions on Computer-Aided Design of Integrated Circuits and Systems*, 2008, 27(12): 2169-2182.

[13] Liu C H, Yuan S Y, Kuo S Y, et al. An O(n log n) path-based obstacle-avoiding algorithm for rectilinear Steiner tree construction[C]//Proceedings of the 46th Annual Design Automation Conference. 2009: 314-319.

[14] Liu C H, Yuan S Y, Kuo S Y, et al. Obstacle-avoiding rectilinear Steiner tree construction based on Steiner point selection[C]//2009 IEEE/ACM International Conference on Computer-Aided Design-Digest of Technical Papers. IEEE, 2009: 26-32.

[15] Shi Y, Eberhart R C. Parameter selection in particle swarm optimization[J]. In: Porto V. W., Saravanan N., Waagen D., Eiben A. E. (eds) Evolutionary Programming VII. Lecture Notes in Computer Science 1998, 447: 591-600.

[16] Shi Y, Eberhart R C. Empirical study of particle swarm optimization[C]//Proceedings of the 1999 Congress on Evolutionary Computation-CEC99 (Cat. No. 99TH8406). IEEE, 1999, 3: 1945-1950.

[17] Ratnaweera A, Halgamuge S K, Watson H C. Self-organizing hierarchical particle swarm optimizer with time-varying acceleration coefficients[J]. *IEEE Transactions on evolutionary computation*, 2004, 8(3): 240-255.

[18] Jing T T, Feng Z, Hu Y, et al. λ-OAT: λ-Geometry Obstacle-Avoiding Tree Construction With O(nlogn) Complexity[J]. *Computer-Aided Design of Integrated Circuits and Systems*, IEEE Transactions on, 2007, 26(11): 2073-2079.

[19] Liu C H, Yuan S Y, Kuo S Y, et al. High-performance obstacle-avoiding rectilinear steiner tree construction[J]. *ACM Transactions on Design Automation of Electronic Systems (TODAES)*, 2009, 14(3): 45.

[20] Liu C H, Kuo S Y, Lee D T, et al. Obstacle-avoiding rectilinear Steiner tree construction: A Steiner-point-based algorithm[J]. *IEEE Transactions on Computer-Aided Design of Integrated Circuits and Systems*, 2012, 31(7): 1050-1060.

[21] Hanan M. On Steiner's problem with rectilinear distance[J]. *SIAM Journal on Applied Mathematics*, 1966, 14(2): 255-265.

[22] Teig S L. The X architecture: Not your father's diagonal wiring[C]//Proceedings of the 2002 international workshop on System-level interconnect prediction. 2002: 33-37.

[23] Huang H H, Chang S P, Lin Y C, et al. Timing-driven non-rectangular obstacles-avoiding routing algorithm for the X-architecture[C]//WSEAS International Conference. Proceedings. Mathematics and Computers in Science and Engineering. World Scientific and Engineering Academy and Society, 2009(8).

[24] Yan J T. Timing-driven octilinear Steiner tree construction based on Steiner-point reassignment and path reconstruction[J]. *ACM Transactions on Design Automation of Electronic Systems (TODAES)*, 2008, 13(2): 1-18.

[25] Fortune S. A sweepline algorithm for Voronoi diagrams[J]. *Algorithmica*, 1987, 2(1):

153-174.

[26] Preparata, F. P. M. I. Shamos. Computational Geometry: an Introduction[M]. Springer Verlag, 1985.

[27] Kruskal J B. On the shortest spanning subtree of a graph and the traveling salesman problem[J]. *Proceedings of the American Mathematical Society*, 1956, 7(1): 48-50.

[28] Huang X, Liu G, Guo W, et al. Obstacle-avoiding algorithm in X-architecture based on discrete particle swarm optimization for VLSI design[J]. *ACM Transactions on Design Automation of Electronic Systems (TODAES)*, 2015, 20(2): 24.

[29] Berg M D. Computational Geometry: Algorithms and Applications [M]. Springer Publishing Company, Incorporated, 2000.

[30] Borah M, Owens R M, Irwin M J. An edge-based heuristic for Steiner routing[J]. *IEEE Transactions on Computer-Aided Design of Integrated Circuits, and Systems*, 1994, 13(12): 1563-1568.

[31] Ajwani G, Chu C, Mak W K. FOARS: FLUTE based obstacle-avoiding rectilinear Steiner tree construction[J]. *IEEE Transactions on Computer-Aided Design of Integrated Circuits and Systems*, 2011, 30(2): 194-204.

[32] Chow W K, Li L, Young E F Y, et al. Obstacle-avoiding rectilinear Steiner tree construction in sequential and parallel approach[J]. *Integration the VLSI Journal*, 2014, 47: 105-114.

[33] Huang T, Young E F Y. ObSteiner: an exact algorithm for the construction of rectilinear Steiner minimum trees in the presence of complex rectilinear obstacles[J]. *IEEE Trans Comput-Aided Des Integr Circuits Syst*, 2013, 32: 882-893.

第 6 章

多层绕障 X 结构 Steiner 最小树算法

6.1 引言

超大规模集成电路(Very Large Scale Integration，VLSI)设计中的多层绕障 X 结构 Steiner 最小树(Multi-Layer Obstacle-Avoiding X-architecture Steiner Minimal Tree，ML-OAXSMT)问题是考虑到障碍物、X 结构、多层这 3 个条件的 Steiner 最小树模型，其目的是在布线边和通孔不穿越障碍物的约束下，通过基于 X 结构的互连线连接每个布线层上的引脚，借助通孔连接各布线层，构建代价最小的 Steiner 树。

随着制造工艺的不断进步，多层布线已成为 VLSI 自动化设计领域的研究热点之一，因而多层布线算法显得十分重要。本章将介绍多层 Steiner 最小树的构造问题。目前已有许多学者针对曼哈顿结构的多层 Steiner 最小树问题展开了研究。文献[1]在考虑障碍物的情况下，首次构建了多层绕障直角结构 Steiner 最小树(Multi-Layer Obstacle-Avoiding Rectilinear Steiner Minimal Tree，ML-OARSMT)模型，但并未考虑到实际芯片设计中更为重要的布线约束——定向边(Preferred Direction)约束。

文献[2]的工作考虑到定向边约束，提出了定向边 Steiner 树布线模型，但尚未考虑障碍物。文献[3]的算法构建了绕障定向直角结构 Steiner 树问题(Obstacle-Avoiding Preferred Direction Rectilinear Steiner Tree，OAPD-RST)，可处理更接近实际设计条件的布线模型，并取得可接受的布通率。文献[4]的方法将基于 Steiner 点位置选取策略的单层绕障直角结构 Steiner 最小树(Obstacle-Avoiding Rectilinear Steiner Minimal Tree，OARSMT)构建方法扩展到多层绕障定向 Steiner 树模型的求解中。文献[5]首先确定所有布线引脚的连接顺序，再采取贪心策略依次连接相邻引脚，从而提出一种有效的绕障定向直角结构 Steiner 树的求解方法。

文献[6]的算法首次考虑到 X 结构下多层绕障 Steiner 最小树的构建问题。该工作先针对每个布线层构造绕障 Steiner 最小树，再寻找相邻布线层之间的最小连接路径。但该方法未能从多层结构的全局角度寻找解方案，导致布线解的质量受到影响，后续的算法性质分析和实验结果分析将对此进行详细描述。

绕障 X 结构 Steiner 最小树(Obstacle-Avoiding X-architecture Steiner Minimal Tree，OASMT)问题在曼哈顿结构和 X 结构的发展历程如图 6.1 所示。随着矩形结构、多层布线及定向边约束的引入，OASMT 问题进一步发展为 OARSMT、ML-OARSMT 及 OAPD-RST 等问题，而对于 X 结构布线，则依次发展为 OAXSMT、ML-OAXSMT 及 OAPD-XST 等问题。目前对如图 6.1 中虚线框所表示的 OAPD-XST 问题仍未开展相关研究工作。

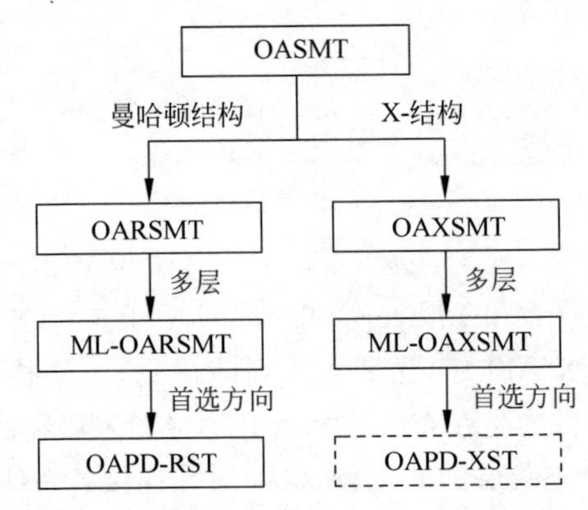

图 6.1 OASMT 问题在曼哈顿结构和 X 结构下的发展历程

6.2 多层绕障 X 结构 Steiner 最小树快速启发式算法

本节设计了用于 VLSI 布线的多层绕障 X 结构 Steiner 最小树构造方法(Multi-Layer Obstacle-Avoiding X-architecture Steiner Minimal Tree construction for VLSI Routing，MLXR)，这是一种高效且有效的算法，可以为一组给定的顶点和布线层上的障碍物构建一个 ML-OAXSMT。更具体地说，MLXR 通过采用有效的基于查找表的框架为每个待分配的边找到有效的绕障布线路径，并为每个顶点找到最佳连接结构，从而生成最终的 ML-OAXSMT。实验结果表明，MLXR 的线长和运行时均优于最先进的算法。

6.2.1 相关工作

作为图论中最主要的数学模型之一，Steiner 最小树(Steiner Minimal Tree，SMT)已被广泛应用到许多研究领域。特别是由 Hanan 于 1966 年引入的直角结构 Steiner 最小树(Rectilinear Steiner Minimal Tree，RSMT)，被用于许多现代 VLSI 设计阶段。例如，在布局规划和布局等早期设计阶段，RSMT 是估算多个性能指标的有效模型，例如线长、拥塞和延迟。在总体和详细布线阶段，RSMT 用于构建线网的最终拓扑。因此，对于 RSMT 构造问题，由于其重要性，它在过去的几十年中得到了充分的研究。此外，现代 VLSI 芯片的密度已经显著增加，在当今的 VLSI 设计中，存在越来越多的障碍物，例如，IP 块和预先布线的线网，这些障碍物在布线过程中无法通过，因此 OARSMT 构造问题近年来受到越来越多的关注，并且有许多启发式算法和几个精确算法。

另一方面，随着制造工艺的进步，现代 VLSI 芯片可以提供多个金属层，以提高布线灵活性。因此，在文献[1]的方法中，首先制定了 ML-OARSMT 构造问题并指出单层绕障方法不能直接应用于多层情况，因为两种问题模型之间存在很大差异。此外，文献[18]提出了一种改进的 ML-OARSMT 算法，该算法通过在伪平面上使用 Delaunay 三角剖分构造初始障碍加权最小生成树(Minimum Spanning Tree，MST)，然后改进每个 MST 边，以生成 3D 直线对应边。最近，文献[4]进一步证明多层模型与其单层对应模型非常不同，原因是单层的尺寸是线性的，而多层是 $\Omega(n^2)$。该文献采用计算几何技术研究出了一种有效的四步 ML-OARSMT 构造算法。

然而，所有上述工作主要集中在直角结构上。随着集成电路(Integration Circuit，IC)被缩小到非常小的亚微米尺寸，将布线方向限制为水平和垂直的直角结构未能满足当前的设计要求。幸运的是，新兴的非直角架构，或称为 λ-几何布线，允许更多的布线方向，并可以进一步改善可布线性。特别是作为最有前景的非直角结构之一，X 结构得到了当前几种制造技术的全面支持，并已成为研究的热点。

例如，文献[21]中描述的 X 结构 Steiner 最小树(XSMT)表明，与 RSMT 相比，总线长和芯片尺寸分别减少了 20%和 11%。因此，对于 X 结构中的单层无障碍和绕障场景，近年来也取得了很多研究成果。

问题在于当同时考虑多层，障碍和 X 架构，即多层绕障 X 结构 Steiner 最小树构造时，问题将变得更加复杂。实际上，即使不考虑障碍物，单层 RSMT 问题也被证明是 NP 完全问题。据调研资料显示，迄今为止只有少数 ML-OAXSMT 研究。例如，文献[29]提出了一种基于粒子群优化(Particle Swarm Optimization，PSO)的 ML-OAXSMT 构造算法，在该算法中，初始种群的每个粒子代表一个多层 X 架构 Steiner 树(Multi-layer X-architecture Steiner Tree，ML-XST)，算法中具有恰当设计的适应度函数，通过引入遗传算法的变异和交叉算子来引导种群的行动，经过一定次数的迭代后，选择全局最优粒子作为最终布线结果，这个结果往往很大。然而，由于 PSO 的性质是基于群的算法，因此该算法的时间复杂度非常高。此外，文献[29]提出的算法的另一个瓶颈问题是 ML-OAXSMT 的候选边是 $O(n^2)$，即使其提出了预处理方法，处理这些边也会耗费时间。文献[6]提出了一种基于分区的 ML-OAXSMT 算法，以同时优化线长和时延。但是，该方法根据通孔的位置划分每个布线平面，最终结果容易受到所选择的通孔位置的影响。而且，它们逐层构造布线树，可能会影响多层的全局性。

6.2.2 问题模型

定义 6.1 半周长 对于长度为 l_1 且宽度为 l_2 的矩形障碍物 b,b 的半周长为 l_1+l_2。

定义 6.2 直角边界框 两个点 p_i 和 p_j 的直角边界框是由 p_i 和 p_j 作为角点的矩形。一组障碍物的直线边界框是完全包含所有障碍物的最小矩形。

ML-OAXSMT 问题：给定通孔成本 C_v,n 个引脚的集合$\{P\}$,m 个障碍物的集合$\{B\}$和 N_l 个布线层,构造一个多层 X 结构 Steiner 树 T 连接 P 中的所有引脚点,使得没有边或通孔与 B 中的障碍物相交并且使树的总成本最小化,其中树的总成本定义为总线长加上 C_v^* 通孔数量。

表 6.1 总结了本节中几种常用的表示法。

表 6.1 符号列表

符　　号	描　　述
p_ip_jk	当使用布线选择 k 时,引脚 p_i 和 p_j 的 X 结构边
p_is_{k1}	p_ip_jk 的第一个线段
$s_{k1}s_{k2}$	p_ip_jk 的通孔
$s_{k1}p_j$	p_ip_jk 的第二个线段
$\{B_{ijk}\}$	p_ip_jk 穿过的障碍集
box(t)	t 的直角边界框
rec(p_i,p_j)	p_ip_j2 或 p_ip_j3 的线长
len(p_i,p_j)	引脚 p_i 和 p_j 的绕障线长

6.2.3 算法的设计

本节对 MLXR 展开介绍说明,它包括以下 4 个步骤。

(1) 构建 3D 无障碍最小生成树(3D-OFMST)以连接 P 中的所有引脚顶点。这个 3D-OFMST 用作最终 ML-OAXSMT 的基本框架,因为 MST 通常用于近似 SMT,根据本节定义的布线模型,3D-OFMST 很容易转化为 ML-XST。

(2) 计算所有 3D-OFMST 边的 4 种 X 布线路径即 4 种边选择方式,记为 XRP,信息并将其记录到两个查找表中。这两个表可以为后续步骤提供信息支持,从而提高 MLXR 的效率。

(3) 基于两个查找表提供的信息,通过将每个 3D-OFMST 边变换为 XRP 来构造 ML-XST。然后,将穿过障碍物的 ML-XST 的边划分为 3 类,并采用有效的基于投影的技术将 ML-XST 转化为 ML-OAXST。

(4) 使用两种改进策略来进一步减少生成的 ML-OAXST 的线长,从而生成最终的 ML-OAXSMT。

1. 3D-OFMST 构造

无论在单层还是多层环境中，MST 在 VLSI 布线问题中被广泛用于近似 SMT，因为 MST 易于构建并转换为 SMT。例如，对于单层布线，文献[26]提出的方法基于预生成的生成图构造 MST，然后将 MST 转换为 X 结构 Steiner 树。另外，在此前提出的多层绕障算法中，文献[6]的算法使用平面 MST 为每个划分区域生成初始解。文献[29]提出的算法在开始实际搜索过程之前，还使用 MST 初始化每个粒子群。此外，3D 空间中的线段可以根据定义的模型轻松地转换为 XRP。因此，首先构建一个 3D-OFMST 作为最终 ML-OAXSMT 的基本架构。

定义 6.3　片段　片段是由子集的成员之间的边连接的点子集，并且它也被称为 MST 的子树。

DT 通常用于在平面中生成 MST 的候选边，因为其边数与引脚数呈线性关系，可以在 $O(n)$时间复杂度内获得最小生成树。但是，DT 尚未推广到更高的维度。在给定顶点上具有完整图形的传统 Prim 算法可以直接应用于 3D 环境，但是当输入的规模很大时它很耗时，因为它的复杂度可以达到 $O(n^2)$。基于文献[31]指出的 MST 密度梯度理论，文献[32]提出了一种改进的任意维 Prim 算法，称为多片段 MST(MF-MST)算法。该算法首先为给定的点构建 k-d 树，它可以提供快速的最近邻搜索并估计每个点的近似密度值(k-d 树单元格中的点数除以其体积，可以作为每个点的局部密度估计)。然后以具有最小密度的点(局部密度最低的点)开始分片，直到片段达到最大局部密度，然后以类似的方式启动另一个片段，因此它继续进行直到连接所有点。最后，连接所有生成的片段以形成最终的 MST。

在片段构建过程中，优先级队列用于存储每个片段点，每个点的优先级与其最近的孤立邻点的距离成反比。这样，最短路径对应于队列的前端，每次都应该添加到当前片段。由于每个点的当前优先级是其实际优先级的上限，因此除非该点位于队列的前面，否则不需要更新优先级。事实证明，这种 MF-MST 算法比具有完整图形的通用 MST 算法快得多。由于 MF-MST 算法是一种非常成熟的 3D 环境下 MST 构造方法，可直接在此步骤中使用它来构建 3D-OFMST。

定理 6.1　MF-MST 算法的实际和最差时间复杂度分别为 $O(n\log n)$和$O(n^2)$。

证明：文献[32]指出 MF-MST 算法的实际时间复杂度由构建片段所需的 $O(n\log n)$时间决定。但是，它们没有给出最坏的情况下准确的时间复杂度。实际上，当两个片段间隔很远时，每个片段包含所有点的很大一部分，算法需要检查所有点对以找到连接，换句话说，在最坏的情况下，它需要 $O(n^2)$时间来连接两个片段，因此 MF-MST 的最差时间复杂度是 $O(n^2)$。

2. XRP 信息的计算

根据 MLXR 的框架，在生成 3D-OFMST 之后，首先将这个基本框架转化为 ML-XST。然而，由于可以为每个 3D-OFMST 边选择 4 种不同的 XRP 选择，因此，它需要估计哪一个是给定边的最佳选择，使得该边能够以最小成本避开所有障碍。另外，当 ML-XST 扩展到 ML-OAXST 时，应该基于每个 ML-XST 边的 XRP 信息执行 pseudo-Steiner 点选择过程，并且最终的 ML-OAXSMT 是通过在全局和局部视角下进一步优化树的所有 XRP 来生成的。可以看出，树边的 XRP 信息在整个算法中起着核心作用，因此预先计算所有 3D-OFMST 边的 XRP 信息，并在该部分中生成了两个查找表。算法 6.1 显示了该 XRP 计算过程的伪代码。

算法 6.1　XRP 信息计算

输入：3D-OFMST
输出：MLXOT，MLXCT
for each XRP $p_i p_j k$ of 3D-OFMST **do**
　for each obstacle b in B **do**
　　if $p_i p_j k$ runs through b **then**
　　　Add b to $\{B_{ijk}\}$；//在 $p_i p_j k$ 穿过的障碍物集合 $\{B_{ijk}\}$ 中加入障碍物 b
　　end if
　end for
　if $z_i \neq z_j$ **then**
　　L_{ijk} = the cardinality of $\{B_{ijk}\}$；//将 L_{ijk} 值设置为 $\{B_{ijk}\}$ 的基数
　else
　　L_{ijk} = the semi-perimeter of box($\{B_{ijk}\}$)；//将 L_{ijk} 值设置为障碍物框的半周长之和
　end if
　//生成 3 个子路径 $p_i s_{k1}$，$s_{k2} p_j$ 和 $s_{k1} s_{k2}$ 的坐标信息
　Generates the coordinates information of sub-path $p_i s_{k1}$，$s_{k2} p_j$ and $s_{k1} s_{k2}$；
　if there exists a 45° or 135° sub-path p_t **then**
　　Rotate p_t 45° clockwise around the origin in that layer；//将 p_t 绕原点顺时针旋转 45°
　　Generate the coordinates information of rotated path；//生成新线段的坐标信息
　end if
end for

由于 3D-OFMST 包含 $n-1$ 个边，并且每条边具有 4 个不同的 XRP 选择，因此总共有 $4\times(n-1)$ 个 XRP。为所有这些 XRP 生成两个查找表。第一个称为多层 XRP 障碍物表(MLXOT)，它记录每个 XRP 穿过的障碍物的相关信息。更具体地，假设当使用 $X_{\text{path}k}$ 时 $p_i p_j k$ 是 p_i 和 p_j 之间的 XRP，记 $\{B_{ijk}\}$ 为 $p_i p_j k$ 通过时遇到的障碍的集合，并且当 $z_i \neq z_j$ 时将 L_{ijk} 值设置为 $\{B_{ijk}\}$ 的基数；当 $z_i = z_j$ 时，将 L_{ijk} 值设置为框的半周长($\{B_{ijk}\}$)。此外，考虑到每个 XRP 的 $p_i p_j k$ 有 3 个子路径($p_i s_{k1}$、$s_{k1} s_{k2}$ 和 $s_{k2} p_j$)，生成这 3 个子路径的坐标信息，从而生成另一个表，称为多层 XRP 坐标表(MLXCT)。

注意，当子路径为 45°或 135°时，第 13 行至第 16 行围绕原点在该层中顺时针旋转 45°，以形成水平或垂直线段(定义布线层左下方的点作为该层的原点)，然后生成线段的坐标。此操作利于总线长和局部线长的计算，因为其可以高效识别共

享 45°或 135°路径而无须更改线长。

下面以图 6.2 为例进一步说明 XRP 信息计算的过程。图 6.2(a)显示了电路的布局,有 3 个引脚顶点($p_1(8,1,3)$、$p_2(12,10,1)$和 $p_3(2,5,3)$)和 3 个障碍物($b_1 \sim b_3$)。显然,前一步骤中生成的 3D-OFMST 仅包含两条边 p_1p_2 和 p_1p_3。图 6.2(b)给出了两条 3D-OFMST 边的所有 8 个 XRP。事实上,这 8 个 XRP 的所有信息构成了最后两个查找表。表 6.2 和表 6.3 分别显示了生成的 MLXOT 和 MLXCT。例如,p_1 和 p_2 之间的 X_{path0}(即 $\text{XRP}_{p_1p_20}$)是布线路径 $p_1 \to s_{01} \to s_{02} \to p_2$,从图 6.2(b)可以看出这个 XRP 穿过障碍物 b_1 和 b_3,这导致 MLXOT 中的$\{B_{120}\}=\{b_1,b_3\}$和 $L_{120}=2$,其中 L_{120} 是$\{B_{120}\}$的基数。另外,3 个子路径(p_1s_{01},$s_{01}s_{02}$ 和 $s_{02}p_2$)的坐标也可以从 MLXCT 获得,其中 $s_{02}p_2^{\text{R}}$ 是旋转的线段,因为 $s_{02}p_2$ 是 45°路径。应当注意,p_1p_3 的 L_{ijk} 值不同于 p_1p_2 的值,因为 $z_1=z_3$ 但是 $z_1 \neq z_2$。例如,由于 p_1p_3 的 X_{path1} 在图 6.2(b)中通过 b_1,因此$\{B_{131}\}=\{b_1\}$,并且 L_{131} 的值是 b_1 的半周长。此外,由于 $z_1=z_3$,因此 p_1 和 p_3 之间没有任何 XRP,因此两个 pseudo-Steiner 点对于 p_1p_3 的所有 XRP 彼此重叠。

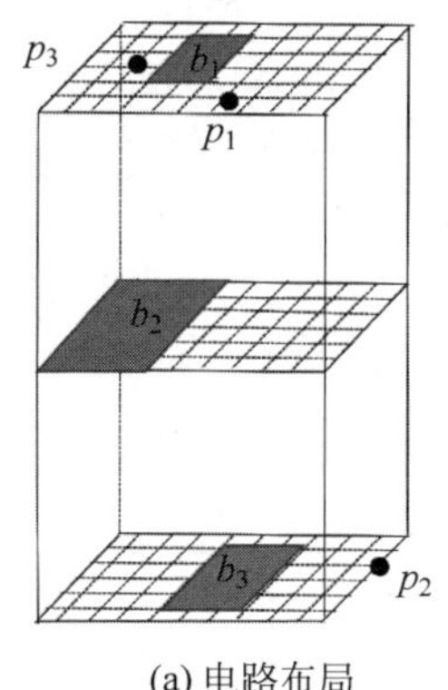

(a) 电路布局　　(b) p_1p_2和p_1p_3的所有XRP

图 6.2　一个 XRP 信息计算的示例

表 6.2　根据图 6.2 生成的 MLXOT

边	XRP	MLXOT
p_1p_2	X_{path0}	$\{B_{120}\}=\{b_1,b_3\}$,$L_{120}=2$
	X_{path1}	$\{B_{121}\}=\{\varnothing\}$,$L_{120}=0$
	X_{path2}	$\{B_{122}\}=\{b_1,b_3\}$,$L_{122}=2$
	X_{path3}	$\{B_{123}\}=\{\varnothing\}$,$L_{123}=0$
p_1p_3	X_{path0}	$\{B_{130}\}=\{\varnothing\}$,$L_{130}=0$
	X_{path1}	$\{B_{131}\}=\{b_1\}$,$L_{131}=12$
	X_{path2}	$\{B_{132}\}=\{b_1\}$,$L_{132}=12$
	X_{path3}	$\{\text{B}_{133}\}=\{\varnothing\}$,$L_{133}=0$

表 6.3　根据图 6.2 生成的 MLXCT

边	XRP	MLXCT
p_1p_2	X_{path0}	$p_1s_{01}=\{(8,1,3),(8,6,3)\}$ $s_{01}s_{02}=\{(8,6,3),(8,6,1)\}$ $s_{02}p_2=\{(8,6,1),(12,10,1)\}$ $s_{02}p_2^{\text{R}}=\{(7\sqrt{2},2\sqrt{2},1),(11\sqrt{2},2\sqrt{2},1)\}$
	X_{path1}	$p_1s_{11}=\{(8,1,3),(12,5,3)\}$ $s_{11}s_{12}=\{(12,5,3),(12,5,1)\}$ $s_{12}p_2=\{(12,5,1),(12,10,1)\}$ $p_1s_{11}^{\text{R}}=\{(4.5\sqrt{2},2\sqrt{2},3),(8.5\sqrt{2},2\sqrt{2},3)\}$
	X_{path2}	$p_1s_{21}=\{(8,1,3),(8,10,3)\}$ $s_{21}s_{22}=\{(8,10,3),(8,10,1)\}$ $s_{22}p_2=\{(8,10,1),(12,10,1)\}$
	X_{path3}	$p_1s_{21}=\{(8,1,3),(8,10,3)\}$ $s_{21}s_{22}=\{(8,10,3),(8,10,1)\}$ $s_{22}p_2=\{(8,10,1),(12,10,1)\}$
p_1p_3	X_{path0}	$p_1s_0=\{(8,1,3),(6,1,3)\}$ $s_0p_3=\{(6,1,3),(2,5,3)\}$ $s_0p_3^{\text{R}}=\{(4\sqrt{2},-2.5\sqrt{2},3),(4\sqrt{2},1.5\sqrt{2},3)\}$
	X_{path1}	$p_1s_1=\{(8,1,3),(4,5,3)\}$ $s_1p_3=\{(4,5,3),(2,5,3)\}$ $p_1s_1^{\text{R}}=\{(6\sqrt{2},-3.5\sqrt{2},3),(6\sqrt{2},0.5\sqrt{2},3)\}$
	X_{path2}	$p_1s_1=\{(8,1,3),(8,5,3)\}$ $s_2p_3=\{(8,5,3),(2,5,3)\}$
	X_{path3}	$p_1s_3=\{(8,1,3),(2,1,3)\}$ $s_3p_3=\{(2,1,3),(2,5,3)\}$

引理 6.1　需要 $O(1)$时间来判断 XRP 是否穿过障碍物 b。

证明：根据 XRP 的定义，XRP 最多包含 3 个子路径，子路径可以是以下 5 个类别之一：水平路径、垂直路径、45°路径、135°路径和通孔路径。对于前两个类别，如果布线路径 r_1 完全位于 b 的一侧，则 r_1 不会穿过 b，否则 r_1 穿过 b。这可以通过直接比较 b 和 r_1 的坐标来判断。对于 45°或 135°路径 r_2，可以通过计算由 b 和 r_2 形成的交点的数量来获得结果，如果它们在两个不同的点处相交，则 r_2 必然穿过 b。另外，如果通孔路径 r_3 的 xy 坐标位于 b 内，并且 $z_1<z_b<z_2$，则 r_3 穿过 b，其中 z_1 和 z_2 是 r_3 的两个端点的 z 坐标。总之，需要 $O(1)$时间来判断 XRP 是否穿过障碍物。

3. ML-OAXST 构造

下面首先将生成的 3D-OFMST 转化为 ML-XST。然后，通过基于投影的绕障策略引入一些 pseudo-Steiner 点来生成 ML-OAXST。

1) 生成 ML-XST

MLXR 检查 3D-OFMST 的每个边，并根据以下 3 个原则在此步骤中将边转换为 XRP。

(1) 对于任何一条边，如果两条边都能绕开所有障碍，则 $X_{\text{path0}}(X_{\text{path2}})$ 与 $X_{\text{path1}}(X_{\text{path3}})$ 具有相同的优先级。

(2) 对于任何一条边，如果它们可以避开所有障碍，X_{path0} 和 X_{path1} 优先于 X_{path2} 和 X_{path3}。

(3) 对于任何一条边，如果所有 4 个 XRP 都穿过障碍物，则具有最小 L_{ijk} 值的 XRP 具有最高优先级。

引理 6.2 对于 3D-OFMST 边，与 X_{path2} 和 X_{path3} 相比，X_{path0} 和 X_{path1} 可以将布线成本降低 $[0,(2-\sqrt{2})\times \text{MIN}(\Delta x,\Delta y)]$。

证明：假设 p_i 和 p_j 是 3D-OFMST 边的两个端点，无论 $z_i=z_j$ 与否，仅存在两种情形，第一种情况是当 $x_i\neq x_j$ 且 $y_i\neq y_j$ 时，不失一般性，假设 $\Delta x<\Delta y$，那么 X_{path0} 或 X_{path1} 的布线成本等于 $\Delta y-\Delta x+\sqrt{2}\times\Delta x+C_{\text{v}}\times\Delta z$，并且 X_{path2} 或 X_{path3} 的布线成本是等于 $\Delta x+\Delta y+C_{\text{v}}\times\Delta z$，因此在成本上 X_{path0} 或 X_{path1} 小于 X_{path2} 和 X_{path3} 的值为 $(2-\sqrt{2})\times\Delta x$。对于 $\Delta x>\Delta y$ 的情况，应用类似的方法可以证明结果。另一种情况是，当 $x_i=x_j$ 或 $y_i=y_j$ 时，X_{path0} 和 X_{path1} 与 X_{path2} 和 X_{path3} 具有相同的布线成本。

可以看出，如果 XRP 中的任何一个都可以绕开所有障碍物，则 3D-OFMST 边会被转化为 X_{path0} 或 X_{path1}；否则，将考虑 X_{path2} 和 X_{path3}，因为与 X_{path2} 和 X_{path3} 相比，X_{path0} 和 X_{path1} 可以减少更多的布线成本。此外，由于 L_{ijk} 对于同一层和不同层中具有两个端点的边具有不同的含义，最后的原则表明如果边的所有 XRP 都穿过障碍物，则同一层中具有两个端点的边将选择穿过最小直线边界框的 XRP，而在不同层中具有两个端点的边将选择 $|\{B_{ijk}\}|$ 最小的 XRP。

2) 绕障策略

转化后的 ML-XST 的一些 XRP 可能会遇到障碍，将这些 XRP 分为 3 类，即可修复路径、逃逸路径和非逃逸路径，并采用不同的策略来解决它们。

定义 6.4 可修复路径 对于 $\text{XRP}_{p_ip_jk}$，如果 $z_i=z_j$ 并且 $\{B_{ijk}\}\neq\{\varnothing\}$，则 p_ip_jk 是可修复路径。

定义 6.5 非逃逸路径 对于具有 $z_i\neq z_j$ 和 $\{B_{ijk}\}\neq\{\varnothing\}$ 的 $\text{XRP}_{p_ip_jk}$，如果将 p_i、p_j 和 $\{B_{ijk}\}$ 投影到伪平面（将投影结果表示为 p'_i、p'_j 和 $\{B'_{ijk}\}$），那么如果没有障碍物 $b'\in\{B'_{ijk}\}$ 使得框 $p'_ip'_j\subseteq b'$，那么 p_ip_jk 就是一条逃逸路径。而如果存在至少一个障碍 $b'\in\{B'_{ijk}\}$ 使得框 $p'_ip'_j\subseteq b'$，则 p_ip_jk 是非逃逸路径。

图 6.3(a)示出了两个 XRP 即 $p_1p_3 2$ 和 $p_1p_2 1$,并且两个 XRP 的投影图分别在图 6.3(b)和图 6.3(c)中给出。可以看出,投影后的框 $p_1'p_3' \subseteq b_2'$,因此 $p_1p_3 2$ 是非逃逸路径;相反,框 $p_1'p_2' \not\subset b_1'$ 故 $p_1p_2 1$ 是非逃逸路径。

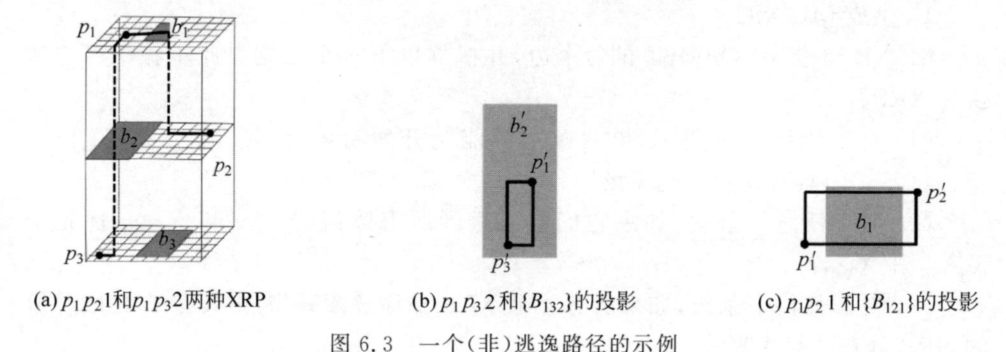

(a) $p_1p_2 1$和$p_1p_3 2$两种XRP (b) $p_1p_3 2$和$\{B_{132}\}$的投影 (c) $p_1p_2 1$和$\{B_{121}\}$的投影

图 6.3 一个(非)逃逸路径的示例

类似于文献[23]的方法,参考每个点 p 将平面划分为 8 个线性区域,如图 6.4(a)所示,每个区域不包括其两个边界射线,如图 6.4(b)所示。显然,如图 6.4(a)所示中射线($d_1 \sim d_8$)是平面中点 p 的允许布线路径。

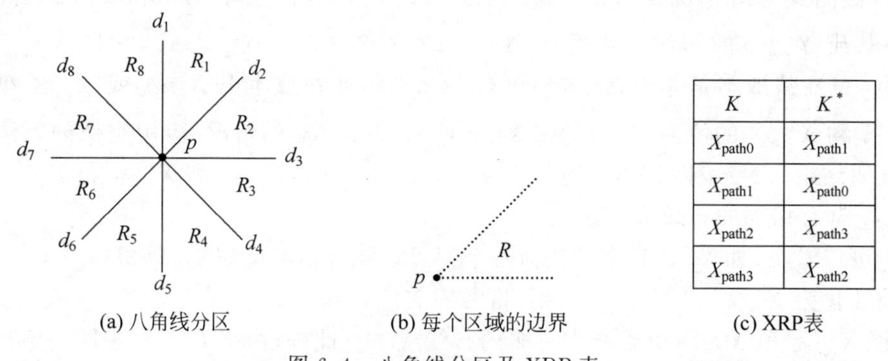

K	K^*
X_{path0}	X_{path1}
X_{path1}	X_{path0}
X_{path2}	X_{path3}
X_{path3}	X_{path2}

(a) 八角线分区 (b) 每个区域的边界 (c) XRP表

图 6.4 八角线分区及 XRP 表

在选择 pseudo-Steiner 点之前,首先对 ML-XST 的所有 XRP 进行扫描,对于每个 $\text{XRP}_{p_ip_jk}$,如果 $x_i > x_j$,则改变点 p_i 和 p_j 的位置,即将 p_ip_jk 变换为 $p_jp_ik^*$,其中对应 k^* 值如图 6.4(c)所示。这样,对于每个 ML-XST 的 XRP,可以确保起点位于终点的左侧,从而简化了可能的场景。例如,在变换之后,当检查 XRP 的 p_ip_jk 时,只需要考虑点 p_i 的直线分区的右半轴。

可修复路径:对于变换后的 ML-XST 的可修复路径 p_ip_jk,首先计算 $\text{bx} = \text{box}(\{B_{ijk}\})$。然后沿着 5 个直线方向将 p_i 投影到其右半轴,这些方向包括图 6.4(a)中的 $d_1 \sim d_5$。假设 p_id_x 和 bx 之间的第一个交点是 t_x($x=1,2,3,4,5$),应该注意 t_x 可能不存在,因为 p_id_x 不与 bx 相交。另外,计算直线 p_id_x 和 p_ip_j 之间的角度 α_x,然后选择存在的最小 α_x 作为 pseudo-Steiner 点 s 的 t_x。因为 s 可能无法直接连接到 p_j,因此需要选择更多的 pseudo-Steiner 点,以便可以连接 p_i 和 p_j。为

了实现这个目标，检查 bx 的每个角点 $c_y(y=1,2,3,4)$，并选择 $\mathrm{rec}(s,c_y)+\mathrm{rec}(c_y,p_j)$ 最小的那个 c_y 作为另一个 pseudo-Steiner 点 c。注意，可能存在 bx 的两个角点，使得 $\mathrm{rec}(s,c_y)+\mathrm{rec}(c_y,p_j)$ 最小，在这种情况下，选择具有较大 $\mathrm{rec}(s,c_y)$ 的角点。最后，计算边 p_is、sc 和 cp_j 的 XRP 信息，并将此信息添加到 MLXOT 和 MLXCT 中。

考虑到集合$\{B_{ijk}\}$的障碍可以在布线层中广泛地分散，在这种情况下，p_i 和 p_j 之间的新生成的布线路径可能很长，因为它需要绕行$\{B_{ijk}\}$的直角边界框。因此，为了确保布线方案的质量，在以下两种情况下采用其他 pseudo-Steiner 点选择策略。

(1) 两个选定的 pseudo-Steiner 点之间的布线路径穿过障碍物。

(2) 如果将 p_i 和 p_j 之间新生成路径的长度除以 $\mathrm{rec}(p_i,p_j)$，则设置参数 β，并且获得的值大于 β(在实验中 β 设置为 2)。然后，根据 p_i 和障碍物之间的距离按递增顺序对$\{B_{ijk}\}$的所有障碍物进行排序，并根据上述投影方法按顺序选择每个障碍物上的 pseudo-Steiner 点。以这种方式，生成可以从$\{B_{ijk}\}$的大边界框逃逸的绕障路径。

以图 6.5 作为一个简单的例子来进一步解释这个过程。图 6.5(a)是原始路线，其中 p_1p_20 穿过障碍物 b_1、b_2 和 b_3。在删除 p_1p_20 之后，首先计算框$(\{B_{120}\})$，结果 bx 在图 6.5(b)中以实线矩形框显示。然后沿着 p_1 的 5 个方向做投影，显然 p_1d_1 和 p_1d_5 不会与 bx 相交，因此 $T_1=\{t_2,t_3,t_4\}$。接下来，计算直线 p_1p_2 和 p_1 的每条投影线之间的角度，有 $\alpha_2=\angle d_2p_1p_2$，$\alpha_3=\angle d_3p_1p_2$，$\alpha_4=\angle d_4p_1p_2$。因为 $\alpha_4<\alpha_3<\alpha_2$，所以选择 t_4 作为 pseudo-Steiner 点 s。在图 6.5(c)中，通过检查 bx 的 4 个角点，有 $\mathrm{rec}(sc_1)+\mathrm{rec}(c_1p_2)=\mathrm{rec}(sc_2)+\mathrm{rec}(c_2p_2)<\mathrm{rec}(sc_3)+\mathrm{rec}(c_3p_2)=\mathrm{rec}(sc_4)+\mathrm{rec}(c_4p_2)$ 并且由于 $\mathrm{rec}(sc_1)<\mathrm{rec}(sc_2)$，因此选择 c_2 作为另一个 pseudo-Steiner 点。最后，计算边 p_1s、sc_2 和 c_2p_2 的 XRP 信息，并生成最终的布线路径，如图 6.5(d)所示。

引理 6.3 对于变换后的 ML-XST 的 $\mathrm{XRP}_{p_ip_jk}$，如果$\{B_{ijk}\}\neq\varnothing$，则投影$(p_i)\cap\mathrm{box}(\{B_{ijk}\})\neq\varnothing$或投影$(p_j)\cap\mathrm{box}(\{B_{ijk}\})\neq\varnothing$，其中投影$(p_i)$和投影$(p_j)$分别是 p_i 和 p_j 沿其 5 个方向在其半轴上的投影。

证明：使用反证法来证明这个引理。图 6.6(a)和图 6.6(b)分别显示了根据定义的 p_i 和 p_j 的半轴。如果投影$(p_i)\cap\mathrm{box}(\{B_{ijk}\})=\varnothing$，则框$(\{B_{ijk}\})$必须完全位于 p_i 右半轴的一个区域。类似地，如果投影$(p_j)\cap\mathrm{box}(\{B_{ijk}\})=\varnothing$，则框$(\{B_{ijk}\})$必须完全位于 p_j 的左半轴的一个区域中。因此，如果投影$(p_i)\cap\mathrm{box}(\{B_{ijk}\})=\varnothing$和投影$(p_j)\cap\mathrm{box}(\{B_{ijk}\})=\varnothing$均成立，为不失一般性，假设 $\mathrm{box}(\{B_{ijk}\})\subset R_i$($p_i$ 的 $R_i\in\{R_1,R_2,R_3,R_4\}$)和 $\mathrm{box}(\{B_{ijk}\})\subset R_j$($R_j\in\{R_5,R_6,R_7,R_8\}$)且 R_i 和 R_j 的两条边界线必须形成一个合法的 XRP，这意味着 p_i 和 p_j 可以直接连接而不会遇到任何障碍，这是一个矛盾。例如，如图 6.6(c)所示，

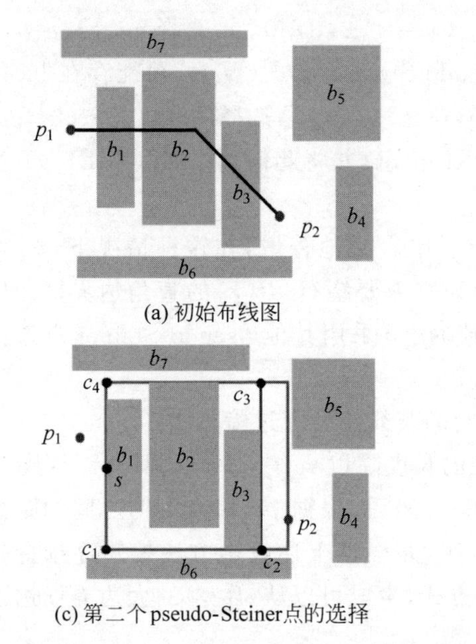

(a) 初始布线图

(c) 第二个pseudo-Steiner点的选择

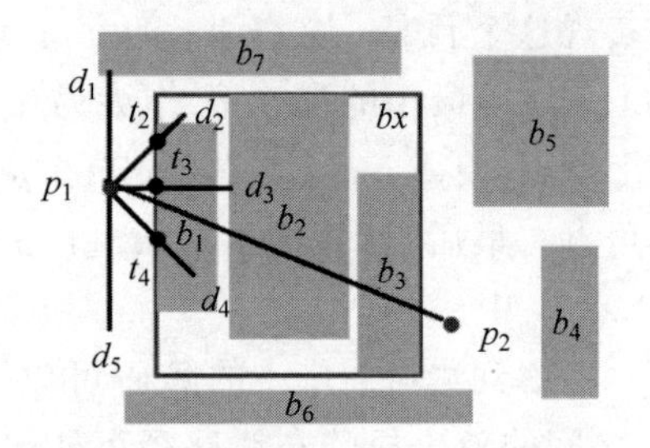

(b) 第一个pseudo-Steiner点的选择

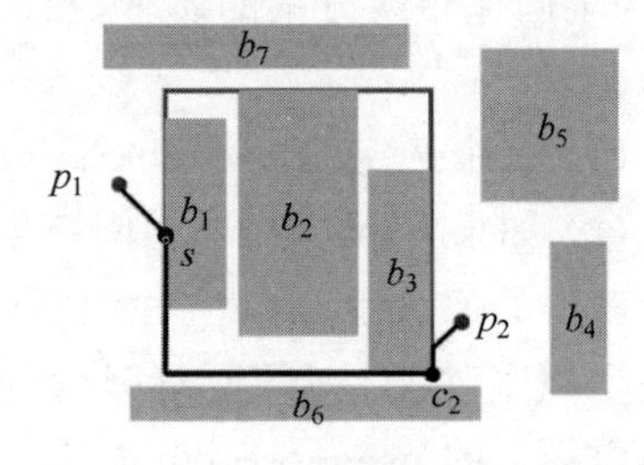

(d) 新布线图

图 6.5　布线实例

p_i 的 box($\{B_{ijk}\}$)$\subset R_3$ 和 p_j 的 box($\{B_{ijk}\}$)$\subset R_7$，则 p_i 和 p_j 可以通过路径 $p_is_1p_j$ 或 $p_is_2p_j$ 相连接。算法 6.2 中显示了这种可修复路径算法的伪代码。

算法 6.2　可修复路径算法

输入：可修复路径 p_ip_jk，MLXOT

输出：新的 XRP，MLXOT，MLXCT

bx=box($\{B_{ijk}\}$)；//计算$\{B_{ijk}\}$的直线边界框 bx

Project point p_i to its right half axis along d_1-d_5；//将 p_i 投影到其右半轴

$T=\{t_r\}=\{p_id_r\cap \text{bx}\}, r=\{1,2,3,4,5\}$；//计算每个 p_id_r 和 bx 之间的第一个交点 t_r

$\theta=\{\alpha_x\}=\{\angle d_xp_ip_j\}, x=\{1,2,3,4,5\}$；//计算直线 p_id_x 和 p_ip_j 之间的角度 α_x

s=select $t_x \in T$ with the smallest α_x；//选具有最小 α_x 的 t_x 作为 pseudo-Steiner 点

for each corner point c_y ($y=1,2,3,4$) of bx **do**//检查 bx 的每个拐点 c_y

　//选择一个使得 rec(s, c_y)+rec(c_y, p_j)最小的 c_y 作为另一个 pseudo-Steiner 点

　c=select c_y with the minimum rec(s, c_y)+rec(c_y, p_j)；

end for

Generate the XRP p_isk_1, sck_2 and cp_jk_3；//计算边 p_isk_1、sck_2 和 cp_jk_3 的 XRP 信息

if(len(p_i, s)+len(s,c)+len(c,p_j))/rec(p_i,p_j)$>\beta$ **or** path sc is not illegal **then**

　//删除边 p_is、sc 和 cp_j 并排序$\{B_{ijk}\}$

　Delete p_is, sc, and cp_j, and sort all obstacles of $\{B_{ijk}\}$；

　//按顺序在每个障碍物上选择 pseudo-Steiner 点，并生成从 p_i 到 p_j 的新路径

　　Generate a path by selecting pseudo Steiner points on each obstacle of $\{B_{ijk}\}$in order;

end if

$p'_{i(j)}$=project $p_{i(j)}$ to an adjacent layer;//将 $p_{i(j)}$ 投影到相邻层得到 $p'_{i(j)}$

Construct a new XRP between p'_i and p'_j;//在 p'_i 和 p'_j 之间形成新 XRP

//在层之间构建 XRP,若其代价小于在一层上布线的代价,则将原始结果替换为此结果

if cost($p'_ip'_j$)+2 * C_v< cost(p_isk_1)+cost(sck_2)+cost(cp_jk_3) **then**

　　Replace p_isk_1, sck_2 and cp_jk_3 by the new XRP;

end if

已经指出 t_x 可能不存在,即当 p_id_x 不与 bx 相交时,所有 5 个交点 t_x($x=1\sim5$)都不存在。在这种情况下,根据引理 6.3,将沿着图 6.6(b)中的 5 个半径线方向(d_1,d_8,d_7,d_6,d_5)将 p_j 投影到其左半轴。此外,考虑到多层环境包含更多布线资源,层之间的布线可以为可修复路径生成更优化的结果。例如,图 6.7(a)示出了对于一层上的 p_1p_2 的可修复路径,代价为 14 的可能解决方案。但是,如果将 p_1 和 p_2 投影到另一层,则形成的新 XRP 的代价是 $5+2\times C_v$,如果 $C_v<4.5$,则新的 XRP 更优化。因此,尝试在层之间构建 XRP,如果其代价小于仅在一个层上布线的代价,则将原始结果替换为此结果。考虑到算法的效率,只将点投影到相邻层。

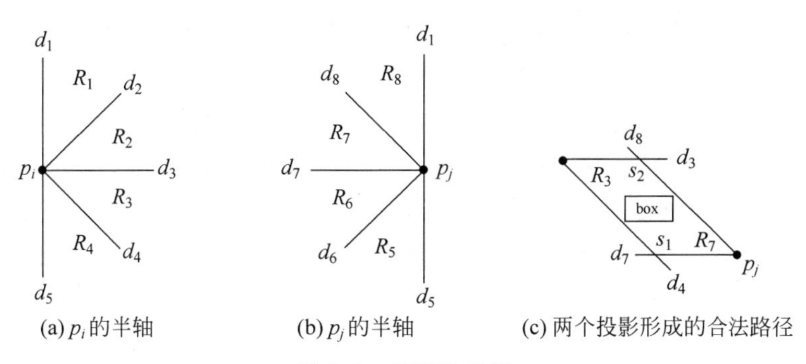

(a) p_i的半轴　(b) p_j的半轴　(c) 两个投影形成的合法路径

图 6.6　反证法举例

逃逸路径:考虑到逃逸路径的两个端点 p_ip_jk 位于不同的层中,首先将 $\text{XRP}_{p_ip_jk}$ 和障碍集$\{B_{ijk}\}$投影到伪平面(由$\{p'_ip'_jk\}$和$\{B'_{ijk}\}$表示)。然后根据投影结果将这个逃逸路径进一步划分为两种情况。如图 6.7(b)所示,第一个是投射的 pseudo-Steiner 点 s'没有被$\{B''_{ijk}\}$的任何障碍所包围,这意味着原始 $\text{XRP}_{p_ip_jk}$ 的通孔 $s_{k1}s_{k2}$ 是合法的,原始路径 p_is_{k1} 或 $s_{k2}p_j$ 形成可修复的路径。显然,这种情况可以通过直接采用可修复路径算法来解决。另一种情况是当 s'被$\{B''_{ijk}\}$的一个或多个障碍包围时(将这些障碍表示为另一个障碍$\{B''_{ijk}\}$),因为通孔 $s_{k1}s_{k2}$ 变为非法的,如果能找到另一个合法的通孔,则分别将 p_i 和 p_j 连接到其层中的新通孔,最坏的情况将形成两条可修复的路径。

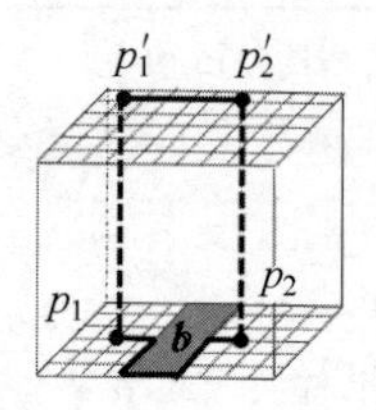

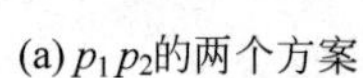
(a) p_1p_2的两个方案

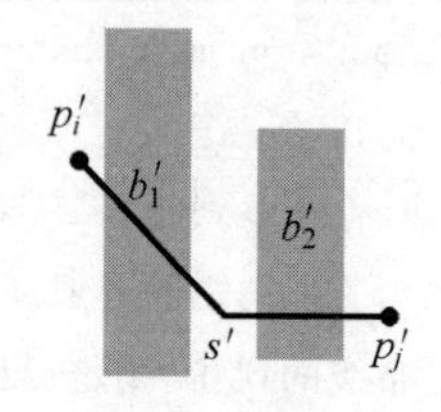

(b) 通孔位置合法

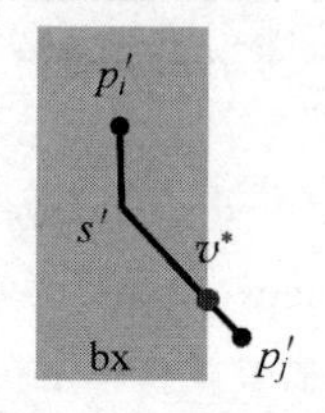

(c) 通孔位于bx内部

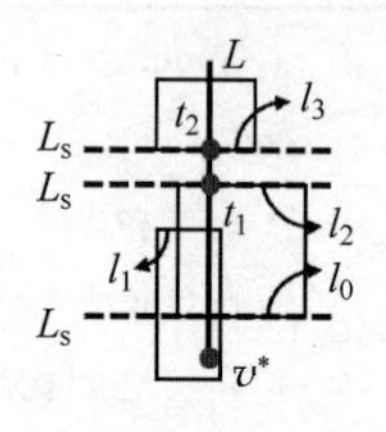

(d) 扫描线扫描过程示例

图 6.7　层与逃逸路径分析之间的布线示例

因此，对于第二种情况，首先计算 bx=box($\{B''_{ijk}\}$)，并选择投影路径 $p'_ip'_jk$ 和 bx 之间的交点 $v^*(x^*,y^*)$，如图 6.7(c)所示。当然，如果 v^* 位于层 z_i 和 z_j 之间的合法通孔位置，则找到解决方案。但是，如果 v^* 仍然是非法的，采用扫描线方法继续查找合法的通孔位置。

所提出的扫描线方法包含 4 个元素，起始点 v^*、固定线 L(它是包含 v^* 的 bx 的一侧)、扫描线 L_s 以及包含层 z_i 和 z_j 之间的所有障碍物的障碍物集合 B_i^j。以图 6.7(c)为例详细说明扫描线方法。显然，L 是图 6.7(c)中 bx 的右侧(因为 L 是 bx 的水平边的情况是对称的，所以它可以以类似的方式处理)，并且设置 L 的 y 坐标范围为$[y^*,\max(y_b)]$，其中 $\max(y_b)$是 B_i^j 中障碍物的最大 y 坐标。然后，将 B_i^j 投影到与 L 相同的伪平面(用 $B_i^{j'}$表示)，并根据障碍物的左下顶点的 y 坐标按升序对 $B_i^{j'}$ 的所有障碍物进行排序。另外，水平线 L_s 用于扫描从 $y=y^*$ 到 $y=\max(y_b)$的所有已排序的障碍物。

当 L_s 找到与 L 相交的障碍物 $b\in B_i^{j'}$ 的下边时，L_s 在下一步骤中直接扫描 b 的上边，否则，它按顺序扫描下一个边。当 L_s 找到与 L 相交的两个连续边 l_i 和 l_j 时，如果 l_i 和 l_j 分别是两个障碍物的上边和下边，则选择两个交点作为两个候选的通孔位置。对于每个候选通孔位置，检查它是否合法，从而获得新的通孔位置。例如，$B_i^{j'}$ 在图 6.7(d)中包含 3 个障碍，L_s 从 v^* 开始扫描，并且首先找到边 l_0。由于 l_0 是底边，因此 L_s 在下一步骤中直接扫描顶边 l_2 而不是 l_1。然后 L_s 找到边 l_3，它是另一个障碍物的底边，因此交点 t_1 和 t_2 是两个候选通孔位置，选择合法的一个作为最终结果。当然，如果 L_s 在 $y=\max(y_b)$之前没有找到这种类型的两个连续边，则将选择最后扫描到的障碍边和 L 之间的交点作为通孔位置。类似地，可以通过从 $y=y^*$ 扫描到 $y=\min(y_b)$找到另一个合法位置，其中 $y=\min(y_b)$是 $B_i^{j'}$ 中障碍物的最小 y 坐标。然后选择一个较小的$|y_i-y_{v_i}|+|y_j-y_{v_i}|$作为最终的通孔位置，其中 y_{v_i} 是最终选定的通孔位置的 y 坐标。

注意，为了以有效的方式检查通孔位置是否合法，使用二维分段树(TDST)来记录 $B_i^{j'}$ 中障碍物的位置。更具体地，外部分段树和内部分段树分别用于记录伪平面的水平间隔和垂直间隔。将每个单位区域的初始值设置为零，并且通过扫描 $B_i^{j'}$ 中的所有障碍物，更新障碍物覆盖的区域的值。构建 TDST 之后，当给定一个通孔位置时，可以通过直接查询 TDST 来快速做出判断。算法 6.3 给出了逃逸路径算法的伪代码。

算法 6.3 逃逸路径算法

输入：逃逸路径 $p_i p_j k$，MLXOT

输出：新的 XRP，MLXOT，MLXCT

$p'_{i(j)}$ = projection($p_{i(j)}$)，$\{B'_{ijk}\}$ = projection($\{B_{ijk}\}$)；//将 $p_{i(j)}$ 和 $\{B_{ijk}\}$ 投影到伪平面

if $s_{k1}s_{k2}$ is legal **then**

  solve XRP $p_i s_{k1}$ or $s_{k2}p_j$ by reparable path algorithm；//形成可修复路径

else

  //$\{B'_{ijk}\}$ 中包围 $p'_{i(j)}$ 的直线边界框的障碍形成 $\{B''_{ijk}\}$

  Generate obstacle set $\{B''_{ijk}\}$ by scanning all obstacles in $\{B'_{ijk}\}$ once；

  //计算 $\{B_{ijk}\}$ 的直线边界框 bx 并选择投影路径 $p'_i p'_j k$ 和 bx 之间的交点 $v^*(x^*, y^*)$

  Compute bx = box($\{B''_{ijk}\}$)，$v^* = p'_i p'_j k \cap$ bx；

  Project v^* to layer z_i and z_j to form a via vv'；//生成通孔 vv'

  if vv' is legal **then**

    Generate via vv'，and XRP $p_i v$，$v' p_j$；

  else

    Generate obstacle set $B_i^{j'}$；//生成障碍集

    v_1 = scanning process from $v*$ to max(y_b)；//从 $v*$ 扫描到 max(y_b)找到一个合法位置

    v_2 = scanning process from $v*$ to min(y_b)；//从 $v*$ 扫描到 min(y_b)找到一个合法位置

    $p* = \min(|y_i - y_{vi}| + |y_j - y_{vi}|)$；//选择最终的通孔位置

    将 $p*$ 投影到层 z_i 和 z_j 并生成通孔 pp'、$p_i p$、$p' p_j$

    Project $p*$ to layer z_i，z_j，generate via pp'，$p_i p$，$p' p_j$；

  end if

end if

非逃逸路径：由于非逃逸路径的两个端点 $p_i p_j k$ 位于不同的层中，类似于逃逸路径，首先将 $p_i p_j k$ 和 $\{B_{ijk}\}$ 投影到伪平面。根据定义 6.5，$p'_i p'_j$ 的直线边界框完全被 $\{B'_{ijk}\}$ 的至少一个障碍所包围(将这些障碍表示为另一组 $\{B''_{ijk}\}$)。这意味着 p_i 和 p_j 之间的任何一个 XRP 都会被障碍物包围，并且在 p_i 和 p_j 之间的任何布线路径上没有合法的 pseudo-Steiner 点。为了帮助边“逃离”包围，采用两种策略来解决这个问题，并选择结果更好的方法作为最终解决方案。

如图 6.8(a)所示，在计算 bx = box($\{B''_{ijk}\}$)之后，通过将 p'_i 和 p'_j 分别投影到更接近它们的 bx 的两个边界，在边界上可以形成 4 个起始点。然后，通过在 bx 的每个边界上执行所提出的扫描线方法，可以找到 4 个合法的通孔位置，通过将每个通孔位置投影到层 z_i 和 z_j 来生成 4 个合法的通孔 $v_t v'_t$(t=1,2,3,4)。对于每个

新生成的通孔，通过生成两个 p_iv_t 和 v'_ip_i 的 XRP，原始路径 p_ip_jk 可以成功地从环绕中“逃逸”，选择代价最低的方案作为最终解决方案（注意，在最坏情况下，解决方案可能包含两个可修复的路径）。但是，当 bx 很大时，此策略可能会产生更多额外成本。例如，假设 v^* 是经由图 6.8(a)中的通孔位置的最终选择，因为在生成两个 XRP 之后，需要在层 z_i 和 z_j 中规划 p_i 和 v^* 之间的路径两次。如果 bx 大，则 p_i 和 v^* 之间的距离也可能相对较长，因此产生更多代价。因此提出另一种策略。首先删除 p_ip_jk，因此变换后的 ML-XST 的所有顶点被分成两组，将包含 p_i 的集合表示为 P_1，将包含 p_j 的集合表示为 P_2。然后，从 P_1 中删除 p_i，并找到两组之间的最短路径。

类似地，从 P_2 中删除 p_j，并找到另一条最短路径。最后，对于两个新路径，选择不是非逃逸路径的路径，并且选择代价较小的方案作为最终结果。图 6.8(b)显示了该方法的原理，为简单起见，在多层环境中使用直线表示 XRP，在删除非逃逸路径 p_ip_jk 后，最终选择分别在两个点集中的 p_r 和 p_j 生成一个新的 XRP 以形成一个新的 ML-XST，如图 6.8(c)所示。当然，如果这两条路径仍然是非逃逸路径，或者最终结果的代价大于第一个策略的代价，则仍然使用第一个策略。算法 6.4 给出了非逃逸路径算法的伪代码。

算法 6.4　非逃逸路径算法

输入：非逃逸路径 p_ip_jk，MLXOT

输出：新的 XRP、MLXOT、MLXCT

$p'_{i(j)}=\text{projection}(p_{i(j)})$，$\{B'_{ijk}\}=\text{projection}(\{B_{ijk}\})$；//将 $p_{i(j)}$ 和 $\{B_{ijk}\}$ 投影到伪平面

//$\{B'_{ijk}\}$中包围 $p'_{i(j)}$ 的直线边界框的障碍形成$\{B''_{ijk}\}$

Generate obstacle set $\{B''_{ijk}\}$ by scanning all obstacles in $\{B'_{ijk}\}$ once;

//计算$\{B_{ijk}\}$的直线边界框 bx 并将 p_i 和 p_j 分别投影到更接近它们的 bx 的两个边界

Compute bx=box($\{B''_{ijk}\}$) and project p_i and p_j to the boundaries of bx;

//在 bx 的每个边界上执行扫描线方法，可以找到 4 个合法的通孔位置

Generate four new via $v_tv'_t$ on each boundary by using the sweepline method, $t=1,2,3,4$;

Generate two XRPs of p_iv_t and $v'_t\,p_j$；//生成 p_iv_t 和 $v'_t\,p_j$ 的 XRP

//选择代价最低的方案作为最终解决方案

Select the four candidate paths between p_i and p_j with minimum cost as a solution;

Delete p_ip_jk to form two point sets P_1 and P_2；//删除 p_ip_jk 形成两个点集 P_1 和 P_2

p_rp_s=shortest path between P_1-p_i and P_2；//从 P_1 中删除 p_i，并找到最短路径

$p'_rp'_s$=shortest path between P_1 and P_2-p_j；//从 P_2 中删除 p_j，并找到最短路径

$f_r=\min(p_rp_s, p'_rp'_s)$ and f_r is not a non-escaped path；//选择不是非逃逸路径的路径

if $\text{cost}(f_r) < \text{cost}(p_iv)+\text{cost}(v'p_j)+\text{cost}(vv')$ **then**

　　replace the first solution by XRP f_r；//选择代价较小的方案作为最终结果

end if

此外，为了找到 P_1 和 P_2 之间的最短路径，通过扩展文献[35]描述的最短路径算法提出了一种有效的方法。Preparata 和 Shamos 采用分而治之的方法来找到平面中一个点集的最短路径。但问题是在 3D 环境中的两个点集之间找到最短路径。借助一个平面 $y=m$ 将 P_1 和 P_2 中的所有点分成两组 S_1 和 S_2，其中 m 是所有点的 y 坐标的中值。然后分别递归计算 S_1 和 S_2 中的最短路径。假设 d_1 和 d_2 是获得的两个最短路径，如果 P_1 和 P_2 之间的最短路径小于 $d_s=\min(d_1, d_2)$，则该最短路径的两个端点 p_i 和 p_j 必须满足 $p_i \in S_1$ 和 $p_j \in S_2$。由于距离 $(p_i, p_j)<d_s$，对于所有可能的 $p_i(p_j)$，有 $m-y_i \leqslant d_s(y_j-m \leqslant d_s)$。另外，对于可能的 p_i，以其可能的最近点 $p_j \in S_2$ 形成长度 d_s，宽度 $2d_s$ 和高度 $2d_s$ 的长方体 R 如图 6.8(d)，因为 R 中任意两点之间的距离不小于 d_s，根据鸽笼理论，R 中最多有 24 个可能的点。因此，对于 S_1 中的点 $p_i(m-y_i \leqslant d_s)$，可以根据 x 和 z 坐标对所有点 $p_j(p_j \in S_2$ 和 $y_j-m \leqslant d_s)$ 进行排序并扫描，以快速地找到 S_2 中所有可能的 24 个最近点。注意，由于需要在两个集合之间找到最短路径，在递归过程中，如果只有两个点并且它们属于不同的集合，则返回它们之间的实际距离，否则返回一个无穷大的值。

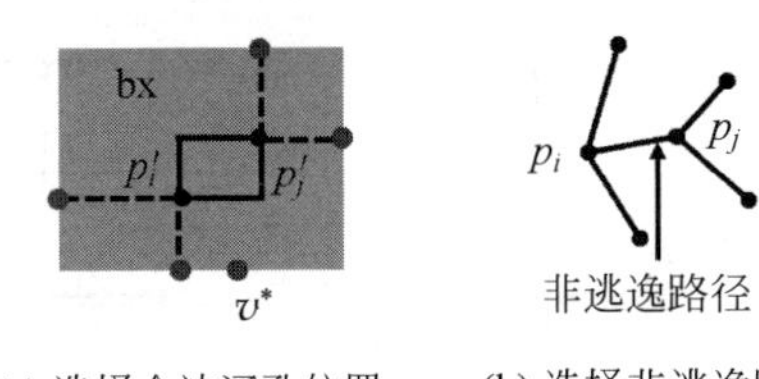

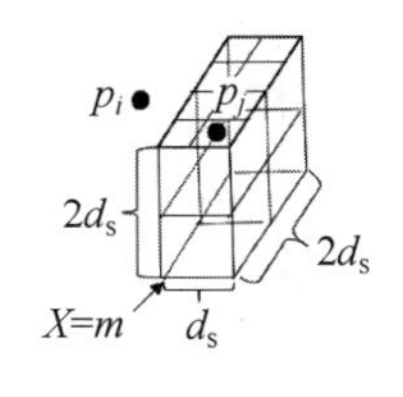

(a) 选择合法通孔位置　(b) 选择非逃逸路径　(c) 找到新的XRP　(d) 计算最短路径

图 6.8　非逃逸路径分析

4. 改进

在这部分中，采用两种可以充分利用和共享布线资源的改进策略来进一步降低 ML-OAXST 的线长。

1) pseudo-Steiner 点优化

虽然可修复路径算法可以使同一层上两个端点的 XRP 绕开所有障碍物，但是仍然存在进一步优化所选择的 pseudo-Stciner 点之间的布线路径的空间。例如，可以进一步优化图 6.5(d)中的 s 和 c_2 之间的布线路径，因为在障碍物的直线边界框中存在一些未使用的布线资源。当然，如果可修复路径仅穿过一个障碍物，则所选择的 pseudo-Steiner 点之间的布线路径没有优化空间。另一方面，如果两个选定的 pseudo-Steiner 点共线，则最佳布线路径是直线，也不能优化。因此，对于任何一对 pseudo-Steiner 点，如果可以进一步优化，那么它应该满足至少两点：

(1) 原始 XRP 穿过多个障碍物。

(2) 两个选定的 pseudo-Steiner 点不共线。对于这种 pseudo-Steiner 点，使用称为“滑动”的操作来尝试减少线长。因为两个选定的 pseudo-Steiner 点位于直线边界框的两侧,因此沿着该边界框的两侧必须有合法的布线路径。另外,边界框的两侧必须与至少一个障碍物线接触。

2) ML-OAXST 结构优化

在 ML-OAXST 构造过程中,主要关注如何使所有 ML-XST 边绕开所有障碍,这可能导致在某些情况下布线质量差,因为所有 XRP 彼此独立。换句话说,如果 XRP 可以彼此相关,并尽可能地共享布线资源,则 ML-OAXST 的线长将进一步减小。

定义 6.6 连接结构 对于度数为 d 的 OAOST 节点 p,d 个 XRP 的组合称为节点 p 的连接结构。

事实:对于 ML-OAXST 的任何一点,始终存在至少一个最佳连接结构。

例如,图 6.9(a)示出了度为 2 的点 p_1,其中 p_2 和 p_3 在不同层中连接到 p_1。在不失一般性的情况下,假设两个连接的两点之间的 $\Delta x>\Delta y$。由于每条路径有 4 个 XRP 选择,因此总共有 16 个连接结构用于 p_1。显然,如果 p_3p_1 使用 X_{path0} 或 X_{path3},则它不能与 p_2p_1 的 XRP 共享任何布线资源。图 6.9(a)示出了 $\text{XRP}_{p_3p_12}$,其中 s_{11} 和 s_{12} 是两个 pseudo-Steiner 点。

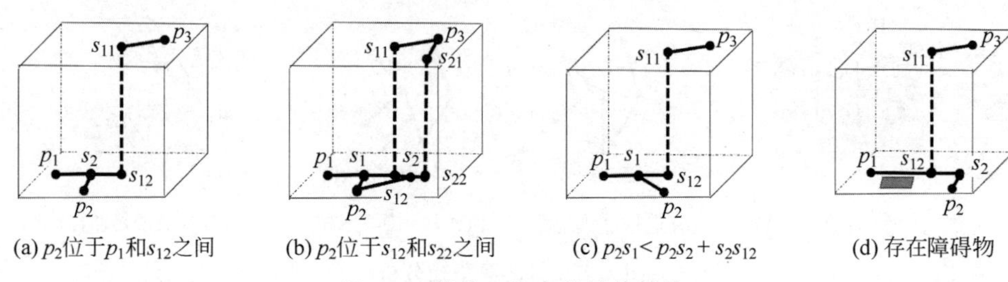

(a) p_2位于p_1和s_{12}之间 (b) p_2位于s_{12}和s_{22}之间 (c) $p_2s_1 < p_2s_2 + s_2s_{12}$ (d) 存在障碍物

图 6.9 度为 2 的点的最佳结构

可以看出,如果 p_2 的 x 坐标在 p_1 和 s_{12} 之间,则图 6.9(a)是点 p_1 的最佳连接结构。另外,图 6.9(b)示出了当 p_2 的 x 坐标在 s_{12} 和 s_{22} 之间时的情况,其中 s_{22} 是 $\text{XRP}_{p_3p_12}$ 的 pseudo-Steiner 点。在这种情况下,p_1 的最佳连接结构取决于 p_2s_1 和 $p_2s_2+s_2s_{12}$ 的值,其中 s_1 和 s_2 分别是 $\text{XRP}_{p_3p_11}$ 和 $\text{XRP}_{p_2p_11}$ 的 pseudo-Steiner 点。例如,如果 $p_2s_1<p_2s_2+s_2s_{12}$,则图 6.9(c)将是 p_1 的最佳连接结构。当然,如图 6.9(d)所示,由于如果存在障碍物,$\text{XRP}_{p_3p_11}$ 变为无效路径,图 6.9(d)中的连接结构在这种情况下是 p_1 的最佳连接结构。总之,每个 ML-OAXST 点始终存在最佳连接结构。

基于上述分析,通过首先计算每个点的最佳连接,然后将这些结构应用于原始 ML-OAXST 来优化连接结构 ML-OAXST,直到确定了所有布线路径的 XRP 选择。更具体地,对于具有度数 d 的顶点 p_i,列举 p_i 的所有 $4d$ 个可能的连接,并选择具有最小线长的绕障路径作为 p_i 的最终连接(用 fc_i 表示)。然后根据每个 fc_i 的共享线长按降序对所有顶点进行排序,并按顺序将每个 fc_i 应用于原始 ML-

OAXST。根据 Steiner 树的性质,每个 ML-OAXST 点的度不大于 6,并且所有 XRP 信息都可以通过直接查找表来获得,因此 ML-OAXST 结构优化的过程是有效的。算法 6.5 中给出了相关伪代码。

算法 6.5　精炼

```
输入：ML-XST,ML-OAXST
输出：ML-OAXSMT
  for each reparable path p_i p_j k of ML-XST do
    if {B_ijk} ≠ ∅ and |{B_ijk} ≠ ∅|>1 then
      if there are two pseudo-Steiner points s and c and s and c are not collinear then
        //原始 ML-XST 边穿过多个障碍物且两个选定的 pseudo-Steiner 点不共线
        Compute point set T={t_1, t_2 t_n};
        //沿着 s 到 c 布线路径将 s 滑动到 t_i,t_i 是距离 s 最远的一个障碍角点
        slide s to t_i on the path from s to c;
        //沿着 c 到 s 布线路径将 c 滑动到 t_j,t_j 是距离 c 最远的一个障碍角点
        slide c to t_j on the path from c to s;
        if t_i t_j 0 or t_i t_j 1 can avoid all the obstacles then
          Delete XRP of sc;//删除边 sc 的 XRP 信息
          Generate the XRPs of st_i, t_i t_j,and t_j c;//生成边 XRP 信息
        end if
      end if
    end if
  end for
  Compute the degree d_i of each vertice p_i;//计算每个引脚 p_i 的度
  Compute fc_i of each vertice p_i;//计算每个引脚 p_i 的最佳结构 fc_i
  //根据每个 fc_i 公共边线长的值按降序对所有引脚进行排序
  Sort all vertices of ML-OAXST in decreasing order according to sharing wirelength of each fc_i;
  for each vertice p_i of ML-OAXST do
    //将每个引脚的 fc_i 应用于原始的 ML-OAXST,直到确定了所有的布线路径
    Apply fc_i to ML-OAXST until all routing paths have been decided;
  end for
```

定理 6.2　ML-OAXSMT 中的顶点数是 $O(n+m)$。

证明: 只有绕障策略和 pseudo-Steiner 点优化结构才能将额外的顶点添加到布线树中。对于可修复路径,如果在障碍物的直线边界框上选择 pseudo-Steiner 点,则只有两个额外点添加到路径树中。然而,如果采用其他 pseudo-Steiner 点选择策略,即在可修复路径穿过的每个障碍物上选择点,则添加点的数量与这些障碍物的数量成比例,在最差的情况下为 $O(m)$。对于逃逸路径或非逃逸路径,由于两

者在最坏的情况下根据所提出的绕障策略生成两条可修复路径，因此它们在最坏的情况下也生成$O(m)$个额外顶点。此外，pseudo-Steiner 点的优化过程为每个可修复路径添加两个额外顶点。总而言之，最终 ML-OAXSMT 中的顶点数量为$O(n+m)$。

5. **复杂性讨论**

定理 6.3 最坏情况下提出的 MLXR 的时间复杂度为$O(n\times(m\log x_m \log y_m+n\log n))$，其中$n$和$m$是引脚顶点和障碍物的数量，$x_m$和$y_m$布线平面的最大$x$坐标和$y$坐标。

证明：定理 6.1 分析了 MF-MST 的最差时间复杂度为$O(n^2)$，因此 MLXR 的步骤(1)需要$O(n^2)$时间。

在 MLXR 的步骤(2)中，由于 3D-OFMST 包含$n-1$个边，并且有m个障碍，因此引理 6.1 证明了只需要$O(1)$时间来获得 XRP 与障碍物之间的关系，因此步骤(2)的时间复杂度是$O(n\times m)$。

在 MLXR 的步骤(3)中，由于存在$n-1$个边，所以 ML-XST 和变换的 ML-XST 都可以在$O(n)$时间内构建，并且查找表仅需要$O(1)$时间。

对于绕障策略部分，外部 for 循环由$n-1$控制，内部程序包括 3 部分：可修复路径算法由$O(m)$控制，因为边$\{B_{ijk}\}$中的所有障碍都应该是处理后，应计算每条新路径的 XRP 信息。此外，扫描线方法在逃逸路径算法中占主导地位，因为排序过程可以事先用$O(m\log m)$时间执行，因此与 TDST 相关的操作是 TDST 需要的最耗时的部分，在最坏的情况下构造、升级和查询的时间复杂度分别为$O(m\log x_m \log y_m)$、$O(m\log x_m \log y_m)$和$O(m\log x_m \log y_m)$时间。因此，逃逸路径算法需要$O(m\log x_m \log y_m)$时间。在非逃逸路径算法中，第一种方法也由扫描线方法控制。对于第二种方法，找到y坐标的中位数需要$O(n)$时间，递归调用需要$O(n\log n)$时间，找到两个划分集S_1和S_2之间的最短路径只需要$O(n)$时间，因为对于S_1中的点，S_2中只有 24 个可能的最近点，而且，所有点都可以预先用$O(n\log n)$时间进行排序。因此，第二种方法由$O(n\log n)$时间支配，并且非逃逸路径算法需要$O(m\log x_m \log y_m+n\log n)$时间。总的来说，整个 ML-OAXST 构建过程的时间复杂度是$O(n\times(m\log x_m \log y_m+n\log n))$。

在 MLXR 的步骤(4)中，在 pseudo-Steiner 点优化过程中存在两个 for 循环，它们分别由n和m支配。因此，pseudo-Steiner 点优化需要$O(n\times m)$时间。对于 ML-OAXST 结构优化，计算每个顶点的度需要$O(n)$时间，并且fc_i计算过程包括两个 for 循环，它们分别由n和4^d支配。对所有顶点进行排序并将fc_i应用于 ML-OAXST 可分别在$O(n\log n)$和$O(n)$时间内执行。因此，ML-OAXST 结构优化需要 $O(n\log n)$时间，并且改进工作的时间复杂度为$O(n\times m)$。

总而言之，步骤(3)支配整个算法，因此 MLXR 的最终时间复杂度为$O(n\times(m\log x_m \log y_m+n\log n))$。

应该注意的是，本节中的 n 比其他基于图的算法中的 n 小得多。例如，文献[1]和文献[4]算法中的 n 等于引脚顶点的数量加上所有障碍物顶角的数量，即本节中定义的 $n+4\times m$。

6.2.4 实验结果

本节用C/C++语言实现了该算法，并在2.9GHz CPU和2GB内存的PC上进行了所有实验，共有18个基准电路。前5组(ind1～ind5)是来自Synopsys的工业测试案例，rt01～rt05是使用文献[1]的方法生成的工业测试案例。其余测试案例(rdm01～rdm08)是基于8个基准测试生成的无障碍物的2D布线。每个表的第2列为测试案例的参数，其中 n、m 和 N_1 分别是引脚顶点、障碍物和布线层数。

改进策略对于本节算法的最终布线质量具有非常重要的意义，因此首先通过比较使用该策略之前和之后的布线结果来研究改进过程的有效性。表6.4列出了在 $C_v=3$ 和 $C_v=5$ 的条件下使用改进之前的ML-OAXST和改进之后ML-OAXSMT的总代价。可以看出，通过精制策略可以分别获得2.67%～6.95%和2.52%～7.06%的线长减少。这主要是因为改进策略对于未使用的布线资源利用率大大提高，并通过改变布线树的连接结构很大程度上增加了共享线长。此外，从表6.4的最后一行可以看出，在 $C_v=3$ 和 $C_v=5$ 的条件下，改进平均减少了4.89%和4.65%，并且改进策略在这两个条件下都是稳定有效的。

表6.4 验证精炼策略

实例	$n/m/N_1$	总代价(通孔数)$C_v=3$		
		ML-OAXST	ML-OAXSMT	优化率/%
ind1	50/6/5	51 205(49)	48 403(48)	5.47
ind2	200/85/6	11 302(226)	10 562(224)	6.55
ind3	250/13/10	10 124(362)	9854(359)	2.67
ind4	500/100/5	64 243(0)	62 425(0)	2.83
ind5	1000/20/5	14 514 846(0)	14 103 177(0)	2.84
rt01	25/10/10	4148(72)	3988(72)	3.86
rt02	100/20/10	8801(223)	8364(220)	4.97
rt03	250/50/10	14 141(484)	13 158(484)	6.95
rt04	500/50/10	20 016(925)	18 803(923)	6.06
rt05	1000/100/5	25 429(875)	23 725(871)	6.70
均值				4.89
实例	$n/m/N_1$	总代价(通孔数)$C_v=5$		
		ML-OAXST	ML-OAXSMT	优化率/%
ind1	50/6/5	51 303(49)	48 499(48)	5.47
ind2	200/85/6	12 048(225)	11 217(224)	6.90
ind3	250/13/10	11 251(362)	10 967(348)	2.52

续表

实　例	$n/m/N_1$	总代价(通孔数)$C_v=5$		
		ML-OAXST	ML-OAXSMT	优化率/%
ind4	500/100/5	64 243(0)	62 425(0)	2.83
ind5	1000/20/5	14 514 846(0)	14 103 177(0)	2.84
rt01	25/10/10	4312(72)	4152(72)	3.71
rt02	100/20/10	9266(216)	8985(216)	3.03
rt03	250/50/10	15 091(478)	14 229(478)	5.91
rt04	500/50/10	22 087(904)	20 528(903)	7.06
rt05	1000/100/5	27 120(833)	25 432(828)	6.22
均值				4.65

最新的 ML-OAXSMT 算法由文献[29]提出。该算法基于 PSO,达到了多层绕障问题的最佳布线质量。表 6.5 是 MLXR 与文献[29]的算法的比较结果。由于文献[29]的算法在随机模式下工作,根据输入基准的规模在每个测试用例上运行算法若干次,并使用平均值作为最终结果。

表 6.5　在 $C_v=3$ 和 $C_v=5$ 情况下对提出的算法与最新的 ML-OAXSMT 算法比较

实　例	$n/m/N_1$	总代价(通孔数)$C_v=3$			CPU 时间/s	
		文献[29]	MLXR	优化/%	文献[29]	MLXR
ind1	50/6/5	48 014(43)	48 403(48)	−0.81	1.07	0.00
ind2	200/85/6	11 586(189)	10 562(224)	8.84	84.75	0.02
ind3	250/13/10	9679(326)	9854(359)	−1.81	44.36	0.05
ind4	500/100/5	62 986(0)	62 425(0)	0.89	166.52	0.25
ind5	1000/20/5	14 337 125(0)	14 103 177(0)	1.63	198.74	0.44
rt01	25/10/10	3872(67)	3988(72)	−3.00	0.31	0.00
rt02	100/20/10	8716(187)	8364(220)	4.04	7.52	0.02
rt03	250/50/10	14 378(466)	13 158(484)	8.49	194.52	0.03
rt04	500/50/10	20 048(881)	18 803(923)	6.21	469.83	0.11
rt05	1000/100/5	27 399(744)	23 725(871)	13.41	672.15	0.41
合计				37.89	1839.77	1.33
均值				3.79	1383.29	1.00
实　例	$n/m/N_1$	总代价(通孔数)$C_v=5$			CPU 时间/s	
		文献[29]	MLXR	优化/%	文献[29]	MLXR
ind1	50/6/5	48 179(43)	48 499(48)	−0.66	1.07	0.00
ind2	200/85/6	12 011(187)	11 217(224)	6.61	84.75	0.02
ind3	250/13/10	10 742(311)	10 967(348)	−2.09	44.36	0.05

续表

实　例	$n/m/N_1$	总代价(通孔数)$C_v=5$			CPU 时间/s	
		文献[29]	MLXR	优化/%	文献[29]	MLXR
ind4	500/100/5	62 986(0)	62 425(0)	0.89	166.52	0.25
ind5	1000/20/5	14 337 125(0)	14 103 177(0)	1.63	198.74	0.44
rt01	25/10/10	4088(68)	4152(72)	−1.57	0.31	0.00
rt02	100/20/10	9177(188)	8985(216)	2.09	7.52	0.02
rt03	250/50/10	15 227(461)	14 229(478)	6.55	194.52	0.03
rt04	500/50/10	22 747(862)	20 528(903)	9.76	469.83	0.11
rt05	1000/100/5	28 876(707)	25 432(828)	11.93	672.15	0.41
合计				37.89	1839.77	1.33
均值				3.79	1383.29	1.00

从表6.5可以看出，MLXR总代价提高了−3.00%～13.41%，平均水平为3.79%，只有3个测试用例在$C_v=3$下更差。可以发现这3个输入规模基准测试(ind1、ind3和rt01)都很小(即只有少量障碍的小规模线网)，因此文献[29]的算法可以通过适度增加种群大小和迭代次数来获得更好的结果，同时确保可接受的运行时间。MLXR生成的通孔的数量略多于文献[29]的算法，这主要是因为文献[29]的算法包含了通孔的惩罚机制。换句话说，文献[29]的算法可能会放弃具有相对更多通孔的布线树。然而，通孔的惩罚机制也可能导致较差的总代价，因为通孔是替换一些长布线路径的有效方式。在$C_v=5$下可以获得类似的结果。此外，最后两列显示两种算法的运行时间的比较，并且最后一行运行时间在MLXR上归一化。可以看到MLXR比文献[29]的算法快得多，并且运行速度比文献[29]的算法快1383.29倍，这个结果意味着文献[29]的算法对于工业生产来说并不实用。主要是因为PSO是一种基于群的算法，它需要更多的迭代次数来搜索解空间。另外，文献[29]的算法中每个粒子的候选边是$O(n^2)$，因此处理这些候选边需要更多的时间。

此外，为了进一步验证实际情况，即X结构与直线结构相比所具有的巨大优势，表6.6将所提出的算法与$C_v=3$下的最新两种ML-OARSMT算法进行了比较(当$C_v=5$时，结果相似，所以这里不再提出)。

文献[1]的算法是基于生成图的算法，它从给定引脚和障碍物顶角上的预先构建的生成图中找到ML-OARSMT。与文献[1]的算法相比，MLXR的总成本降低了2.84%～18.96%，平均降低了12.48%。文献[4]提出了一种基于计算几何的ML-OARSMT构造算法。与文献[4]的算法相比，MLXR在所有基准电路上都更加优秀，平均总成本降低9.81%。

表 6.6 在 $C_v=3$ 情况下验证 X 架构的优势

实例	$n/m/N_1$	总代价(通孔数)$C_v=3$			优化率/%	
		文献[1]	文献[4]	MLXR	文献[1]	文献[4]
ind1	50/6/5	55 537(49)	54 207(49)	48 403(48)	12.85	10.71
ind2	200/85/6	12 512(224)	12 008(206)	10 562(224)	15.59	12.04
ind3	250/13/10	10 973(359)	10 555(348)	9854(359)	10.20	6.64
ind4	500/100/5	77 033(0)	77 292(0)	62 425(0)	18.96	19.23
ind5	1000/20/5	14 515 511(0)	14 599 961(0)	14 103 177(0)	2.84	3.40
rt01	25/10/10	4334(76)	4169(70)	3988(72)	7.98	4.34
rt02	100/20/10	9434(215)	9132(209)	8364(220)	11.34	8.41
rt03	250/50/10	15 569(490)	14 750(478)	13 158(484)	15.49	10.79
rt04	500/50/10	22 034(918)	21 013(936)	18 803(923)	14.66	10.52
rt05	1000/100/5	27 890(869)	26 970(814)	23 725(871)	14.93	12.03
合计					124.84	98.11
均值					12.48	9.81

实例	$n/m/N_1$	CPU 时间/s		
		文献[1]	文献[4]	MLXR
ind1	50/6/5	0.06	0.01	0.00
ind2	200/85/6	2.94	0.18	0.02
ind3	250/13/10	3.18	0.23	0.05
ind4	500/100/5	8.15	0.08	0.25
ind5	1000/20/5	44.73	0.18	0.44
rt01	25/10/10	0.05	0.02	0.00
rt02	100/20/10	0.74	0.19	0.02
rt03	250/50/10	6.92	0.55	0.03
rt04	500/50/10	17.04	0.78	0.11
rt05	1000/100/5	52.13	1.08	0.41
合计		135.94	3.30	1.33
均值		102.21	2.48	1.00

至于运行时间，与文献[1]的算法相比，MLXR 的平均速度提高了 102.21 倍。事实上，ind5 和 rt05 是时间消耗最多的部分，这主要是因为两个测试用例都包含许多引脚和障碍物，并且文献[1]的算法需要很多时间来完成层之间的投影，从而构建生成图。此外，MLXR 也比文献[4]的算法快 2.48 倍。

多层 XSMT 即 ML-XSMT 可视为 ML-OAXSMT 的特例。实际上，MLXR 可以在没有任何修改的情况下生成 ML-XSMT，因此在 8 组测试用例上进行实验，这些测试用例都是根据无障碍的 2D 布线基准生成的。如表 6.7 所示，将结果与文献[29]提出的算法进行比较。在 $C_v=3$ 时可以看出，与之相比，本节算法可以得到 −2.27%～5.58%的总成本降低，平均降低 1.43%。MLXR* 表示使用改进前的总代价。可以看到,改进总成本降低了 1.88%。另外,最后两列显示了两种算法的运行时间,可以看出文献[29]的算法得到的运行速度与表 6.5 中的结果相比有了很大的提高,这主要是因为处理障碍的过程是消耗时间最多的部分,并且可以在不考虑障碍的情况下大大减少种群大小和迭代次数。在这种情况下,MLXR 也比文献[29]的算法快 115.52 倍。

表 6.7　在 $C_v=3$ 情况下与文献[29]的算法对比

实　例	n/N_l	总代价(通孔数)$C_v=3$			优化率/%	
		文献[29]	MLXR *	MLXR	文献[29]	MLXR*
rdm01	100/10	7134(221)	7134(243)	7222(243)	−1.23	1.26
rdm02	100/6	6971(155)	7203(161)	7030(161)	−0.85	2.40
rdm03	200/6	9644(307)	9678(303)	9539(303)	1.09	1.44
rdm04	200/10	37 214(197)	37 442(205)	36 424(205)	2.12	2.72
rdm05	500/3	37 577(0)	38 711(0)	38 431(0)	−2.27	0.72
rdm06	500/10	18 038(655)	17 956(672)	17 726(672)	1.73	1.28
rdm07	1000/4	24 185(867)	23 772(872)	22 903(872)	5.30	3.66
rdm08	1000/10	211 279(1104)	210 741(1133)	199 500(1133)	5.58	5.33
合计					11.47	18.81
均值					1.43	1.88

实　例	n/N_l	总代价(通孔数)$C_v=3$			CPU 时间/s	
		文献[29]	MLXR *	MLXR	文献[29]	MLXR
rdm01	100/10	7134(221)	7134(243)	7222(243)	1.45	0.01
rdm02	100/6	6971(155)	7203(161)	7030(161)	1.45	0.01
rdm03	200/6	9644(307)	9678(303)	9539(303)	4.15	0.02
rdm04	200/10	37 214(197)	37 442(205)	36 424(205)	4.17	0.02
rdm05	500/3	37 577(0)	38 711(0)	38 431(0)	11.30	0.10
rdm06	500/10	18 038(655)	17 956(672)	17 726(672)	11.30	0.11
rdm07	1000/4	24 185(867)	23 772(872)	22 903(872)	37.44	0.32
rdm08	1000/10	211 279(1104)	210 741(1133)	199 500(1133)	36.17	0.34
合计					107.43	0.93
均值					115.52	1.00

6.3　本章总结

本章研究了 VLSI 设计的 ML-OAXSMT 构造问题,并提出了一个有效的四步框架,称为 MLXR。使用 18 组基准电路来验证所提出算法的有效性,实验结果证明了算法的可行性。

参考文献

[1] Lin C W, Huang S L, Hsu K C, et al. Multilayer obstacle-avoiding rectilinear Steiner tree construction based on spanning graphs[J]. *IEEE Transactions on Computer-Aided Design of Integrated Circuits and Systems*, 2008, 27(11): 2007-2016.

[2] Yildiz M C, Madden P H. Preferred direction Steiner trees[J]. *IEEE Transactions on Computer-Aided Design of Integrated Circuits and Systems*, 2002, 21(11): 1368-1372.

[3] Liu C H, Chou Y H, Yuan S T, et al. Efficient multilayer routing based on obstacle-avoiding preferred direction Steiner tree[C]//Proceeding of the 2008 International Symposium on Physical Design. New York, USA: ACM Press, 2008, 118-125.

[4] Liu C H, Chen I C, Lee D T. An efficient algorithm for multi-layer obstacle-avoiding rectilinear Steiner tree construction[C]//Proceeding of the 49th ACM/IEEE Design Automation Conference. San Francisco, USA: IEEE Press, 2012, 613-622.

[5] Chuang J R, Lin J M. Efficient multi-layer obstacle-avoiding preferred direction rectilinear Steiner tree construction[C]//Proceeding of the 16th Asia and South Pacific Design Automation Conference. Piscataway, USA: IEEE Press, 2011, 527-532.

[6] Lin Y C, Chien H A, Shih C C, et al. A multi-layer obstacles-avoiding router using X-architecture[J]. *WSEAS Transactions on Circuits and Systems*, 2008, 7(8): 879-888.

[7] Hanan M. On Steiner problem with rectilinear distance[J]. *SIAM J Appl Math*, 1966, 14: 255-265.

[8] Lee J H, Bose N K, Hwang F K. Use of Steiner's problem in suboptimal routing in rectilinear metric[J]. *IEEE Trans Circuits Syst*, 1976, 23: 470-476.

[9] Chen C, Zhao J, Ahmadi M. Probability-based approach to rectilinear Steiner tree problems [J]. *IEEE Trans Very Large-Scale Integr Syst*, 2002, 10: 836-843.

[10] S. Cinel and C. F. Bazlamacci, A distributed heuristic algorithm for the rectilinear Steiner minimal tree problem[J]. *IEEE Trans Comput-Aided Des Integr Circuits Syst*, 2008, 27: 2083-2087.

[11] Zhou H. Efficient Steiner tree construction based on spanning graphs[J]. *IEEE Trans Comput-Aided Des Integr Circuits Syst*, 2004, 22: 704-710.

[12] Hentschke R, Narasimhan J, Johann M, et al. Maze Routing Steiner Trees With Delay Versus Wire Length Tradeoff[J]. *IEEE Trans Very Large-Scale Integr Syst*, 2009, 17: 1073-1086.

[13] Chu C, Wong Y C. FLUTE: fast lookup table based rectilinear Steiner minimal tree algorithm for VLSI design[J]. *IEEE Trans Comput-Aided Des Integr Circuits Syst*, 2008, 27: 70-83.

[14] Fujimoto M, Takafuji D, Watanabe T. Approximation algorithms for the rectilinear Steiner tree problem with obstacles[J]. *IEEE International Symposium on Circuits and Systems*, 2005, 1362-1365.

[15] Ajwani G, Chu C, Mak W K. FOARS: FLUTE based obstacle-avoiding rectilinear Steiner tree construction[J]. *IEEE Trans Comput-Aided Des Integr Circuits Syst*, 2011, 30: 194-204.

[16] Xu J, Hong X, Jing T, et al. Obstacle-avoiding rectilinear minimum-delay Steiner tree construction towards IP-block-based SOC design[C]//Sixth international symposium on quality electronic design(isqed'05). IEEE, 2005: 616-621.

[17] Huang T, Young E F Y. An exact algorithm for the construction of rectilinear Steiner minimum trees among complex obstacles [J]. *Proceedings of the 48th Design Automation Conference*, 2011, 164-169.

[18] Lin S W, Yu Y T. Unification of obstacle-avoiding rectilinear Steiner tree construction [J]. *IEEE International SOC Conference*, 2008, 127-130.

[19] Koh C K, Madden P H. Manhattan or non-Manhattan? A study of alternative VLSI routing architectures. *In*: *Proceedings of the 10th Great Lakes symposium on VLSI*, 2000, 47C52.

[20] Li Y Y, Cheung S K, Leung K S, et al. Steiner Tree Constructions in λ 3 -Metric[J]. *IEEE Trans Circuits Syst* Ⅱ: *Analog and Digital Signal Processing*, 1998, 45: 563-574.

[21] Teig S. The X architecture: not your fathers diagonal wiring. *In*: *Proceedings of the* 2002 *international workshop on System-level interconnect prediction*, 2002, 33-37.

[22] Ho T Y, Chang C F, Chang Y W, et al. Multilevel full-chip routing for the X-based architecture[J]. *Proceedings of the 42nd annual Design Automation Conference*, 2005, 597-602.

[23] Zhu Q, Zhou H, Jing T, et al. Spanning graph-based nonrectilinear Steiner tree algorithm [J]. *IEEE Trans Comput-Aided Des Integr Circuits Syst*, 2005, 24: 1066-1075.

[24] Yan J T. Timing-driven Octilinear Steiner tree construction based on Steiner-point reassignment and path reconstruction[J]. *ACM Trans Des Autom Electron Syst*, 2008, 13.

[25] Huang X, Guo W, Chen G. Fast obstacle-avoiding Octilinear steiner minimal tree construction algorithm for VLSI design. *In*: 16*th International Symposium on Quality Electronic Design*, 2015, 46-50.

[26] Huang H H, Chang S P, Lin Y C, et al. Timing-driven X-architecture router among rectangular obstacles. *In*: *IEEE International Symposium on Circuits and Systems*, 2008, 1804-1807.

[27] Huang X, Liu G, Guo W, et al. Obstacle-avoiding algorithm in X-Architecture based on discrete particle swarm optimization for VLSI design[J]. *ACM Trans Des Autom Electron Syst*, 2015, 20.

[28] Garey M R, Johnson D S. The rectilinear Steiner tree problem is NP-complete[J]. *SIMA J Appl Math*, 1977, 32: 826-834.

[29] Liu G, Huang X, Guo W, et al. Multilayer Obstacle-Avoiding X-Architecture Steiner Minimal Tree Construction Based on Particle Swarm Optimization[J]. *IEEE Trans Syst Man Cybern B*, 2015, 45: 989-1002.

[30] Prim R C. Shortest connection networks and some generalizations[J]. *Bell Syst Tech J*, 1957, 36: 1389-1401.

[31] Zahn C T. Graph-theoretical methods for detecting and describing gestalt clusters [J]. *IEEE Trans Comput*, 1971, C-20: 68-86.

[32] Bentley J L, Friedman J H. Fast algorithm for constructing minimal spanning trees in coordinate spaces[J]. *IEEE Trans Comput*, 1978, 100: 97-105.

[33] Friedman J H, Bentley J L. An algorithm for finding best matches in logarithmic expected time[J]. *ACM Trans Math Soft*, 1977, 3: 209-226.

[34] De Berg M, Van Kreveld M, Overmars M, et al. Computational Geometry: Algorithms and Applications[M]. Springer-Verlag, Berlin, 1997.

[35] Preparata F P, Shamos M. Computational geometry: an introduction [M]. Springer-Verlag, 1985.

第7章

考虑布线资源松弛的X结构Steiner最小树算法

7.1 引言

在电子设计自动化(Electronic Design Automation,EDA)领域,超大规模集成电路(VLSI)设计一直是一个充满挑战的研究方向,其发展水平的高低在一定程度上反映了一个国家信息技术产业的实力。当今,VLSI设计在许多高科技电子电路的开发中起着核心作用。作为信息产业的骨干,VLSI设计和制造在促进经济发展、改革产业结构和改变生活方式方面发挥着越来越重要的作用。随着VLSI制造工艺及其技术的发展,晶体管栅极宽度越来越小。现如今,集成电路工艺进入纳米时代,晶体管栅极宽度已达到分子和原子量级,5nm芯片已经实现量产。同时,亚洲最大芯片代工厂台积电宣布,2022年将实现3nm芯片的大规模量产。当越来越多的器件和晶体管集成到芯片上时,对于物理设计的算法要求也越来越高。如今,在一块5nm制程的苹果A14芯片上,集成了多达125亿个晶体管。可以预见的是,随着未来芯片的制程工艺的不断提升和进步,芯片的集成度将不断增加,要求更多的晶体管和器件在芯片上能够自动地布局和布线。与此同时,随着芯片上器件和晶体管数量的增多,互连线也越来越多,从而带来更多的延迟。在较为早期的VLSI物理设计中,需要考虑的因素较少,只要元件在芯片上的布局合理,就能达到相应的设计目标。如今,随着高性能的便携式智能终端和可穿戴设备的普及,功耗问题和散热问题更加突出,芯片设计必须向着低耗、高能和多功能的方向发展,在系统级上均衡功能、性能与功耗,这就迫切需要现有的电子设计自动化工具考虑更多的因素和约束。

芯片从设计到产出,需要经过很多个步骤,其中物理设计是极为关键也是极其复杂的一步。多年来,国际集成电路物理设计研讨会(International Symposium on Physical Design, ISPD)和国际计算机辅助设计会议(International Conference on Computer-Aided Design,ICCAD)对物理设计这一阶段举行了针对性的竞赛。尤其是对于总体布线这一重要问题,学术界提出了大量方法,其中很多方法都以

Steiner 树作为初始拓扑。作为 VLSI 物理设计的基础模型之一,Steiner 树常被用于布局和布线阶段。在布局问题中,优化目标通常与线长和时延相关,由于在此阶段中尚未完成最终的布线,故需要估算线长以评估布局方案的优劣。因此,在布局这一阶段中,Steiner 树常被用于对给定的布局进行线长估算。在布线阶段,Steiner 树常被用于预布线、线长优化以及拥塞估计,其被广泛地应用于总体布线与详细布线的各个阶段中。例如,在布线阶段,线网的总线长对信号的延迟有着较大的影响,而 Steiner 树又能很好地优化线长。因此,Steiner 常用于总体布线阶段中初始拓扑的创建。对于一个实际的总体布线流程来说,Steiner 树算法甚至可以被调用多达数百万次。因此,构建一个高性能的 Steiner 树算法具有重要意义。现有的 Steiner 树算法大多都基于曼哈顿结构来进行布线,然而,随着近年来芯片上元件尺寸的急剧缩小,互连线带来的延迟已经超过元件带来的延迟。尤其在当下 5nm 制程芯片已经实现量产的时代,进一步缩小元件尺寸极为困难,而基于曼哈顿结构的总体布线算法由于仅能在水平和竖直两个方向上进行布线,不能够充分利用布线区域,对于线长这一重要指标的优化能力已步入瓶颈期。因此,一些研究人员开始基于以 X 结构为代表的非曼哈顿结构来设计布线算法,相较于传统的曼哈顿结构布线,其能够进一步减少芯片上布线资源的冗余,并进一步缩小芯片面积,优化总线长,降低延迟,从而实现芯片性能的提高。

在较为早期的 VLSI 布线中,只要元件在芯片上布局合理,就能达到相应的设计目标。随着集成电路技术的日益更新,现代 VLSI 设计将中央处理器、图像处理单元、通信模块、内存等各个模块集成到一个芯片中,尽可能在单一芯片中实现系统的所有功能。芯片的集成度显著增加,芯片上的元件和模块也越来越多,在实际布线过程中,为了避免拥塞、重叠的情况,芯片上的一些模块、宏单元以及已经预先布通的线网都被视为障碍。因此,在布线过程中考虑障碍是非常重要的。现有的绝大多数总体布线算法和 Steiner 树算法,要么是不考虑障碍的,要么是在布线过程中完全绕开障碍的。然而,在现代的物理设计流程中,芯片上的可布线区域往往是分为多层的,障碍并不是占据了所有层的,其往往只存在于设备层和一些较低的金属层,并没有完全阻挡所有布线层。也就是说,仍然可以将导线放置在这些障碍的顶部区域。同时,信号在比较长的导线中传递时,会产生衰减或失真,此时需要通过插入中继器对信号进行再生、放大。但由于障碍占据了设备层,因此在障碍顶部区域内是无法放置中继器的。而增加线长代价对障碍区域进行绕行,确实可以避开障碍物,但这可能导致时序违规,并增加不必要的中继器的使用数量。因此,需要在布线过程中考虑布线资源松弛,即允许导线在一定程度上穿过障碍区域,在信号失真之前保证导线到达障碍区域的外部。这样既避免了导线因为绕行过长违反时序目标,同时也节约了障碍区域外部的布线资源,并有效缩短总线长、降低布线拥挤度、减少中继器的使用数量。此外,由于便携式智能终端、可穿戴设备以及 5G 网络的普及,低功耗设计已成为现代 VLSI 物理设计的新趋势。由此,文献

[15]提出了多动态电压的设计模型,在多动态电压模型下,电路被划分成了多个独立的功率区域,不同的功率区域采用不同的供电电压,可节省很多不必要的功率消耗。在一些电源模式中,例如省电模式或睡眠模式,一些功率区域甚至可以完全关闭电源以节省能耗。对于一个活动线网来说,如果其中继器是放置于电源关闭的功率区域内,则可能会造成功能冲突。因此,限制活动线网在电源关闭的区域内部的绕行长度是多动态电压设计模式下一个极为重要的布线问题,在实际布线过程中,应考虑适当松弛布线资源,让导线穿过这些区域的长度限制在一定阈值内。综上所述,为了更加符合当下的 VLSI 设计要求,寻求一个高效的考虑布线资源松弛的 X 结构 Steiner 最小树(X-structure Steiner Minimum Tree Considering Routing Resource Relaxation,XSMT-CRRR)构造算法具有重要意义。

7.2 相关工作

7.2.1 总体布线

近年来,集成电路在工艺制程方面迅猛发展,由此为电子设计自动化带来了新的挑战,物理设计中总体布线阶段所面临的问题也越来越复杂。随着芯片制程进入纳米时代,特征尺寸急剧减小,与器件延迟和逻辑门延迟相比,互连线延迟占总延迟的很大比例,为 60%～70%。因此,总体布线在当前的 VLSI 物理设计中扮演着至关重要的角色,在很大程度上影响着芯片的整体延迟。总体布线的质量直接影响着芯片面积、性能、功耗以及可制造性。不仅如此,由于 VLSI 物理设计是一个重复的迭代过程,需要通过多次反复达到设计的最终期望。因此,总体布线在很大程度上决定着设计周期所经过的迭代次数。总体布线一直是 EDA 领域的研究热点和难题,过去几十年来,学者们提出了许多算法,取得了一些不错的研究成果,如 MGR、FastRoute 4.0、CUGR、STAIRoute 等。到目前为止,性能比较好的布线算法采用的主要是顺序布线技术,在对多个线网进行布线时采用一个特定的顺序,然后根据这个顺序对线网进行先后布线。这样做的优点是在对每个线网进行布线时都能够知道当前线网的拥塞信息。顺序布线结果的质量在很大程度上取决于对线网的处理顺序,因为很难找到一个最优顺序。文献[20]提出了最原始版本的迷宫布线,即 Lee 算法。该算法能够求解两点间的最短路径。但随着布线区域面积的增加,其时间复杂度和内存开销变得非常大,对于 $n \times n$ 的网格,Lee 算法需要 $O(n^2)$的时间复杂度。由于 Lee 算法仅能适用于两个引脚的线网,所以文献[21]和文献[22]的算法在其基础上进行了扩展,使 Lee 算法能够应用于具有多个引脚的线网。由于迷宫布线需要大量的运行时间,对于大规模问题来说,这是不适用的。FastRoute 1.0 在其布线过程中尽可能避免使用迷宫布线以最大化地提高运行速度,由于使用 FLUTE 算法得到了质量较好的 Steiner 树拓扑,该算法在整个布线过程中仅执行一次迷宫布线。为了进一步优化 FastRoute 1.0 的布线结果,

FastRoute 2.0 将 FastRoute 1.0 中的模式布线替换为单调布线，并采用了多源多汇的迷宫布线策略，相较于 FastRoute 1.0 减少了超过一个数量级的总溢出，但代价是运行速度比 FastRoute 1.0 慢了 73%。FastRoute 4.0 中使用了考虑通孔的 Steiner 树拓扑，并且在对两端线网布线时，通过寻找一个中间节点并使用两次 L 形模式布线，求解出单次 L 形模式布线无法找到的路径，优化了布线方案，该算法显著减少了通孔数。CUGR 首先使用 FLUTE 求解得到 Steiner 树，然后将多个 G-cell 合并为单个区域，通过进行粗粒度的 L 形模式布线搜索具有最佳可布线性的路径，在此基础上进行细粒度的迷宫布线，搜索具有最低成本的路径，该算法优化了详细布线阶段需要考虑的设计规则。上述的总体布线算法皆是采用顺序的布线技术，也有文献[26]～[35]的布线算法采用了基于整数线性规划(Integer Linear Programming，ILP)的技术以实现并行布线，这些方法在理论上可以找到最优解，但由于总体布线问题的解空间太大，在实际求解中只能求得近似解。通过分析可以发现，目前主流的总体布线器都使用 Steiner 树算法作为初始拓扑的创建，再通过将 Steiner 树分解为若干组两端线网，再使用迷宫算法、模式布线等方法进行布线。不仅如此，通过创建较好的 Steiner 树拓扑，可以显著减少整个总体布线流程中使用迷宫算法的次数，从而有效优化总体布线算法的运行时间。因此，寻求优秀的 Steiner 树算法仍是现阶段总体布线算法研究的重点。

7.2.2 Steiner 树

如 7.2.1 节所述，现有的总体布线算法几乎都使用 Steiner 树作为其初始的拓扑，或某一阶段的解方案，从而保证了在总体布线的早期阶段就能获得质量较好的布线方案。在大规模问题中，Steiner 树需要被计算数百万次，也就是说，Steiner 树的解的质量在很大程度上决定着总体布线结果的优劣。文献[36]提出了 GeoSteiner 算法。该算法能精确地求解最优直角结构 Steiner 树(Rectilinear Steiner Tree，RST)拓扑结构，然而，Steiner 树的构造是一个 NP 难问题，任何精确算法都具有很高的时间复杂度，对于规模较大的布线问题是不适用的。文献[24]提出的 FLUTE 算法通过预先计算的查找表，可以为不超过 9 个引脚的线网构造最优的直角结构 Steiner 树，对于具有更多引脚的线网，FLUTE 提供了一种线网分解策略将其拆分为多个线网进行求解。然而，FLUTE 算法没有考虑内存优化问题，采用了广度优先搜索(Breadth First Search，BFS)查找最小生成树(Minimum Spanning Tree，MST)，造成了较大的内存开销。为了解决这一问题，文献[37]和文献[38]的工作采用分治法和深度优先搜索(Depth First Search，DFS)方法求解最小生成树，减少了计算时间和内存开销。文献[35]提出了一种基于线段的直角结构 Steiner 树算法。该算法在每个引脚上绘制 4 条线段并向外递增延长，当属于不同引脚的线段相交时，则形成一条边，当 3 条线段相交时，则形成一个 Steiner 点。该方法能够生成近似最优的直角结构 Steiner 树。文献[40]提出了一种能够求解精确的 X 结构 Steiner 树(X-architecture Steiner Tree,XST)的剪枝技术,但需要指数级时间复杂度。文献[41]提出了一种基于多层芯片的 XST 算法。该算法求解了三引脚线网的最优解。

上述的 Steiner 树算法均不考虑对障碍的处理。由于近年来布线区域的障碍越来越多,绕障 Steiner 树已成为研究热点。在现代 VLSI 设计中,布线区域通常分为多个层,障碍通常只占据设备层和一些较低金属层,在较高的金属层上进行布线时,导线是可以放置在这些障碍物顶部区域内的,但由于中继器无法放置在此区域,则需要限制导线在障碍物区域内部的绕行长度,以避免信号失真,这种 Steiner 树被称为考虑布线资源松弛的 Steiner 树(Steiner Tree Considering Routing Resource Relaxation,ST-CRRR)。文献[56]提出了考虑布线资源松弛的直角 Steiner 树(Rectilinear Steiner Tree Considering Routing Resource Relaxation,RST-CRRR)算法,通过修改文献[57]提出的算法,来构造 RST-CRRR 问题的可行解。文献[58]设计的方法沿用了 RST-CRRR 模型,在可视图的基础上构建范围可视图,在预处理过程中,将直径小于约束值的障碍都忽略掉,以此减小范围可视图的规模和构造时间,在后期处理中,使用 FLUTE 算法和 Prim 算法改善求解质量。文献[60]与文献[61]设计的模型考虑了电压转换速率,该模型使用文献[62]的 PERI 模型计算具体的电压转换速率值,保证可行解在障碍内部的子树满足电压转换速率约束。文献[60]提出了一种启发式算法。该算法使用 FLUTE 构造出一个初始直角结构的 Steiner 树,在修复过程中将初始 RST 分割成多个子树,并使用增量法逐个修复违反约束的部分,最后使用迷宫算法将这些子树合并,实验结果表明,其迷宫算法消耗时间较长。文献[61]提出了一种确定性算法,可以求得嵌入在扩展 Hanna 网格中的最优解。文献[63]中提出了一种启发式算法。该算法将构建的扩展直角满 Steiner 树网格作为布线图,确保了布线图中至少包含一个 RST 问题的最优解和一个绕障 RST 问题的近优解。经过上述分析可知,对于不考虑障碍的 Steiner 树和绕障 Steiner 树,直角结构和 X 结构下都已有一些杰出的研究成果。而对于考虑布线资源松弛的 Steiner 树,近年来相继提出了一些基于直角结构的算法,但基于 X 结构的研究还尚未开展。现有的部分基于直角结构的绕障算法虽然可以经过特殊处理应用到 X 结构中,但难以有效地对该问题进行求解,且会使算法变得更加复杂。综上所述,本章吸收并发展相关研究工作积累的宝贵经验,基于已获得工业联盟支持的 X 布线结构,提出一种有效的考虑布线资源松弛的 Steiner 树算法,针对该问题设计了一系列策略与技术,具有重要的理论价值与实际意义。

7.2.3 主要研究内容

Steiner 树是 VLSI 布线中的基础模型,目前几乎所有主流的总体布线算法都使用 Steiner 树来创建初始拓扑,并在此基础上使用迷宫布线、模式布线等方法连接两端线网。也就是说,Steiner 树构造的优劣在极大程度上影响着总体布线的最终方案。近年来,芯片集成度不断提高,布线区域中的障碍数量也飞速增长。在实际布线过程中,为了避免拥塞、重叠的情况,芯片上的知识产权保护模块、宏单元以及已经预先布通的线网都被视为障碍。在现代的物理设计流程中,芯片上的可布线区域分为多个层,障碍通常存在于设备层和一些较低的金属层,并没有完全阻挡所有布线层,仍然可以将导线置于障碍的顶部。在比较长的导线中传递时,信号会产生衰减或失真。此时需要通过插入中继器对信号进行再生、放大或是还原。然而,由于在障碍顶部区域内是无法放置中继器的,所以需要增加线长来进行绕开障碍。这会增加线长代价以及中继器的使用数量,甚至可能导致时序违规。因此,为在信号失真之前使导线达到障碍区域外部,在布线过程中需要考虑对布线资源的松弛,允许导线一定程度穿过障碍区域。这样既满足时序目标,又节约了布线资源,对于布线总线长、拥挤度、中继器数量都有可观的优化效果。作为非曼哈顿结构的代表,X 结构 Steiner 树在线长优化方面相较于传统直角结构 Steiner 树有着一定的优势。但现有的 ST-CRRR 算法都集中于曼哈顿结构,在 X 结构方面,尚未有人开展 ST-CRRR 算法的研究。本章的研究内容和主要贡献如下。

提出了一种基于多阶段优化的 XMST-CRRR 树算法。首先由给定的引脚构造德劳内三角剖分(Delaunay Triangulation,DT),并在 DT 上构造不考虑障碍的最小生成树。首先在最小生成树的基础上高效生成预先计算的查找表,为整个算法流程提供快速的信息查询,避免重复计算。通过提出一种调整策略,能够灵活地在障碍边界上选择中间节点以避开障碍,而不仅仅是选择障碍的角点。提出了一种冗余点移除策略进一步优化布线路径。最后通过优化局部拓扑结构,以每个引脚为中心,选定其最优拓扑结构,进一步减少线长,得到了高质量的解方案,实验表明,该算法在较小程度牺牲线长代价的情况下,在运行时间方面取得了数量级的改进。

7.3 相关理论知识

7.3.1 总体布线概述

对于一个完整的 VLSI 设计流程,需要经过系统规范、架构设计、功能和逻辑设计、电路设计、物理设计、物理验证和签收、制造、封装和测试这一系列阶段,才能得到最终的芯片,如图 7.1 所示。其中,物理设计是生产制造直接相关的一个设计过程,其决定了各个模块、功能器件在电路中的布局和连线,直接关系到芯片的设计周期、可制造性、良品率和最终性能。同时,物理设计是集成电路设计过程中最耗时的阶段,也是 VLSI 计算机辅助设计中最关键、最值得关注的研究领域之一。

在VLSI设计流程中，物理设计又被分为以下几个步骤：划分、布图规划、布局和布线，如图7.2所示，其中每个步骤完成设计的一部分。划分这一步骤将整个电路划分为互相独立的一组子电路，这些子电路可以单独进行设计。布图规划这一步确定了芯片上的每个子电路或子模块的尺寸大小，以及每个模块可能的长宽比。布局这一步确定了每个具体电路元件或模块放置在芯片中的具体位置。布线这一步骤根据线网表的信息将需要连接的引脚进行连接，并解决资源争用问题。在现代VLSI设计中，如果要在单一步骤中完成这一目标，那么必然要解决非常复杂的问题，因为在一个芯片中可能存在着数百万个元件和线网。就布线而言，即使是最简单版本的问题，即在拥塞约束下对一组两端线网进行布线也是一个NP难问题。实际设计中将布线工作又细分为总体布线和详细布线。总体布线属于粗粒度的布线，而详细布线这一阶段则属于细粒度的布线，总体布线为详细布线提供指导。也就是说，为了能够更好地进行详细布线以及提高电路的最终性能，有必要更深入地研究总体布线。

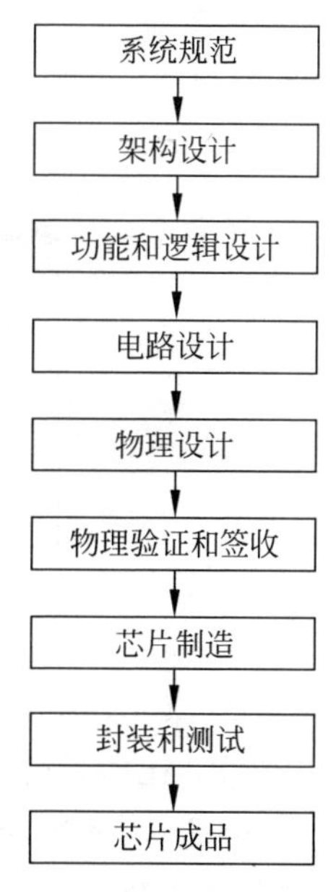

图7.1　VLSI设计流程

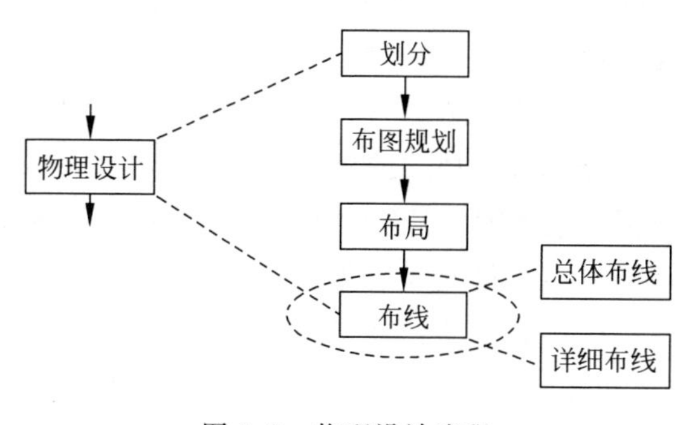

图7.2　物理设计流程

在总体布线中，芯片被划分为一组网格区域，跨越这些区域边界的导线被粗略地分配了一些路径，以指示它们必须通过的区域，以及所要互连的区域。现代VLSI设计通常具有多个金属布线层，其中相邻的层通过通孔连接。总体布线问题可以描述如下：在总体布线阶段，布线区域被划分为一组矩形网格区域，每个网格区域内可能包含多个需要连接的引脚，但总体布线的目标并不是要连接这些引脚的具体位置，而是粗略地连接包含这些引脚的网格区域。如图7.3所示，每个网格区域对应一个G-cell，具有邻接关系的两个G-cell之间形成一条布线边e，布线边e的容量C_e表示两个相邻G-cell之间可用的路径数量，d_e表示两个相邻G-cell之间已占用的路径数量。根据d_e和C_e的关系能够得到布线边e的溢出$o(e)$。

$$o(e)=\begin{cases}d_e-C_e, & \text{如果 } d_e>C_e \\ 0, & \text{否则}\end{cases} \tag{7.1}$$

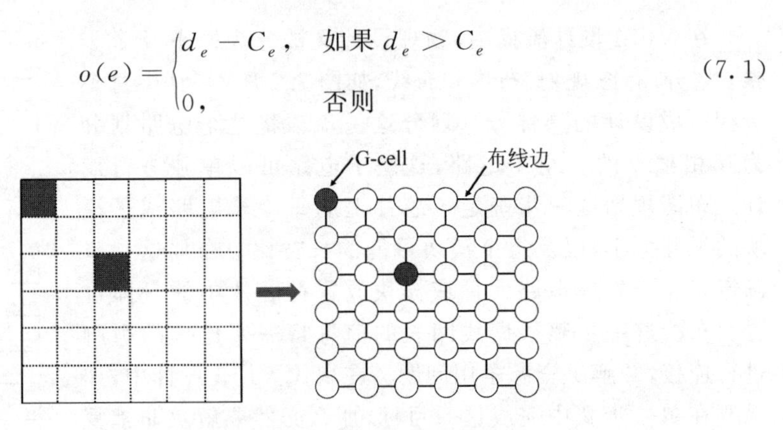

图 7.3 布线区域及其对应的网格图

评估总体布线解方案的质量时，通常需要考虑 3 个基本指标，即溢出、线长和运行时间。在理想情况下，希望溢出为零。同样地，线长和运行时间应尽量优化到最小。因此，需要设计各种 Steiner 树构造算法来优化一组线网中的每个线网的线长，使其最小化。

7.3.2 多动态电压设计模型

随着 5nm 制程芯片量产时代的到来，芯片的集成度达到了前所未有的高度，高集成度带来了更高的功率消耗。同时，诸如智能手机、平板电脑、无反相机和无人机这样的消费级高性能电子产品无一不强调续航的重要性。芯片性能的提高是现阶段的发展趋势，而电池材料的发展却已步入了瓶颈期。从材料方面看，目前电池容量的提升已经遇到了很大困难，除非出现新的电池材料，现阶段主要使用的锂电池的能量密度在短期内很难得到显著提升。因此，在现阶段提升续航能力主要通过降低功耗来实现。设备的总功耗通常包括静态功耗和动态功耗，静态功耗由电流的泄漏产生，动态功耗由器件状态的切换产生。在现代电路设计中，动态功耗占据了总功耗的大部分，它与供电电压的平方成正比。然而，降低供电电压在减少动态功耗的同时以设备性能劣化为代价。采用多动态电压的设计模式实际上是对不同的功能单元的复杂控制，能够有效降低动态功耗。在基于多动态电压的设计中，电路被划分为几个独立的功率区域。每个功率区域可以在不同的电压水平下工作。处理单元等强调性能的模块通常会输入更高的电压，而其他模块（如存储器）则可以在较低的电压下运行。再者，每个独立功率区域的电压会根据电源模式的改变而动态变化。诸如节能模式和睡眠模式等某些电源模式甚至可以完全关闭一些功率区域的电压，从而节省能耗。图 7.4 显示了具有 9 个独立区域和 3 种电源模式的多动态电压设计模型，其中每个区域能在 3 种电压下运行。根据电路所需要的效能的不同，多动态电压设计模型提供不同种类的功率模式，若电路需要承担非常复杂的计算任务时，则以性能模式运行，如图7.4(a)所示，电路中所有模块都以1.5V的电压运行，以实现高速计算。当电路处于普通模式时，如图7.4(b)所示，大部分模块以较低的电压1.2V运行，且有的模块可以直接切断供电以节省能耗。在节能模式下，如图7.4(c)所示，模块P_3、P_5、P_9的电源直接关闭以最大程度节省能耗。

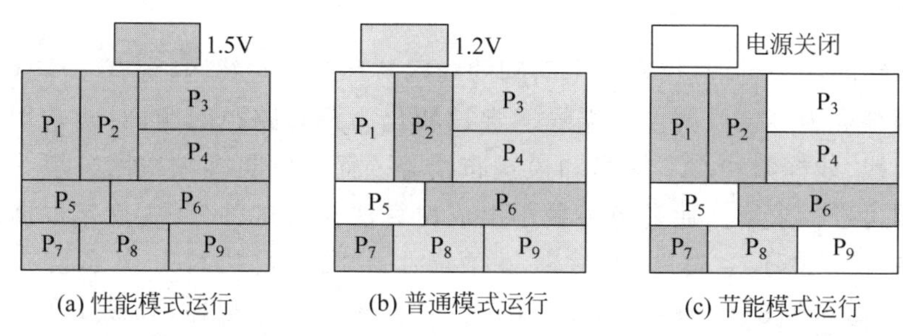

(a) 性能模式运行　(b) 普通模式运行　(c) 节能模式运行

图7.4　具有9个独立区域和3种电源模式的多动态电压设计模型

在多动态电压设计模型中，线网可以跨越多个独立区域，但导线绕行较长路径的时候，信号会衰减或失真，此时需要插入中继器来放大或再生信号。在多动态电压设计模型的任何电源模式中，如果在关闭独立区域P的电压时线网N是活动的，则区域P是与线网N相关联的无中继器区域。例如，在图7.4中，如果线网N属于P_1(线网N的驱动器在P_1中)，在普通模式下，区域P_5的电源关闭时线网N是活动的，在节能模式下，区域P_3、P_5、P_9的电源关闭时线网N是活动的，则线网N的关闭区域是P_3、P_5和P_9。其他区域则是线网N的非关闭区域，因为在线网N活动时它们具有电源电压。因此，线网N的中继器可以插入非关闭区域，但不能插入关闭区域。在对线网N进行布线时，导线不能随意在关闭区域内绕行过长，应当把导线在关闭区域内的绕行长度限制在一个阈值以内，否则可能导致信号失真或时序违规。因此，考虑布线资源松弛的Steiner最小树算法能够有效求解多动态电压设计模型下的布线问题。

7.3.3 Steiner树概述

17世纪中期，数学界存在一个在当时看来极具挑战性的几何难题：给定不在一条直线上的3个点A、B、C，求一个新的点Q，使得$QA+QB+QC$的长度和最小。该问题受到了诸多学者的研究讨论。有人指出，若Q为所求的新点，则过Q的3条线段QA、QB和QC两两相交并都形成120°的夹角，但这仅限于三角形ABC的3个内角都小于或等于120°的情况。直到19世纪，学术界才考虑了三角形中一个内角大于120°的情况。这个问题之后被推广为平面上求一点，使得这一点到平面上指定的若干个点的距离之和最小。这就是Steiner树问题的起源。在当今，Steiner树问题已不仅是一个具有学术意义的几何问题，它的实际应用场景已经包括了工业选址、物资运输路线规划、网络多播路由、VLSI布线以及计算生物学等多个领域。而且，在实际的应用场景中，Steiner 树构造问题所考虑的不仅仅是用一个点去连接所给定的 n 个点，而是通过新增若干个点去连接给定的点集。Steiner 树已被广泛应用于 VLSI 物理设计中，尤其是对于布线来说，芯片上可能存在着多达上百万个线网，在一次完整的总体布线流程中，Steiner 树算法将被调用上百万次。这意味着高效的 Steiner 树算法在总体布线中起着至关重要的作用。

在布线问题中，有且仅有两个引脚的线网被称为两端线网，含有 3 个或以上引脚的线网被称为多端线网。两端线网常被转化为最短路径问题，对此常用的方法有迷宫布线、线探索法、A* 搜索和模式布线等。而通常将多端线网分解为若干个两端线网再进行求解。通常使用最小生成树算法执行这种分解，首先根据给定的引脚构造一个最小生成树，然后对每条最小生成树边执行一次迷宫布线。如图 7.5 所示，对于 3 个引脚 a、b、c，首先对其构造最小生成树，如图 7.5(a)所示。再通过对最小生成树中的边 ab 和边 ac 分别执行迷宫布线，得到布线结果，如图 7.5(b)所示。

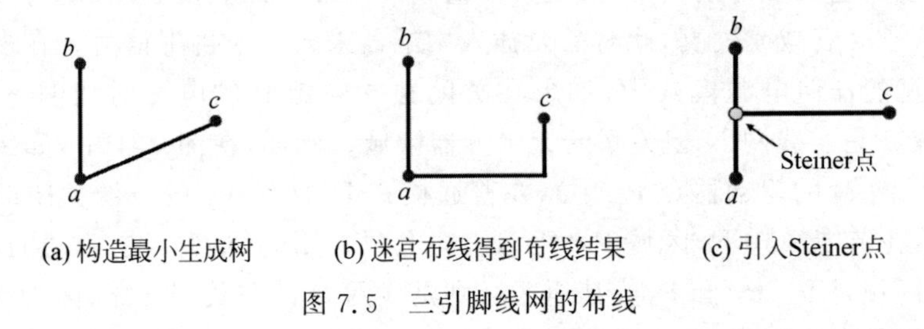

图 7.5　三引脚线网的布线

对于每条独立的边来说，这样的布线方案确实取得了最短的线长。然而，当以更全局的角度看，对于整棵树来说，显而易见这不是最佳的解决方案。对于图 7.5(b)中的最小生成树，在合适的位置引入 Steiner 点，就可使整棵树的总长度达到最小化，如图 7.5(c)所示。由于所有布线段在布线平面中都是垂直或水平的，这样的 Steiner 树被称作直角结构 Steiner 树或曼哈顿结构 Steiner 树。非曼哈顿结构的提出为物理设计带来了诸多性能的提高，作为代表的 X 结构 Steiner 树受到了广泛的关注。相较于传统的直角结构，基于 X 结构进行布线能够进一步减少芯片上布线资源的冗余，进一步缩小芯片面积，优化总线长，降低延迟，从而实现芯片整体性能的提高。图 7.6 显示了一个具有 4 个引脚的 X 结构 Steiner 树，在 X 结构 Steiner 树中，除了允许传统的水平和竖直两个方向的布线走向，还允许导线沿着 45°和 135°的方向放置。

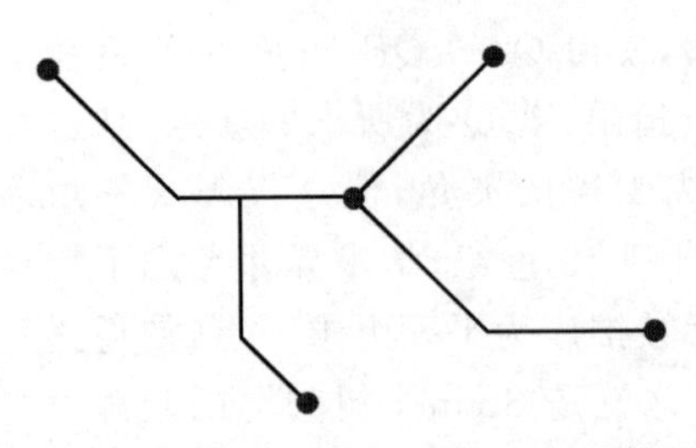

图 7.6　一个 X 结构 Steiner 树示例

7.4 问题模型

布线平面的引脚集合为 $P=\{p_1,p_2,\cdots,p_n\}$ 和障碍集合 $B=\{b_1,b_2,\cdots,b_n\}$。XSMT-CRRR 问题是基于 X 结构的 Steiner 树求解具有最小的线长代价的布线树。在 XSMT-CRRR 问题中，导线可在一定程度上穿过障碍物。若有布线边 pq 穿过障碍物 b 且在障碍物 b 内绕行的长度不超过给定阈值 L，则称边 pq 对障碍物 b 满足松弛条件。XSMT-CRRR 问题要求所有穿过障碍物的边都满足松弛条件。图 7.7 给出了一个 XSMT-CRRR 问题中引脚和障碍物的分布示例。

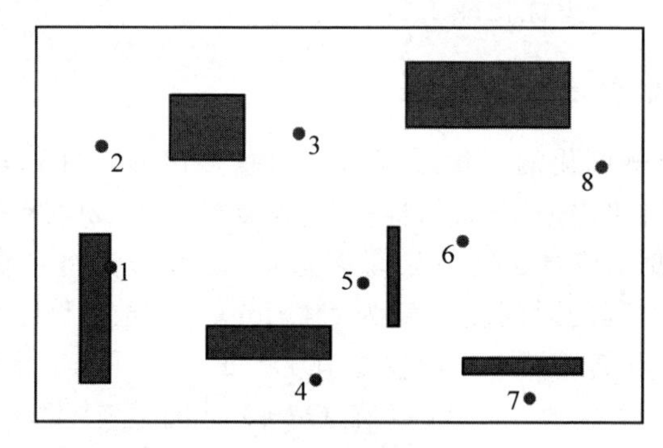

图 7.7 引脚和障碍的分布示例

互连线的 4 种连接方式已在 2.5.2 节给出定义，此处不再赘述。

7.5 基于多阶段优化的 XSMT-CRRR 算法

为了进一步缩短 XSMT-CRRR 构造的时间，本章提出了一种基于多阶段优化的算法。该算法在前期通过构造德劳内三角剖分，高效地创建初始拓扑，并在此基础上生成预先计算的查找表，为后续算法流程提供快速的信息查询。在调整阶段，扩展了中间节点的选择方式，不仅仅局限于选择障碍的角点。在后处理步骤中，设计了冗余点移除策略以优化布线路径。最后，通过优化局部拓扑结构进一步改善总线长。

基于多阶段优化的 XSMT-CRRR 算法共包含 5 个阶段：初始拓扑的生成、预处理及布线树的转换、调整、冗余点移除、局部拓扑结构优化。图 7.8 给出了该算法的流程。

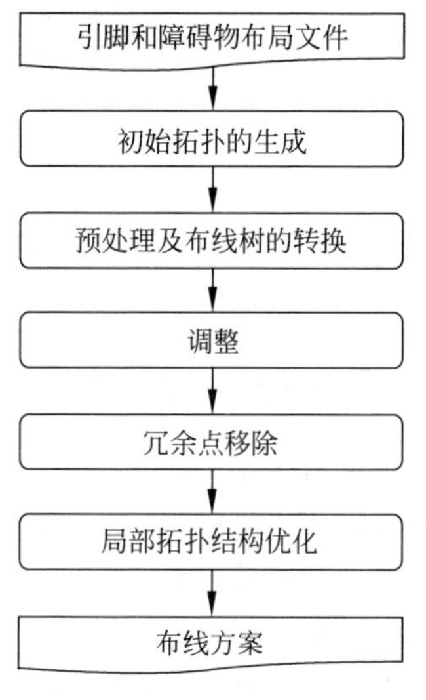

图 7.8 算法流程图

阶段1,初始拓扑的生成。在该阶段中,对给定的引脚构造德劳内三角剖分,并在此基础上构造不考虑障碍的最小生成树。

阶段2,预处理及布线树的转换。在该阶段中,生成一个预先计算的查找表以存储后续算法流程需要用到的信息,根据这些信息将最小生成树转换为X结构布线树。

阶段3,调整。在该阶段中,通过投影策略在障碍的边界上选择中间节点,通过中间节点对违反约束的边进行修正。

阶段4,冗余点移除。在该阶段中,通过移除一些不必要的中间节点,优化布线路径。

阶段5,局部拓扑结构优化。在该阶段中,遍历每个引脚并选出其最优拓扑结构替换其原始结构,进一步优化线长。

7.5.1 初始拓扑的生成

DT是一种比较规则化的三角形网格。泰森多边形是计算几何中的一个基本结构,是DT的几何对偶图。平面扫描算法是泰森多边形构造中的一种非常成熟的技术。本节直接使用该算法构造泰森多边形,然后通过将泰森多边形转换为对偶图来生成DT,该过程的时间复杂度为$O(n\log n)$。通过DT可以加速最小生成树的构造过程,一个点集的最小生成树是其DT的一个子集,而DT的边数与该点集的点数呈线性关系。故DT可以在$O(n)$时间复杂度内生成不考虑障碍的MST。

如图7.9(a)所示,本算法首先对布线区域内给定的引脚构建DT,4个引脚的DT仅存在5条边,其边数与点数呈线性关系。在DT的基础上,通过使用Kruskal算法,在$O(n)$时间复杂度内生成了不考虑障碍的最小生成树,如图7.9(b)所示。

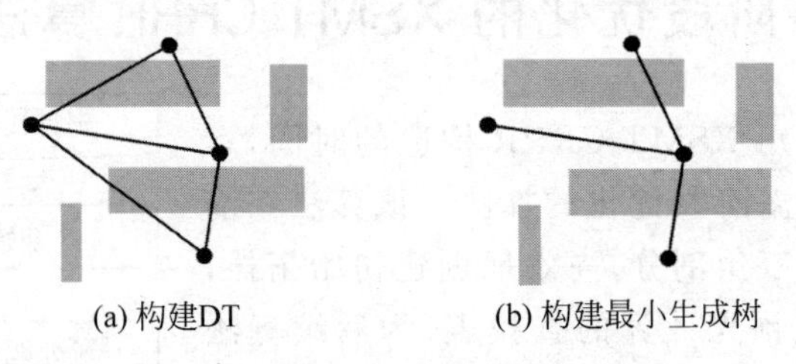

图7.9 在DT上构造最小生成树

7.5.2 预处理及布线树的转换

定义7.1 若边界框是能够完全包含一组障碍物的最小矩形,则称之为该组障碍物的边界框,如图7.10(a)所示。一对引脚p_i和p_j的边界框是指由p_i和p_j所围成的矩形框,如图7.10(b)所示。

定义7.2 半周长为给定一个长度为l、宽度为w的矩形,其半周长为$l+w$。

在这一阶段中,需要将最小生成树转换为X结构布线树,因此设计了预处理策略。在本节中,生成了一个预先计算的查找表,称为边-障碍表,其记录了每条X结构布线边穿过的障碍以及在这些障碍中的绕行长度，及这些障碍的半周长或是障碍边界框的半周长。

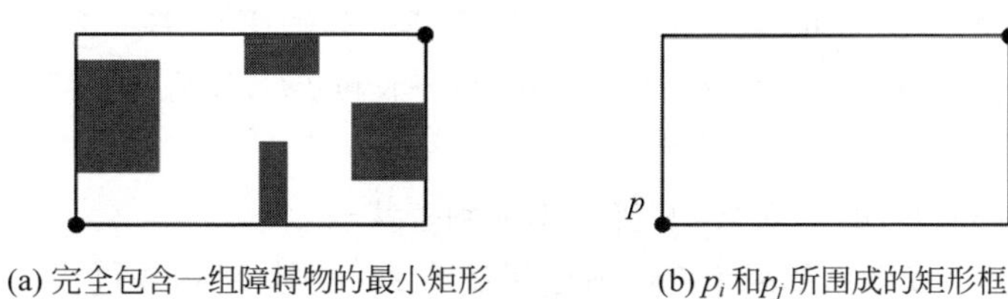

(a) 完全包含一组障碍物的最小矩形　　(b) p_i 和 p_j 所围成的矩形框

图 7.10　边界框示意图

对于一个具有 n 个引脚的线网，一共存在 $n-1$ 条 X 结构布线边，并且每条布线边都有 4 种连接方式，因此总共有 $4\times(n-1)$条边需要记录在查找表中。在计算查找表的时候，对于一个障碍，仅在该障碍与某条边的两引脚的边界框发生重叠的时候才检查它，对于这条边来说，该障碍为有效障碍。

如图 7.11 所示，对于边 pq 而言，障碍 b_2、b_3、b_4 是 3 个有效障碍，在计算查找表时仅需考虑 b_2、b_3、b_4 这 3 个有效障碍，因为无论 pq 以何种连接方式进行连接，都不可能穿过其他障碍。对于每条边 pqc（pqc 代表引脚 p 和 q 通过连接方式 c 进行连接，c 为 4 种连接方式之一），将其穿过的一个或多个障碍记录在一个集合$\{B\}$中，计算$\{B\}$的边界框，并将 L_h 的值设置为该边界框的半周长。对于图 7.11 中的边 pq，边-障碍表记录了其在 4 种连接方式下的连接信息。如表 7.1 所示，当 p 和 q 采用连接方式 0 进行连接时，pq 穿过了障碍 b_3，在障碍 b_3 中的绕行长度为 3.80，障碍 b_3 的半周长为 6.00。当 p 和 q 采用连接方式 3 进行连接时，穿过了障碍 b_2 和 b_4，其在 b_2 中的绕行长度为 1.00，在 b_4 中的绕行长度为 1.70，障碍 b_2 和 b_4 形成的边界框的周长为 11.00。

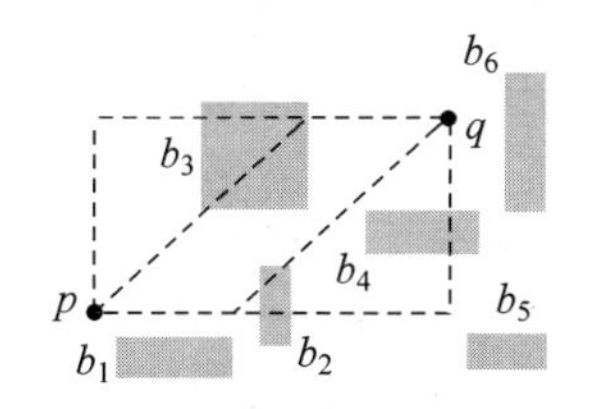

图 7.11　边-障碍表的原理示意

表 7.1　边-障碍表中记录的内容

连接方式	布线边
	pq
0	$\{B_{pq0}\}=\{b_3\}$，$\{L_{\text{in}(pq0)}\}=\{3.80(b_3)\}$，$L_{\text{h}(pq0)}=6.00(b_3)$
1	$\{B_{pq1}\}=\{b_2\}$，$\{L_{\text{in}(pq1)}\}=\{1.20(b_2)\}$，$L_{\text{h}(pq1)}=4.00(b_2)$
2	$\{B_{pq2}\}=\{b_3\}$，$\{L_{\text{in}(pq2)}\}=\{3.50(b_3)\}$，$L_{\text{h}(pq2)}=6.00(b_3)$
3	$\{B_{pq3}\}=\{b_2,b_4\}$，$\{L_{\text{in}(pq3)}\}=\{1.00(b_2),1.70(b_4)\}$，$L_{\text{h}(pq1)}=11.00(\{b_2,b_4\})$

建立查找表的步骤如下。

步骤 1,初始化 $i=1$。

步骤 2,检查生成树的第 i 条边 pq,对于每个活动障碍 B_j $(0<j<m)$,如果 pqc 穿过 B_j,计算并记录 pqc 在 B_j 内部的绕行长度 L_{in},并将 B_j 添加到相应的集合 $\{B\}$。

步骤 3,计算 $\{B\}$ 的半周长,并将其添加到查找表中。

步骤 4,令 $i=i+1$,如果 $i<n$,则返回步骤 2; 否则,终止该过程。

在生成查找表之后,根据查找表将最小生成树转换为 X 结构 Steiner 树。算法遍历每条边 pq,如果 $pq0$ 或 $pq1$ 可以绕开障碍,或是穿过的每个障碍都满足松弛条件,则将 pq 之间的连接方式设置为连接方式 0 或连接方式 1。若不满足上述条件,而 $pq2$ 或 $pq3$ 穿过障碍且满足松弛条件,将 pq 之间的连接方式设置为连接方式 2 或连接方式 3。如果 $pq2$ 或 $pq3$ 绕开了所有障碍或穿过障碍但不满足松弛条件,则选择 $pq0$ 或者 $pq1$(优先选择 L_{h} 值较小的连接方式)。若 4 种连接方式都穿过障碍且不满足松弛条件,则选择 L_{h} 值最小的连接方式。上述所有的判断都能够通过查找表来执行,因此执行起来速度非常快。该过程的具体步骤如下。

步骤 1,初始化 $i=1$。

步骤 2,检查生成树第 i 条边的连接方式 0 和连接方式 1。如果任何一种能够绕开所有障碍,或满足松弛条件,则将 pq 之间的最小生成树边替换为连接方式 0 或连接方式 1,并令 $i=i+1$,重复此步骤直到 $i+1\geqslant n$。

步骤 3,如果 $pq2$ 或 $pq3$ 穿过障碍且满足松弛条件,将 pq 之间的连接方式设置为连接方式 2 或连接方式 3,并令 $i=i+1$,若 $i<n$,则转到步骤 2; 否则,退出流程。

步骤 4,如果 $pq2$ 或 $pq3$ 绕开了所有障碍或穿过障碍但不满足松弛条件,在连接方式 0 和连接方式 1 中选择 L_{h} 值较小的那一个,并令 $i=i+1$,若 $i<n$,则转到步骤 2。

步骤 5,找到 4 种连接方式中选择具有最小 L_{h} 值的那一个,并设为 pq 的连接方式。并令 $i=i+1$,若 $i<n$,则转到步骤 2; 否则,退出流程。

经过上述步骤,最小生成树已经转换为 X 结构 Steiner 树。但显然,树中依然存在一些违反约束(不满足松弛条件)的边。对于这些边,要将其经过一些处理,通过添加 pseudo-Steiner 点,新增一些边将其转换为避开障碍的边。

7.5.3 调整

在上一阶段生成的 X 结构布线树中,并非所有生成的边都满足了约束。有的边可能穿过障碍并且违反了松弛条件,对于这样的边,需要通过添加 pseudo-Steiner 点使其绕过障碍物。

如图 7.12 所示,对于一条穿过障碍且不满足松弛条件的边 pq(若 pq 穿过了多个障碍物,则将包围这些障碍的边界框视作一个障碍),如图 7.12 所示,在调整阶段先将其删除,然后通过添加一些新的 pseudo-Steiner 点,绕过障碍物,让 p 通过合法的路径连接到 q。

在这一阶段中,基于 X 结构将布线平面划分为 8 个角度相等的分区($a_1 \sim a_8$),如图 7.13(a)所示,每两个分区之间用直线($O_1 \sim O_8$)隔开,显然,直线 $O_1 \sim O_8$ 对于点 p 来说是合法的 X 结构布线路径。

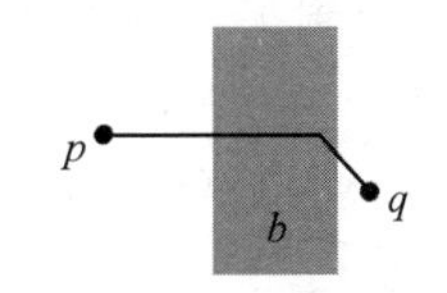

图 7.12 边 pq 穿过障碍物且不满足松弛条件

设 p 为边 pq 的起点,从点 p 出发,向点 p 的右半轴依据图 7.13(a)所示的分区作 5 条投影线,如图 7.13(b)所示。在实际中,起点可能是 q 而不是 p。当起点是 q 时,显然障碍位于 q 的左半轴。为了简化可能的场景,在检查每条边 pq 时,通过判断 p 和 q 的坐标,如果 q 的横坐标小于 p 的横坐标,则互换点 p 和点 q,让横坐标较小的点作为起点,并且更改其对应的连接方式(例如,$qp0$ 可以修改为 $pq1$)。这种简化方式使算法仅需考虑每条边起点右半轴的情况。

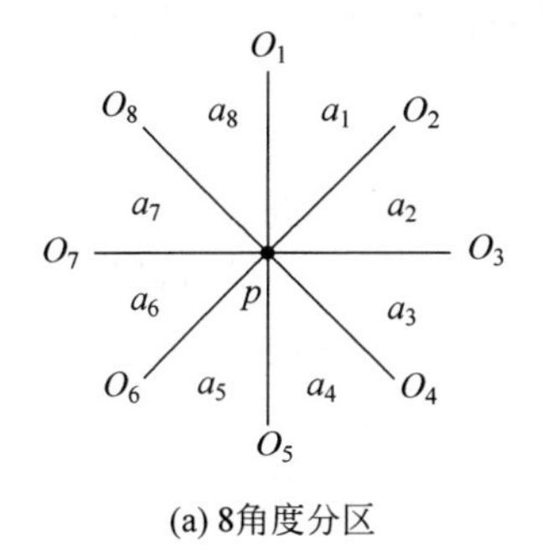

(a) 8角度分区

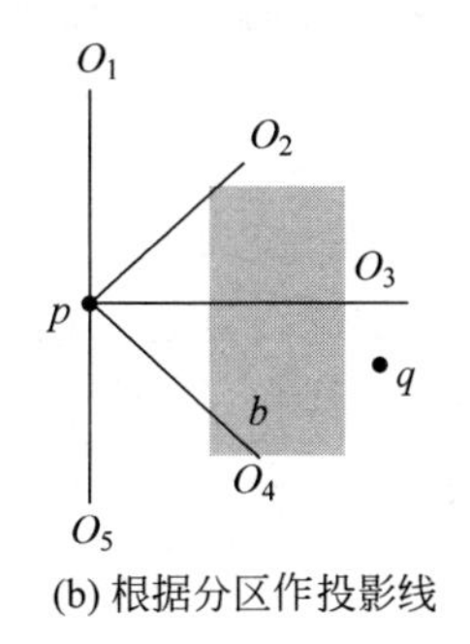

(b) 根据分区作投影线

图 7.13 布线区域分区

定理 7.1 当边 pq 穿过障碍 b 时,在对点 p 进行 $O_1 \sim O_5$ 5 个方向的投影以后,障碍 b 必然与 $O_1 \sim O_5$ 中至少一条投影线产生交点。

证明: 如果障碍 b 不与 $O_1 \sim O_5$ 中的任何一条投影线产生交点,那么障碍 b 必然完全位于 $a_1 \sim a_4$ 的其中一个分区中,而不可能同时位于两个或以上的分区,如图 7.14 所示,此时 $O_1 \sim O_5$ 中必有一条投影线产生合法的布线路径,如路径 pkq 或路径 pjq,则该路径不穿过障碍 b。因此,当边 pq 穿过障碍 b 时,障碍 b 必然与 $O_1 \sim O_5$ 中至少一条投影线产生交点。

根据定理 7.1,障碍 b 将与投影线产生一个或多个交点。如图 7.15 所示,障碍 b 与投影线 O_2 产生的交点为 v_1,与 O_3 产生的交点为 v_2,与 O_4 产生的交点为 v_3。此时计算直线 pv_i 与直线 pq 之间的角度 α,然后选择具有最小角度 α 的那个交点 v_i 作为新添加的 pseudo-Steiner 点,图 7.16 中具有最小角度 α 的交点 v_i 即为 v_2,因此选择 v_2 作为新添加的 pseudo-Steiner 点,然后连接 pv_2。添加 v_2 后,点 p 仍

然不能通过 v_2 直接连接到 q,因此还需要选择更多的 pseudo-Steiner 点进行连接。因此,该策略继续检查障碍 b 的每个角点 c_i $(i=1,2,3,4)$,并选择一个使得 $\text{dis}(v_2,c_i)+\text{dis}(c_i,q)$ 最小的障碍角点 c_i 作为新的 pseudo-Steiner 点($\text{dis}(a,b)$ 代表 a 点到 b 点的曼哈顿距离)。如图 7.16 所示,该障碍的 4 个角点 c_1、c_2、c_3、c_4 中 c_1 和 c_2 是两个使得 $\text{dis}(v_2,c_i)+\text{dis}(c_i,q)$ 最小的障碍角点,且 $\text{dis}(v_2,c_1)+\text{dis}(c_1,q)=\text{dis}(v_2,c_2)+\text{dis}(c_2,q)$。因此,在 c_1 和 c_2 中还需要做出更进一步的选择。

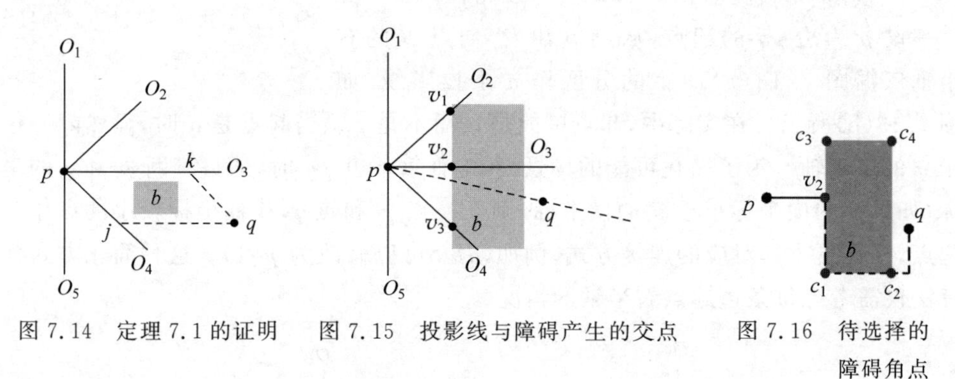

图 7.14　定理 7.1 的证明　　图 7.15　投影线与障碍产生的交点　　图 7.16　待选择的障碍角点

选择 c_1 时,如图 7.17(a)所示,由于障碍的存在,仅能使用连接方式 2 或连接方式 3 将其和 q 进行互连。而选择 c_2 时,如图 7.17(b)所示,可以使用连接方式 0 或连接方式 1 将其和 q 进行互连。因此,对于具有相同 $\text{dis}(v_2,c_i)+\text{dis}(c_i,q)$ 值的两个障碍角点来说,优先选择具有较小 $\text{dis}(c_i,q)$ 的障碍角点,能够更进一步优化线长。选定 c_2 以后,连接 pv_2、v_2c_2 以及 c_2q,计算它们的连接信息并添加到查找表中。

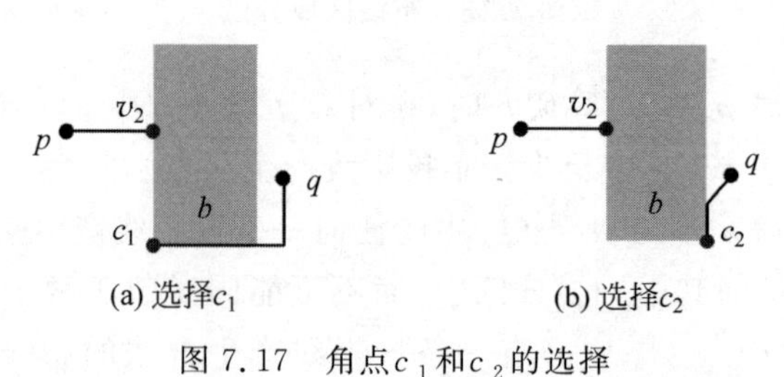

(a) 选择c_1　　(b) 选择c_2

图 7.17　角点 c_1 和 c_2 的选择

7.5.4　冗余点移除

定理 7.2　对于两个引脚 p 和 q,与仅采用连接方式 2 或连接方式 3 相比,采用连接方式 0 或连接方式 1 可使线长减少 $(2-\sqrt{2})\times\text{Min}(\Delta x,\Delta y)$。

经过上述调整阶段,XSMT-CRRR 中的每条边都已符合约束,或是避开了障碍,或是对其穿过的障碍满足松弛条件,但仍然存在可优化的路径。在上一阶段的调整过程中，引入了一些新的 pseudo-Steiner 点，如图 7.18(a)所示，对于边 pq，通过添加了两个 pseudo-Steiner 点 v_2、c_2 使其绕过障碍，但 v_2 是多余的，因为点 p 可以通过连接方式 0 直接与 c_2 互连，而且根据定理 7.2，pc_2 的长度小于 pv_2 的与 v_2c_2 的长度之和。因此，在这一步直接移除 pseudo-Steiner 点 v_2，以及边 pv_1 和边 v_2c_2。然后使用连接方式 0 或 1 连接 pc_2，如图 7.18(b)所示。由于 pseudo-Steiner 点 v_2，以及边 pv_1 和边 v_2c_2 的连接信息在调整过程中已经加入到查找表中，因此这一过程执行起来也非常快。

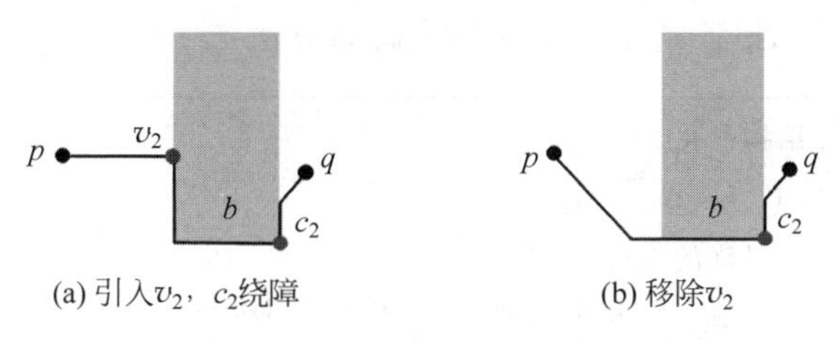

图 7.18 冗余点 v_2 的移除

证明：假设 $\Delta y<\Delta x$，则采用连接方式 0 或 1 的线长 $L_{0,1}$ 为 $\Delta x-\Delta y+\sqrt{2}\times\Delta y$，采用连接方式 2 或 3 的线长 $L_{2,3}$ 为 $\Delta x+\Delta y$，则 $L_{0,1}-L_{2,3}=(2-\sqrt{2})\times\Delta y$。同理可证，当 $\Delta x<\Delta y$ 时，$L_{0,1}-L_{2,3}=(2-\sqrt{2})\times\Delta y=(2-\sqrt{2})\times\Delta x$。

7.5.5 局部拓扑结构优化

任何一个引脚都其至少有一个最优的拓扑结构。在此为简单起见，仅讨论具有两个度的引脚，其他具有更多度的引脚遵循类似的原理。

对于一个具有两个度的引脚 p，由于每条边存在 4 种连接方式，则一共存在 2^4 即 16 种拓扑结构，如图 7.19 所示。

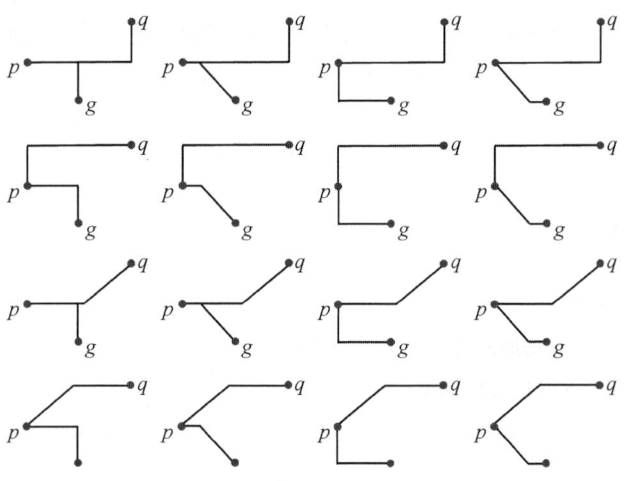

图 7.19 具有两个度的引脚p 的 16 种拓扑结构

根据这一点，该策略通过遍历一次所有布线边，计算每个引脚 p_i 具有的度数，并将连接到 p_i 的所有其他引脚记录为列表，然后计算每个引脚 p_i 的最佳拓扑结构 bs_i。假设 p_i 的度数为 d，由于每条边可采用 4 种连接方式的其中一种，该策略通过枚举引脚 p_i 的所有 4^d 种拓扑结构，并选择了具有最小线长的，并且避开障碍或满足松弛条件的那个拓扑结构作为 bs_i。此外，通过计算每个拓扑结构 bs_i 的公共边(sl_i)的长度，并根据公共边长度的值按降序对所有引脚进行排序。最后，根据已排序的引脚列表将每个引脚的 bs_i 替换其原始的连接组合，直到确定了所有引脚的连接组合。局部拓扑结构优化的伪代码如算法 7.1 所示。

算法 7.1　局部拓扑结构优化

```
输入：经过调整后的 XSMT-CRRR
输出：局部拓扑结构最优的 XSMT-CRRR
Initialize list()=∅；//初始化每个引脚 p_i 所连接的引脚列表为空
Initialize degree()=0；//初始化每个引脚 p_i 的度为 0
for each Edge(u,v) of XSMT-CRRR do
  degree(u)+1；
  add v to list(u)；
  degree(v)+1；
  add u to list(v)；
end for
Initialize wl(bs_i)=+∞；//初始化每个引脚 p_i 的拓扑结构 bs_i 的线长为无穷大
for each pin p_i of XSMT-CRRR do
  for each combination of p_i do //枚举引脚 p_i 的每种拓扑结构
    if verify(cur_combination)=true then //如果当前的拓扑结构绕开障碍或满足松弛
                                         //条件
      if wl(cur_combination)<wl(bs_i) then //如果当前拓扑结构的线长更短
        bsi=cur_comb；//则将最优拓扑结构设为当前拓扑结构
      end if
    end if
  end for
  sli=common_edges(bs_i)；//sl_i 的值设为最优拓扑结构的公共边长度
end for
sort(sl_i)；//根据降序对 sl_i 排序
sort(p_i)；//根据 sl_i 的顺序对所有引脚进行排序
for each pin p_i of XSMT-CRRR do
    replace()；//使用最优拓扑结构替换当前拓扑结构，且已经替换过的边将不再替换
end for
```

详细步骤如下。

步骤1，扫描XST-CRRR的所有边以计算每个引脚 p_i 的度，并同时记录连接到 p_i 的引脚作为列表。

步骤2，对于每个引脚 p_i，如果 p_i 的度数是 d，则枚举 p_i 的所有 4^d 种拓扑结构。然后选择具有最小线长的且避障或满足松弛条件的那一个组合作为 bs_i，同时计算每个 bs_i 的公共边长度 sl_i。

步骤3，根据 sl_i 的长度按递减顺序对所有引脚进行排序。

步骤4，对于每个引脚 p_i，按 sl_i 的顺序将 bs_i 的布线选择组合应用于XSMT-CRRR，直到所有布线树边都已确定。

在步骤2中，可以直接通过查找表来判断每种拓扑结构中的边是否绕开障碍或满足松弛条件；在步骤4中，优先确定公共边长度较长的引脚的结构，如果已经确定了某条边的连接方式，那么在后续的过程中，即使当前的最佳拓扑结构 bs_i 对于该条边选择了不同的连接方式，也不会改变该条边的连接方式。

7.5.6 实验结果及分析

本节算法采用C/C++语言进行编程，在3.19GHz的CPU和8GB内存的服务器上进行所有实验比较。本节使用多组基准作为测试用例，其中前5组是Synopsys提供的工业测试用例，其余的是绕障问题的测试基准。表7.2显示了各个测试电路所具有的引脚数和障碍数。LBB表示矩形布线区域较长边的长度，阈值 L_t 设置为LBB的不同百分比的值。

表7.2　测试电路信息

测试电路	引脚数	障碍数
IND1	10	32
IND2	10	43
IND3	10	50
IND4	25	79
IND5	33	71
RC01	10	10
RC02	30	10
RC03	50	10
RC04	70	10
RC05	100	10
RC06	100	500
RC07	200	500
RC08	200	800
RC09	200	1000
RC10	500	100
RC11	1000	100

1. 局部拓扑结构优化有效性验证

为了验证局部拓扑结构优化的有效性，通过实验对比了使用该策略之前和使用该策略之后的总线长。表 7.3 对比了采用该策略之前和之后的线长。改进等于((采用前－采用后)/采用前)×100%。表 7.3 的第 2 列至第 4 列、第 5 列至第 7 列以及第 8 列至第 10 列分别给出了该策略在 L_t 设为 LBB×1%时，L_t 设为 LBB×5%时以及 L_t 设为 LBB×10%时的优化情况。

表 7.3 局部拓扑优化前后的线长

测试电路	$L=L_t\times1\%$			$L=L_t\times5\%$			$L=L_t\times10\%$		
	采用前	采用后	优化率/%	采用前	采用后	优化率/%	采用前	采用后	优化率/%
IND1	584	563	3.60	584	563	3.60	584	563	3.60
IND2	9984	9431	5.54	9496	8928	5.98	9238	8814	4.59
IND3	601	574	4.49	592	557	5.91	592	547	7.60
IND4	1121	1028	8.30	1065	955	10.33	998	955	4.31
IND5	1397	1302	6.80	1301	1188	8.69	1243	1152	7.32
RC01	26 210	24 478	6.61	24 576	24 088	1.99	24 576	24 088	1.99
RC02	43 286	40 845	5.64	41 727	39 285	5.85	39 875	38 113	4.42
RC03	56 210	53 024	5.67	53 809	50 210	6.69	52 689	49 618	5.83
RC04	60 025	58 008	3.36	56 341	54 332	3.57	55 277	52 707	4.65
RC05	77 503	72 309	6.70	73 625	68 403	7.09	72 946	67 951	6.85
RC06	77 921	75 727	2.82	75 339	73 282	2.73	75 339	73 282	2.73
RC07	111 451	104 268	6.44	105 839	99 298	6.18	104 277	98 934	5.12
RC08	117 253	107 162	8.61	111 029	102 158	7.99	110 804	102 002	7.94
RC09	115 074	108 470	5.74	108 278	101 238	6.50	106 325	99 489	6.43
RC10	161 709	155 230	4.01	161 622	153 938	4.75	160 058	153 330	4.20
RC11	219 335	217 015	1.06	218 986	216 933	0.94	218 986	216 841	0.98
均值			5.34			5.55			4.91

如表 7.3 所示，当 L_t 设为 LBB×1%时，该策略至多能够带来 8.61%的线长优化，平均的线长优化率为 5.34%。当 L_t 设为 LBB×5%时，该策略至多能够带来 10.33%的线长优化，平均的线长优化率为 5.55%。当 L_t 设为 LBB×10%时，该策略至多能够带来 7.94%的线长优化，平均的线长优化率为 4.91%。

2. 与同类算法的实验对比

表 7.4 和表 7.5 将本节算法与文献[58]所提出的算法进行对比。如表 7.4 所示，当 L_t 设为 LBB×1%时，本节的算法至多能够带来 15.34%的线长改进，平均的布线线长改进为 8.12%。当 L_t 设为 LBB×5%时，本节算法至多能够带来 16.01%的线长改进，平均的线长布线改进为 8.47%。当 L_t 设为 LBB×10%时，本节算法至多能够带来 14.81%的线长改进，平均的线长改进为 9.03%。如表 7.5 所示，本算法在 L_t 设为 0 和 L_t 设为∞时，即在完全绕障的情况和不考虑障碍的情

况下，分别达到6.87%和7.25%的线长优化率。

表7.4　与文献[58]提出的算法对比

测试电路	文献[58]			本节算法			优化率/%		
	1%	5%	10%	1%	5%	10%	1%	5%	10%
IND1	629	609	609	563	563	563	10.49	7.55	7.55
IND2	10 600	9100	9100	9431	8928	8814	11.03	1.89	3.14
IND3	678	600	587	574	557	547	15.34	7.17	6.81
IND4	1160	1137	1121	1028	955	955	11.38	16.01	14.81
IND5	N/A	1364	1343	1302	1188	1152		12.90	14.22
RC01	27 360	25 290	25 290	24 478	24 088	24 088	10.53	4.75	4.75
RC02	43 010	42 540	41 460	40 845	39 285	38 113	5.03	7.65	8.07
RC03	55 080	54 650	55 660	53 024	50 210	49 618	3.73	8.12	10.86
RC04	60 300	57 410	56 120	58 008	54 332	52 707	3.80	5.36	6.08
RC05	75 060	73 330	73 460	72 309	68 403	67 951	3.67	6.72	7.50
RC06	84 200	81 983	82 145	75 727	73 282	73 282	10.06	10.61	10.79
RC07	112 168	111 249	110 343	104 268	99 298	98 934	7.04	10.74	10.34
RC08	116 649	113 778	115 090	107 162	102 158	102 002	8.13	10.21	11.37
RC09	115 169	112 665	113 571	108 470	101 238	99 489	5.82	10.14	12.40
RC10	168 350	166 910	166 330	155 230	153 938	153 330	7.79	7.77	7.82
RC11	234 930	234 827	235 407	217 015	216 933	216 841	7.63	7.62	7.89
均值							8.10	8.45	9.03

表7.5　与文献[58]提出的算法对比

测试电路	文献[58]		本节算法		优化率/%	
	0	∞	0	∞	0	∞
IND1	629	609	568	563	9.70	7.55
IND2	10 600	9100	9548	8814	9.92	3.14
IND3	678	587	574	547	15.34	6.81
IND4	1160	1092	1069	955	7.84	12.55
IND5	N/A	1312	1338	1152		12.20
RC01	27 360	25 290	24 884	24 088	9.05	4.75
RC02	43 010	41 330	40 998	37 734	4.68	8.70
RC03	55 080	52 470	54 108	48 453	1.76	7.66
RC04	60 300	55 330	59 643	51 997	1.09	6.02
RC05	75 060	71 610	73 820	67 814	1.65	5.30
RC06	85 133	77 472	78 248	73 282	8.09	5.41
RC07	114 225	107 190	106 781	99 341	6.52	7.32
RC08	120 394	109 589	113 110	101 239	6.05	7.62
RC09	118 116	107 561	110 728	98 897	6.25	8.05

续表

测试电路	文献[58]		本节算法		优化率/%	
	0	∞	0	∞	0	∞
RC10	168 350	164 600	155 506	153 080	7.63	7.00
RC11	235 424	230 620	217 828	216 841	7.47	5.97
均值					6.87	7.25

表 7.6 和表 7.7 给出了本节算法与文献[63]所提出的算法的实验对比数据。如表 7.6 所示，当 L_t 设为 LBB×1%时，本节算法在 IND3 中甚至能够带来 15.34%的线长改进，平均的线长改进为 6.97%。当 L_t 设为 LBB×5%时，本节算法至多能够带来 12.55%的线长改进，平均的线长改进为 6.69%。当 L_t 设为 LBB×10%时，本节算法至多能够带来 12.55%的线长改进，平均的线长改进为 7.10%。如表 7.7 所示，本节算法在 L_t 设为 0 时，即在完全绕障的情况下，也有 0.56%～15.34%的线长改进，平均优化线长达到 5.71%。当 L_t 设为∞时，即在不考虑障碍的情况下，本节算法有 3.14%～12.55%的线长改进，平均优化线长达 7.20%。

表 7.6　与文献[63]提出的算法对比

测试电路	文献[63]			本节算法			优化率/%		
	1%	5%	10%	1%	5%	10%	1%	5%	10%
IND1	614	604	604	563	563	563	8.31	6.79	6.79
IND2	10 900	9100	9100	9431	8928	8814	13.48	1.89	3.14
IND3	678	600	590	574	557	547	15.34	7.17	7.29
IND4	1155	1092	1092	1028	955	955	11.00	12.55	12.55
IND5	N/A	1325	1313	1302	1188	1152	—	10.34	12.26
RC01	25 980	25 290	25 290	24 478	24 088	24 088	5.78	4.75	4.75
RC02	42 590	42 030	40 690	40 845	39 285	38 113	4.10	6.53	6.33
RC03	54 660	53 240	53 330	53 024	50 210	49 618	2.99	5.69	6.96
RC04	59 980	57 100	55 720	58 008	54 332	52 707	3.29	4.85	5.41
RC05	75 320	73 150	72 730	72 309	68 403	67 951	4.00	6.49	6.57
RC06	80 777	77 768	77 488	75 727	73 282	73 282	6.25	5.77	5.43
RC07	110 126	107 382	107 210	104 268	99 298	98 934	5.32	7.53	7.72
RC08	112 992	109 344	109 104	107 162	102 158	102 002	5.16	6.57	6.51
RC09	113 439	107 314	107 135	108 470	101 238	99 489	4.38	5.66	7.14
RC10	167 760	165 410	165 350	155 230	153 938	153 330	7.47	6.94	7.27
RC11	234 961	234 531	234 531	217 015	216 933	216 841	7.64	7.50	7.54
均值							6.97	6.69	7.10

表 7.7　与文献[63]提出的算法对比

测试电路	文献[63]		本节算法		优化率/%	
	0	∞	0	∞	0	∞
IND1	614	604	568	563	7.49	6.79
IND2	10 900	9100	9548	8814	12.40	3.14
IND3	678	590	574	547	15.34	7.29
IND4	1155	1092	1069	955	7.45	12.55
IND5	N/A	1315	1338	1152	—	12.40
RC01	25 980	25 290	24 884	24 088	4.22	4.75
RC02	42 590	40 060	40 998	37 734	3.74	5.81
RC03	54 660	52 340	54 108	48 453	1.01	7.43
RC04	59 980	55 570	59 643	51 997	0.56	6.43
RC05	75 320	72 170	73 820	67 814	1.99	6.04
RC06	81 697	77 488	78 248	73 282	4.22	5.43
RC07	112 194	107 210	106 781	99 341	4.82	7.34
RC08	116 176	109 104	113 110	101 239	2.64	7.21
RC09	116 313	107 135	110 728	98 897	4.80	7.69
RC10	167 850	165 350	155 506	153 080	7.35	7.42
RC11	235 652	234 531	217 828	216 841	7.56	7.54
均值					5.71	7.20

3. 与绕障算法的实验对比

本节提出的算法虽然是针对 ST-CRRR 问题而设计的，但在绕障情况下也有良好的表现。表 7.8 显示了本节算法在 L_t 设为 0 时，即在完全绕障的情况下，与最新的两个绕障算法的线长对比情况。其中，文献[53]的绕障算法基于直角结构。本节算法比起文献[53]的算法能够优化 1.12%～7.32%的线长，平均的线长改进率为 4.40%。文献[70]提出了两种绕障算法，分别基于直角结构和 X 结构，其中[70]-R 代表文献[70]中提出的直角结构绕障算法，[70]-X 代表文献[70]中提出的 X 结构绕障算法。与[70]-R 相比，本节算法优化了－2.58%～15.16%的线长，平均的线长优化率为 4.08%。与[70]-X 相比，本节算法在引脚数较少不超过 100 的 RC01～RC06 测试电路中表现不如[70]-X，但在更大规模的 RC08、RC11 测试电路中，本节算法的线长显著优于[70]-X，线长改进率至多达到 13.98%。在所有的测试电路中，本算法的线长改进率平均为 1.77%。

表 7.8　与文献[53]和文献[70]提出的绕障算法对比

测试电路	线　　长				优化率/%		
	文献[53]	[70]-R	[70]-X	本节算法	文献[53]	[70]-R	[70]-X
RC01	26 334	24 343	22 182	24 884	5.51	－2.22	－12.18
RC02	42 462	40 019	39 962	40 998	3.45	－2.45	－2.59

续表

测试电路	线长				优化率/%		
	文献[53]	[70]-R	[70]-X	本节算法	文献[53]	[70]-R	[70]-X
RC03	54 722	52 747	51 481	54 108	1.12	−2.58	−5.10
RC04	60 925	59 913	58 332	59 643	2.10	0.45	−2.25
RC05	75 146	73 242	72 710	73 820	1.76	−0.79	−1.53
RC06	84 030	82 378	80 491	78 248	6.88	5.01	2.79
RC07	113 056	107 636	106 336	106 781	5.55	0.79	−0.42
RC08	118 277	116 065	115 285	113 110	4.37	2.55	1.89
RC09	117 722	129 078	128 539	110 728	5.94	14.22	13.86
RC10	167 781	182 290	180 782	155 506	7.32	14.69	13.98
RC11	N/A	256 738	244 882	217 828	—	15.16	11.05
均值					4.40	4.08	1.77

7.6 本章总结

本章提出了一种基于多阶段优化的XSMT-CRRR算法。首先由给定的引脚构造德劳内三角剖分生成不考虑障碍的最小生成树。在此基础上高效地生成预先计算的查找表，为整个算法流程提供快速的信息查询，避免重复计算。提出了一种调整策略，选取Steiner点时不仅仅是选择障碍的角点，而是能够灵活地在障碍边界上选择中间节点。接着提出了一种冗余点移除策略进一步优化布线路径。最后通过优化局部拓扑结构，以每个引脚为中心，选定其最优拓扑结构，进一步减少线长，得到了高质量的解方案。

参考文献

[1] 徐宁，洪先龙. 超大规模集成电路物理设计理论与算法[M]. 北京：清华大学出版社，2009.

[2] Liu W H, Li Y L. Optimizing the antenna area and separators in layer assignment of multilayer global routing [J]. *IEEE Transactions on Computer-Aided Design of Integrated Circuits and Systems*, 2012, 33(4): 613-626.

[3] Shojaei H, Davoodi A, Basten T. Collaborative multiobjective global routing[J]. *IEEE Transactions on Very Large Scale Integration Systems*, 2013, 21(7): 1308.1321.

[4] Ozdal M M, Wong M D F. Archer: A history-based global routing algorithm[J]. *IEEE Transactions on Computer Aided Design of Integrated Circuits and Systems*, 2009, 28(4): 528-540.

[5] Hsu P Y, Chen H T, Hwang T T. Stacking signal TSV for thermal dissipation in global routing for 3D IC[C]//Proceedings of the Design Automation Conference. 2013: 699-704.

[6] Liu W H, Wei Y, Sze C, et al. Routing congestion estimation with real design constraints

[C]// Proceedings of the Design Automation Conference. 2013：1-8.

[7] Zhou Z,Chahal S,HO T Y,et al. Supervised-learning congestion predictor for routability-driven global routing[C]//Proceedings of the International Symposium on VLSI Design, Automation and Test. 2019：1-4.

[8] Held S,Muller D,Rotter D,et al. Global routing with inherent static timing constraints [C]//Proceedings of the International Conference on Computer-Aided Design, 2015：102-109.

[9] HE J,BURTSCHER M,MANOHAR R,et al. SPRoute：a scalable parallel negotiation-based global router[C]//Proceedings of the International Conference on Computer-Aided Design. 2019：1-8.

[10] Zhang T,Liu X,Tang W,et al. Predicted congestion using a density-based fast neural network algorithm in global routing[C]//Proceedings of the International Conference on Electron Devices and Solid-State Circuits. 2019：1-3.

[11] Zhang Y,Xu Y,CHU C. FastRoute 3. 0：A fast and high quality global router based on virtual capacity[C]//Proceedings of the International Conference on Computer-Aided Design. 2008：344-349.

[12] Dai K R,Liu W H,Li Y L. NCTU-GR：efficient simulated evolution-based rerouting and congestion-relaxed layer assignment on 3-D global routing[J]. *IEEE Transactions on Very Large Scale Integration Systems*,2012,20(3)：459-472.

[13] Liao H,Zhang W,Dong X,et al. A deep reinforcement learning approach for global routing [J]. *Journal of Mechanical Design*,2019,142(6)：1-17.

[14] Tang H,Liu G,Chen X,et al. A Survey on Steiner Tree Construction and Global Routing for VLSI Design[J]. *IEEE Access*,2020(8)：68593-68622.

[15] Liu W H,Li Y L,CHAO K Y. High-quality global routing for multiple dynamic supply voltage designs[C]//Proceedings of the International Conference on Computer-Aided Design. 2011：263-269.

[16] Xu Y,Chu C. MGR：Multi-level global router[C]//Proceedings of the International Conference on Computer-Aided Design. 2011：250-255.

[17] Xu Y,Zhang Y H,Chu C. FastRoute 4. 0：Global router with efficient via minimization [C]//Proceedings of the Design Automation Conference. 2009：576. 581.

[18] Liu J,Pui C W,Wang F,et al. CUGR：Detailed-routability-driven 3d global routing with probabilistic resource model[C]//Proceedings of the Design Automation Conference. 2020：1-6.

[19] Kar B,SUR-KOLA S,Mandal C. STAIRoute：Global routing using monotone staircase channels[C]//Proceeding of the IEEE Computer Society Annual Symposium on VLSI. 2013：90-95.

[20] Lee C Y. An Algorithm for path connections and its applications[J]. *Ire Transactions on Electronic Computers*,1961,10(3)：346-365.

[21] Hightower D W. A solution to line-routing problems on the continuous plane[C]// Proceedings of the Design Automation Conference. 1969：1-24.

[22] Mikami K. A computer program for optimal routing of printed circuit connectors[C]// Proceedings of the IFIPS. 1968：1475-1478.

[23] Pan M,Chu C. FastRoute: A step to integrate global routing into placement[C]// *Proceedings of the International Conference on Computer-Aided Design*. 2006: 464-471.

[24] Chu C,Wong Y C. FLUTE: Fast lookup table based rectilinear steiner minimal tree algorithm for VLSI design[J]. *IEEE Transactions Computer-aided Design Integration Circuits System*,2008,27(1): 70-83.

[25] Pan M,Chu C. FastRoute 2. 0: A high-quality and efficient global router [C]// Proceedings of the Design Automation Conference. 2007: 250-255.

[26] Cho M,Pan D Z. BoxRouter: A new global router based on box expansion and progressive ILP[C]//Proceedings of the Design Automation Conference. 2007: 373-378.

[27] Hu J,Roy J A,Markov I L. Sidewinder: A scalable ILP-based router[C]//Proceedings of the International Workshop on System Level Interconnect Prediction. 2008: 73-80.

[28] Cho M,Lu K,Yuan K,et al. BoxRouter 2. 0: A hybrid and robust global router with layer assignment for routability[J]. *ACM Transactions on Design Automation of Electronic Systems*,2009,14(2): 1-21.

[29] Behjat L,Chiang A. Fast integer linear programming based models for VLSI global routing[C]//Proceedings of the International Symposium on Circuits and Systems. 2005: 6238-6243.

[30] Wu T H,Davoodi A,Linderoth J T. A parallel integer programming approach to global routing[C]//Proceedings of the Design Automation Conference. 2010: 194-199.

[31] Wu T H,Davoodi A, Linderoth J T. GRIP: Scalable 3D global routing using integer programming[C]//Proceedings of the Design Automation Conference. 2009: 320-325.

[32] Yang Z,Vannelli A,Areibi S. An ILP based hierarchical global routing approach for VLSI ASIC design[J]. *Optimization Letters*,2007,1(3): 281-297.

[33] SEN S. VLSI routing in multiple layers using grid based routing algorithms [J]. *International Journal of Computer Applications*,2014,93(16): 41-45.

[34] Lu H J,Jang E J,Lu A, et al. Practical ILP-based routing of standard cells [C]// Proceedings of the Design, Automation and Test in Europe Conference and Exhibition. 2016: 245-248.

[35] Liu G,Guo W,Li R,et al. XGRouter: High-quality global router in X-architecture with particle swarm optimization[J]. *Frontiers of Computer Science*,2015,9(4): 576-594.

[36] Warme D M,Winter P, Zachariasen M. *Exact algorithms for plane Steiner tree problems: A computational study*[M]. Springer,2000: 81-116.

[37] Latha N R,Prasad G R. Wirelength and memory optimized rectilinear Steiner minimum tree routing [C]//Proceedings of the International Conference on Recent Trends in Electronics,Information and Communication Technology. 2017: 1493-1497.

[38] Latha N R,Prasad G R. Memory and I/O optimized rectilinear Steiner minimum tree routing for VLSI [J]. *International Journal of Electronics, Communications, and Measurement Engineering*. 2020,9(1): 46-59.

[39] Vani V,Prasad G R. Augmented line segment based algorithm for constructing rectilinear Steiner minimum tree[C]//Proceedings of the International Conference on Communication and Electronics System. 2016: 1-5.

[40] Coulston C S. Constructing exact octagonal Steiner minimal trees[C]//Proceedings of the

13th ACM Great Lakes Symposium on VLSI. 2003: 1-6.

[41] Ho T Y, Chang C F, Chang Y W, et al. Multilevel full-chip routing for the X-based architecture[C]//Proceedings of the Design Automation Conference. 2005: 597-602.

[42] Liu C H, Yuan S Y, Kuo S Y, et al. Obstacle-avoiding rectilinear Steiner tree construction based on Steiner point selection[C]//Proceedings of the International Conference on Computer-Aided Design. 2009: 26-32.

[43] Liu C H, Yuan S Y, KUO S Y, et al. High-performance obstacle-avoiding rectilinear steiner tree construction[J]. *ACM Transactions on Design Automation of Electronic Systems*, 2009, 14(3): 1-29.

[44] Lin C W, Chen S Y, LI C F, et al. Efficient obstacle-avoiding rectilinear steiner tree construction[C]//Proceedings of the International Symposium on Physical design. 2007: 127-134.

[45] Hu Y, Jing T, HONG X, et al. An-OARSMan: Obstacle-avoiding routing tree construction with good length performance[C]//Proceedings of the Design Automation Conference. 2005: 7-12.

[46] Lin K W, Lin Y S, Li Y L, et al. A maze routing-based algorithm for ML-OARST with pre-selecting and re-building Steiner points[C]//Proceedings of the on Great Lakes Symposium on VLSI. 2017: 399-402.

[47] Ganley J L, Cohoon J P. Routing a multi-terminal critical net: Steiner tree construction in the presence of obstacles[C]//Proceedings of the IEEE International Symposium on Circuits and Systems. 1994: 113-116.

[48] Huang T, Young E F Y. Obstacle-avoiding rectilinear Steiner minimum tree construction: An optimal approach[C]//Proceedings of the International Conference on Computer-Aided Design. 2010: 610-613.

[49] Jing T T, Feng Z, HU Y, et al. λ-OAT: λ-geometry obstacle-avoiding tree construction with O(nlogn) complexity[J]. *IEEE Transactions on Computer-Aided Design of Integrated Circuits and Systems*, 2007, 26(11): 2073-2079.

[50] Huang T, Young E F Y. An exact algorithm for the construction of rectilinear Steiner minimum trees among complex obstacles[C]//Proceedings of the Design Automation Conference. 2011: 164-169.

[51] Huang T, Li L, Young E F Y. On the construction of optimal obstacle-avoiding rectilinear Steiner minimum trees[J]. *IEEE transactions on Computer-Aided Design of Integrated Circuits and Systems*, 2011, 30(5): 718-731.

[52] Wang R Y, Pai C C, Wang J J, et al. Efficient multi-layer obstacle-avoiding region-to-region rectilinear steiner tree construction[C]//Proceedings of the Design Automation Conference. 2018: 1-6.

[53] Guo W, Huang X. PORA: A physarum-inspired obstacle-avoiding routing algorithm for integrated circuit design[J]. *Applied Mathematical Modelling*, 2020, 78: 268-286.

[54] Huang X, Guo W, Liu G, et al. MLXR: Multi-layer obstacle-avoiding X-architecture Steiner tree construction for VLSI routing[J]. *Science China Information Sciences*, 2017, 60(1): 1-3.

[55] Huang X, Guo W, Chen G. Fast obstacle-avoiding octilinear Steiner minimal tree

construction algorithm for VLSI design[C]//Proceedings of the Sixteenth International Symposium on Quality Electronic Design. 2015: 46-50.

[56] Müller-hannemann M, PEYER S. Approximation of rectilinear Steiner trees with length restrictions on obstacles[C]//Proceedings of the Workshop on Algorithms and Data Structures. Springer, Berlin, Heidelberg, 2003: 207-218.

[57] Mehlhorn K. A faster approximation algorithm for the Steiner problem in graphs[J]. *Information Processing Letters*, 1988, 27(3): 125. 128.

[58] Held S, Spirkl S T. A fast algorithm for rectilinear steiner trees with length restrictions on obstacles[C]//Proceedings of the 2014 on International Symposium on Physical Design. 2014: 37-44.

[59] Clarkson K, Kapoor S, VAIDYA P. Rectilinear shortest paths through polygonal obstacles in O(n(logn)2) time[C]//Proceedings of the third annual symposium on Computational geometry. 1987: 251-257.

[60] Zhang Y, Chakraborty A, Chowdhury S, et al. Reclaiming over-the-IP-block routing resources with buffering-aware rectilinear Steiner minimum tree construction[C]//Proceedings of the International Conference on Computer-Aided Design. 2012: 137-143.

[61] Huang T, Young E F Y. Construction of rectilinear Steiner minimum trees with slew constraints over obstacles[C]//Proceedings of the International Conference on Computer-Aided Design. 2012: 144-151.

[62] Kashyap C V, ALPERT C J, LIU F, et al. PERI: a technique for extending delay and slew metrics to ramp inputs[C]//Proceedings of the International Workshop on Timing Issues in the Specification and Synthesis of Digital Systems. 2002: 57-62.

[63] Zhang H, YE D, GUO W. A heuristic for constructing a rectilinear Steiner tree by reusing routing resources over obstacles[J]. *Integration*, 2016, 55: 162-175.

[64] Eberhart R, Kennedy J. A new optimizer using particle swarm theory[C]//Proceedings of the Sixth International Symposium on Micro Machine and Human Science. 1995: 39-43.

[65] Feng L, ALI A, IQBAL M, et al. Optimal Haptic Communications Over Nanonetworks for E-Health Systems[J]. *IEEE Transactions on Industrial Informatics*, 2019, 15(5): 3016-3027.

[66] YAZDANINEJADI A, GOLSHANNAVAZ S, NAZARPOUR D, et al. Dual-Setting Directional Overcurrent Relays for Protecting Automated Distribution Networks[J]. *IEEE Transactions on Industrial Informatics*, 2019, 15(2): 730-740.

[67] Zhou H, Wang X, Cui N. A Novel Reentry Trajectory Generation Method Using Improved Particle Swarm Optimization[J]. *IEEE Transactions on Vehicular Technology*, 2019, 68(4): 3212-3223.

[68] 郭文忠，陈晓华，刘耿耿，等. 基于混合离散粒子群优化的轨道分配算法[J]. 模式识别与人工智能，2019，32(8)：758-770.

[69] RATNAWEERA A, HALGAMUGE S K, WATSON H C. Self-organizing hierarchical particle swarm optimizer with time-varying acceleration coefficients[J]. *IEEE Transactions on Evolutionary Computation*, 2004, 8(3): 240-255.

[70] Lee M C, Jan G E, Luo C C. An Efficient Rectilinear and Octilinear Steiner Minimal Tree Algorithm for Multidimensional Environments[J]. *IEEE Access*, 2020, 8: 48141-48150.

第8章

考虑 Slew 约束的X结构 Steiner 最小树算法

8.1 引言

Steiner 最小树是超大规模集成电路(VLSI)中物理设计的基础结构,是布线问题的最佳模型,对 VLSI 物理设计中最重要步骤之一的线网布线阶段有重要的指导意义。随着集成电路的设计规模不断扩大,芯片中障碍的数量规模也随之扩大,芯片的密度不断增加,给线网布线带来巨大挑战。而在 Steiner 树构造问题中,为了考虑障碍等问题,Steiner 树的布线代价随之急剧增大。由于制造工艺的不足,以往对布线问题的研究大多集中在直角结构上,但随着制造工艺的进步(从超深亚微米进入纳米阶段),电子系统设计正从板上系统(System-on-a-Board,SoB)向系统级芯片(System-on-a-Chip,SoC)方向发展。SoC 设计概念对电路性能提出了更高要求。由于直角结构的布线方向有限,不能充分地利用布线区域,在减少布线线长等优化目标上有一定的局限性。为了进一步优化布线,有不少学者将目光转向非直角结构。X 结构作为非直角结构的代表,有更多的布线方向,能够更充分地利用布线区域资源,在优化线长目标上有独特的优势。文献[2]指出,在布线问题上,X 结构相对于直角结构在布线线长及通孔数量上取得了显著的优化效果,且在由互连引起的延迟迅速增加以及纳米级通孔等制造挑战上,X 结构布线带来的布线长度和通孔的减少使得芯片性能提高,功耗降低以及芯片制造成本减少。文中指出,虽然由于光刻方面的因素,设计中不允许任意角度的布线,但几乎所有当前的制造工艺都完全支持 X 结构。

在实际的 VLSI 布线过程中,障碍没有完全阻断布线。布线不严格禁止穿过障碍情况称作布线资源松弛。相对于绕障 Steiner 最小树,在考虑布线资源松弛的情况下,可以减少线长和时延、降低功耗和拥挤度。然而,信号经过障碍会发生衰减,为了避免信号的失真,在障碍内部的 Steiner 树的连通分量需要满足 Slew(电压转换速率)约束。本章将该问题构建为电压转换速率约束下 X 结构 Steiner 最小树(X-architecture Steiner Minimal Tree considering Slew Constraints,XSMT-SC)

问题。目前对于 Slew 约束下 Steiner 最小树问题的研究主要集中在直角结构，尚未涉及 X 结构。

Steiner 最小树的构造问题被证明是 NP 难问题。而粒子群优化（Particle Swarm Optimization，PSO）算法是一种基于种群的优化算法，由 Eberhart 和 Kennedy 于 1995 年提出，具有搜索速度快、效率高等优点，以 PSO 为代表的群智能算法对解决 NP 难问题展现出良好的应用前景。在 PSO 算法中，种群的每个粒子都是优化问题的一个潜在解，根据适应度值决定自身飞行的方向和速度以及评定当前位置的优劣。粒子通过个体历史最优位置以及种群历史最优位置更新自己。PSO 算法经过合适的迭代次数得到优化问题的高质量解，并在 VLSI 领域得到很好的应用。

由于 PSO 能够较好地解决诸如 Steiner 最小树等 NP 难问题，且 Slew 约束下 Steiner 最小树问题少有考虑非曼哈顿结构，该章节提出基于混合离散粒子群优化的 Slew 约束下 X 结构 Steiner 最小树的构造算法（Hybrid Discrete Particle Swarm Optimization for X-architecture Steiner Minimal Tree Construction Algorithm with Slew Constraints，HDPSO-XSMT-SC）。

8.2 相关工作

对于 Steiner 树构造问题，在忽略障碍情况下，研究人员提出了许多有效的方法。文献[9]提出了一种称作 FLUTE 的直角结构 Steiner 最小树算法。FLUTE 基于预先计算的查找表，在引脚较少的线网中能够快速又准确地得到一个最优解，而在引脚较多的线网中，通过使用线网分解技术，从而得到一个较好的解。文献[10]提出一种方法可以在较短时间内建立一个在 Hanan 网格上构造所有直角 Steiner 树的数据库，并运用于时间驱动的直角 Steiner 树构造及考虑拥塞的全局布线中。文献[11]通过分治法和深度优先搜索获取最小生成树的方法进一步改进 FLUTE 模型，在线长相近的情况下，显著减少了内存开销及计算时间。文献[12]基于伪布尔满足性（Pseudo-Boolean Satisfiability，PB-SAT）提出了一种直角结构 Steiner 布线方法，并利用区域划分及聚类方法来处理大规模的线网，相对于使用 FLUTE 的同类算法，大大提高了运行速度。该算法结合了变异算子和交叉算子，可以解决离散的 Steiner 树构造问题，从而得到高质量的解。而在考虑障碍的情况下，文献[13]提出了一种几何方法来解决复杂障碍的绕障直角 Steiner 最小树问题并能够同时解决凹凸障碍问题并得到较优解。文献[14]利用图形处理单元实现了一种并行算法，这是首次提出了一种构建绕障 Steiner 树的并行方法。由于直角结构自身的局限性，在线长目标上不能得到进一步的改进。文献[16]提出了一种有效的基于粒子群优化算法的绕障 Steiner 最小树算法。该算法成功地结合了遗传算子，将解决连续问题的 PSO 算法运用于离散的绕障 Steiner 树构建问题，并提出一系列的有效启发式策略。该算法在运行时间和线长等方面均得到优化,并扩展到多层模型。在多层模型下,文献[18]的算法将引脚间相连的 Steiner 树构造问题转换为区域相连,大大降低了时间复杂度,并取得了更好的求解质量。文献[19]基于迷宫布线及最小生成树算法,首次提出一种多维环境下的绕障 Steiner 算法,并分别在直角结构与 X 结构下得到验证。

为了充分利用障碍内部的布线资源,在考虑布线松弛的情况下,文献[20]设计了解决考虑布线资源松弛的 Steiner 树构建问题的简化模型,称为限制长度的 Steiner 最小树(Length-Restricted Steiner Minimum Tree,LRSMT)。在该模型中,将在障碍内部的布线长度限制在一个阈值下,并设计了相应的 Steiner 树构造算法。文献[21]在 LRSMT 模型下,基于构建范围可视图,提出了一个最坏情况下运行时间为 $O((k\log k)2)$ 的近似算法,与绕障 Steiner 树相比,大大优化了线长目标。而文献[22]与文献[23]的方法中引入了一种更加精确和更为接近实际芯片设计的模型,称为带电压转换速率约束的 Steiner 最小树(Steiner Minimal Tree with Slew Constraint,SMT-SC)。SMT-SC 模型中使用 PERI 模型计算具体的电压转换速率值,进而精确满足约束。文献[22]提出一种启发式算法,在 SMT-SC 模型下,引入 3 种降低电压转换速率的操作,并在不同的松弛条件下均取得较好的优化。文献[25]通过修改最短路径启发式(Shortest Path Heuristic,SPH)算法,设计了一种逐步生长的启发式算法在不同模型下均取得较好的优化。LRSMT 模型虽然提高了求解效率,但容易违反实际约束或绕行,对后续布线工作增加难度,SMT-SC 模型更多地考虑障碍内部的 Steiner 树连通分量的拓扑,求得的解方案也更加满足实际芯片设计约束,对后续布线工作有更好的帮助。

8.3　问题相关定义及模型

8.3.1　相关定义

定义 8.1　内部树与外部树　Steiner 树被障碍的边分割为两类子树:内部树与外部树。内部树为某障碍内部连通分量,外部树为所有障碍外的连通分量。

定义 8.2　驱动节点与接收节点　内部树与障碍的交点称为叶子节点,叶子节点中离信号源最近的称为驱动节点,其余的叶子节点称为接收节点。

定义 8.3　片段　在引脚间布线中,障碍内部的线段称为片段。一条布线可能有零片段、单片段或多片段。

8.3.2　Slew 约束相关知识

本节采用 PERI 模型和 Elmore 模型计算 Slew。由于缓冲器不能放置于障碍内部,所以在 PERI 模型中,在内部树的驱动节点前放置缓冲器,而在每个接收节点后放置缓冲器。如图 8.1 所示,在引脚 S、P、Q 构成叶节点为 3 的内部树中,驱

动节点 v_{in} 前放置缓冲器 b_{in}，而在接收节点 v_{out0} 和 v_{out1} 后分别放置缓冲器 b_{out0} 和 b_{out1}。式(8.1)为具体的电压转换速率公式。

$$s(v_{\text{out}})=\sqrt{s(v_{\text{in}})^2+s_{\text{step}}(v_{\text{in}},v_{\text{out}})^2} \tag{8.1}$$

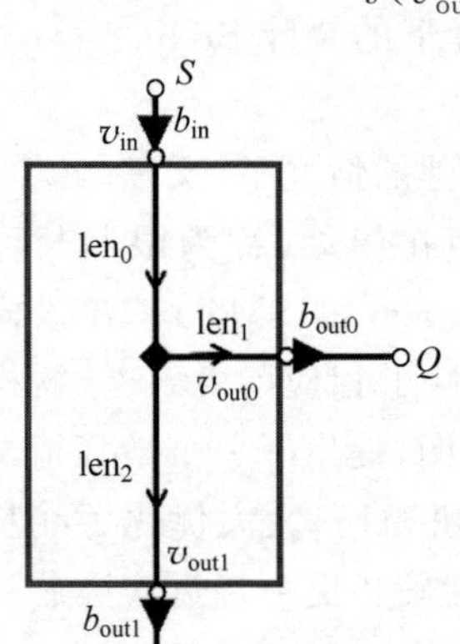

图 8.1 节点数为 3 的内部树

其中，$s(v_{\text{in}})$是 b_{in} 的输出电压转换速率，文献[29]的算法给出一种简化的计算公式，具体如式(8.2)所示。

$$s(v_{\text{in}})=K_{b_{\text{in}}}+R_{b_{\text{in}}}\times C(v_{\text{in}}) \tag{8.2}$$

其中，$K_{b_{\text{in}}}$ 为 b_{in} 的固有电压转换速率，$R_{b_{\text{in}}}$ 为 b_{in} 电压转换速率阻抗，$C(v_{\text{in}})$为节点 v_{in} 的后继电容。而式(8.1)中的 $s_{\text{step}}(v_{\text{in}},v_{\text{out}})$是驱动节点 v_{in} 与接收节点 v_{out} 之间的步进电压转换速率，通过 Elmore 模型计算得出，具体如式(8.3)所示。

$$s_{\text{step}}(v_{\text{in}},v_{\text{out}})=\alpha\times D_{\text{p}}(v_{\text{in}},v_{\text{out}}) \tag{8.3}$$

其中，α 大小为 ln9，$D_{\text{p}}(v_{\text{in}},v_{\text{out}})$表示驱动节点 v_{in} 与接收节点 v_{out} 的 Elmore 时延。

在 Elmore 时延模型中，将每个内部树都建模成电阻电容电路。如图 8.2(a)所示，在该模型中将连线建模成一半电容 c_1 处于上游节点，一半电容 c_2 处于下游节点的电阻电容模型。而图 8.2(b)中展示了将缓冲器建模成输入电容 c_{b} 与上游节点连接、输出电阻 r_{b} 与下游节点连接的电阻电容模型。式(8.4)给出自身电容的计算公式(即 c_1 与 c_2 的计算公式)，由公式可知与线长成正相关。

$$c_{\text{len}}=\frac{1}{2}\times \text{len}\times c \tag{8.4}$$

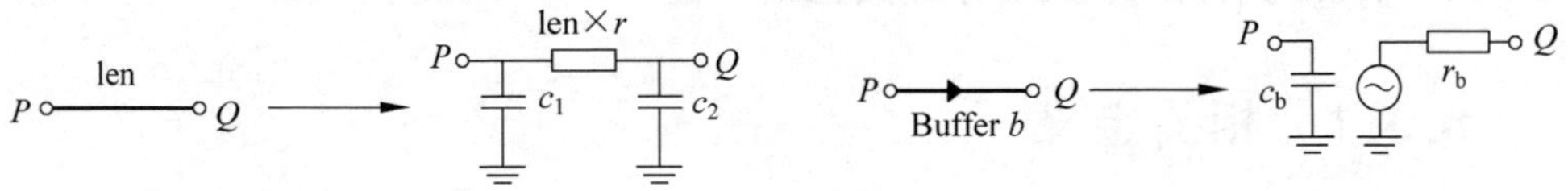

(a) 互连线电容电阻电路建模

(b) 缓冲器电容电阻电路建模

图 8.2 电阻电容组合

具体的计算 Elmore 时延的方法，公式如下。

$$D_p(v_{\text{in}},v_{\text{out}})=\sum_{e\in \text{path}(v_{\text{in}},v_{\text{out}})} R_e\times(c_{\text{len}_e}+C(v_r)) \tag{8.5}$$

其中，边 e 为驱动节点 v_{in} 到接收节点 v_{out} 的路径上由内部树节点构成的边集的元素，v_r 为路径上的当前节点，$C(v_r)$为节点 v_r 的后继电容。以图 8.1 为例，式(8.6)为节点 v_{in} 到 v_{out1} 的 Elmore 时延的具体计算公式。

$$D_p(v_m, v_{\text{out1}}) = r_b \times \left(\sum_{i=0}^{2} \text{len}_i \times c + \sum_{j=0}^{1} c_{\text{bout}j}\right) + \text{len}_0 \times$$
$$r \times \left(\sum_{i=0}^{2} \text{len}_i \times c + \frac{(\text{len}_0 \times c)}{2} + \sum_{j=0}^{1} c_{\text{bout}j}\right) +$$
$$\text{len}_2 \times r \times \left(\frac{(\text{len}_2 \times c)}{2} + c_{\text{bout}j}\right) \tag{8.6}$$

其中，$\left(\sum_{i=0}^{2} \text{len}_i \times c + \sum_{j=0}^{1} c_{\text{bout}j}\right)$是驱动节点 v_{in} 的后继电容，r_b 是缓冲器 b_{in} 的输出电阻，$(\text{len}_0 \times r)$为边 len_0 的电阻，$(\text{len}_0 \times c)/2$ 为布线边的自身电容，括号中其余项式为下游节点的后继电容，同条路径上的边 len_2 的计算方式同边 len_0。

8.3.3　问题模型

在考虑 Slew 约束的情况下，$P=\{P_1, P_2, \cdots, P_n\}$为线网上需要连接的一组引脚，$O=\{O_1, O_2, \cdots, O_k\}$为线网上的一组矩形障碍。每个引脚 P_i 都存在相应的二维坐标(x_i, y_i)，x_i 表示引脚的横坐标，y_i 表示引脚的纵坐标。每个障碍 O_j 对应两个二维坐标(x_{j1}, y_{j1})、(x_{j2}, y_{j2})，分别表示障碍对角线两端点的横坐标和纵坐标，对于障碍集合 O 中存在公共边的障碍则合并成更大的障碍。本节需要构建一棵连接引脚集合 P 中所有引脚的 Steiner 最小树，并满足以下条件：

（1）布线树的每条边都需要满足 X 结构的布线连接方式；

（2）障碍内部的连通分量满足电压转换速率约束。

表 8.1 为引脚集合 $P=\{1,2,3\}$的坐标，表 8.2 为障碍集合 $O=\{A,B,C\}$的坐标，图 8.3(a)表示连接 P 中全部引脚所构成一棵 Steiner 树。假设图 8.3(a)构成的 Steiner 树在障碍 A 中内部树有部分节点不满足电压转换速率约束，则需要对其进行调整。图 8.3(b)是进行调整后符合电压转换速率约束的 Steiner 树。

表 8.1　线网中引脚的二维坐标

编　号	1	2	3
X 坐标	230	98	385
Y 坐标	360	205	50

表 8.2　线网中障碍的坐标信息

编　号	A	B	C
X_1	180	280	315
Y_1	180	80	215
X_2	270	450	540
Y_2	315	150	370

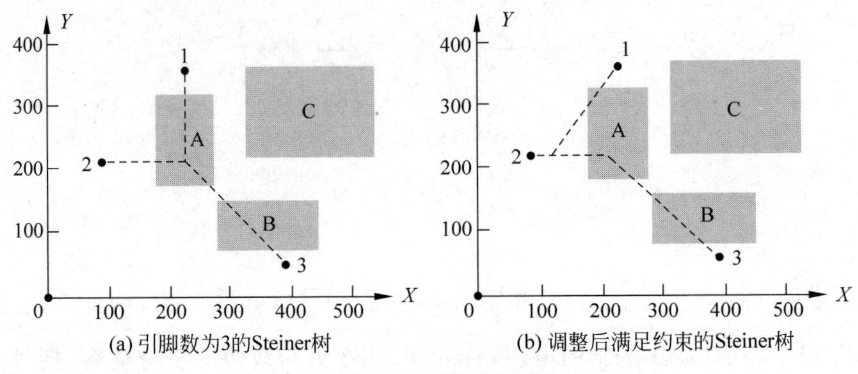

(a) 引脚数为3的Steiner树　　(b) 调整后满足约束的Steiner树

图 8.3　线网布线

8.4 基于混合离散粒子群优化的 Slew 约束下 X 结构 Steiner 最小树算法

更贴近实际芯片设计的 Slew 约束模型下，基于在求解 NP 难问题中展现出良好应用前景的 PSO，提出 HDPSO-XSMT-SC 算法。本节从引脚对编码方式与初始化、预处理策略、PSO 搜寻、局部最优策略及混合修正策略 5 个方面分别介绍 HDPSO-XSMT-SC 算法的设计细节。

8.4.1 引脚对编码方式与初始化

本节采用 2.5.2 节的编码方式与 4 种布线选择方式，其中对粒子适应度值的具体定义不同，具体见 8.4.3 节的第 2 部分。

由于最小生成树(MST)能够较快构造并转换为 Steiner 树，所以生成树算法被广泛用于 Steiner 最小树的初始化。本节采用 Prim 算法，并以引脚间的曼哈顿距离为权重生成最小树，从而初始化 PSO 的种群，同时设定好 PSO 算法的规模、迭代次数与各种相关参数。具体步骤如下。

(1) 为引脚和障碍分别设置连续且唯一的编码。

(2) 计算任意两引脚所构成引脚对的曼哈顿距离并设为 Prim 算法的权重，再根据计算出的权重构建基于不同起点的多种最小生成树。

(3) 使用构建出来的 MST 集合作为 PSO 算法中所有粒子的初始位置，并初始化粒子群的历史最佳位置和种群的最佳位置。

(4) 为 PSO 设定适当的权重、加速因子和最大迭代次数。

8.4.2 预处理策略

Slew 约束模型下 Steiner 最小树的构造需要频繁计算 Slew，而 Slew 的计算与线长紧密相关。由于当前工艺下芯片的密度急剧增加，问题规模比以往任何时候都大，可以通过预先记录下引脚与障碍之间的布线信息，这样就能够在PSO的优化过程和后续阶段的实施中大大减少判断和计算时间。

为此，本节设计两张查找表：经障判断表与障碍信息记录表。如图8.4(a)所示，引脚1、2之间，0选择布线方式与障碍相交于k_3、k_4，1选择与障碍相交于k_1、k_2。在图8.4(b)中，2选择不经过障碍，3选择与障碍相交于k_5、k_6，交点用二维坐标表示。在表8.3中，"经障情况"一列表示布线经过障碍的个数，表8.4记录了经过的各个障碍的编号与交点的坐标。

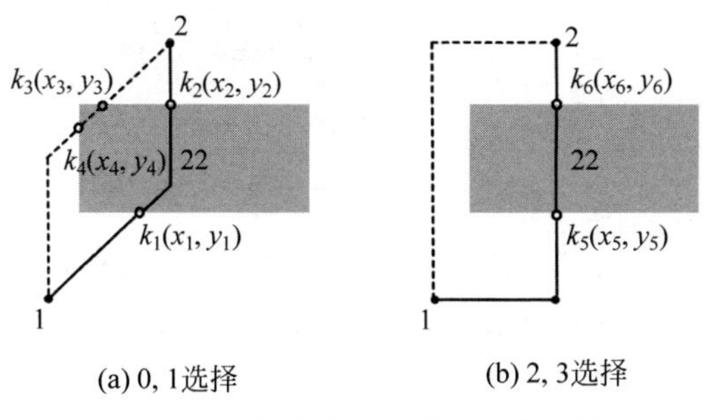

图8.4　X结构下的引脚1,2的布线

表8.3　经障判断表

引脚编号	引脚编号	布线选择	经障情况
1	2	0	1
1	2	1	1
1	2	2	0
1	2	3	1

表8.4　障碍信息记录表

引脚编号	引脚编号	布线选择	障碍编号	交点1	交点2
1	2	0	22	k_3	k_4
1	2	1	22	k_1	k_2
1	2	3	22	k_5	k_6

8.4.3 PSO搜寻

PSO算法是基于种群的一种优化算法，在粒子群中的每一个粒子都是问题的一个可能解，通过粒子个体的简单行为及群体内的信息交互来实现问题的优化。原先的PSO是针对连续性问题提出的，而本节所求解的Slew约束下X结构Steiner最小树问题是离散问题，需要将PSO操作算子离散化。本节算法在课题组先前求解相关离散问题的工作经验上，结合并查集思想，引入变异操作和交叉操作将PSO操作离散化以搜索全局最优粒子，从而能够有效求解Slew约束下X结构

Steiner 最小树这一离散问题。式(8.7)为粒子更新公式。

$$P_i^t = F_2(F_1(V(P_i^{t-1}, w), c_1), c_2) \tag{8.7}$$

其中,ω 是惯性权重,c_1、c_2 是加速因子,F_1、F_2 分别为个体经验与全局经验感知,V 为粒子保持自身速度的惯性部分。

(1) 粒子的惯性部分更新公式如下。

$$S_i^t = V(P_i^{t-1}, \omega) = \begin{cases} M(P_i^{t-1}), & r < \omega \\ P_i^{t-1}, & \text{否则} \end{cases} \tag{8.8}$$

其中,M 为变异操作,r_1 为均匀生成的[0,1)的随机概数。

(2) 粒子个体经验感知如下。

$$H_i^t = F_1(S_i^{t-1}, c_1) = \begin{cases} C(S_i^{t-1}), & r_2 < c_1 \\ S_i^{t-1}, & \text{否则} \end{cases} \tag{8.9}$$

其中,C 为交叉操作,r_2 为均匀生成的[0,1)的随机数。

(3) 粒子全局经验感知如下。

$$P_i^t = F_2(H_i^{t-1}, c_1) = \begin{cases} C(H_i^{t-1}), & r_3 < c_2 \\ H_i^{t-1}, & \text{否则} \end{cases} \tag{8.10}$$

其中,C 为交叉操作,r_3 为均匀生成的[0,1]的随机数。

1. 离散 PSO 的操作算子

1) 变异操作算子

为了增强算法的搜索质量,避免 PSO 陷入局部最优,本节算法引入变异算子以代替粒子惯性部分的更新。变异算子的具体操作是在 n 个节点的 Steiner 树中,随机从 $n-1$ 条边中选择一条边删除,将 Steiner 树分割为两棵子树,并分别随机从两棵子树中选择出两个节点进行连接,使所构成 Steiner 树保持连接且无环边。具体步骤如下。

(1) 从 Steiner 树中随机选择一条边,然后将其删除。

(2) 扫描 Steiner 树剩余的边,并使用并查集将所有点划分为两个连通分量。

(3) 从两个连通分量中分别随机选择两个点 P 和 Q(用并查集检查点 P 和点 Q 是否在同一集合中)。

(4) 连接点 P 与点 Q 形成变异后的新边。

如图 8.5 所示,在一个节点为 7 的 Steiner 树中随机选择边 PQ 删除,并从两棵子树中选择点 P'、Q 进行连接,构成新的 Steiner 树。为避免环的出现,本节算法利用并查集记录点的情况。

2) 交叉操作算子

鉴于学习 PSO 粒子的历史最佳位置和种群的最佳位置,以保留 Steiner 树的最佳子结构的目的,本节算法引入交叉算子。在树 T_1、T_2 中,相同的边划分进集

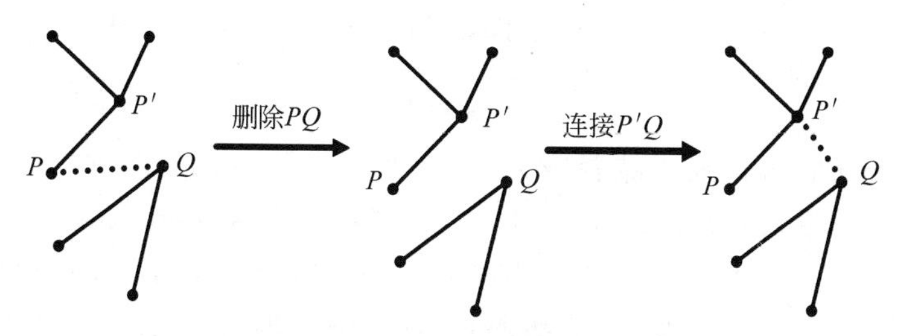

图 8.5　变异操作

合 S_1，其余的边划分进 S_2。以 S_1 中的边为新树的基本架构，随机从 S_2 中选择边，构成新的连接边且无环的 Steiner 树，用并查集记录点的连接情况。步骤如下：

(1) 设定边的两个端点中较小的编号作为起点，较大的编号作为终点。将两棵 Steiner 树中所有边分别按起点编号大小排序，如果起点编号相同，则按终点编号大小排序。

(2) 比较两棵 Steiner 树，将具有相同起点、终点的边划分为 S_1，其余边划分为 S_2。

(3) 从 S_2 中随机选择边加入 S_1，直到 S_1 成为完整的 Steiner 树，其中用并查集检查点的引入是否会产生环边。

如图 8.6 所示，$T_1=\{a_1,a_2,a_3,a_4,a_5,a_6\}$，$T_2=\{a_2,a_3,a_5,a_6,a_7,a_8\}$，集合 $S_1=\{a_2,a_3,a_5,a_6\}$，集合 $S_2=\{a_1,a_4,a_7,a_8\}$，对于 T_1、T_2 相同的边 a_2、a_3、a_5、a_6 进行保留，并随机选择边 a_1、a_8 构成新的 Steiner 树。

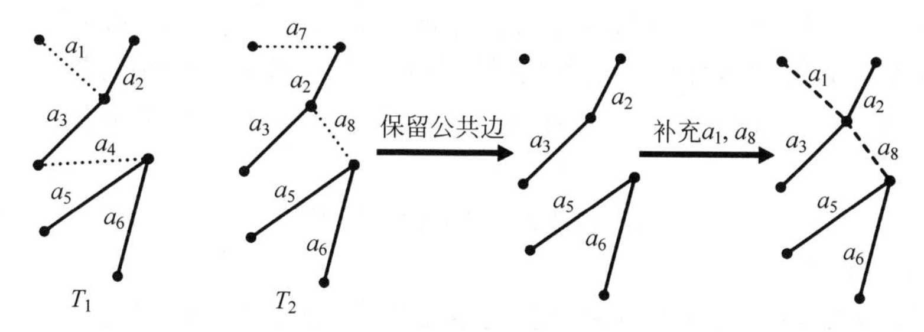

图 8.6　交叉操作

2. 适应度值函数与惩罚函数

在 XSMT-SC 问题中，最重要的优化目标为线长，所以本节算法的适应度值与 Steiner 树线长紧密相关。本节采用引脚对方式为 Steiner 树编码，式(8.11)～式(8.13)为引脚 P、Q 在 X 结构下的距离公式，sp 表示引脚 P、Q 之间的布线选择方式。

$$\mathrm{XDis}_{01}(P,Q)=\max(|x_P-x_Q|,|y_P-y_Q|)+(\sqrt{2}-1)\times\min(|x_P-x_Q|,|y_P-y_Q|) \tag{8.11}$$

$$\mathrm{XDis}_{23}(P,Q)=|x_P-x_Q|+|y_P-y_Q| \tag{8.12}$$

$$\mathrm{XDis}_{\mathrm{sp}}(P,Q)=\begin{cases}\mathrm{XDis}_{01}(P,Q), & \mathrm{sp}\in\{0,1\}\\ \mathrm{XDis}_{23}(P,Q), & \mathrm{sp}\in\{2,3\}\end{cases}\tag{8.13}$$

其中,式(8.11)是当布线边选择方式是 0 和 1 时引脚对之间的距离计算公式,式(8.12)是当布线边选择方式是 2 和 3 时引脚对之间的距离计算公式。

由于引脚对之间布线存在共用边的情况,如图 8.7 所示,引脚对(A,C)与引脚对(A,B)的布线共用线段 AD,所以 Steiner 树的线长代价计算如式(8.14)所示。

$$\mathrm{WL}(T)=\sum_{(P,Q)\in T}\mathrm{XDis}_{\mathrm{sp}}(P,Q)-\sum_{(A,D)\in T}\mathrm{XDis}_{\mathrm{sp}}(A,D)\tag{8.14}$$

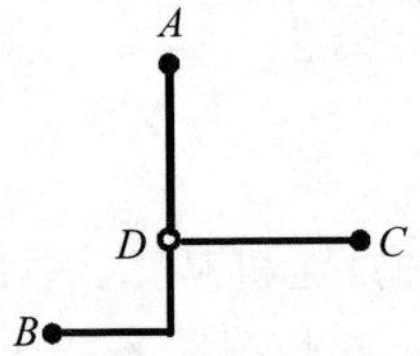

图 8.7 引脚数为 3 的布线图

在 Steiner 树中,对于穿过障碍但不满足约束的布线需要花费额外的布线代价进行修复,所以需要对该类型布线进行一定的惩罚以减少该类型布线的产生,其惩罚函数为式(8.15),其中 k 为单个片段的惩罚因子,式(8.16)给出了具体公式。

$$P(T)=\sum_{(P,Q)\in T}\sum_{k\in(P,Q)}k\tag{8.15}$$

$$k=\begin{cases}\mathrm{d}x_i+\mathrm{d}y_i-\mathrm{len}_i, & \text{布线为 }0^\circ\text{ 或 }90^\circ\text{ 边}\\ (\sqrt{2}-1)\times\mathrm{len}_i, & \text{布线为 }45^\circ\text{ 或 }135^\circ\text{ 边}\end{cases}\tag{8.16}$$

其中,引脚对(P,Q)是 Steiner 树中不满足约束的布线,len_i 表示布线在障碍 i 中的长度,dx_i,和 dy_i 分别表示障碍 i 的长与宽。由式(8.15)与式(8.16)可知,惩罚函数的大小与布线中违反约束片段数量以及片段穿过障碍的大小均相关。

综上所述,粒子的适应度值大小为线长代价与惩罚函数两部分组成。其具体公式如下:

$$\mathrm{Fitness}(T)=\mathrm{WL}(T)+P(T)\tag{8.17}$$

3. 参数的设定

由于较大的惯性权重增强种群全局搜索能力,较小的惯性权重增强种群的局部搜索能力,同时较大的加速因子 c_1 使粒子着重向个体最优学习,导致在局部空间过度的搜索,较大的加速因子 c_2 使粒子着重向全局最优学习,可能致使算法过早收敛,所以本节提出的 HDPSO-XSMT-SC 算法采用一种动态的参数调整策略:w 随着迭代次数的增加从 0.95~0.4 线性递减,c_1 随着迭代次数的增加从 0.9~0.15 线性递减,c_2 随着迭代次数的增加从 0.1~0.85 线性递增。式(8.18)~式(8.20)分别为 w、c_1、c_2 所对应的更新公式。

$$w_{\mathrm{new}}=w_{\mathrm{start}}-\frac{w_{\mathrm{start}}-w_{\mathrm{end}}}{\mathrm{evals}}\times\mathrm{eval}\tag{8.18}$$

$$c_{1_{\mathrm{new}}}=c_{1_{\mathrm{start}}}-\frac{c_{1_{\mathrm{start}}}-c_{1_{\mathrm{end}}}}{\mathrm{evals}}\times\mathrm{eval}\tag{8.19}$$

$$c_{2_{\text{new}}} = 1 - c_{1_{\text{new}}} \tag{8.20}$$

其中，evals 为最大迭代次数，eval 为当前迭代次数。

8.4.4　局部最优策略

本节算法的 PSO 搜寻阶段的目标是为了得到一棵适应度值小的 Steiner 树，但不能完全保证所得到的 Steiner 树对应的布线方案达到最佳。为了进一步提高布线间的共享程度，从而达到线长代价减少的目的，本节提出了一种有效的局部最优策略。

局部最优策略是在经过 PSO 搜寻阶段从而确定了 Steiner 树有效拓扑的基础上，将 Steiner 树的每个节点作为树根，与相邻引脚和引脚对应邻边构建成一个深度为 2 的局部 Steiner 树进行优化，通过对 Steiner 树局部结构达到最优以期得到全局优化，最终达到进一步减小适应度值的目的。假定局部 Steiner 树有 m 个节点，则该树有 $m-1$ 条边，每条边有 4 种布线选择，要使该树适应度值达到最优，需要进行 4^{m-1} 的遍历计算。如图 8.8(a)所示，引脚 A、B、C 构成局部 Steiner 树，引脚 A、B、C 构成的局部 Steiner 树有图 8.8(a)～图 8.8(p)共 16 种结构，可以看出，图 8.8(i)的 Steiner 树线长得到了最大程度的优化，其具体步骤如下。

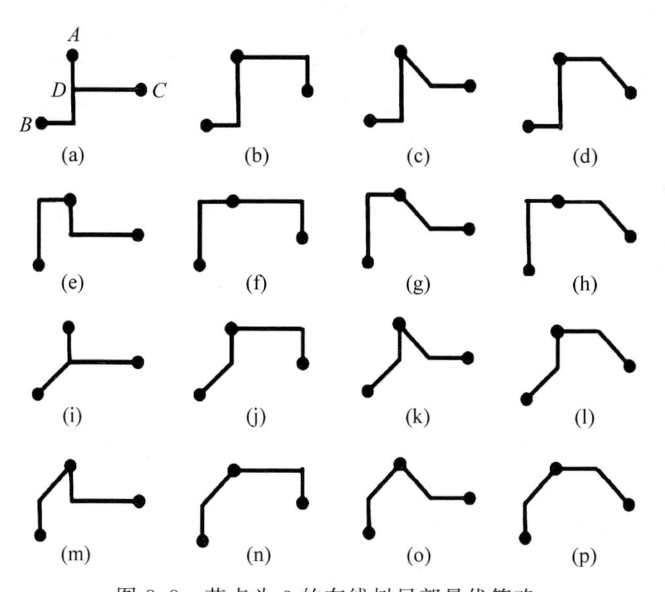

图 8.8　节点为 3 的布线树局部最优策略

(1) 遍历 Steiner 树的每个边，计算每个端点的相邻端点，每个端点与其相邻端点构成局部的 Steiner 树。

(2) 对于每棵局部 Steiner 树，遍历所有的布线结构，然后选择适应度值最小的布线结构进行更新。

8.4.5 混合修正策略

由于上述的策略得到的 Steiner 树中可能存在不满足 Slew 约束的布线，但经过惩罚函数的加权，其布线代价仍少于其他替换布线边。为了充分利用该类型布线边的线长较短的优势，本文提出混合修正策略，通过调整违反约束的布线方案，从而在保证整棵 Steiner 树完全满足 Slew 约束的同时，得到线长优化的目标。

本节将内部树分为两种结构：两节点结构和多节点结构。如图 8.9(a)所示，内部树中只有一个接收节点和一个驱动节点称为两节点结构。而如图 8.9(b)所示，因为内部树中有多个接收节点和一个驱动节点，所以称为多节点结构。对于两节点结构，由于内部树的结构简单，可直接判断是否违反约束；而对于多节点结构，则需要重新构建内部树(如图 8.9(c)所示)，再逐点判断节点的电压转换速率是否满足约束。对于同一个障碍中存在两棵内部树的情况，需要用并查集记录内部树线段的情况。

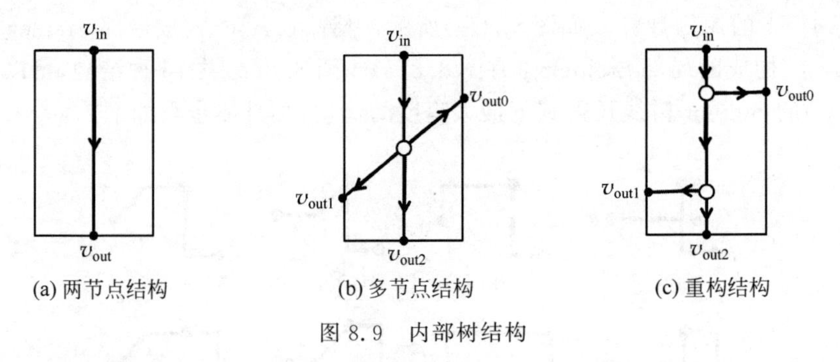

(a) 两节点结构　(b) 多节点结构　(c) 重构结构

图 8.9　内部树结构

定理 8.1　与使用选择 2 或选择 3 进行连接的引脚对(p_i,p_j)的线长相比，由 p_i 和 p_j 所形成的矩形区域中任意点作 pseudo-Steiner 点，与 p_i 和 p_j 使用任意布线选择进行连接都不会增加线长。

定理 8.2　与使用选择 0 或选择 1 连接的引脚对(p_i,p_j)的直线长度进行比较，选取由 p_i 和 p_j 所形成的平行四边形区域中的任意点作为 pseudo-Steiner 点，该点与 p_i 和 p_j 使用选择 0 或选择 1 进行连接不会增加线长。

证明：根据线段平行关系，对引脚对(p_i,p_j)组成的布线区域中，利用 pseudo-Steiner 点进行连接的具体布线的线段的简单平移和原始布线的线段比较可以容易得证明定理 8.1 和定理 8.2。

定理 8.3　在多节点结构中，上游接收节点(靠近驱动节点)的电压转换速率低于同一侧的下游接收节点的电压转换速率。

证明：假设内部树具有多节点结构，本节逐点计算各个驱动节点的具体的电压转换速率(如图 8.10(a)所示)。在不失一般性的前提下，假设 k_0 是驱动节点，k_1、k_2 和 k_3 是接收节点，而 len_i 是内部树各线段的具体长度。k_1 是上游接收节点,k_2 是不同侧的下游接收节点,k_3 是同一侧的下游接收节点。如图 8.10(a)所示,从式(8.2)可以得出,$s(k_0)$的值不变,并且各个接收节点的 D_p 的计算值如下所示。

$$\begin{aligned}D_p(k_0,k_1)=&r_b\times(\sum_{i=0}^{5}\mathrm{len}_i\times c+3\times c_b)+\\&\mathrm{len}_0\times r\times\left(\sum_{i=0}^{5}\mathrm{len}_i\times c+\frac{(\mathrm{len}_0\times c)}{2}+3\times c_b\right)+\\&\mathrm{len}_1\times r\times\left(\frac{(\mathrm{len}_1\times c)}{2}+c_b\right)\end{aligned}$$

$$\begin{aligned}D_p(k_0,k_3)=&r_b\times(\sum_{i=0}^{5}\mathrm{len}_i\times c+3\times c_b)+\\&\mathrm{len}_0\times r\times\left(\sum_{i=0}^{5}\mathrm{len}_i\times c+\frac{(\mathrm{len}_0\times c)}{2}+3\times c_b\right)+\\&\mathrm{len}_2\times r\times\left(\sum_{i=0}^{5}\mathrm{len}_i\times c+\frac{(\mathrm{len}_2\times c)}{2}+2\times c_b\right)+\\&\mathrm{len}_4\times r\times((\mathrm{len}_5+0.5\times\mathrm{len}_4)\times c+c_b)+\\&\mathrm{len}_5\times r\times\left(\frac{(\mathrm{len}_5\times c)}{2}+c_b\right)\end{aligned}$$

由于 len_1 和 len_5 的大小相同,因此可以明显看出 $D_p(k_0,k_1)$小于 $D_p(k_0,k_3)$,即上游接收节点的电压转换速率低于同一侧的下游接收节点的电压转换速率。

定理 8.4　删除下游接收节点到内部树的连通分量可减少所有接收节点的电压转换速率。

证明:如图 8.10(b)所示,在不失一般性的情况下,本节通过增加外部树的线长,删除了下游接收节点 k_3 与内部树之间的连通分量。从式(8.2)可以得出,$s(k_0)$的值减小,各个接收节点的 D_p 的值如下所示。

$$\begin{aligned}D_p(k_0,k_1)=&r_b\times(\sum_{i=0}^{3}\mathrm{len}_i\times c+2\times c_b)+\\&\mathrm{len}_0\times r\times\left(\sum_{i=0}^{3}\mathrm{len}_i\times c+\frac{(\mathrm{len}_0\times c)}{2}+2\times c_b\right)+\\&\mathrm{len}_1\times r\times\left(\frac{(\mathrm{len}_1\times c)}{2}+c_b\right)\end{aligned}$$

$$D_p(k_0,k_2)=r_b\times(\sum_{i=0}^{3}\mathrm{len}_i\times c+2\times c_b)+$$

$$\text{len}_0 \times r \times \left(\sum_{i=0}^{3} \text{len}_i \times c + \frac{(\text{len}_0 \times c)}{2} + 2 \times c_{\text{b}}\right) +$$
$$\text{len}_2 \times r \times ((\text{len}_3 + 0.5 \times \text{len}_2) \times c + c_{\text{b}}) +$$
$$\text{len}_3 \times r \times \left(\frac{(\text{len}_3 \times c)}{2} + c_{\text{b}}\right)$$

通过比较，可以明显看出 $D_p(k_0, k_1)$ 和 $D_p(k_0, k_2)$ 的值变小，并且由于 $s(k_0)$ 也变小，根据式(8.1)，可以得出 $s(k_1)$ 和 $s(k_2)$ 减小，即所有接收节点的电压转换速率减小。

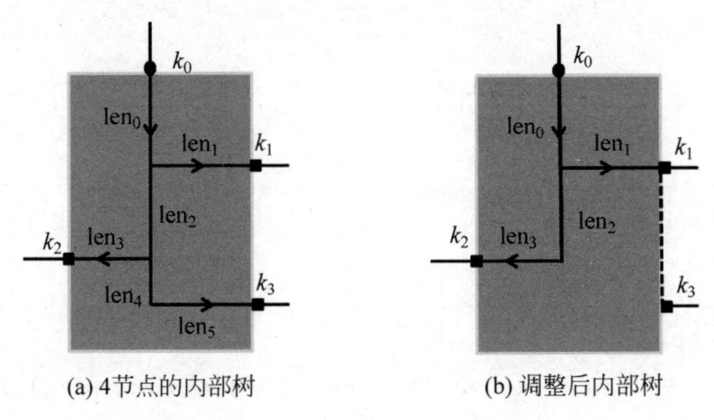

(a) 4节点的内部树　　(b) 调整后内部树

图 8.10　带多节点结构的内部树

本节提出了一种有效的混合修正策略进以调整 Steiner 树中存在违法约束的片段。针对不同情况，本节提出沿障调整策略与总体调整策略两种有效策略。其中，沿障调整策略即沿着障碍进行绕障处理。在该策略中需要判断接收节点与驱动节点所处的障碍边，以及节点间沿障碍的最短路径。但在多片段布线中，布线经过障碍的数量与位置会造成不必要绕障，所以该策略劣化了线长代价的问题。

图 8.11(a)是 X 结构下不考虑障碍引脚 p、q 最短的连接方式，而图 8.11(b)则是在电压转换速率较小的情况下用沿障调整策略进行的修正，可以看出引脚 pq 之间 3 个片段独立绕障，引起过多不必要绕障。针对这种情况，本节提出总体调整策略，从违反约束的每个布线中，对该布线经过的所有障碍的端点中选择合适的点作为 pseudo-Steiner 点进行绕障处理。其步骤如下。

(1) 首先对布线经过的所有障碍，按照障碍中心与该布线空间位置靠左的引脚的距离大小进行排序。

(2) 删除原先布线，将该布线空间位置靠左的引脚设置为出发点，另一引脚设置为终点。按序选择障碍，并从布线经过的障碍的顶点中，选择距离与出发点和终点构成的直线最短的顶点，以 X 结构的连接方式进行处理，并将该顶点设置为新的出发点，判断下一障碍，直至与终点相连。

图 8.11(c)所示，对于布线 pq，先对经过的障碍 b_2、b_3、b_4 与引脚 p 之间距离进行计算并进行排序，并按序选择障碍 b_2，从 b_2 的顶点中选择距离线段 pq 最近

的点(p_1 点)作为 pseudo-Steiner 点,并用 X 结构方式连接 pp_1,并将线段 p_1q 作为下一个障碍的判断依据,不断重复该过程,判断经过的每个障碍。但在连接类似 pp_1 的过程中,存在较低可能性,新的布线可能会经过先前未经过的障碍。且在电压转换速率较大的情况下,如图 8.11(d)所示,沿障调整策略更具优势。

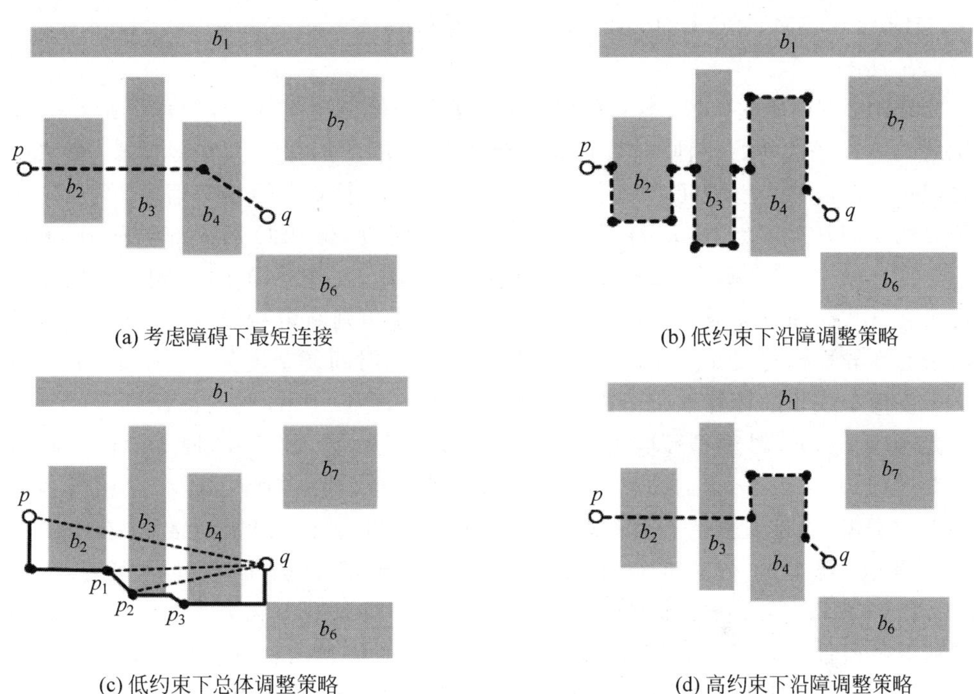

(a) 考虑障碍下最短连接　(b) 低约束下沿障调整策略

(c) 低约束下总体调整策略　(d) 高约束下沿障调整策略

图 8.11　混合修正策略

综上所述,本节基于两种策略,提出了一种混合修正策略。对 Steiner 树的每条布线进行判断,对于满足该判断的布线使用总体调整策略进行修正,对使用总体调整策略调整后的 Steiner 树再进行沿障调整策略的处理,使其完全满足 Slew 约束。在实验中,设定了判断两种策略优劣的参数 judge,当该参数大于 1 时选择总体调整策略,式(8.21)给出了具体的计算公式。

$$\text{judge} = \frac{\text{len}_1}{\text{len}_2} \tag{8.21}$$

其中,len_1 与 len_2 分别为沿障调整策略和总体调整策略的代价因子。式(8.22)和式(8.23)分别给出了相应的计算方法。

$$\text{len}_1 = \sum_{i \in \text{set}(o_i)} (|x_{i1} - x_{i2}| + |y_{i1} - y_{i2}| - l_i) \tag{8.22}$$

$$\begin{aligned} \text{len}_2 = &|\max(\text{set}(x_{i1})) - \min(\text{set}(x_{i2}))| + \\ &|\max(\text{set}(y_{i1})) - \min(\text{set}(y_{i2}))| \end{aligned} \tag{8.23}$$

其中,i 为障碍的序号,x 与 y 为障碍 i 对角线端点的横纵坐标,l_i 代表片段在障碍

i 内的长度，$\text{set}(O_i)$代表布线经过的所有障碍的集合。

8.4.6 算法时间复杂度分析

引理 8.1 假设种群大小为 p，迭代次数为 iters，引脚个数为 n，障碍个数为 m，HDPSO-XSMT-SC 算法的时间复杂度为 $O(m\times n^2+n\times m^2+n^2\log n+p\times \text{iters}\times n\log n)$。

证明：在初始化阶段，本节利用 Prim 算法获取最小生成树，并用该最小生成树的$(n-1)$条边初始化种群，其时间复杂度为 $O(n^2+np)$，在预处理阶段，算法需要记录任意的两个引脚间，即 $n\times(n-1)$条边与 m 个障碍的相交信息，故预处理阶段的时间复杂度为 $O(m\times n^2)$。在 PSO 搜寻阶段，在 PSO 的内部循环中，主要包括变异操作、交叉操作、适应度值计算操作。其中，在变异操作中，删边与生成新边可在常数时间内完成；在交叉操作中，对树的遍历判断可在线性时间内完成，但由于在变异操作与交叉操作使用并查集策略，所以时间复杂度为 $O(n\log n)$；而在适应度值中线长的计算取决于排序方法的复杂度，所以 PSO 的内部循环时间复杂度为 $O(n\log n)$。外部循环取决于种群规模及迭代次数，故 PSO 搜寻阶段的时间复杂度为 $O(p\times \text{iters}\times n\log n)$。在局部最优策略中，算法判断了以 n 个引脚为根节点的子树，并为了避免子树的规模过大，将子树边的规模限制为常量，在边的变换过程中，需要进行适应度值的计算，所以局部最优策略时间复杂度为 $O(n^2\log n)$。在混合修正策略中，总体调整策略最坏情况下需要为$(n-1)$条边经过所有障碍都建立新边，并获取新边与障碍的相交信息，其时间复杂度为 $O(n\times m^2)$。而在沿边调整策略中，需要调整 m 个障碍内部中，最多由 n 条边构成的内部树结构，所以沿边调整策略的时间复杂度为 $O(n\times m)$，故混合修正策略的时间复杂度为 $O(m\times n+n\times m^2)=O(n\times m^2)$。综上所述，HDPSO-XSMT-SC 算法的时间复杂度为 $O(m\times n^2+n\times m^2+n^2\log n+p\times \text{iters}\times n\log n)$。

8.4.7 实验结果

本节算法用 C/C++语言实现，所有的实验均在 2.8GHz CPU 以及 4GB 内存的 PC 上单处理器单进程完成。本节测试了在经典 OASMT 问题中常用的 16 组标准测试电路，在表 8.5 中给出了对应的测试电路的引脚及障碍数量。

表 8.5 测试电路规模

测试电路	引脚数	障碍数
IND1	10	32
IND2	10	43
IND3	10	50
IND4	25	79
IND5	33	71

续表

测试电路	引脚数	障碍数
RC01	10	10
RC02	30	10
RC03	50	10
RC04	70	10
RC05	100	10
RC06	100	500
RC07	200	500
RC08	200	800
RC09	200	1000
RC10	500	100
RC11	1000	100

本节算法在5种不同大小的电压转换速率约束下进行测试验证。具体约束如下：

(1) 0;

(2) 20% $slew = slew_{min} + 20\%(slew_{max} - slew_{min})$;

(3) 50% $slew = slew_{min} + 50\%(slew_{max} - slew_{min})$;

(4) 80% $slew = slew_{min} + 80\%(slew_{max} - slew_{min})$;

(5) ∞;

其中，约束条件(2)～(4)与文献[22]描述的条件一致，约束条件(1)～(5)与文献[25]的条件一致。

1. 预处理策略的有效性验证

为了验证预处理策略的有效性，本节将未采用预处理策略与采用预处理策略的计算次数进行比较，其中将计算任意一引脚对的布线与任意一障碍之间信息作为一次计算次数。表8.6给出了未采用和采用预处理策略的计算次数，其中每个约束条件中最后一列表示减少率，其具体公式如下：

$$IMP_0 = \frac{\text{未采取预处理计算次数} - \text{采取预处理计算次数}}{\text{未采取预处理计算次数}} \times 100\% \quad (8.24)$$

从表8.6可以看出，采用本节所提的预处理策略相对未采用预处理策略而言每个约束条件下均能减少95.7%以上的大幅度计算量，从而有机会更好地减少本节算法的时间成本。这主要是由于本节提出的预处理策略设计了两种查找表以判断是否经过障碍和经过障碍的信息，从而预先记录下引脚与障碍之间的布线信息，大大减少了重复判断与计算的时间。

2. 惩罚机制策略的有效性验证

为了验证本节提出的惩罚机制策略的有效性，本节将未采用惩罚机制策略所得到的线长与采用惩罚机制策略所得到的线长进行对比，并用指标 IMP_1 衡量优化程度，见式(8.25)。

$$\mathrm{IMP}_1=\frac{\text{未惩罚线长}-\text{惩罚线长}}{\text{未惩罚线长}}\times 100\% \tag{8.25}$$

表 8.6 预处理策略有效性验证

测试电路	0			20% slew			50% slew		
	预处理(10^6)		IMP_0 /%	预处理(10^6)		IMP_0 /%	预处理(10^6)		IMP_0 /%
	未采用	采用		未采用	采用		未采用	采用	
IND1	4.87	0.15	96.8	4.95	0.16	96.8	4.91	0.15	96.8
IND2	4.23	0.16	96.3	4.17	0.16	96.3	4.21	0.16	96.3
IND3	5.41	0.16	97.1	5.42	0.16	97.1	5.37	0.15	97.1
IND4	34.48	0.45	98.7	33.72	0.44	98.7	34.15	0.44	98.7
IND5	44.03	0.62	98.6	41.87	0.58	98.6	41.87	0.58	98.6
RC01	1.55	0.16	90.0	1.54	0.15	90.0	1.39	0.15	88.9
RC02	5.11	0.51	90.0	5.15	0.52	90.0	5.13	0.51	90.0
RC03	8.91	0.89	90.0	8.88	0.89	90.0	8.90	0.89	90.0
RC04	11.72	1.31	88.9	11.61	1.29	88.9	11.64	1.30	88.9
RC05	19.13	1.92	90.0	19.02	1.91	90.0	19.22	1.93	90.0
RC06	1156.52	2.67	99.8	988.02	2.23	99.8	989.73	2.22	99.8
RC07	2559.75	5.71	99.8	2252.94	4.98	99.8	2247.02	4.96	99.8
RC08	4812.26	7.14	99.9	3724.69	5.39	99.9	3759.79	5.44	99.9
RC09	6093.42	7.61	99.9	4498.64	5.44	99.9	4513.78	5.47	99.9
RC10	1489.70	15.10	99.0	1464.47	14.84	99.0	1468.15	14.88	99.0
RC11	4345.50	44.30	99.0	4304.12	43.87	99.0	4279.51	43.62	99.0
均值			95.9			95.9			95.8

测试电路	80% slew			∞		
	预处理(10^6)		IMP_0 /%	预处理(10^6)		IMP_0 /%
	未采用	采用		未采用	采用	
IND1	4.90	0.15	96.8	0.49	0.16	96.8
IND2	4.15	0.15	96.3	4.17	0.16	96.3
IND3	5.34	0.15	97.1	5.48	0.16	97.1
IND4	33.22	0.43	98.7	33.40	0.43	98.7
IND5	41.46	0.58	98.6	41.74	0.58	98.6
RC01	1.39	0.15	88.9	1.38	0.15	88.9
RC02	5.15	0.52	90.0	5.16	0.52	90.0
RC03	8.86	0.89	90.0	8.99	0.90	90.0
RC04	11.56	12.87	88.9	11.65	12.97	88.9
RC05	19.32	1.94	90.0	19.20	1.92	90.0
RC06	991.11	2.23	99.8	990.30	2.22	99.8

续表

测试电路	80% slew			∞		
	预处理(10^6)		IMP$_0$ /%	预处理(10^6)		IMP$_0$ /%
	未采用	采用		未采用	采用	
RC07	2277.21	5.02	99.8	2257.60	4.98	99.8
RC08	3714.03	5.37	99.9	3726.36	5.38	99.9
RC09	4163.13	5.33	98.7	4454.30	5.37	99.9
RC10	1464.46	14.85	99.0	1467.30	14.87	99.0
RC11	4274.93	43.58	99.0	4284.98	43.68	99.0
均值			95.7			95.8

从表 8.7 可以看出，在 5 种不同的约束条件下，采用惩罚机制策略相对未采用惩罚机制策略能取得平均 4.8%、3.2%、1.7%、0.3%以及 0.4%的线长优化效果。这是由于在 Steiner 树中，对于穿过障碍但不满足约束的布线需要花费额外的布线代价进行修复，所以需要对该类型布线进行一定的惩罚以减少该类型布线产生。在 Slew 约束越严格的情况下，惩罚机制策略所带来的优化效果越明显，即最大电压转换速率值最严格的前两种情况下(分别为 0 和 20% slew)，惩罚机制对布线代价分别带来 4.8%和 3.2%的优化效果。

表 8.7 惩罚机制策略的有效性验证

测试电路	0			20%slew			50%slew		
	未惩罚	惩罚	IMP$_1$/%	未惩罚	惩罚	IMP$_1$/%	未惩罚	惩罚	IMP$_1$/%
IND1	570	562	1.4	564	562	0.4	562	562	0.0
IND2	9189	9007	2.0	9148	9007	1.5	9072	9007	0.7
IND3	571	567	0.7	585	558	4.6	564	558	1.1
IND4	1057	979	7.4	984	968	1.6	977	955	2.3
IND5	1312	1283	2.2	1296	1252	3.4	1211	1172	3.2
RC01	25 194	25 165	0.1	25 078	24 547	2.1	23 969	23 957	0.1
RC02	41 059	39 482	3.8	40 441	36 858	8.9	38 109	36 534	4.1
RC03	58 874	53 287	9.5	53 501	52 396	2.1	50 923	48 276	5.2
RC04	65 893	59 318	10.0	58 280	52 567	9.8	58 261	52 157	10.5
RC05	71 765	70 259	2.1	73 408	68 029	7.3	68 137	68 131	0.0
RC06	82 472	78 302	5.1	80 528	75 205	6.6	74 898	74 124	1.0
RC07	113 088	106 189	6.1	103 997	101 080	2.8	101 692	101 024	0.7
RC08	123 410	115 978	6.0	109 996	107 825	2.0	106 992	105 878	1.0
RC09	120 639	113 150	6.2	105 955	103 706	2.1	102 387	101 718	0.7
RC10	170 814	156 049	8.6	155 129	152 274	1.8	151 985	151 887	0.1
RC11	237 723	212 287	10.7	218 566	217 575	0.5	217 194	217 160	0.0
均值			4.8			3.2			1.7

续表

测试电路	80%slew			∞		
	未惩罚	惩罚	IMP_1/%	未惩罚	惩罚	IMP_1/%
IND1	562	562	0.0	562	562	0.0
IND2	8931	8789	1.6	8872	8789	0.9
IND3	554	546	1.4	546	546	0.0
IND4	969	952	1.8	960	952	0.8
IND5	1188	1172	1.3	1170	1155	1.3
RC01	23 975	23 957	0.1	23 846	23 846	0.0
RC02	36 291	36 192	0.3	36 139	36 124	0.0
RC03	48 399	48 346	0.1	48 510	48 418	0.2
RC04	52 099	51 886	0.4	51 911	51 886	0.0
RC05	68 136	68 113	0.0	68 126	68 113	0.0
RC06	74 520	74 292	0.3	74 346	73 136	1.6
RC07	100 831	100 638	0.2	100 682	99 374	1.3
RC08	104 716	104 494	0.2	105 953	102 915	2.9
RC09	101 292	100 984	0.3	100 800	99 417	1.4
RC10	151 853	151 728	0.1	151 908	151 466	0.3
RC11	216 913	216 859	0.0	217 025	216 769	0.1
均值			0.3			0.4

3. 局部最优策略的有效性验证

为了验证局部最优策略的有效性，本节将使用该策略前后的线长进行对比，并用指标 IMP_2 衡量优化程度，见式(8.26)。

$$IMP_2=\frac{\text{优化前线长}-\text{优化后线长}}{\text{优化前线长}}\times 100\% \tag{8.26}$$

从表 8.8 中可以看出，在 5 种不同的约束条件下，局部最优策略能取得平均 5.5%、4.5%、4.4%、4.2%和 4.5%等的线长优化效果。在约束条件为 0 的情况下，采用局部最优策略在测试电路 RC03 上可取得 12.2%的最大线长优化；在 20%slew 条件下，采用局部最优策略在测试电路 RC10 上可取得 9.3%的最大线长优化；在 50% slew 条件下，采用局部最优策略在测试电路 RC11 上可取得 8.7%的最大线长优化；在 80%slew 条件下，采用局部最优策略在测试电路 RC11 上可取得 8.6%的最大线长优化；在∞约束下，采用局部最优策略在测试电路 RC10 和 RC11 上可取得 8.4%的最大线长优化。取得如此明显的优化效果，主要是因为本节提出的局部最优策略能够进一步提高布线间的共享程度，从而达到线长代价减少的目的。

表 8.8　局部最优策略有效性验证

测试电路	0			20%slew			50%slew		
	优化前	优化后	IMP_2/%	优化前	优化后	IMP_2/%	优化前	优化后	IMP_2/%
IND1	562	562	0.0	562	562	0.0	562	562	0.0
IND2	9067	9007	0.7	9007	9007	0.0	9007	9007	0.0
IND3	584	567	3.0	571	558	2.3	565	558	1.3
IND4	1015	979	3.7	980	968	1.2	968	955	1.4
IND5	1292	1283	0.7	1257	1252	0.4	1206	1172	2.9
RC01	25 203	25 165	0.2	25 159	24 547	2.5	24 753	23 957	3.3
RC02	43 088	39 482	9.1	37 701	36 858	2.3	37 446	36 534	2.5
RC03	59 782	53 287	12.2	55 298	52 396	5.5	51 177	48 276	6.0
RC04	62 514	59 318	5.4	55 654	52 567	5.9	55 331	52 157	6.1
RC05	77 320	70 259	100	73 408	68 029	7.9	72 723	68 131	6.7
RC06	82 256	78 302	5.0	79 692	75 205	6.0	78 899	74 124	6.4
RC07	112 258	106 189	5.7	108 795	101 080	7.6	106 598	101 024	5.5
RC08	123 278	115 978	6.3	114 971	107 825	6.6	111 845	105 878	5.6
RC09	119 572	113 150	5.7	110 684	103 706	6.7	107 606	101 718	5.8
RC10	170 056	156 049	9.0	166 505	152 274	9.3	164 387	151 887	8.2
RC11	236 677	212 287	11.5	235 725	217 575	8.3	236 044	217 160	8.7
均值			5.5			4.5			4.4

测试电路	80%slew			∞		
	优化前	优化后	IMP_2/%	优化前	优化后	IMP_2/%
IND1	562	562	0.0	562	562	0.0
IND2	9007	8789	2.5	9007	8789	2.5
IND3	546	546	0.0	546	546	0.0
IND4	957	952	0.5	959	952	0.7
IND5	1207	1172	3.0	1181	1155	2.3
RC01	24 707	23 957	3.1	24 659	23 846	3.4
RC02	37 457	36 192	3.5	36 866	36 124	2.1
RC03	50 141	48 346	3.7	50 917	48 418	5.2
RC04	54 920	51 886	5.8	54 374	51 886	4.8
RC05	72 761	68 113	6.8	72 322	68 113	6.2
RC06	77 760	74 292	4.7	77 830	73 136	6.4
RC07	106 291	100 638	5.6	106 185	99 374	6.9
RC08	110 658	104 494	5.9	111 135	102 915	8.0
RC09	105 836	100 984	4.8	105 977	99 417	6.6
RC10	163 866	151 728	8.0	164 225	151 466	8.4
RC11	235 543	216 859	8.6	234 948	216 769	8.4
均值			4.2			4.5

4. 混合修正策略的有效性验证

为了验证混合修正策略的有效性，本节对未修正前 Steiner 树的违反 Slew 约束的片段数量、沿障修正策略修复的违反 Slew 约束的片段数量、总体修正策略修复的违反 Slew 约束的片段数量进行了统计。

从表 8.9 可以看出，在 Slew 约束较为严格的情况下，两种调整策略均能修复违反约束的片段，且采用混合修正策略后，违反约束的片段为 0。在 Slew 约束较为宽松的情况下，部分或全部测试电路中，未采用调整策略前 Steiner 树的违反约束片段数量为 0，即可视为忽略障碍下进行布线，无须进行调整。取得这种良好优化效果的原因主要是本节提出的混合修正策略，分别通过沿障修正策略与总体修正了策略两种方式修正了违反 Slew 约束的布线方案，可保证采用混合的修正策略后最终的 Steiner 树完全满足 Slew 约束，从而说明本节所提混合修正策略的有效性。

表 8.9 调整策略有效性验证

测试电路	0			20%slew			50%slew			80%slew			∞		
	无	沿障	总体	无	沿障	总体	无	沿障	总体	无	沿障	总体	无	沿障	总体
IND1	1	0	1	0	0	0	0	0	0	0	0	0	0	0	0
IND2	2	1	1	1	1	0	1	1	0	0	0	0	0	0	0
IND3	3	3	0	2	2	0	2	2	0	0	0	0	0	0	0
IND4	10	3	7	2	0	2	0	0	0	0	0	0	0	0	0
IND5	25	10	15	10	5	5	1	1	0	0	0	0	0	0	0
RC01	3	0	3	3	2	1	3	2	1	1	1	0	0	0	0
RC02	7	7	0	1	0	1	0	0	0	0	0	0	0	0	0
RC03	9	8	1	3	1	2	3	3	0	1	1	0	0	0	0
RC04	6	5	1	4	2	2	0	0	0	0	0	0	0	0	0
RC05	10	9	1	0	0	0	0	0	0	0	0	0	0	0	0
RC06	101	35	66	23	11	12	5	2	3	0	0	0	0	0	0
RC07	106	38	68	22	8	14	3	1	2	0	0	0	0	0	0
RC08	214	101	113	32	17	15	6	3	3	0	0	0	0	0	0
RC09	229	111	118	43	26	17	7	3	4	0	0	0	0	0	0
RC10	59	40	19	13	9	4	0	0	0	0	0	0	0	0	0
RC11	40	18	22	14	6	8	4	2	2	3	2	1	0	0	0

5. 本节算法的有效性验证

为了验证本节算法的有效性，本节与两种考虑 Slew 约束的同类工作进行比较。本节使用指标 IMP_3 衡量优化程度，式(8.27)给出了相应公式。

$$IMP_3 = \frac{\text{其他算法线长} - \text{本节算法线长}}{\text{本节算法线长}} \times 100\% \tag{8.27}$$

在表 8.10 和表 8.11 中，BOB 列表示文献[22]算法得到的线长，RRH 列表示文献[25]算法得到的线长，OUR 列表示本节算法得到的线长。从表 8.10 可以看出，与 BOB 算法相比，在 20%slew 条件下，本节算法取得 3.0%～14.5%的线长优化，平均优化 6.6%；在 50%slew 条件下，取得 3.3%～16.9%的线长优化，平均优化 7.9%；在 80% slew 条件下，取得 3.11%～13.9%的线长优化，平均优化 7.5%。从表 8.11 可以看出，与 RRH 算法相比，在约束条件为 0 情况下，取得 −0.5%～19.9%的线长优化，平均优化 7.7%；在 20%slew 条件下，取得 1.6%～21.5%的线长优化，平均优化 8.9%；在 50%slew 条件下，取得 3.5%～16.6%的线长优化，平均优化 8.6%；在 80%slew 条件下，取得 3.5%～14.7%的线长优化，平均优化 7.9%；在∞约束下，取得 3.5%～14.7%的线长优化，平均优化 8.0%。

表 8.10 本节算法与 BOB 算法对比

测试电路	20%slew			50%slew			80%slew		
	BOB	OUR	IMP_3/%	BOB	OUR	IMP_3/%	BOB	OUR	IMP_3/%
RC01	25 290	24 547	3.0	25 290	23 957	5.6	25 290	23 846	6.1
RC02	42 218	36 858	14.5	42 710	36 534	16.9	41 210	36 192	13.9
RC03	54 480	52 396	4.0	54 480	48 276	12.9	52 910	48 346	9.4
RC04	55 450	52 567	5.5	55 450	52 157	6.3	55 447	51 886	6.9
RC05	73 400	68 029	7.9	73 400	68 131	7.7	73 730	68 113	8.2
RC06	78 650	75 205	4.6	76 593	74 124	3.3	77 481	74 292	4.3
RC07	110 250	101 080	9.1	108 947	101 024	7.8	107 809	100 638	7.1
RC08	111 810	107 825	3.7	109 564	105 878	3.5	108 569	104 494	3.9
RC09	109 661	103 706	5.7	109 661	101 718	7.8	108 218	100 984	7.2
RC10	164 720	152 274	8.2	164 770	151 887	8.5	164 770	151 728	8.6
RC11	232 535	217 575	6.9	231 730	217 160	6.7	231 780	216 859	6.9
均值			6.6			7.9			7.5

表 8.11 本节算法与 RRH 算法进行对比

测试电路	0			20%slew			50%slew		
	RRH	OUR	IMP_3/%	RRH	OUR	IMP_3/%	RRH	OUR	IMP_3/%
IND1	614	562	9.3	614	562	9.3	614	562	9.3
IND2	10 800	9007	19.9	10 800	9007	19.9	10 500	9007	16.6
IND3	678	567	19.6	678	558	21.5	600	558	7.5
IND4	1155	979	18.0	1097	968	13.3	1092	955	14.3
IND5	INF.	1283	INF.	1357	1252	8.4	1333	1172	13.7
RC01	25 980	25 165	3.2	25 980	24 547	5.8	25 290	23 957	5.6
RC02	42 570	39 482	7.8	40 670	36 858	10.3	40 670	36 534	11.3
RC03	54 660	53 287	2.6	53 240	52 396	1.6	53 010	48 276	9.8
RC04	59 980	59 318	1.1	57 360	52 567	9.1	55 720	52 157	6.8
RC05	75 110	70 259	6.9	72 930	68 029	7.2	72 520	68 131	6.4

续表

测试电路	0			20%slew			50%slew		
	RRH	OUR	IMP_3/%	RRH	OUR	IMP_3/%	RRH	OUR	IMP_3/%
RC06	81 306	78 302	3.8	78 888	75 205	4.9	77 773	74 124	4.9
RC07	111 084	106 189	4.6	108 353	101 080	7.2	106 799	101 024	5.7
RC08	115 414	115 978	−0.5	111 008	107 825	3.0	109 622	105 878	3.5
RC09	115 017	113 150	1.7	109 403	103 706	5.5	107 548	101 718	5.7
RC10	167 330	156 049	7.2	165 030	152 274	8.4	165 010	151 887	8.6
RC11	234 603	212 287	10.5	233 957	217 575	7.5	233 321	217 160	7.4
均值			7.7			8.9			8.6

测试电路	80%slew			∞		
	RRH	OUR	IMP_3/%	RRH	OUR	IMP_3/%
IND1	604	562	7.5	604	562	7.5
IND2	9100	8789	3.5	9100	8789	3.5
IND3	600	546	9.9	587	546	7.5
IND4	1092	952	14.7	1092	952	14.7
IND5	1320	1172	12.6	1315	1155	13.9
RC01	25 290	23 957	5.6	25 290	23 846	6.1
RC02	40 670	36 192	12.4	40 040	36 124	10.8
RC03	53 100	48 346	9.8	52 110	48 418	7.6
RC04	55 720	51 886	7.4	55 570	51 886	7.1
RC05	72 460	68 113	6.4	71 950	68 113	5.6
RC06	77 607	74 292	4.5	77 483	73 136	5.9
RC07	106 525	100 638	5.8	106 525	99 374	7.2
RC08	109 249	104 494	4.6	109 027	102 915	5.9
RC09	107 023	100 984	6.0	107 023	99 417	7.7
RC10	164 890	151 728	8.7	164 910	151 466	8.9
RC11	233 204	216 859	7.5	233 282	216 769	7.6
均值			7.9			8.0

综上所述，本节算法相对于现有同类工作，融入了离散 PSO 搜索策略、惩罚机制策略、预处理策略、局部最优策略、混合修正策略等多种有效的策略，在不同角度上对布线树进行优化，从而可取得最佳的布线代价，最终验证本节算法的有效性。

8.5 本章总结

针对 Slew 约束这一更贴近实际芯片设计的布线问题，为了优化线长这一最重要目标，本章首次提出基于混合离散粒子群优化的 Slew 约束 X 结构 Steiner 最小树构造算法。首先，为了能够有效求解该离散问题，算法结合了引入变异算子与交叉算子的PSO离散更新操作，同时提出一种更适合遗传算子的引脚对编码方式。其次，使用预处理策略，通过记录引脚间以及与障碍内的信息，大大减少电压转换速率的计算次数。再次，设计一种合理的惩罚机制能够有效考虑到电压转换速率约束。然后，通过多次迭代搜索出质量较好的全局最优粒子，并通过局部最优策略，使得Steiner最小树的局部结构达到最优，从而进一步缩短了Steiner树的线长。最后，设计了一种高效的混合修正策略，使得Steiner最小树能够完全满足Slew约束。该算法与同类算法相比，实现了最佳的布线结果。

参考文献

[1] Sherwani N A. *Algorithms for VLSI physical design automation*[M]. Berlin, Germany: Springer Science & Business Media, 2012.

[2] Teig S L. The X architecture: not your father's diagonal wiring[C]//Proceedings of the 2002 International Workshop on System-Level Interconnect Prediction. San Diego, California, USA, 2002: 33-37.

[3] Garey M R, Johnson D S. The rectilinear Steiner tree problem is NP-complete[J]. *SIAM Journal on Applied Mathematics*, 1977, 32(4): 826-834.

[4] 苏金树，郭文忠，余朝龙，等. 负载均衡感知的无线传感器网络容错分簇算法[J]. 计算机学报，2014，37(02)：445-456.

[5] 胡新平，贺玉芝，倪巍伟，等. 基于赌轮选择遗传算法的数据隐藏发布方法[J]. 计算机研究与发展，2012，49(11)：2432-2439.

[6] 李婕，白志宏，于瑞云，等. 基于PSO优化的移动位置隐私保护算法[J]. 计算机学报，2018，41(05)：1037-1051.

[7] 王竹荣，薛伟，黑新宏，等. 多阶段粒子群优化算法求解容量约束p-中位问题[J]. 计算机学报，2019，43(6)：1-27.

[8] Nath S, Gupta S, Biswas S, Banerjee R, Sing J K, Sarkar. GPSO hybrid algorithm for rectilinear steiner tree optimization[C]//Proceedings of the 2020 IEEE VLSI Device Circuit and system (VLSI DCS). Kolkata, India, 2020: 365-369.

[9] Chu C, Wong Y C. FLUTE: fast lookup table based rectilinear Steiner minimal tree algorithm for VLSI design[J]. *IEEE Transactions on Computer-Aided Design of Integrated Circuits and Systems*, 2007, 27(1): 70-83.

[10] Lin S E D, Kim D H. Construction of all rectilinear steiner minimum trees on the hanan grid and its applications to VLSI design[J]. *IEEE Transactions on Computer-Aided Design of Integrated Circuits and Systems*, 2019, 39(6): 1165-1176.

[11] Latha N R, Prasad G R. Memory and I/O optimized rectilinear steiner minimum tree routing for VLSI[J]. *International Journal of Electrical and Computer Engineering*, 2020, 10(3): 2959-2968.

[12] Kundu S, Roy S, Mukherjee S. Rectilinear steiner tree construction techniques using PB-SAT-based methodology[J]. *Journal of Circuits, Systems and Computers*, 2020, 29(04): 2050057: 1-2050057: 22.

[13] Huang T, Young E F Y. Obstacle-avoiding rectilinear Steiner minimum tree construction:

An optimal approach[C]//Proceedings of the International Conference on Computer Aided Design. New York, USA, 2010: 610-613.

[14] Chow W K, Li L, Young E F Y, Sham C W. Obstacle-avoiding rectilinear Steiner tree construction in sequential and parallel approach[J]. *Integration, the VLSI journal*, 2014, 47(1): 105-114.

[15] Coulston C S. Constructing exact octagonal Steiner minimal tree[C]//Proceedings of the 13th ACM Great Lakes Symposium on VLSI. New York, USA, 2003: 1-6.

[16] Huang X, Guo W Z, Liu G G, Niu Y Z Chen G L. Obstacle-avoiding algorithm in X-architecture based on discrete particle swarm optimization for VLSI design[J]. *ACM Transactions on Design Automation of Electronic Systems*, 2015, 20(2): 1-28.

[17] Huang X, Guo W Z, Liu G G, Chen G L. MLXR: multi-layer obstacle-avoiding X-architecture Steiner tree construction for VLSI routing[J]. *Science China Information Sciences*, 2017, 60(1), 19102: 1-19102: 3.

[18] Wang R Y, Pai C C, Wang J J, Wen H T, Pai Y C, Chang Y M, James C M L, Jiang J H. Efficient multi-layer obstacle-avoiding region-to-region rectilinear steiner tree construction [C]//Proceedings of the 55th Annual Design Automation Conference. San Francisco, USA, 2018: 1-6.

[19] Lee M C, Jan G E, Luo C C. An efficient rectilinear and octilinear steiner minimal tree algorithm for multidimensional environments[J]. *IEEE Access*, 2020, 8: 48141-48150.

[20] Müller-Hannemann M, Peyer S. Approximation of rectilinear Steiner trees with length restrictions on obstacles//Proceedings of the Algorithms and Data Structures. Berlin, Germany, 2003: 207-218.

[21] Held S, Spirkl S T. A fast algorithm for rectilinear steiner trees with length restrictions on obstacles[C]//Proceedings of the 2014 on International Symposium on Physical Design. Petaluma, USA, 2014: 37-44.

[22] Zhang Y, Chakraborty A. Chowdhury S, Pan D Z. Reclaiming over-the-IP-block routing resources with buffering-aware rectilinear Steiner minimum tree construction [C]// Proceedings of the International Conference on Computer-Aided Design. California, USA, 2012: 137-143.

[23] Huang T, Young E F Y. Construction of rectilinear Steiner minimum trees with slew constraints over obstacles[C]//Proceedings of the International Conference on Computer-Aided Design. California, USA, 2012: 144-151.

[24] Kashyap C V, Alpert C J, Liu F, Devgan A. PERI: a technique for extending delay and slew metrics to ramp inputs [C]//Proceedings of the 8th ACM/IEEE International Workshop on Timing Issues in the Specification and Synthesis of Digital Systems. Monterey, USA, 2002: 57-62.

[25] Zhang H, Ye D Y, Guo W Z. A heuristic for constructing a rectilinear Steiner tree by reusing routing resources over obstacles[J]. *Integration: The VLSI Journal*, 2016, 55: 162-175.

[26] Kashyap C V, Alpert C J, Liu F, Devgan A. Closed-form expressions for extending step delay and slew metrics to ramp inputs for RC trees[J]. *IEEE Transactions on Computer-Aided Design of Integrated Circuits and Systems*, 2004, 23(4): 509-516.

[27] Bakoglu H. *Circuits, Interconnections and Packaging for VLSI* [M]. Addison-Wesley, 1990: 81-133.

[28] Elmore W C. The transient response of damped linear networks with particular regard to wideband amplifiers[J]. *Journal of applied physics*, 1948, 19(1): 55-63.

[29] Hu S, Alpert C J, Hu J, Karandikar S K, Li Z, Shi W, Sze C N. Fast algorithms for slew-constrained minimum cost buffering[J]. *IEEE Transactions on Computer-Aided Design of Integrated Circuits and Systems*, 2007, 26(11): 2009-2022.

[30] Shi Y, Eberhart R C. Parameter selection in particle swarm optimization [C]// Proceedings of the International conference on evolutionary programming. Berlin, Germany, 1998: 591-600.

[31] Ratnaweera A, Halgamuge S K, Watson H C. Self-organizing hierarchical particle swarm optimizer with time-varying acceleration coefficients [J]. *IEEE Transactions on evolutionary computation*, 2004, 8(3): 240-255.

[32] Fortune S. A sweepline algorithm for Voronoi diagrams[J]. *Algorithmica*, 1987, 2(1): 153-174.

第9章

X 结构总体布线算法

9.1 引言

总体布线是超大规模集成电路物理设计中极为重要的一部分，其布线技术主要可分为串行算法和并行算法两种，其中串行算法在处理大规模的问题方面具有一定优势，但线网的布线顺序或布线代价的定义都会严重影响其布线解的质量。以整数线性规划(Integer Linear Programming，ILP)为代表的并行算法能够减少布线结果对线网顺序的依赖性，取得质量较好的总体布线方案。

为研究非曼哈顿结构下的总体布线算法，本章提出了一种基于整数线性规划模型、划分策略、粒子群优化方法的X结构总体布线器(XGRouter)、一种引入了多层布线模型和层调度策略的高性能X结构总体布线器(ML-XGRouter)，在线长优化和拥挤度均衡方面均表现出良好的性能。

9.2 基于ILP和划分策略的X结构总体布线算法

XGRouter主要基于整数线性规划模型、划分策略以及粒子群优化方法，其中，整数线性规划模型同时考虑了线长优化和拥挤度均衡，因此XGRouter的性能基本不受基准测试电路的属性影响，可产生较高质量的解，具有良好的鲁棒性。

本节工作的贡献如下。

(1) 本节提出的ILP模型(O-ILP模型)能够较好地解决串行布线器存在的布线结果对线网顺序的高度依赖问题，并能得到拥挤度相对均匀的布线解，且相对传统的ILP模型具有更好的扩展性。

(2) XGRouter是第一次将并行算法应用于X结构总体布线问题的求解，并取得较高质量的布线解。

(3) 部分并行算法在求解曼哈顿结构总体布线问题时，是将总体布线问题转换为ILP模型，将其松弛为线性规划问题，并使用随机取整策略求解，从而导致最终的解方案产生偏差。为此，本节算法设计了重定义的离散 PSO 算法来求解 O-ILP 模型，从而更好地预测和协调区域内所有线网的布线情况。

(4) 本节算法采用划分策略以减少所建立 ILP 模型的规模，其中 XGRouter 首先从最拥挤区域开始布线，并逐步扩展布线区域直至覆盖整个芯片。该划分策略的引入使得 PSO 和 O-ILP 模型都更适用于总体布线问题的求解。从仿真实验结果可看出，XGRouter 可获得相对其他总体布线器质量更高的解方案。

9.2.1　相关研究工作

总体布线算法需要解决的两大问题分别是布线通道拥挤度的不可预见以及对线网顺序的依赖。为了有效地解决这两个问题，相继提出了串行算法和并行算法。其中，串行算法采用迷宫布线进行初始布线，再采用基于不同的代价函数设计相应的拆线重布策略，对不满足约束的线网重布，以进一步优化布线质量。这些代价函数包括基于离散拉格朗日乘数以及基于不同协商机制的拥挤度函数。现如今芯片设计越发复杂，设计一种好的代价函数变得困难重重，因此，在串行算法中，拥挤度预测变得非常困难且线网的布线顺序对最后的总体布线质量影响极大。

部分学者针对总体布线问题建立 ILP 模型，并使用相应的线性规划方法或流算法对相应的问题进行求解，这是一类典型的并行算法。Vannelli 在文献[13]中提出了一种线性规划算法：首先，为每个线网寻找一些可能的连接树并计算相应每一棵候选树的布线代价，再建立带通道容量约束的线性方程，并根据线性规划模型解得最优解。但该算法的复杂度非常高，因此，文献[14、15]针对总体布线问题提出了一种整数线性规划模型，并采用线性松弛的方法来降低模型的计算复杂度。不同于线性规划模型，文献[50]采取多商品流算法求解总体布线问题。以上并行算法克服了串行算法所得解方案的质量受线网布线顺序影响的问题，但只适合于一般规模的布线问题。为此，文献[9、11]提出一种新型 ILP 模型(M-ILP)，该模型相对于传统的 ILP 模型(T-ILP)显得更为快速且扩展性良好，并采用划分策略进一步改善运行时间。文献[10]的方法也采用了划分思想，将芯片区域分解为多个子区域以求解多层布线问题。但是现有这些并行算法均基于曼哈顿结构，且部分算法采用线性松弛方法求解 ILP 模型，存在偏差问题。

随着集成电路规模不断增加以及制造工艺的发展，VLSI 物理设计的互连结构已经发生变化。在总体布线图上的构建 X 结构 Steiner 树是所有 X 结构总体布线的算法基础。为了研究 X 结构总体布线，首先需要建立 X 结构布线树。文献[33]描述了多种 VLSI 互连结构，并结合非曼哈顿结构 Steiner 树的构建问题，提出了相应的启发式算法。针对图形 Steiner 树问题，文献[17]提出一类新颖的启发式算法，包括用于求解曼哈顿结构布线中的绕障矩形 Steiner 树问题与 X 结构布线中的绕障 X 结构 Steiner 树问题。文献[18]基于生成图的概念，提出了一种多步骤的绕障 X 结构布线树构建算法。文献[16]提出一种基于离散 PSO 的 X 结构 Steiner 最小树算法，以线长最小化为目标。文献[34]的研究则进一步考虑时延目标的优化，设计了一种时延驱动 X 结构 Steiner 最小树算法并考虑到拐弯数的优化工作。

针对X结构布线算法设计,文献[22]和文献[23]的方法中提出一种多级布线框架,采用先自底向上粗化再自顶向下细化的两阶段策略。有些研究者采用随机子树生长方法在迭代数次后构建相应的布线树,并最终布通整个芯片。还有些研究者建立了X结构的总体布线问题模型,并提出了动态资源调度方法以减少潜在通孔数。然而这些关于X结构布线算法是基于早期的Steiner树构建算法,导致其优化效果甚微,部分结果在线长指标上甚至劣于曼哈顿结构布线算法。

本节提出的XGRouter第一次使用并行算法处理X结构总体布线问题。为了能够使拥挤度更为均衡,提出了一种新型的ILP模型,其优化目标包括线长最小化和拥挤度均衡。同时,采用划分策略以减少针对总体布线问题所构建ILP模型的复杂度。

9.2.2 基础知识

1. 问题模型

本章工作所使用符号的标记情况如表9.1所示。

表9.1 本章工作所使用符号的标记情况

符号标记	在本章所代表的意思
G_i	总体布线单元 i
N_k	总体布线问题中的一个线网
T_j	线网对应的一棵布线树
e_i	总体布线图中的一条边
$C(e_i)$	边 e_i 的布线容量
$U(e_i)$	总体布线问题中经过边 e_i 的次数
X_{ik}	记录布线树 T_k 是否经过边 e_i

现有一个总体布线图 G,其引脚集合 V,边集合 E,一个线网集合 $N=\{N_1, N_2,\cdots,N_n\}$。对于线网 N_k,$1\leqslant k\leqslant n$,以线长为优化目标的总体布线问题可描述如下:

$$\text{Minimize} \quad \sum_{k=1}^{n} L(T_k)$$

$$\text{S.T.} \quad U(e_i)\leqslant C(e_i), \quad \forall e_i \in E$$

其中,$L(T_k)$表示布线树 T_k 的长度,布线边的最大容量 $C(e_i)$表示该边 e_i 能够允许的最大走线数。$U(e_i)$表示总体布线问题中经过边 e_i 的次数,可表示为

$$U(e_i)=\sum_{k=1}^{n} x_{ik}$$

其中,n 是布线树的总数,x_{ik} 是一个二进制数。当布线树 T_k 的走线经过边 e_i,则 x_{ik} 的值为1,否则为0。

图9.1分别给出了基于曼哈顿结构和X结构的总体布线图。可以看出,由于

X 结构布线设计允许相对更多的走线方向,所以基于 X 结构的总体布线图(Global Routing Graph,GRG)相对于基于曼哈顿结构的 GRG 图更为复杂。

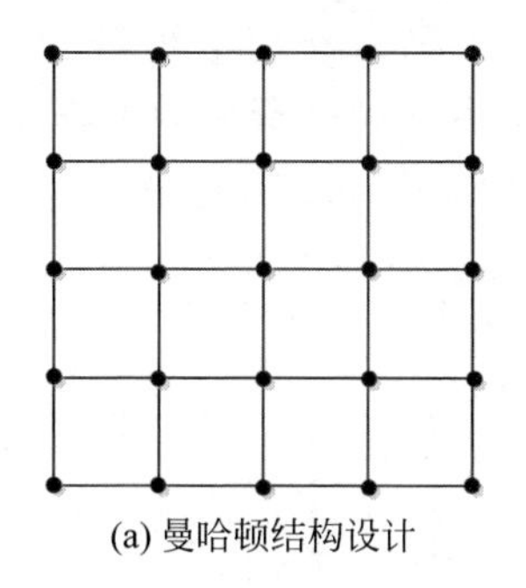
(a) 曼哈顿结构设计

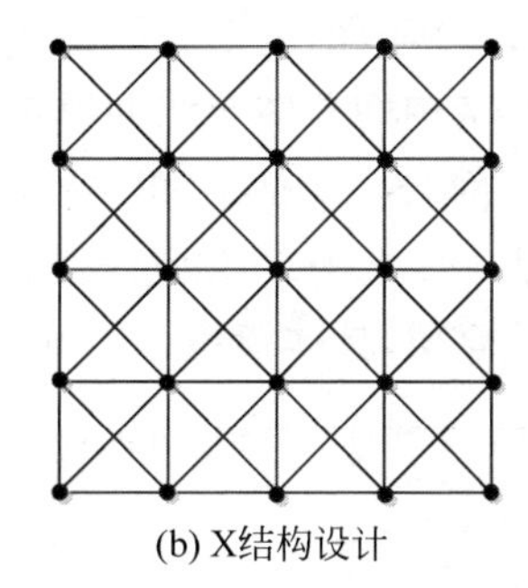
(b) X结构设计

图 9.1 总体布线图

2. 网格的 X 结构距离

X 结构网格是由水平线、垂直线、45°的对角线、135°的对角线交叉组成的。两引脚 P_i 和 P_j 之间在 X 结构网格下八角形距离用边 $e(P_i, P_j)$ 的长度表示,令 $P_i=(X_i, Y_i)$ 和 $P_j=(X_j, Y_j)$ 分别表示平面上两引脚的坐标。

引理 9.1 如果$(X_i == X_j)$且$(Y_i != Y_j)$,那么两引脚 P_i 和 P_j 之间的距离 $e(P_i, P_j)=|y_i - y_j|$。两引脚沿垂直方向走线。

引理 9.2 如果$(X_i != X_j)$且$(Y_i == Y_j)$,那么两引脚 P_i 和 P_j 之间的距离 $e(P_i, P_j)=|x_i - x_j|$。两引脚沿水平方向走线。

引理 9.3 如果$(X_i != X_j)$和$(Y_i != Y_j)$并且$(X_i - X_j)=(Y_i - Y_j)$与$(X_i - X_j)=-(Y_i - Y_j)$之一成立,那么两引脚 P_i 和 P_j 之间的距离 $e(P_i, P_j)=\sqrt{2}\times|x_i - x_j|$。两引脚位于网格的对角线上,因此两引脚的走线方向为 45°对角线或 135°对角线。

引理 9.4 如果$(X_i != X_j)$和$(Y_i != Y_j)$并且$|x_i - x_j| < |y_i - y_j|$,那么两引脚 P_i 和 P_j 之间的距离 $e(P_i, P_j)=(\sqrt{2}-1)\times|x_i - x_j|+|y_i - y_j|$。两引脚的走线方向包括对角线方向和垂直方向。

引理 9.5 如果$(X_i != X_j)$和$(Y_i != Y_j)$并且$|x_i - x_j| > |y_i - y_j|$,那么两引脚 P_i 和 P_j 之间的直线距离 $e(P_i, P_j)=(\sqrt{2}-1)\times|y_i - y_j|+|x_i - x_j|$。两引脚的走线方向包括对角线方向和水平方向。

9.2.3 ILP 模型

使用 ILP 的并行算法求解总体布线问题时,需要为所有可能布线树建立相应的带容量约束的线性方程组,并根据该线性方程组解得最终的总体布线方案。为了更好地求解总体布线问题,一些学者提出了不同类型的 ILP 模型,它们具有各自的优缺点。本节将详细介绍两种 ILP 模型并提出用于求解 X 结构总体布线问题的新 ILP 模型。

1. T-ILP 模型

文献[11]的设计算法中所提出的 T-ILP 模型以最小化最大拥挤度为优化目标。如图 9.2(a)所示的一个总体布线问题的例子，现有两个线网 N_1 和 N_2 待布线，最大通道容量为 2。图 9.2(b)为使用 Steiner 最小树算法将多端线网 N_2 分解为 3 个两端线网(SG_8、SG_6 和 SG_1)，图中给出了两端线网相应的布线候选解。图 9.2(c)为基于传统 ILP 模型得到的布线方案。针对图 9.2(b)所示的例子，建立相应的 T-ILP 模型，具体模型如图 9.3 所示。

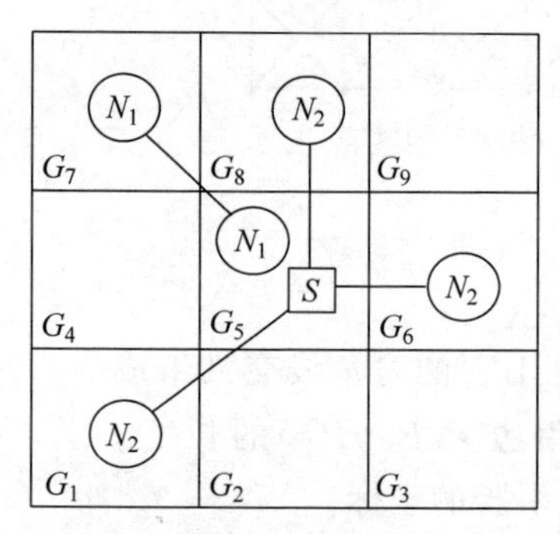

(a) 分布在布线图上的两个待布线网

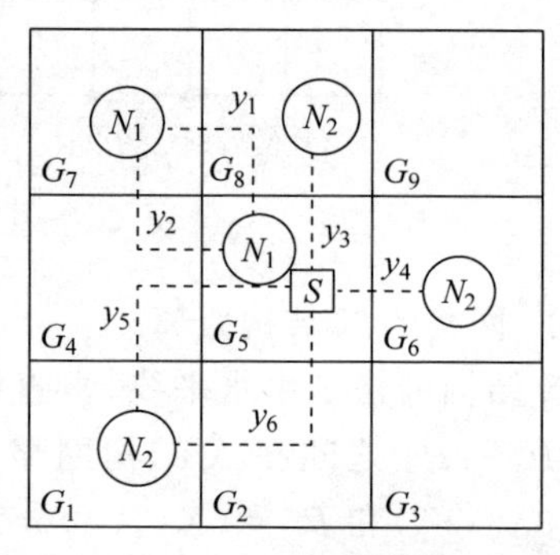

(b) N_2的分解及每个两端线网构造的候选解

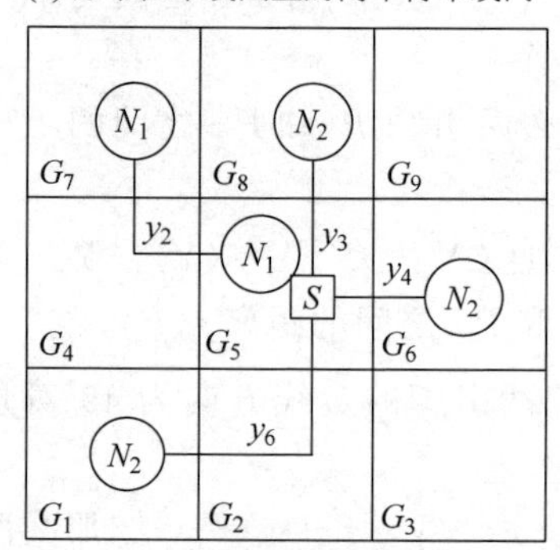

(c) 第一个布线方案

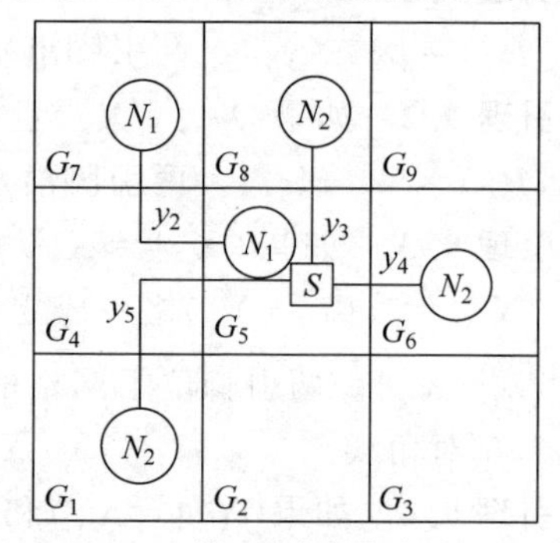

(d) 第二个布线方案

图 9.2 一个总体布线问题的例子

$$
\begin{aligned}
&\text{Minimize } C_{\max} \\
&\text{S.T.} \quad y_1 + y_2 = 1 \\
&\qquad y_3 = 1, y_4 = 1 \\
&\qquad y_5 + y_6 = 1 \\
&\qquad y_1 + y_3 \leqslant C_{\max} \\
&\qquad y_2 + y_5 \leqslant C_{\max} \\
&\qquad y_1 \leqslant C_{\max}, y_2 \leqslant C_{\max}, y_4 \leqslant C_{\max} \\
&\qquad y_5 \leqslant C_{\max}, y_6 \leqslant C_{\max} \\
&\qquad y_1, y_2, y_3, y_4, y_5, y_6 \in \{0,1\}
\end{aligned}
$$

图 9.3 在如图 9.2 所示布线问题中 T-ILP 模型的具体形式

图 9.4 给出了 T-ILP 模型的一般形式。从图 9.4 可以看出,T-ILP 的优化目标是最小化最大拥挤度 $C_{\max}$ 并且需要满足一系列的约束。其中,第一组约束要求每个线网只能在候选解决方案集中选择一个布线方案,y_j 代表一个候选解决方案,k 表示线网的总数。第二个约束集确保 GRG 中每条边的走线数不超过最大拥挤度 $C_{\max}$,其中,X_{ij} 表示一个二进制值,如果候选解 y_j 的走线经过 GRG 中的边 e_i,则 X_{ij} 的值为 1,否则为 0,其中 p 表示 GRG 中所有边的总数目。第三个约束集限制 y_j 是二进制值,其中,t 表示布线候选解的总个数。T-ILP 模型的优势有以下两点。

(1) T-ILP 模型的目标是最小化最大拥挤度,从而可得到更为均匀的布线方案。

(2) T-ILP 模型确保每个线网都有一个候选解,因此,在没有溢出边产生的情况下可完成布线而不需要额外的步骤。

$$\text{Minimize } C_{\max}$$

$$\text{S.T.} \quad \sum_{y_j \in N_k} y_j = 1, k = 1,2,\cdots,n$$

$$\sum_{j=1}^{1} X_{ij} y_j \leqslant C_{\max}, i = 1,2,\cdots,p$$

$$y_j \in \{0,1\}, j = 1,2,\cdots,t$$

图 9.4　T-ILP 模型的一般形式

然而 T-ILP 模型存在的不足是:当最大拥挤度的值大于布线边的最大通道容量值,溢出边的个数将陡增,导致不可布线性增加,最终导致未能完成布线工作。因此,需要额外步骤消除溢出边的情况。

2. M-ILP 模型

M-ILP 模型的目标是最大化布通线网的权重累加和,其中,权重是指每个线网的线长。图 9.5 构建了图 9.2(b)的总体布线实例的具体 M-ILP 模型。由于图 9.2(c)和图 9.2(d)的两个布线方案对应的 M-ILP 模型中布通线网的权重累加和都等于 6,所以基于 M-ILP 模型的布线结果可能包括这两种布线方案。图 9.6 给出 M-ILP 模型的一般化形式,该模型也需要满足一系列的约束条件,但其中只有第三个约束集与 T-ILP 模型一样。第一个约束集是将方程松弛为线性方程,第二个约束集确保每条边的最大走线数不超过最大通道布线容量 $C(e_i)$,而并非 T-ILP 模型中的最大拥挤度 $C_{\max}$。M-ILP 模型的优势可归纳如下。

(1) 每个候选布线解都有一个权重因子,因此,其他优化目标可方便融入目标函数。

(2) 基于 M-ILP 模型获得的布线解不会包括溢出边,因为第二个约束集严格限制 GRG 中每条边的走线数不超过该边对应的最大通道容量。

M-ILP 模型也存在一些不足。

(1) M-ILP 模型由于未考虑拥塞均衡，可能出现拥塞不均衡的布线方案，导致部分布线区域的走线较为密集而部分区域较为稀疏。比如，M-ILP 模型可能得到一个较为不均匀的总体布线方案如图 9.2(d)所示。

(2) M-ILP 模型为了得到严格不违反最大通道容量约束的总体布线方案，会放弃可能产生溢出边且权重较小的一些线网的布线。因此，M-ILP 模型可能不会完全布通所有线网，从而需要一些额外的步骤(例如，迷宫布线算法)以完成最终的布线。

$$
\begin{aligned}
&\text{Maximize } 2y_1 + 2y_2 + y_3 + y_4 + 2y_5 + 2y_6 \\
&\text{S.T. } y_1 + y_2 \leqslant 1 \\
&\quad y_3 \leqslant 1, y_4 \leqslant 1 \\
&\quad y_5 + y_6 \leqslant 1 \\
&\quad y_1 + y_3 \leqslant 2 \\
&\quad y_2 + y_5 \leqslant 2 \\
&\quad y_1 \leqslant 2, y_2 \leqslant 2, y_4 \leqslant 2 \\
&\quad y_5 \leqslant 2, y_6 \leqslant 2 \\
&\quad y_1, y_2, y_3, y_4, y_5, y_6 \in \{0,1\}
\end{aligned}
$$

图 9.5 在如图 9.2 所示布线问题中 M-ILP 模型的具体形式

$$
\begin{aligned}
&\text{Maximize} \sum_{j=1}^{t} y_j \times \text{Wl}_j \\
&\text{S.T.} \sum_{y_j \in N_k} y_j \leqslant 1, k = 1,2,\cdots,n \\
&\quad \sum_{j=1}^{1} X_{ij} y_j \leqslant C(e_i), i = 1,2,\cdots,p \\
&\quad y_j \in \{0,1\}, j = 1,2,\cdots,t
\end{aligned}
$$

图 9.6 M-ILP 模型的一般形式

3. O-ILP 模型

本节所提出的 O-ILP 模型是为了最小化所有线网的总线长，同时考虑到拥塞度分布情况，从而构建更为均匀的布线结果。对于图 9.2(b)中的布线问题，O-ILP 模型可获得如图 9.2(c)所示的更为均匀的布线方案。针对如图 9.2(b)所示的布线问题，O-ILP 模型的具体形式如图 9.7 所示。

定义 9.1 拥塞度 e_i 的拥塞度是指布线边的实际走线个数 $U(e_i)$ 与最大通道容量 $C(e_i)$ 的比值，计算公式如下：

$$
\text{congestion}(e_i) = \frac{U(e_i)}{C(e_i)}
$$

O-ILP 模型的一般化形式如图 9.8 所示。Std()表示所有边的拥挤度集合对应的标准差。第一个约束集限制每个线网只能从候选布线方案中选取一个候选解。第二个约束集确保候选布线方案 y_j 的值是二进制值。另外，O-ILP 模型中

Wl_j 表示方案 y_j 的线长，β 是惩罚项，γ 表示违反约束的次数，α 是用户自定义参数。参数 β 和 α 的选择情况将在实验部分具体给出。

$$
\begin{aligned}
&\text{Minimize } \beta \times ((2y_1 + 2y_2 + y_3 + y_4 + 2y_5 + 2y_6) + \\
&\qquad \alpha \times \text{Std}(y_1/2, y_2/2, y_3/2, y_4/2, y_5/2, y_6/2)) \\
&\text{S.T. } y_1 + y_2 = 1 \\
&\qquad y_3 = 1, y_4 = 1 \\
&\qquad y_5 + y_6 = 1 \\
&\qquad y_1 + y_3 \leqslant 2 \\
&\qquad y_2 + y_5 \leqslant 2 \\
&\qquad y_1 \leqslant 2, y_2 \leqslant 2, y_4 \leqslant 2 \\
&\qquad y_5 \leqslant 2, y_6 \leqslant 2 \\
&\qquad y_1, y_2, y_3, y_4, y_5, y_6 \in \{0,1\}
\end{aligned}
$$

图 9.7 在如图 9.2 所示布线问题中 O-ILP 模型的具体形式

$$
\begin{aligned}
&\text{Minimize } \beta \times (\sum_{j=1}^{t} y_j \times Wl_j + \alpha \times \text{Std}(\text{congestion}(e_1), \\
&\text{congestion}(e_2), \cdots, \text{congestion}(e_p))) \\
&\text{S.T. } \sum_{y_j \in N_k} y_j = 1, k = 1,2,\cdots,n \\
&\beta = \begin{cases} 1, \text{如果} \sum_{j=1}^{1} X_{ij} y_j \leqslant C(e), \forall e, i = 1,2,\cdots,p \\ 1.026^{\gamma}, \text{否则} \end{cases} \\
&y_j \in \{0,1\}, j = 1,2,\cdots,t
\end{aligned}
$$

图 9.8 O-ILP 模型的一般形式

性质 9.1 本节算法基于 O-ILP 模型所产生的布线结果比未考虑拥塞均衡的方法所产生的结果更加均匀，而且在一些情况可同时取得更小的线长值。

在样本大小一致的前提下，一般标准差越大，相应数据集的波动性就越大。因此，本节算法采用所有边的拥塞度集合{congestion(e_i)}的标准差近似表示总体布线问题的拥塞均衡性。O-ILP 模型的优化目标包括线长最小化和拥塞均衡。

最小化集合{congestion(e_i)}的标准差可能使得在后续布线区域进行布线工作获得较小的线长指标。如图 9.9(a)和图 9.9(b)所示的例子是分别来源于图 9.2(c)和图 9.2(d)所示的布线方案完成后进一步扩展得到的新布线区域。其中，虚线框标识新布线区域，线网 N_3 是在新布线区域中准备布线的线网。算法基于 O-ILP 模型进入新的布线区域前可获得如图 9.9(a)所示更为均匀的布线方案(拥塞度集合对应的标准差是 0.2611)，而算法基于 M-ILP 模型可能获得如图 9.9(b)所示的另外一个布线方案(拥塞度集合对应的标准差是 0.3279)。在进入新布线区域的布线过程，算法将布通线网 N_3。本节算法基于 O-ILP 模型可获得布线方案 y_7，对应所有线网的总线长为 8。而未考虑拥塞度均衡的算法只能获得布线方案 y_8 或 y_9，它们对应所有线网的总线长为 10。

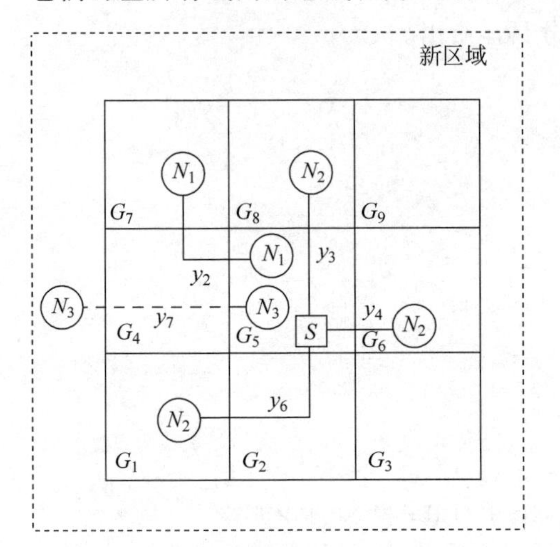

(a) 采用拥塞均衡策略的线长优化能力

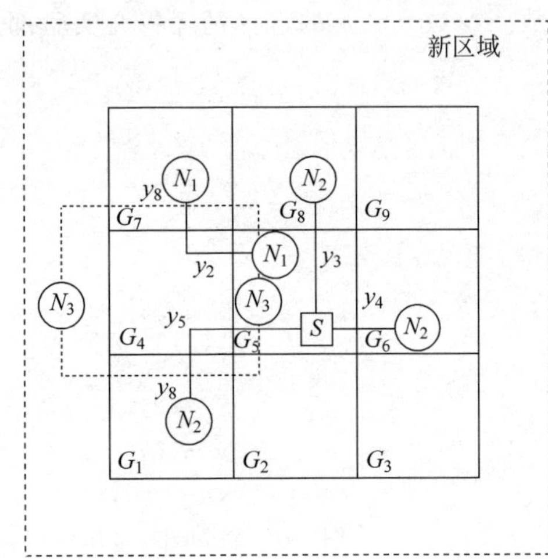

(b) 未采用拥塞均衡策略的线长优化能力

图 9.9　拥塞均衡策略对线长优化的影响

综上所述，本节算法基于 O-ILP 模型可获得更为均匀的布线方案，甚至该方案拥有更小的线长，从而验证了性质 9.1 的有效性。为了进一步验证性质 9.1 的有效性，将在实验结果分析中设计相关实验，具体实验结果在表 9.3 中列出。

O-ILP 模型的优势可归纳如下：

(1) O-ILP 模型考虑到拥挤度均衡，使得布线方案更为均匀，避免芯片中产生太多布线热点。

(2) 类似于 M-ILP 模型，O-ILP 模型中每个候选解都对应一个权重因子，进而使得其他优化目标可容易地融入 O-ILP 模型的目标函数中。

(3) O-ILP 模型的构建是为了设计更为有效的 PSO 算法以求解相应的 ILP 模型。采用 PSO 求解 ILP 模型可避免由于随机取整数方法带来的偏差问题。

对比前两个 ILP 模型，O-ILP 模型在一定程度上更为有效，但 O-ILP 模型也存在不能完全布通所有线网的情况，这是因为 XGRouter 尽可能在不产生溢出边的情况下搜索合适的布线方案。为此，在 XGRouter 的后期，本节设计一种基于新布线边代价函数的迷宫算法用于布通剩余未布完的线网集合。

9.2.4　XGRouter 的详细设计过程

本节提出的 X 结构总体布线算法——XGRouter 主要包括 3 个阶段：初始布线阶段、主阶段及后处理阶段。XGRouter 的算法流程如图 9.10 所示，下面将分别详细介绍 XGRouter 的 3 个阶段。

1. 初始布线阶段

在总体布线中，为将多端线网拆分为多个两端线网，通常使用 Steiner 最小树或最小生成树的方法，其中 Steiner 最小树方法能拥有更小的线长。因此，

XGRouter 算法采用文献[16]所提出的 X 结构 Steiner 最小树算法构造布线树以对多端线网进行线网分解。之后计算每两端点所构成线段的斜率值，如果其斜率值为 0、−1、+1 和∞，则初始布线阶段将在保证不违反通道容量约束的前提下直接以 X 结构边的走线方式连接该两端线网。如果 GRG 边的实际走线数超过了最大通道容量，那么初始布线阶段放弃这类两端线网的连接。

初始布线阶段的流程如图 9.10 所示。其中，本节算法检查每个两端线网是否满足预布线的条件。如果满足，则直接连接两端线网并标识该线网为已连接；否则，继续检查下一个线网是否满足条件，直至所有两端线网都被检查过。在初始布线阶段完成后，所有两端点线网都被逐一检查过。

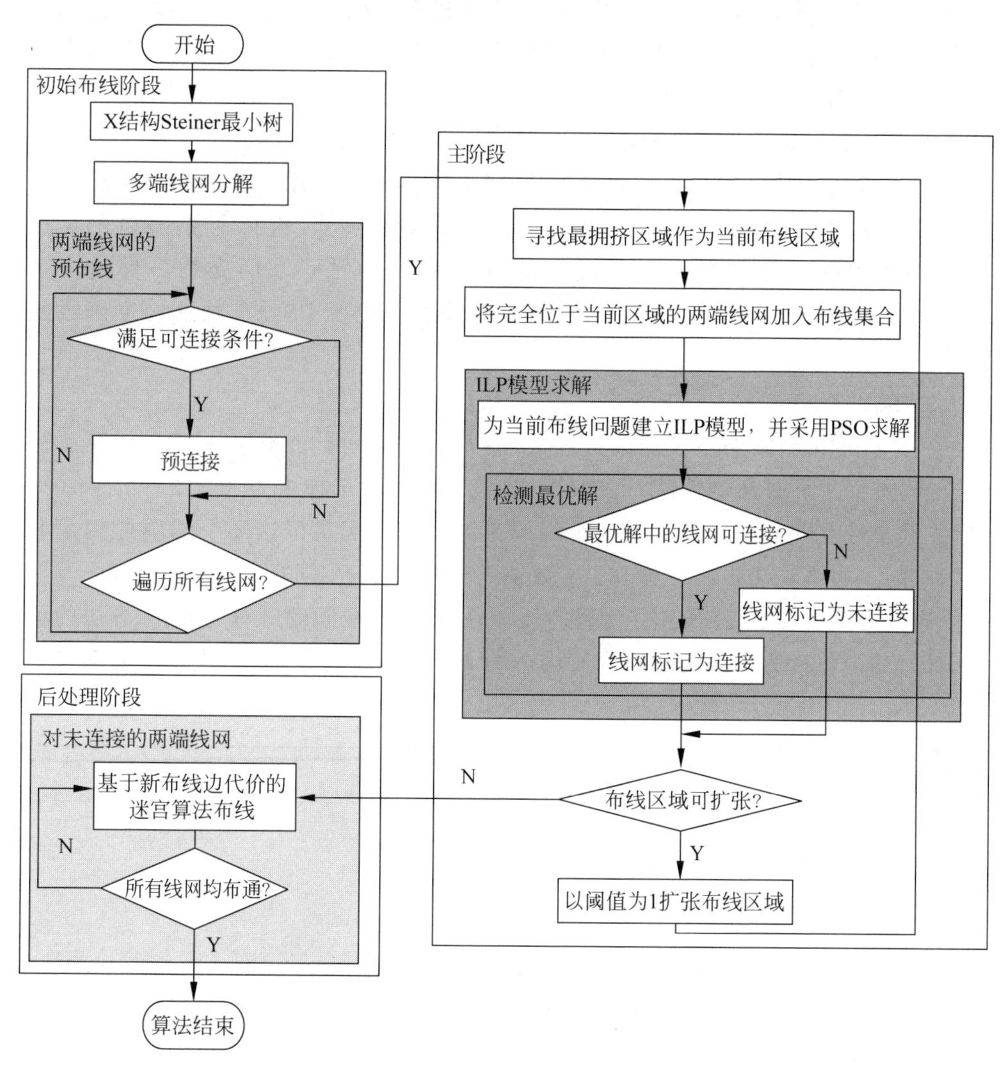

图 9.10　XGRouter 的算法流程

2. 主阶段

在 XGRouter 的主阶段，采用划分策略以减少总体布线问题的规模，从而有助于 PSO 更为有效地求解 O-ILP 模型。初始布线子区域的选择对最终总体布线的质量有重大影响，而选择最拥塞区域作为初始布线子区域是一种不错的选择。完成初始布线阶段后，算法从芯片的近似拥挤情况中找出最拥挤区域。本节算法中主阶段的初始布线子区域的规模为 2×2 的 GRG 网格。为该子区域内的布线问题建立相应的 O-ILP 模型并采用改进的 PSO 算法进行求解。在布通每个子区域后，沿该区域的所有布线方向扩展一个 GRG 网格大小作为下一个布线子区域(例如，区域从 2×2 扩展至 3×3)，并采用相同的方法进行布线，直至目前的布线子区域已包含整个芯片的布线区域。XGRouter 的主阶段算法如算法 9.1 所示。其中，本节用于求解 O-ILP 模型的改进 PSO 算法的具体设计过程将在后面介绍，改进 PSO 算法的算法流程如算法 9.2 所示。

PSO 算法在被应用于离散问题中，已经有不同学者采用一些不同策略将连续型的 PSO 算法离散化。本章工作根据 O-ILP 问题的特点，重新定义 PSO 的操作算子，从而设计一种求解 O-ILP 模型的有效 PSO 算法。下面介绍一种适合于 O-ILP 模型的编码策略、重新定义的 PSO 操作算子以及 PSO 算法适应度函数的设计过程。

1）编码策略

一个好的编码策略不仅能改进算法的搜索效率，而且能够减少冗余的算法搜索空间，进而提高算法的性能。一般来说，编码策略的选择主要考虑 3 个准则：完整性、健全性及非冗余性。对于一个编码策略要完全满足以这 3 个编码准则是非常困难的。本节算法提出一种 0-1 整数编码策略表示 PSO 算法中的一个粒子，即一个布线方案。图 9.11 给出了如图 9.2(b)所示的布线问题所对应 PSO 算法的粒子编码，其中包括为 4 个两端线网所构造的 6 个布线候选解，因此该粒子的编码长度是 6。

算法 9.1　主阶段算法

输入：初始布线后尚未布线的线网集合 N'

  寻找初始布线中最拥挤的布线子区域

  while true **do**

    for N'中每个线网 i **do**

      if 线网 i 的两个引脚都在当前布线子区域内 **then**

        添加线网 i 至当前布线区域的线网集合 CN

      end if

    end for

```
    if 集合 CN 不为空 then
      为线网集合 CN 的布线问题建立 O-ILP 模型并调用算法 9.2 求解
    end if
    if 最优解方案的惩罚因子是 1 then
      布通 CN 中的所有线网并全部标记为已布通
    else
      标记其中造成惩罚的线网为未布线,而其余线网进行布线则标记为已布通
    end if
    以单位网格大小沿所有布线方向扩张当前布线区域作为下一次布线区域
    if 当前布线区域已包含整个芯片 then
      break;
    end if
  end while
```

算法 9.2 求解 O-ILP 的 PSO 算法

```
输入:当前布线区域的线网集合 CN
  初始化 PSO 参数,包括种群大小、最大迭代次数等;
  设置每个粒子为其初始的历史最优解并从中得到初始的种群全局最优解;
  while i<最大迭代次数 do
    for 种群中的每个粒子 p do
      执行变异操作;
      执行交叉操作;
      计算粒子的适应度函数值;
      if 粒子 p 的适应度优于其历史最优值 then
        令当前粒子为其历史最优解;
      end if
      if 粒子 p 的适应度优于全局最优值 then
        令当前粒子为全局最优解;
      end if
    end for
  end while
```

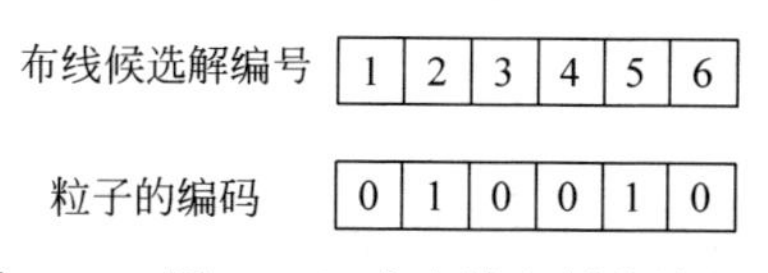

图 9.11 图 9.2(b)中布线实例的编码图

性质 9.2 针对总体布线问题所设计的 0-1 整数编码策略,符合完整性和非冗

余性准则，但不能很好地满足健全性准则。

如图 9.2(d)所示的布线方案，其粒子的编码为 011110。假设最大通道容量为 1，那么如图 9.2(d)所示的 GRG 边 G_{45}(布线单元 G_4 和 G_5 之间的边)的实际走线数为 2，大于最大通道容量，违反了 O-ILP 模型的约束，是一个不可行解，所以该编码不满足健全性准则。

为了更好地满足健全性准则，将在后续所讨论的交叉算子和变异算子融入检查策略，并且在适应度函数的设计中引入惩罚机制策略。这样可确保每个两端线网只有一个布线候选解会被选中，且对违反最大通道容量约束的粒子施加严厉的惩罚。

2) 粒子的更新公式

由于总体布线问题所建立的 ILP 模型是一个离散问题，因此，为基本 PSO 构建的粒子更新公式不再适用于 O-ILP 模型的求解。为此，本节算法设计了交叉和变异算子以构建离散形式的粒子更新公式，并将检查策略融入这些算子以满足健全性原则，最终重新定义的粒子更新公式如下所示：

$$X_i^t = N_3(N_2(N_1(X_i^{t-1}, \omega), c_1), c_2) \tag{9.1}$$

其中，ω 为惯性权重，c_1、c_2 为加速因子。N_1 表示变异操作，N_2 和 N_3 皆代表交叉操作。这里假定 r_1、r_2、r_3 都是在区间[0,1)的随机数。

(1) 粒子的速度更新可表示如下：

$$W_i^t = N_1(X_i^{t-1}, \omega) = \begin{cases} M(X_i^{t-1}), & r_1 < \omega \\ X_i^{t-1}, & \text{否则} \end{cases} \tag{9.2}$$

其中，ω 表示粒子进行变异操作的概率。

在如图 9.12 所示的变异操作算子的执行过程中，粒子编码中的一个随机位(mp1)被选中为变异操作位置，再根据式(9.3)重新计算 mp1 的值(val)，其中符号“%”表示取模运算符。在执行完变异(mutation)操作后，粒子的编码更新为 101111。其中，该粒子对应的布线方案违反 O-ILP 模型的第一个约束集，因为如图 9.2(b)所示同一个线网的两个候选解 y_5 和 y_6 将会同时被选中。因此，本节算法设计一个检查策略以检查布线方案是否满足 O-ILP 模型中第一个约束集。在执行完检查步骤后，粒子的编码变为如图 9.12 所示的 101110。

$$\text{val} = (\text{val} + 1)\%2 \tag{9.3}$$

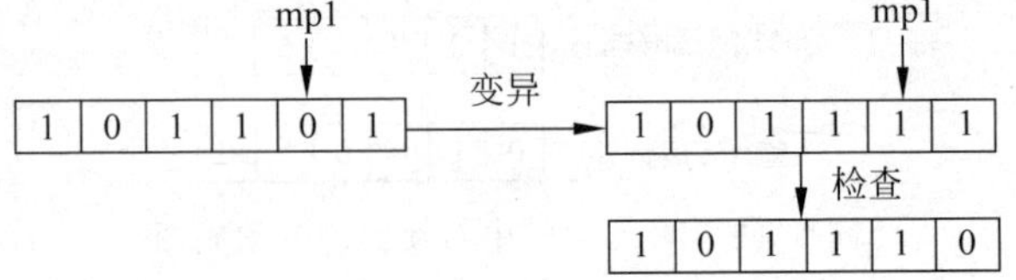

图 9.12 本节算法的变异算子

(2) 粒子的个体经验学习可表示如下：

$$S_i^t = N_2(W_i^{t-1}, c_1) = \begin{cases} C_p(W_i^t), & r_2 < c_1 \\ W_i^t, & \text{否则} \end{cases} \tag{9.4}$$

其中，根据 c_1 与 r_2 判断是否与其历史最优方案进行交叉操作。

(3) 粒子与种群其他粒子进行合作学习可表示如下：

$$X_i^t = N_3(S_i^t, c_2) = \begin{cases} C_p(S_i^t), & r_3 < c_2 \\ S_i^t, & \text{否则} \end{cases} \tag{9.5}$$

其中，根据 c_2 与 r_3 判断是否与全局最优方案进行交叉操作。

如图 9.13 所示的交叉算子，粒子编码中有两个随机位置(cp1 和 cp2，令 cp1<cp2)被选中，之后粒子与个体历史最优方案(全局最优方案)交换从 cp1 到 cp2 这一区间的编码值。类似变异操作算子，交叉算子也执行检查策略，从而获得交叉后粒子的最终编码为 101101。

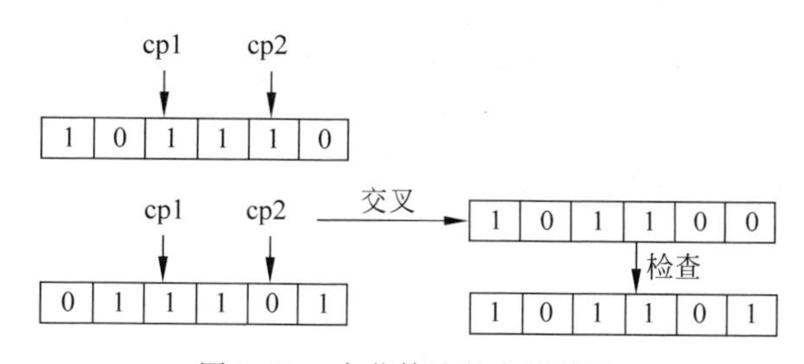

图 9.13　本节算法的交叉算子

检查策略的步骤如下所示：

步骤 1，选择发生变异操作或交叉操作的粒子编码位置。

步骤 2，对每个位置 y_j，其表示一个两端线网 N_k 的一个候选解，检查该线网 N_k 的其他候选解的编码值与 y_j 的值是否满足 O-ILP 模型的第一个约束集。若不满足，则改变其他候选解的编码值使其满足约束，否则保持编码值不变。

如图 9.12 所示，在完成变异操作后，粒子的编码变为 101111，当执行检查策略时，已完成变异的位置 y_5 是如图 9.2(b)所示的两端线网 SG_1 的一个候选解，而 y_6 是 SG_1 的另外一个候选解，检查到 y_5+y_6 不等于 1，从而不满足 O-ILP 模型的第一个约束集，检查策略令 y_6 的值更新为 0 以满足约束。此时执行完如图 9.13 所示的检查策略后，粒子的编码更新为 101110。

3) 适应度函数

总体布线问题的指标包括溢出数、线长、拥塞度等。其中，溢出数是总体布线第一重要的优化目标，严重影响芯片设计的可布线性。因此，在 O-ILP 模型中的第二个约束集严格限制 GRG 中边的实际走线数不超过最大通道容量以避免溢出的产生。线长和拥塞度同样也是非常重要的 VLSI 布线指标，因而在 XGRouter 的设计过程中，不但考虑线长最小化，还考虑拥塞度的均衡性。PSO 算法的最终适应度函数定义如下：

$$\text{fitness}=\beta\times\left(\sum_{j=1}^{t}y_i\times \text{Wl}_j+\alpha\times \text{Std}(\text{congestion}(e_1),\right.$$
$$\left.\text{congestion}(e_2),\cdots,\text{congestion}(e_p))\right) \tag{9.6}$$

其中，β 表示惩罚项，α 表示拥塞度的权重，Std()表示当前布线区域中所有 GRG 边的拥塞度集合的标准差。如果最优布线方案不违反最大通道容量约束，则 β 的值为 1，否则 β 的值为 1.026^r，这里 r 是最优布线方案存在违反约束的次数。Wl_j 表示布线候选解的线长，它是根据 X 结构网格距离进行计算的。每个两端线网所包含两个端点位置可分为如引理 9.1～引理 9.5 所示的 5 种情况，并根据引理 9.1～引理 9.5 的边距离公式计算相应的线长。

如图 9.2(c)和图 9.2(d)所示的两个总体布线方案对应的拥塞度集矩阵 $\mathbf{CM}_1$ 和 $\mathbf{CM}_2$ 如下所示。

计算 $\mathbf{CM}_1$ 和 $\mathbf{CM}_2$ 相应的标准差 Std($\mathbf{CM}_1$)和 Std($\mathbf{CM}_2$)分别为 0.2611 和 0.3279。从图 9.2 可以看出，若标准差 Std($\mathbf{CM}_1$)较小，则所对应的总体布线方案拥有更为均匀的拥塞分布。因此，在适应度函数的设计中，本节考虑拥塞度集矩阵的标准差优化以使得总体布线方案更为均匀。

$$\mathbf{CM}_1=\begin{bmatrix} G_{12} & G_{23} & G_{45} & G_{56} & G_{78} & G_{89} \\ G_{14} & G_{25} & G_{36} & G_{47} & G_{58} & G_{69} \end{bmatrix}=\begin{bmatrix} 0.5 & 0.0 & 0.5 & 0.5 & 0.0 & 0.0 \\ 0.0 & 0.5 & 0.0 & 0.5 & 0.5 & 0.0 \end{bmatrix}$$

$$\mathbf{CM}_2=\begin{bmatrix} G_{12} & G_{23} & G_{45} & G_{56} & G_{78} & G_{89} \\ G_{14} & G_{25} & G_{36} & G_{47} & G_{58} & G_{69} \end{bmatrix}=\begin{bmatrix} 0.0 & 0.0 & 1.0 & 0.5 & 0.0 & 0.0 \\ 0.5 & 0.0 & 0.0 & 0.5 & 0.5 & 0.0 \end{bmatrix}$$

3. 后处理阶段

为解决 XGRouter 主阶段完成后仍存在未连接的两端线网的情况，本节算法设计了基于新布线边代价的迷宫算法用以布通未连接线网，是后处理阶段中最终布通所有线网的重要步骤。算法 9.3 为计算新布线边代价的伪代码。迷宫算法如算法 9.4 所示。

算法 9.3　新布线边代价

if 已有原多端线网分解后的其他子线网经过两端线网的边 e_i **then**

　　cost(e_i)=0;

else

　　cost(e_i)=cost(e_i)+length(e_i); //length 是指边 e_i 在 GRG 中的长度

　　cost(e_i)=cost(e_i)+cong(e_i); //cong 是指边 e_i 在 GRG 中的拥塞度

end if

算法 9.4　基于新布线边代价的迷宫算法

输入：主阶段后仍未布线的剩余线网集合 RN

```
for 在 RN 中的每个两端线网 i do
  priority_queue Q;
  添加线网 i 的一个引脚至 Q,并将该引脚记为待扩张点;
  while Q 不为空 do
    以一个单元网格大小沿所有布线方向扩张 Q.top 点;
    if 该点的标识是未扩张 then
      调用算法 9.3 以更新并计算线网 i 的布线代价;
      if 该点能继续扩张 then
        向 Q 中添加该点;
      end if
    end if
  end while
end for
```

9.2.5　实验结果

本节算法是采用 C/C++编程,并采用 9 个基准电路验证本节算法的有效性。为了研究本节算法的有效性,6 组实验在本节的第 2～6 部分分别实施对比,而所有基准电路的参数说明及其初始布线阶段的布线结果则在本书第 1 部分描述。

1. 基准电路的参数说明及其初始布线阶段的布线结果

表 9.2 为测试电路的属性及初始布线的结果。其中,第 1～4 列分别给出基准电路中电路名称、网格大小、线网个数、单元个数,其中线网的数量从 11 507 个增至 64 227 个,单元的数目从 12 036 个增至 66 948 个。在 XGRouter 的初始布线阶段进行线网分解后,两端线网的个数从 25 698 个增至 169 391 个。

表 9.2　测试电路的属性及初始布线的结果

基准电路				初始布线情况		
名称	网格大小	线网数	单元数	bf. nets	af. nets	初始布通率/%
ibm01	64×64	11 507	12 036	25 698	20 127	78.32
ibm02	80×64	18 429	19 062	55 739	39 871	71.53
ibm03	80×64	21 621	21 924	43 272	30 181	69.75
ibm04	96×64	26 163	26 346	49 821	34 193	68.63
ibm06	128×64	33 354	32 185	75 912	59 812	78.79
ibm07	192×64	44 394	44 848	97 391	69 123	70.97
ibm08	192×64	47 944	50 691	121 912	89 134	73.11
ibm09	256×64	50 393	51 461	115 871	91 268	78.77
ibm10	256×64	64 227	66 948	169 391	113 459	66.98
均值						72.98

表 9.2 中的“bf. nets”表示在 XGRouter 的初始布线阶段前需要进行总体布线的两端线网数目，而“af. nets”表示在初始布线阶段后已经布通的两端线网数目。表 9.2 的第 7 列说明了在初始布线阶段后已经布通的两端线网数目占所有两端线网数目的百分比为 72.98%。因此，XGRouter 在初始布线阶段后可获得一个近似的布线拥挤分布情况。

2. O-ILP 模型的参数选择

参数 β 是惩罚项，当总体布线方案违反最大通道容量约束时，参数 β 对应的函数底数略大于 1。在实验中，底数的值分别设置为 1.001～1.101，以 0.005 递增，再分别作为惩罚项参数 β 的底数进行实验，并在图 9.14(a)、(b)和(c)中分别给出在基准电路 ibm01、ibm02 及 ibm03 上基于不同底数值所得到的优化结果。从如图 9.14 所示的结果可看出这些电路对应的最优线长一般在底数的取值为 1.026～1.036 的条件下获得。因此，在随后的实验中将底数的取值设置为 1.026。

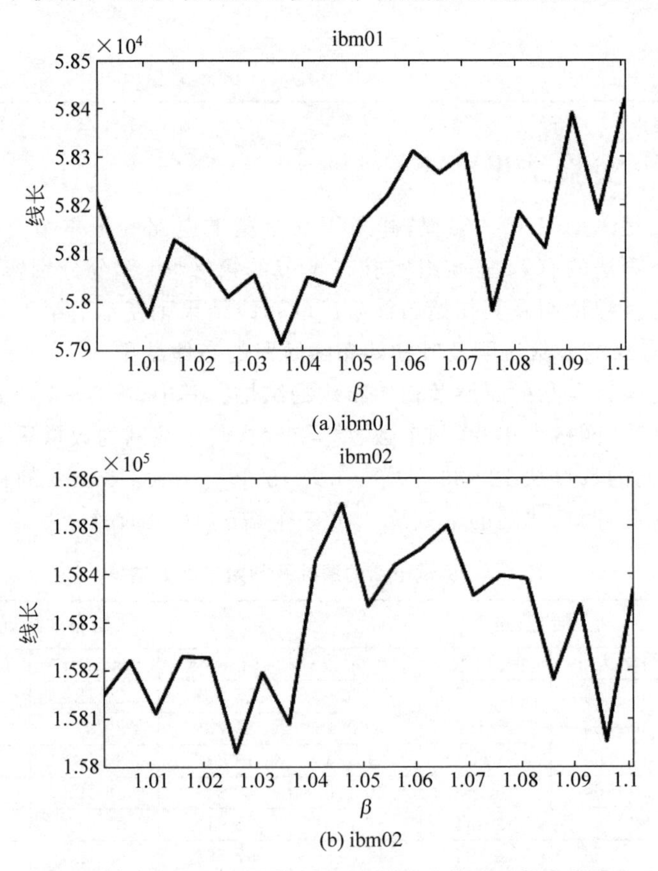

图 9.14 在参数 β 的不同底数取值下总体布线优化结果

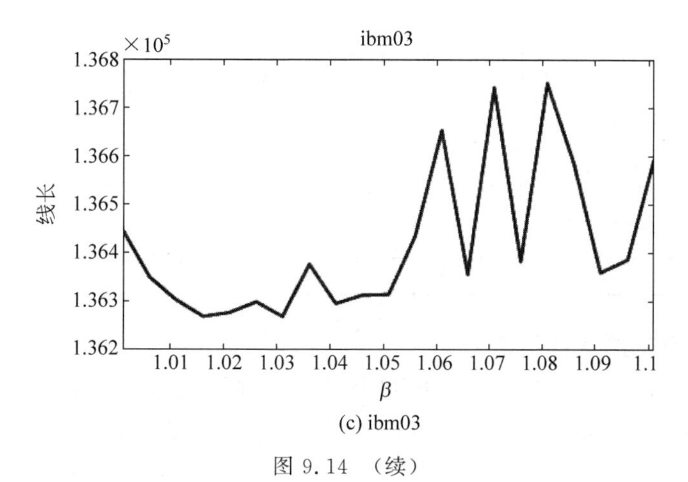

(c) ibm03

图 9.14 （续）

另外，在所有基准电路中，其拥塞度集对应的标准差值一般为 0.01～1，而线长的取值一般为 10～1000。权重参数 α 的选择分别设置为从 20～200，以 2 递增，从实验结果观察到权重参数 α 在这些取值范围内对最后的优化效果没有明显影响。因此，本节算法中参数 α 的值设置为 100。

3. 拥塞度均衡策略的有效性验证

为了研究 O-ILP 模型中拥塞均衡策略的有效性，本节开展了相关实验，其中表 9.3 列出了未加入和加入拥塞均衡策略的优化结果对比。符号 WOS 和 WS 分别表示 PSO 算法中未考虑和有考虑拥塞均衡两种情况，STD 表示拥塞度集合的标准差，TWL 表示所有线网的总线长。从表 9.3 可以看出，考虑到拥塞均衡策略，WS 相对于 WOS 在标准差指标上减少率为 4.93%，从中可看出由于所有 GRG 边的拥塞度集的标准差得到减少，本节 O-ILP 模型可获得更均匀的总体布线方案。表 9.3 的第 2、4、6 列分别给出了总线长的相关结果，从中可看出 WS 相对于 WOS 在总线长指标方面能够取得 0.02% 的减少率。因此，相关实验结果表明，采用拥塞均衡策略在大多数基准电路(ibm04～ibm10)中可获得更短的总线长，从而进一步验证 O-ILP 模型的有效性和性质 9.1 的合理性。

表 9.3 未加入和加入拥塞均衡策略的优化结果对比

基准电路	WOS		WS		减少率/%	
	TWL	STD	TWL	STD	TWL	STD
ibm01	58 137	0.0818	58 149	0.0794	−0.02	2.93
ibm02	158 100	0.0415	158 259	0.0409	−0.10	1.45
ibm03	136 261	0.0376	136 283	0.0356	−0.02	5.32
ibm04	153 589	0.0635	153 560	0.0611	0.02	3.78
ibm06	262 559	0.0169	262 142	0.0159	0.16	5.92
ibm07	341 835	0.0242	341 782	0.0233	0.02	3.72

续表

基准电路	WOS		WS		减少率/%	
	TWL	STD	TWL	STD	TWL	STD
ibm08	380 005	0.0200	379 882	0.0183	0.03	8.50
ibm09	389 344	0.0457	389 288	0.0436	0.01	4.60
ibm10	542 997	0.0244	542 441	0.0224	0.10	8.20
均值					0.02	4.93

4. 本节算法的统计结果

因为用于求解 O-ILP 模型的 PSO 算法是一种随机算法，所以在每个基准电路的实验分别运行 20 次并在表 9.4 和图 9.15 中给出相应的统计实验结果。表 9.4 给出了本节算法的统计结果，包括最佳值(BT)、最差值(WT)以及平均值(AE)，最后两列给出了最佳值相对平均值的改进率以及最差值相对平均值的增加率。可以看出，20 次实验结果中最差值和最佳值相对其平均值的平均改变率分别是 −0.0009 和 0.0007，由此可见本节算法具有较好的鲁棒性。在后续的实验设计中，将采用 20 次运行结果的平均值与其他算法的实验结果进行比较。

表 9.4 本节算法的统计结果

基准电路	BT	WT	AE	(AE−BT)/AE	(AE−WT)/AE
ibm01	57 855	58 170	57 989	0.0023	−0.0031
ibm02	157 944	158 139	158 049	0.0007	−0.0006
ibm03	136 236	136 332	136 284	0.0004	−0.0004
ibm04	153 232	153 570	153 425	0.0013	−0.0009
ibm06	261 618	262 067	261 729	0.0004	−0.0013
ibm07	341 706	341 866	341 794	0.0003	−0.0002
ibm08	379 774	380 102	379 902	0.0003	−0.0005
ibm09	389 262	389 701	389 367	0.0003	−0.0009
ibm10	542 413	542 919	542 568	0.0003	−0.0006
均值				0.0007	−0.0009

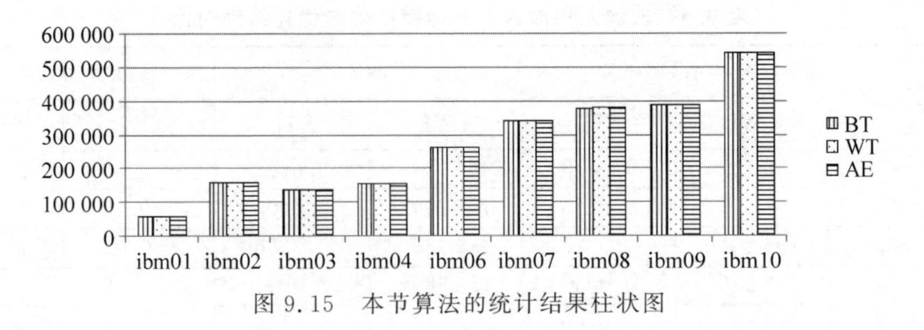

图 9.15 本节算法的统计结果柱状图

5. 与5种矩形总体布线串行算法的对比

为了验证本节算法的有效性，将本节算法与5种矩形总体布线串行算法在上述基准电路上进行实验对比。在ISPD98基准电路上测试这些矩形总体布线算法，表9.5和图9.16为对应实验结果。从表9.5看出，在线长(TWL)指标上，本节算法相对这5种串行算法分别取得6.72%、7.53%、7.50%、7.01%及6.68%的减少率，特别是在ibm01上与文献[4]的算法得到的结果相比可达到9.94%的减少率。因为所有算法均未产生溢出边，所以关于溢出数(OVF)的实验数据均为0，未在表9.5中列出。由于本节算法引入X结构并从全局的角度进行总体布线(即本节算法是并行算法)，所以本节算法具有相对更强的线长优化能力，且能较好地降低串行算法对线网布线顺序的依赖性。

表9.5　与5种矩形总体布线串行算法在线长的对比

基准电路	[2]	[4]	[9]	[3]	[5]	本节算法	减少率/%				
							[2]	[4]	[9]	[3]	[5]
ibm01	63 332	64 389	62 659	63 720	62 498	57 989	8.44	9.94	8.99	7.45	7.21
ibm02	168 918	171 805	171 110	170 342	169 881	158 049	6.43	8.01	7.22	7.63	6.96
ibm03	146 412	146 770	146 634	147 078	146 458	136 284	6.92	7.14	7.34	7.06	6.95
ibm04	167 101	169 977	167 275	170 095	166 452	153 425	8.18	9.74	9.80	8.28	7.83
ibm06	277 608	278 841	277 913	279 566	277 696	261 729	5.72	6.14	6.38	5.82	5.75
ibm07	366 180	370 143	365 790	369 340	366 133	341 794	6.66	7.66	7.46	6.56	6.65
ibm08	404 714	404 530	405 634	406 349	404 976	379 902	6.13	6.09	6.51	6.34	6.19
ibm09	413 053	414 223	413 862	415 852	414 738	389 367	5.73	6.00	6.37	5.92	6.12
ibm10	578 795	583 805	590 141	585 921	579 870	542 568	6.26	7.06	7.40	8.06	6.43
均值							6.72	7.53	7.50	7.01	6.68

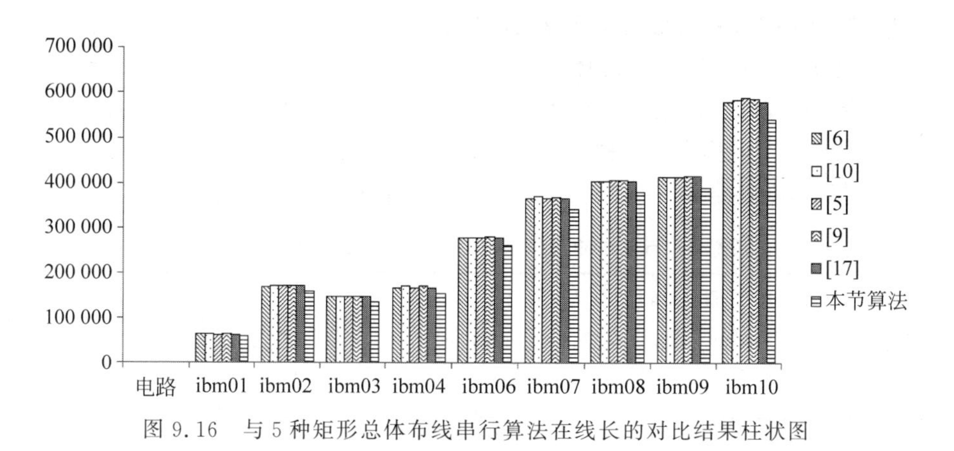

图9.16　与5种矩形总体布线串行算法在线长的对比结果柱状图

6. 与两种X结构总体布线算法的对比

将本节算法与两种X结构总体布线算法进行关于TWL和OVF的对比，相应结果在表9.6中给出。将本节算法与文献[41]描述的Labyrinth总体布线算法以及基于X结构的文献[27]的相应算法进行对比。由于这两种X结构总体布线算法在有些基准电路中存在溢出数,所以在表9.6中分别给出溢出数和总线长两个指标的实验结果。其中第2、4、6列分别给出了3种X结构总体布线算法的总线长结果,第8列和第9列分别给出了本节算法相对两种X结构总体布线算法在总线长上的减少率,分别为22.46%和16.22%。特别是在ibm03上相对文献[41]的算法可达到26.41%的线长减少率。表9.6中的相关实验结果显示本节算法可获得高质量的总体布线方案,其原因是本节算法可同时考虑到多数线网的走线状态,从全局角度进行总体布线,同时在初始布线阶段会给出一个有效的初始布线策略。

表9.6 与两种X结构总体布线算法在TWL和OVF的对比

基准电路	文献[41]		文献[27]		本节算法		减少率/%	
	TWL	OVF	TWL	OVF	TWL	OVF	[41] TWL	[27] TWL
ibm01	76 517	398	69 575	60	57 989	0	24.21	16.65
ibm02	204 734	492	188 691	0	158 049	0	22.80	16.24
ibm03	185 194	209	158 837	0	136 284	0	26.41	14.20
ibm04	196 920	882	187 443	385	153 425	0	22.09	18.15
ibm06	346 137	834	314 082	0	261 729	0	24.39	16.67
ibm07	449 213	697	391 289	0	341 794	0	23.91	12.65
ibm08	469 666	665	440 612	1	379 902	0	19.11	13.78
ibm09	481 176	505	467 727	1	389 367	0	19.08	16.75
ibm10	679 606	588	685 521	661	542 568	0	20.16	20.85
均值	343 240	586	322 642	123	269 012	0	22.46	16.22

7. 与4种矩形总体布线并行算法的对比

将本节算法与4种矩形总体布线并行算法进行关于TWL的对比,表9.7和图9.17给出相应的实验结果。从表9.7可看出,本节算法在总线长方面相对文献[50]、[11]、[12]、[9]提出的4种算法分别取得14.18%、10.42%、8.88%及7.01%的减少率,对于基准电路ibm02,与文献[50]的算法相比,总线减少率达到了17.00%。

表9.7 与4种矩形总体布线并行算法在TWL的对比

基准电路	文献[50]	文献[11]	文献[12]	文献[9]	本节算法	减少率/%			
						文献[50]	文献[11]	文献[12]	文献[9]
ibm01	68 981	67 674	66 058	62 659	57 989	15.93	14.31	12.22	7.45
ibm02	190 418	182 268	174 062	171 110	158 049	17.00	13.29	9.20	7.63
ibm03	160 755	151 299	147 524	146 634	136 284	15.22	9.92	7.62	7.06
ibm04	176 610	173 778	172 652	167 275	153 425	13.13	11.71	11.14	8.28

续表

基准电路	文献[50]	文献[11]	文献[12]	文献[9]	本节算法	减少率/%			
						文献[50]	文献[11]	文献[12]	文献[9]
ibm06	296 981	282 325	280 007	277 913	261 729	11.87	7.30	6.53	5.82
ibm07	408 510	394 170	381 694	365 790	341 794	16.33	13.29	10.45	6.56
ibm08	429 913	415 025	413 300	405 634	379 902	11.63	8.46	8.08	6.34
ibm09	442 514	418 615	416 554	413 862	389 367	12.01	6.99	6.53	5.92
ibm10	634 247	593 186	591 036	590 141	542 568	14.45	8.53	8.20	8.06
均值						14.18	10.42	8.88	7.01

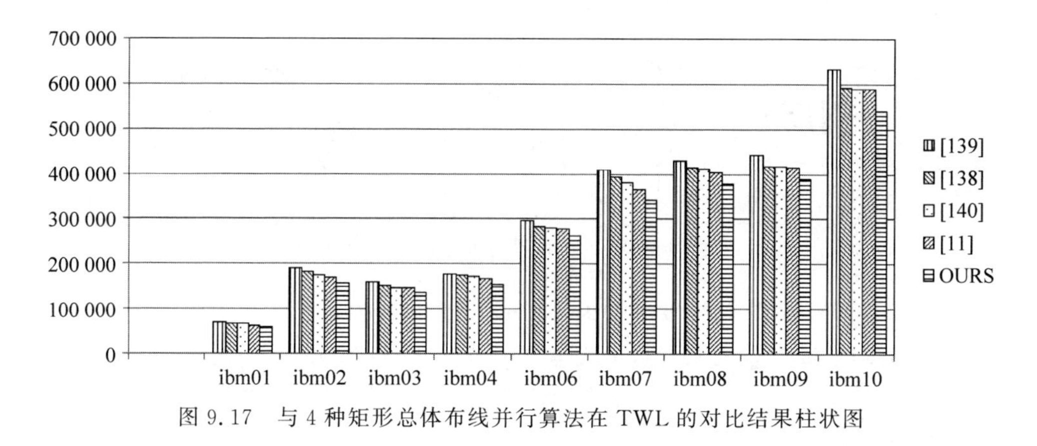

图 9.17　与 4 种矩形总体布线并行算法在 TWL 的对比结果柱状图

9.2.6　小结

本节提出一种基于 PSO 的高质量 X 结构总体布线算法，该算法不仅在大规模电路中可获得较好的解，还可在总线长方面相对现有工作而言取得最佳结果。而且本节首次运用并行算法求解 X 结构总体布线问题，提出一种新颖的 ILP 模型，可获得更为均匀的总体布线方案。

9.3　VLSI 中高性能 X 结构多层总体布线器

本节以 X 结构作为非曼哈顿结构的代表，基于整数规划模型和粒子群优化算法为解决 9.2 节工作存在的不足之处，提出 3 种有效的加强策略，构建引入多层布线模型和层调度策略的高性能的 X 结构多层总体布线器。

本节工作有效解决 X 结构多层总体布线问题，在基准电路上的仿真结果充分验证本节相关策略和算法的可行性和有效性，且在溢出数和线长总代价两个最重要指标取得显著优化效果。

9.3.1 加强策略

1. 增加新型走线方式(E1 策略)

性质 9.3 E1 策略增加了新型走线方式以提高初始阶段未连接的线网集在主阶段的布通率。在 XGRouter 的初始布线阶段中,针对分解后两引脚所构成的直线斜率值为 0、−1、+1 和∞的线网(此类线网集称为 NA),如果采用该直线连接两引脚,不会超过连接边的容量,则用该直线连接该两端线网。但若造成溢出的情况,如图 9.18 所示,则放弃连接该类两端线网(此类线网集称为 NC),并放在主阶段进行连接。而在主阶段其连接仍采用图 9.18 所示的方式,将导致这些 NC 线网在主阶段仍不可连接,从而导致非常多的未能连接的线网,严重影响 PSO 算法的求解性能。

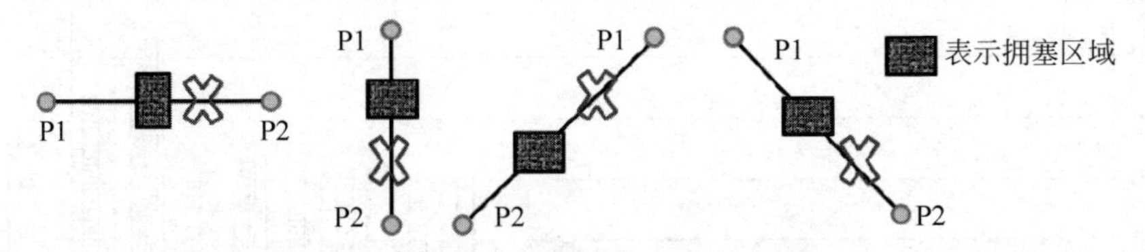

图 9.18 初始布线阶段由于布线容量约束造成未能直接连线的 4 种情况

因此,本节算法在主阶段中针对 NC 设计新型走线方式,其中图 9.19(a)和图 9.19(b)的连接方式运用于水平或垂直关系的线网,图 9.19(c)的连接方式运用于 45°或 135°关系的线网(N2),通过新增布线方式,主阶段可合理避开拥塞区域。

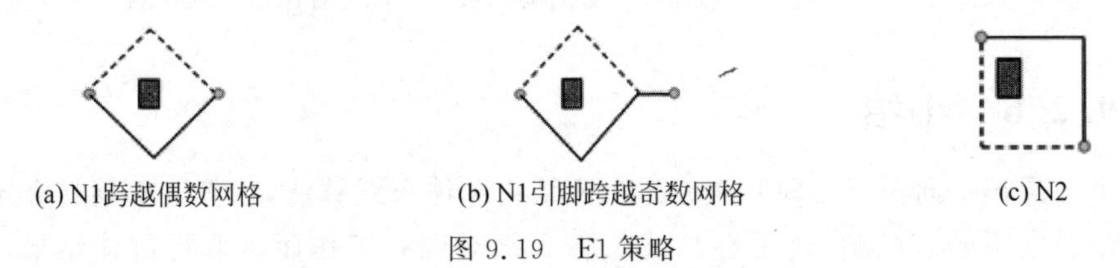

图 9.19 E1 策略

本节将未采用和采用 E1 策略的总体布线结果在 ISPD07 的基准电路上进行实验对比,如表 9.8 所示。E1 策略的运用使总体布线结果比 E0(无 E1)减少了 16.63% 的总溢出数(TOF),可见 E1 的策略有助于提高布通率。虽然增加了少量的线长总代价(TWL),但针对溢出数带来的可观的优化效果,表明了 E1 策略的有效性。

表 9.8 未采用和采用 E1 策略(E2 策略)的布线结果对比

基准电路	EO		E1		减少率/%		E2		减少率/%	
	TOF	TWL	TOF	TWL	TOF	TWL	TOF	TWL	TOF	TWL
11	85	46.7	85	46.9	0.00	−0.43	0	47.9	100	−2.57
12	75	45.9	70	45.8	6.67	0.22	0	46.6	100	−1.53

续表

基准电路	EO		E1		减少率/%		E2		减少率/%	
	TOF	TWL	TOF	TWL	TOF	TWL	TOF	TWL	TOF	TWL
13	44	127.1	34	127.2	22.73	−0.08	0	128.9	100	−1.42
14	12	110.8	7	110.9	41.67	−0.09	0	111	100	−0.18
15	32	130.8	29	131.4	9.38	−0.46	0	130.3	100	0.38
16	2	33.9	1	33.9	50.00	0.00	0	33.9	100	0.00
17	0	63.4	0	63.3	0.00	0.16	0	63.5	0.00	−0.16
18	3779	80	3682	80	2.57	0.00	3170	80.8	16.12	−1.00
均值					**16.63**	**−0.09**			**77.01**	**−0.81**

2. PSO与迷宫算法的结合策略(E2策略)

性质9.4 E2策略将基于新布线代价的迷宫布线策略移至主阶段中每次box区域内的PSO布线后,可有效提高当前box未布通线网集的布通率。

XGRouter将迷宫布线放在主阶段后,造成大量未布通线网的堆积,进而劣化PSO算法的解的质量。如图9.20所示,box0中的灰色拥挤区域导致采用XGRouter的边接连方式的P1和P2不能在此阶段完成布线。而当box0扩张到整个芯片,图9.20的实线连接方式会占用更多的布线资源,溢出数因此增加。ML-XGRouter算法选择在box0结束后,直接采用迷宫布线连接PSO未能布线的线网,即图9.20的虚线连接,使box0周围的资源得到更充分的利用,提高了布通率。

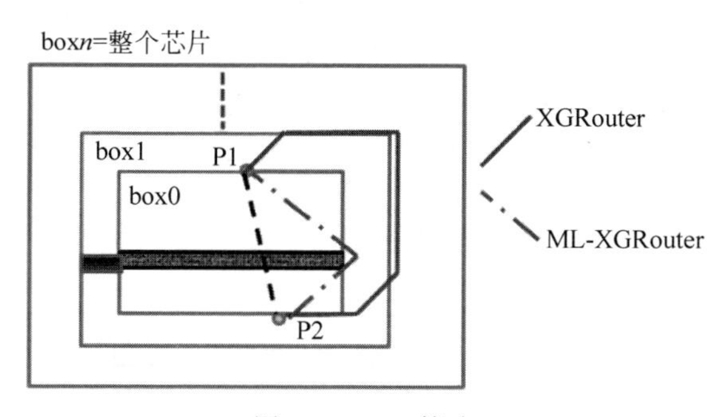

图9.20 E2策略

如表9.8的8~11列所示,E2策略使总体布线结果减少了77.01%的总溢出数。虽然付出了少量的线长总代价(0.81%),但其对溢出数带来大幅度优化表明了E2策略的有效性。

3. 初始布线阶段的布线容量缩减(E3策略)

性质9.5 E3策略将初始布线阶段的布线容量缩减到原容量的一半,使得部分线网留在主阶段用PSO算法布线,从而可有效利用PSO算法的全局优化能力,同时进一步加强E1策略和E2策略的优化效果。

XGRouter 将基于贪心策略的初始布线算法应用到 NA 中的全部线网，导致布线方案陷入局部最优。因此，ML-XGRouter 采用 E3 策略，预留部分布线资源和两端线网使用 PSO 进行布线，有效利用 PSO 的全局寻优能力。

如图 9.21 所示，初始布线中线网以 N1(包含 N11 和 N12 引脚)、N2(包含 N21 和 N22 引脚)、N3(包含 N31 和 N32 引脚)的顺序布线，布线边的最大容量为 2。若使用 XGRouter，则优先连接 N1、N2，导致主阶段中连接 N3 占用过多布线资源，如图 9.21(a)所示。但如果采用 E3 策略，那么初始布线只考虑 N1，而预留的 N2 和 N3 在主阶段使用 PSO 布线，从全局的角度去考虑两个线网布线，最终得到图 9.21(b)的方案，以更少的布线资源完成 N1、N2 和 N3 的连接。

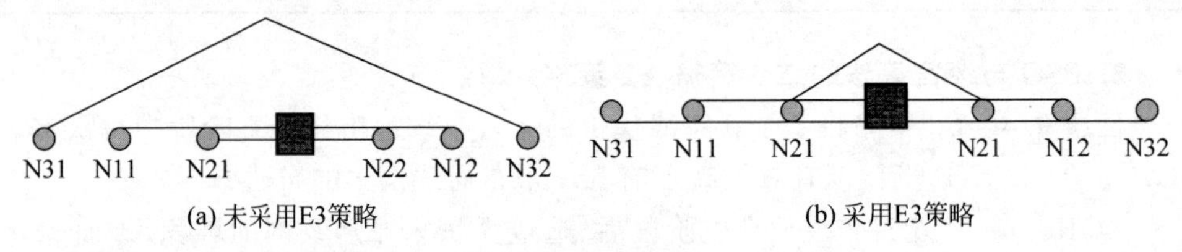

图 9.21 E3 策略

如表 9.9 的第 6 列和第 7 列所示，在 E1 策略基础上加入 E3 策略，分别在溢出数和线长总代价取得 17.27%和 1.27%的减少率。如表 9.9 的第 12 列和第 13 列所示，在 E2 策略的基础上加入 E3 策略，则可分别取得 0.02%和 0.39%的减少率。如表 9.10 的第 6 列与第 7 列所示，如果在 E1 策略和 E2 策略的基础上加入 E3 策略，那么能够实现 1.38%和 1.45%溢出数和线长总代价的减少率。实验数据表明了 E3 策略的有效性。

表 9.9 在 E1 策略(E2 策略)的基础上未采用和采用 E3 策略的布线结果对比

基准电路	E1		E1+E3		减少率/%	
	TOF	TWL	TOF	TWL	TOF	TWL
11	85	46.9	68	46.4	20	1.07
12	70	45.8	49	44.4	30	3.06
13	34	127.2	27	123.7	20.59	2.75
14	7	110.9	7	110.2	0	0.63
15	29	131.4	13	127.7	55.17	2.82
16	1	33.9	1	33.9	0	0
17	0	63.3	0	63	0	0.47
18	3682	80	3226	80.5	12.38	−0.63
均值					**17.27**	**1.27**

续表

基准电路	E2		E2+E3		减少率/%	
	TOF	TWL	TOF	TWL	TOF	TWL
11	0	47.9	0	47.5	0	0.84
12	0	46.6	0	45.6	0	2.15
13	0	128.9	0	127.4	0	1.16
14	0	111	0	110.7	0	0.27
15	0	130.3	0	129.8	0	0.38
16	0	33.9	0	34	0	−0.3
17	0	63.5	0	64.2	0	−1.1
18	3170	80.8	3165	81	0.16	−0.25
均值					**0.02**	**0.39**

表9.10 在E1和E2策略共同作用的基础上未采用和采用E3策略的布线结果对比

基准电路	E1+E2		E1+E2+E3		减少率/%	
	TOF	TWL	TOF	TWL	TOF	TWL
11	0	47.8	0	47	0	1.67
12	0	46.5	0	45	0	3.23
13	0	128.8	0	124.6	0	3.26
14	0	110.9	0	110.1	0	0.72
15	0	130.2	0	126.8	0	2.61
16	0	33.9	0	33.9	0	0
17	0	63.4	0	63.1	0	0.47
18	3106	80.8	2762	81.1	11.08	−0.37
均值					**1.38**	**1.45**

9.3.2 基于3种加强策略后布线器的新流程

针对X结构多层总体布线问题，在前期工作基础上引入了上述3个有效的加强策略（E1、E2和E3策略），从而提出了一种求解X结构多层总体布线问题的有效算法，如图9.22所示，该算法包括了初始布线阶段、主阶段、层分配阶段。

接下来将介绍新总体布线算法中涉及的ILP模型（本节的ILP模型简称为MX-ILP）和PSO算法（本节的PSO算法简称为MX-PSO）。

1. MX-ILP

本节采用并行算法求解X结构多层总体布线问题。先前的并行算法常用ILP模型求解总体布线问题，并可取得在溢出数和线长总代价两方面优化效果都不错的布线方案。通常，ILP模型首先需要找到所有可能的布线树作为候选解，计算候

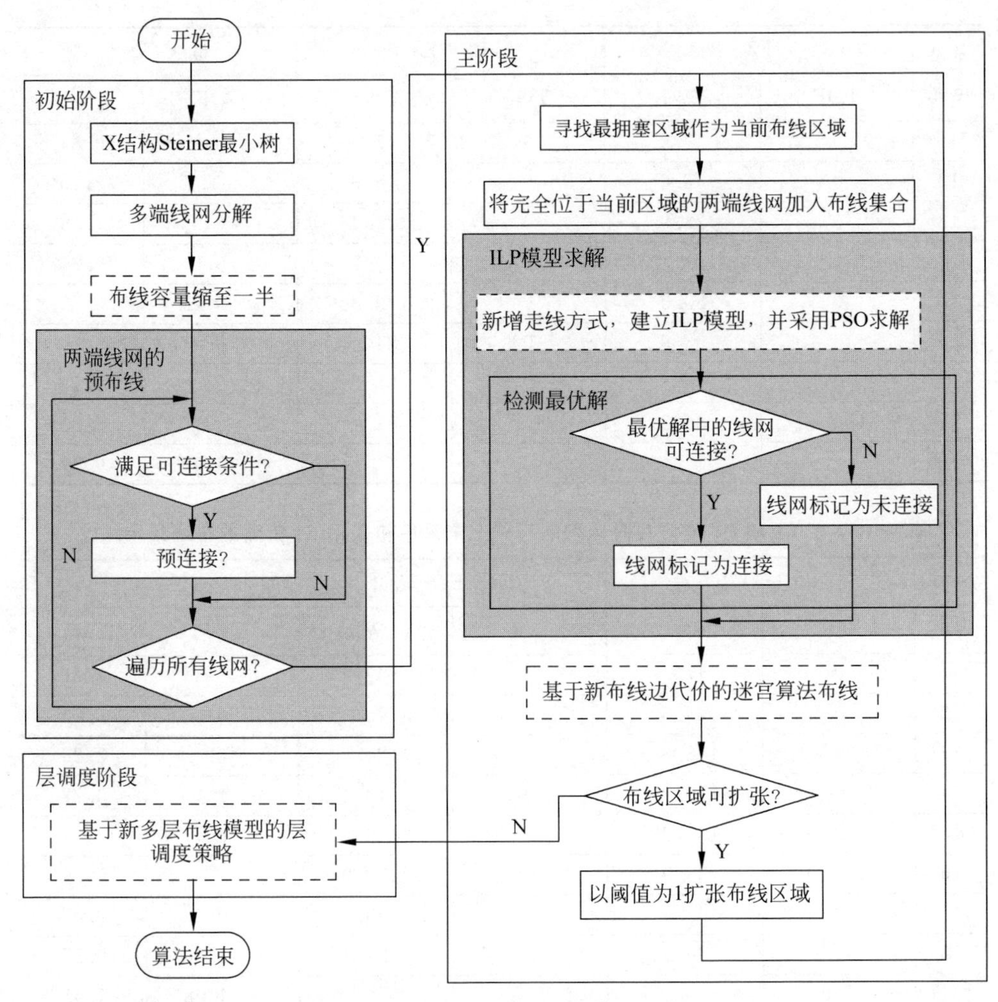

图 9.22　ML-XGRouter 的算法流程

选解代价，然后建立带容量约束的线性方程组，最后求解方程组得到总体布线方案。本节布线器在主阶段采用的 ILP 模型围绕多层布线问题中两个最重要的优化目标(包括溢出数和线长总代价)，对 XGRouter 的 ILP 模型进行一定程度上的改进，使其在这两个最重要指标的优化能力上得到提高。

在图 9.2(a)中，线网 N1 和 N2 待布线，最大通道容量为 2。本节使用 Steiner 最小树算法将 N2 分解为 3 个两端线网(SG_8、SG_6 和 SG_1)，并为所有两端线网建立如图 9.2(b)所示的相应布线候选解。本节的 MX-ILP 模型是为了最小化所有线网的线长总代价和溢出数，针对如图 9.2(b)所示的布线问题，MX-ILP 模型可获得如图 9.2(c)和图 9.2(d)所示的布线方案。其具体形式如式(9.7)所示，式(9.8)则是 MX-ILP 模型的一般形式。

$$\begin{aligned}
&\text{MIN } \beta \times (2y_1 + 2y_2 + y_3 + y_4 + 2y_5 + 2y_6) \\
&\text{S. T. } y_1 + y_2 = 1 \\
&\qquad y_3 = 1, y_4 = 1 \\
&\qquad y_5 + y_6 = 1 \\
&\qquad y_1 + y_3 \leqslant 2 \\
&\qquad y_2 + y_5 \leqslant 2 \\
&\qquad y_1 \leqslant 2, y_2 \leqslant 2, y_4 \leqslant 2 \\
&\qquad y_5 \leqslant 2, y_6 \leqslant 2 \\
&\qquad y_1, y_2, y_3, y_4, y_5, y_6 \in \{0,1\}
\end{aligned} \tag{9.7}$$

$$\text{MIN } \beta \times \left(\sum_{j=1}^{t} y_j \times \text{Wl}_j\right)$$

$$\text{S. T. } \sum_{y_j \in N_k} y_j = 1, k = 1,2,\cdots,n$$

$$\beta = \begin{cases} 1, & \text{如果} \sum_{j=1}^{1} X_{ij} y_j \leqslant C(e), \forall e, i = 1,2,\cdots,p \\ 1.026^{\gamma}, & \text{否则} \end{cases} \tag{9.8}$$

$$y_j \in \{0,1\}, j = 1,2,\cdots,t$$

其中,Wl_j 表示方案 y_j 的线长,β 是惩罚项。第一个约束集要求每个线网从其候选解集合中只能选取一个作为其布线方案,y_j 代表一个候选解,k 表示线网的总数。第二个约束集对 GRG 中每条边的走线数超过最大容量限制 $C(e)$ 给予相应的惩罚,γ 表示违反约束的次数。X_{ij} 表示一个二进制值,如果 y_j 的走线经过 GRG 中的边 e_i,则 X_{ij} 的值为 1,否则为 0。p 表示 GRG 中所有边的总数目。第三个约束集限制 y_j 是二进制值,t 表示布线候选解的总个数。

性质 9.6 本节算法基于 MX-ILP 模型可获得多层布线问题中包括溢出数、线长总代价这两个重要指标的优化。

MX-ILP 模型相对 XGRouter 的 ILP 模型在优化目标上减少了拥塞度均衡策略。这是由于 ISPD07 问题相对 ISPD98 问题而言,其线网个数陡增,布线容量约束更严格,更容易产生溢出。而在 ISPD98 问题中,已经可以做到全部基准电路的溢出数都优化至 0,才进一步考虑拥塞均衡,而 ISPD07 部分基准电路的溢出数在所难免,若进一步考虑拥塞均衡,将增加优化难度,产生更多溢出数,严重影响芯片的可布线性。另外,拥挤均衡的计算时间成本非常高,减少了拥塞均衡有助于算法整体运行时间的减少。而 MX-ILP 模型的优化目标集中在溢出数和线长总代价的最小化,从而有助于在 ISPD07 中这两个重要目标的优化,具体优化结果详见 9.3.4 节的实验结果。

MX-ILP 模型的优势可归纳如下。

(1) MX-ILP 模型中每个优化目标都对应一个权重因子，使得其他优化目标可容易融入 MX-ILP 模型的目标函数中。

(2) MX-ILP 模型的构建是有利于设计更有效的 PSO 算法以求解相应的 ILP 模型。因为在 MX-ILP 模型的求解中引入的惩罚函数机制，对优化问题中出现不满足约束条件的解方案施以相应的惩罚，保留这类解方案不被随意删除。该类解方案可能携带一些局部最优信息，在后续进化过程中有机会呈现该类解方案所保留的局部最佳信息，从而增强种群的多样性。

(3) 本节采用 PSO 算法求解 MX-ILP 模型，所得到的解方案均为整数解，可解决由于随机取整方法可能带来的偏差问题。

2. MX-PSO

根据 MX-ILP 问题的特点，本节设计了有效的编码策略，重新定义 PSO 的操作算子和适应度函数，提出一种求解 MX-ILP 模型的有效 PSO 算法。与 XGRouter 的主阶段一样，具体的编码策略、粒子的更新公式以及适应度函数见 9.2.4 节。

9.3.3 算法的收敛分析

定理 9.1 MX-PSO 算法的马尔可夫链是有限且齐次的。

证明：MX-PSO 算法在全局搜索过程中通过随机变异以及交叉操作获得全局最优方案和粒子个体历史最优方案。生成的新种群由当前种群的状态决定，这样发生状态转变的算法搜索过程的条件概率满足马尔可夫性质。在该算法中，所有种群$\{\alpha_1,\alpha_2,\cdots,\alpha_m\}$组成的集合是有限的，所以，MX-PSO 算法的马尔可夫链是有限且齐次的。也就是发生在时刻 $k=0,1,\cdots$ 的事件归于一种集合，由于该集合的事件是有限的，所以其马尔可夫链也是有限的。

定理 9.2 MX-PSO 算法所构成的马尔可夫链的转移概率矩阵是正定的。

证明：种群通过一个粒子自身的变异操作和两个交叉操作从状态 $i_i \in S$ 转移到状态 $i_j \in S$，这 3 个操作的转移概率分别为 m_{ij}, g_{ij}, d_{ij}，它们相应的转移矩阵分别为 $\boldsymbol{M}=(m_{ij})$，$\boldsymbol{G}=\{g_{ij}\}$，$\boldsymbol{D}=\{d_{ij}\}$。令 $\boldsymbol{P}=\boldsymbol{MGD}$，则

$$m_{ij}>0,\sum_{i_j\in E}m_{ij}=1;g_{ij}>0,\sum_{i_j\in E}g_{ij}=1;d_{ij}>0,\sum_{i_j\in E}d_{ij}=1$$

因此，$\boldsymbol{M}$、$\boldsymbol{G}$、$\boldsymbol{D}$ 都是随机的，且 $\boldsymbol{M}$ 是正定的，然后可证明 $\boldsymbol{P}$ 是正定的。令 $\boldsymbol{B}=\boldsymbol{GD}$，对于 $\forall i_j \in S$，存在

$$b_{ij}=\sum_{\lambda_k\in E}g_{ik}d_{kj}\geqslant 0=1$$

$$\sum_{\lambda_j\in E}b_{ij}=\sum_{\lambda_j\in E}\sum_{\lambda_k\in E}g_{ik}d_{kj}=\sum_{\lambda_k\in E}g_{ik}\sum_{\lambda_j\in E}d_{kj}=\sum_{\lambda_k\in E}g_{ik}=1$$

因此，$\boldsymbol{B}$ 是随机正定矩阵，同样可知道，$d_{ij}=\sum_{\lambda_k\in E}b_{ik}m_{kj}>0$

定理 9.3 （马尔可夫链的极限理论）设齐次马尔可夫链所对应的正定随机转移矩阵为 $\boldsymbol{P}$，则：

(1) 存在唯一的概率向量 $\bar{\boldsymbol{P}}>0$，其满足 $\bar{\boldsymbol{P}}^{\mathrm{T}}\boldsymbol{P}=\bar{\boldsymbol{P}}^{\mathrm{T}}$。

(2) 对于每个初始状态 i（初始概率为 $\boldsymbol{e}_i^{\mathrm{T}}$），得 $\lim\limits_{k\to\infty}\boldsymbol{e}_i^{\mathrm{T}}\boldsymbol{P}^k=\bar{\boldsymbol{P}}^{\mathrm{T}}$。

(3) 对每个概率矩阵的极限为 $\lim\limits_{k\to\infty}\boldsymbol{P}^k=\bar{\boldsymbol{P}}$，其中 $\bar{\boldsymbol{P}}$ 是一个 $n\times n$ 的随机矩阵且其所有行等同于 $\bar{\boldsymbol{P}}^{\mathrm{T}}$。

引理 9.6 如果变异概率 $m>0$，则 MX-PSO 算法是一个遍历且不可约的马尔可夫链，算法只有一个有限分布且与初始分布无关。另外，在任意随机的时刻和状态中，变异概率大于 0。

证明：在时刻 t，状态 j，种群的概率分布 $P_j(t)$ 是

$$P_j(t)=\sum_{j\in s}P_i(1)P_{ij}^{(t)},\quad t=1,2,\cdots \tag{9.9}$$

根据定理 9.2，可得如下公式：

$$P_j(\infty)=\lim_{t\to\infty}\Big(\sum_{j\in s}P_i(1)P_{ij}^{(t)}\Big)=\sum_{i\in s}P_i(1)P_{ij}^{(\infty)}>0,\quad \forall j\in S \tag{9.10}$$

定义 9.2 假设一个随机变量 $Z_t=\max\{f(x_k^{(t)}(i))\mid k=1,2,\cdots,N\}$ 表示种群在状态 i 步骤 t 的粒子历史最优方案，则算法收敛于全局最优方案，当且仅当

$$\lim_{t\to\infty}P\{Z_t=Z^*\}=1 \tag{9.11}$$

其中，$Z^*=\max\{f(x)\mid x\in S\}$ 表示全局最优方案。

定理 9.4 对于任意 i 和 j，一个可遍历的马尔可夫链从状态 i 至状态 j，其转移概率矩阵是正定的。

证明：在定理 9.2 中，已证明算法搜索过程中种群通变异操作和两个交叉操作从状态 $i\in S$ 转移到状态 $i_{i+1}\in S$，其转移概率矩阵为正定的，即 $\boldsymbol{P}_{i,i+1}$ 是正定的。因此假设 $i<j$，则 $\boldsymbol{P}_{i,j}=\sum\limits_{i=1}^{j}\boldsymbol{P}_{i,i+1}>0$，即 $\boldsymbol{P}_{i,j}$ 是正定的。所以，对于任意 i 和 j，一个可遍历的马尔可夫链从状态 i 至状态 j，其转移概率矩阵是正定的。

定理 9.5 MX-PSO 算法可收敛于全局最优方案。

证明：假设对于 $i\in S$，$Z_t<Z^*$，且 $P_i(t)$ 是 MX-PSO 算法在状态 i 步骤 t 的概率值，显然 $P\{Z_t\neq Z^*\}>P_i(t)$，因此可知 $P\{Z_t=Z^*\}<1-P_i(t)$。

根据引理 9.6，在 MX-PSO 算法中状态 i 的操作算子的概率是 $P_i(\infty)>0$，则

$$\lim_{t\to\infty}P\{Z_t=Z^*\}\leqslant 1-P_i(\infty)<1 \tag{9.12}$$

给定一个新种群，例如 $\forall i_j\in S$，其中，$x_{ti}\in S$ 表示问题搜索空间（有限或可数集合），Z_t 表示当前种群的个体最优方案，X_t 表示搜索过程中的种群，可证明群体转移过程 $\{X_t^+,t\geqslant 1\}$ 仍是一个齐次的且可遍历的马尔可夫链，从而得到

$$P_j^+(t)=\sum_{i\in S}P_i^+(1)P_{ij}^+(t) \tag{9.13}$$

其中，$P_{ij}^{+}>0(\forall i\in S,\forall j\in S_0)$，$P_{ij}^{+}=0(\forall i\in S,\forall j\notin S_0)$。因此

$$\begin{gathered}(P_{ij}^{+})^t \to 0(t\to\infty)\\ P_j^{+}(\infty)\to 0(j\notin S_0)\end{gathered} \tag{9.14}$$

综上可得，$\lim\limits_{t\to\infty}P\{Z_t=Z^*\}=1$。故 MX-PSO 算法可收敛于全局最优方案。

9.3.4 算法仿真与结果分析

1. 基准电路的参数说明及其初始阶段的布线结果

表 9.11 和表 9.12 分别给出了两类基准电路 ISPD98 和 ISPD07 的属性及初始布线的结果。表 9.11 和表 9.12 的第 1～3 列分别给出基准电路名称、网格大小、线网个数，其中 ISPD98 线网的规模大小从 11 000 个增至 64 000 个，在初始布线阶段进行线网分解后，两端线网的个数从 25 000 个增至 169 000 个，ISPD07 线网的规模大小从 219 000 个增至 551 000 个，初始布线阶段进行线网分解后，两端线网的个数从 560 000 个增至 936 000 个。可见，ISPD07 的电路规模远超过 ISPD98，呈数量级的增长，使得布线问题变得更复杂。

表 9.11 在 ISPD98 测试电路的属性及初始布线的结果

基准电路初始布线情况					
名称	网格大小	线网数	bf. nets	af. nets	线网布通率/%
ibm01	64×64	11 507	25 698	20 127	78.32
ibm02	80×64	18 429	55 739	39 871	71.53
ibm03	80×64	21 621	43 272	30 181	69.75
ibm04	96×64	26 163	49 821	34 193	68.63
ibm06	128×64	33 354	75 912	59 812	78.79
ibm07	192×64	44 394	97 391	69 123	70.97
ibm08	192×64	47 944	121 912	89 134	73.11
ibm09	256×64	50 393	115 871	91 268	78.77
ibm10	256×64	64 227	169 391	113 459	66.98
均值					**72.98**

表 9.12 在 ISPD07 测试电路的属性及初始布线的结果

基准电路初始布线情况							
名称	网格大小	线网数	bf. nets	af. nets	e3. af. nets	初始布线后的布通率/%	使用 E3 后的布通率/%
11	324×324	219 794	560 406	430 376	428 383	76.8	76.44
12	424×424	260 159	600 317	452 931	450 048	75.45	74.97
13	774×779	466 295	1 093 066	829 270	825 112	75.87	75.49
14	774×779	515 304	1 075 147	783 478	782 257	72.87	72.76
15	465×468	867 441	1 664 608	1 319 629	1 307 906	79.28	78.57
16	399×399	331 663	657 467	528 243	527 043	80.35	80.16

续表

基准电路初始布线情况							
名称	网格大小	线网数	bf. nets	af. nets	e3. af. nets	初始布线后的布通率/%	使用 E3 后的布通率/%
17	557×463	463 213	956 459	743 183	738 101	77.7	77.17
18	973×1256	551 667	936 162	700 745	699 252	74.85	74.69
均值						**76.65**	**76.28**

2. 相关加强策略的优化情况对比

表 9.11 和表 9.12 中 bf. nets 表示在需要进行布线的两端线网数目，而 af. nets 表示在已经布通的两端线网数目。表 9.11 的第 6 列和表 9.12 的第 7 列中的 72.98%和 76.65%分别说明了初始布线阶段后已经布通的两端线网数目占所有两端线网数目的百分比。因此，两类基准电路在初始布线阶段后均可获得一个近似的布线拥塞分布情况。表 9.12 中 e3. af. nets 和 e3. Ratio 分别表示采用 E3 策略后初始布线阶段后已经布通的两端线网数目以及占所有两端线网的比例。

为了验证本节所提 3 个加强策略的有效性，在 9.3.1 节的第 1～3 部分分别给出了在加入和未加入这 3 个策略的实验对比，相关实验结果如表 9.8～表 9.10 所示，均表明加入这 3 个策略的有效性。

表 9.12 给出了采用 E3 策略，ML-XGRouter 在初始布线阶段的布通率为 76.28%，相对于未采用 E3 策略的情况下 76.65%的布通率只是略微减少，也获得一个近似的布线拥塞分布情况，从而有助于主阶段对拥挤情况的合理判断。因此，E3 策略的加入，对 E1 和 E2 两种策略有较大的促进作用，且对初始布线的布通率影响不大。

为了进一步验证 E3 策略的有效性，表 9.13 给出了在 E3 策略的基础上采用 E1 或(和)E2 策略 3 种情况下相对未采用任何策略的算法优化情况。表 9.13 的第 4 列和第 5 列给出 E3 策略和 E1 策略的结合，相对于未采用加强策略的布线算法在溢出数和线长总代价分别减少 32.37% 和 1.19%。表 9.13 的第 6 列和第 7 列给出 E3 和 E2 策略的结合，相对于未采用加强策略的布线算法在溢出数方面带来 77.03%的巨大优化率，而只付出了 0.41%的线长总代价。表 9.13 的第 8 列和第 9 列给出了 E3、E1 和 E2 3 种策略的结合，相对于未采用加强策略的布线算法在溢出数方面带来 78.36%的巨大优化率，同时也优化 0.76%的线长总代价。综上，E3 策略可更好地加强 E1 策略和 E2 策略的优化能力，从而提高了本节算法在溢出数和线长总代价的优化能力。

表 9.13 在 E3 的基础上 E1 策略或(和)E2 策略结合后的优化情况

基准电路	EO		E1+E3		E2+E3		E1+E2+E3	
	TOF	TWL	TOF	TWL	TOF	TWL	TOF	TWL
11	85	46.7	68	46.4	0	47.5	0	47
12	75	45.9	49	44.4	0	45.6	0	45

续表

基准电路	EO		E1+E3		E2+E3		E1+E2+E3	
	TOF	TWL	TOF	TWL	TOF	TWL	TOF	TWL
13	44	127.1	27	123.7	0	127.4	0	124.6
14	12	110.8	7	110.2	0	110.7	0	110.1
15	32	130.8	13	127.7	0	129.8	0	126.8
16	2	33.9	1	33.9	0	34	0	33.9
17	0	63.4	0	63	0	64.2	0	63.1
18	3779	80	3226	80.5	3165	81	2762	81.1
Comp	**100**	**100**	**67.63**	**98.91**	**22.97**	**100.41**	**21.64**	**99.24**

3. 在ISPD98基准电路上的对比

为了验证本节算法的有效性，将本节算法与5种总体布线算法在ISPD98基准电路上进行对比。从表9.14可以看出，在线长总代价(TWL)指标上，本节算法相对这5种串行算法分别取得6.66%、7.47%、6.95%、7.43%及6.61%的减少率。因为所有算法关于溢出数(OVF)的实验数据均为0，即布线过程中均未产生溢出边，所以未在表9.14中列出。由于本节算法引入了X结构布线，并从初始布线阶段可得到一个近似拥挤区域的预测以方便主阶段拥塞区域的选择，从全局角度考虑多个线网的布线问题，不受线网布线顺序的影响，同时引入了一系列的加强策略，使得所设计的布线器可以在避免溢出的情况下取得最佳的线长总代价。

表9.14 在ISPD98上与5种总体布线算法的对比

基准电路	文献[2]	文献[4]	文献[9]	文献[3]	文献[5]	本节算法	减少率/%				
							文献[2]	文献[4]	文献[9]	文献[3]	文献[5]
ibm01	63 332	64 389	62 659	63 720	62 498	58 564	7.53	9.05	6.54	8.09	6.29
ibm02	168 918	171 805	171 110	170 342	169 881	158 383	6.24	7.81	7.44	7.02	6.77
ibm03	146 412	146 770	146 634	147 078	146 458	136 313	6.90	7.12	7.04	7.32	6.93
ibm04	167 101	169 977	167 275	170 095	166 452	153 190	8.32	9.88	8.42	9.94	7.97
ibm06	277 608	278 841	277 913	279 566	277 696	261 606	5.76	6.18	5.87	6.42	5.79
ibm07	366 180	370 143	365 790	369 340	366 133	341 170	6.83	7.83	6.73	7.63	6.82
ibm08	404 714	404 530	405 634	406 349	404 976	379 684	6.18	6.14	6.40	6.56	6.25
ibm09	413 053	414 223	413 862	415 852	414 738	389 281	5.76	6.02	5.94	6.39	6.14
ibm10	578 795	583 805	590 141	585 921	579 870	541 839	6.38	7.19	8.18	7.52	6.56
均值							**6.66**	**7.47**	**6.95**	**7.43**	**6.61**

4. 在ISPD2007基准电路上的对比

为了进一步验证本节算法的有效性，将本节算法与两种总体布线串行算法在ISPD07基准电路上进行实验对比。这些算法基于曼哈顿结构。从表9.15可以看出，本节算法在溢出数方面相对文献[5]和文献[7]的两种算法均取得11.40%的优化效果，在测试实例18上更是取得91.20%和91.22%的减少率，大大增加了芯片的可布性和可制造性。本节算法相对文献[5]和文献[7]中两种算法分别取得17.17%和15.07%的总线长优化率。分析原因：基于X结构的布线方式以及对于布线的全局把控，为本节算法提供了更高效的线长优化能力，规避了串行算法对布线顺序的依赖性问题，有效地减少了溢出数。

表9.15 在ISPD07上与两种串行算法的总体布线算法的对比

基准电路	文献[5]		文献[7]		本节算法		Imp/%			
							文献[5]		文献[7]	
	OVF	TWL	OVF	TWL	OVF	TWL	OVF	TWL	OVF	TWL
11	0	55.9	0	53.5	0	47	0	15.92	0	12.15
12	0	54	0	51.69	0	45	0	16.67	0	12.94
13	0	134.4	0	130.35	0	124.6	0	7.29	0	4.41
14	0	127.8	0	120.67	0	110.1	0	13.85	0	8.76
15	0	157	0	154.7	0	126.8	0	19.24	0	18.03
16	0	48.6	0	45.99	0	33.9	0	30.25	0	26.29
17	0	78.5	0	74.88	0	63.1	0	19.62	0	15.73
18	31390	94.9	31 454	104.28	2762	81.1	91.20	14.54	91.22	22.23
均值							**11.40**	**17.17**	**11.40**	**15.07**

为了进一步验证该算法在ISPD07基准电路上的有效性，将本节算法与两种总体布线并行算法进行对比。从表9.16可看出，本节算法相对文献[10]和文献[11]提出的算法分别取得11.39%和11.40%的溢出数优化，在测试实例18上更是取得91.10%和91.23%的减少率。

表9.16 在ISPD07上与两种并行算法的总体布线算法的对比

基准电路	文献[10]		文献[11]		本节算法		Imp/%			
							文献[10]		文献[11]	
	OVF	TWL	OVF	TWL	OVF	TWL	OVF	TWL	OVF	TWL
11	0	52.82	0	54.3	0	47	0	11.02	0	13.44
12	0	51.46	0	52.9	0	45	0	12.55	0	14.93
13	0	128.92	0	131	0	124.6	0	3.35	0	4.89
14	0	119.96	0	124	0	110.1	0	8.22	0	11.21
15	0	153.23	0	155	0	126.8	0	17.25	0	18.19
16	0	45.58	0	47	0	33.9	0	25.63	0	27.87
17	0	74.46	0	77.9	0	63.1	0	15.26	0	19.00
18	31 026	107.22	31 484	108.5	2762	81.1	91.10	24.36	91.23	25.25
均值							**11.39**	**14.70**	**11.40**	**16.85**

本节算法在线长总代价相对文献[10]和文献[11]所提出的算法分别取得14.70%和16.85%的线长总代价减少率，分析原因如下：

(1) 本节算法引入 X 结构，相对曼哈顿结构具有更强的互连线优化能力；

(2) 对 PSO 算法进行合理的改进，解决随机取整方法易产生偏差的问题，因而优化了线长总代价；

(3) 本节算法引入了一系列的加强策略，进一步提高在溢出数和线长总代价的优化能力。

ML-XGRouter 首先优化溢出数，其次优化线长总代价，符合多层总体布线对性能的需求。

9.3.5 小结

ML-XGRouter 的工作是第一次求解基于非曼哈顿结构的多层总体布线问题。本节相对 XGRouter 引入多种加强策略和相关模型，从而设计出求解该问题的有效算法，克服了 XGRouter 不能用于多层总体布线问题的求解以及在溢出数和线长总代价这两个重要指标上优化能力的不足。经实验证明，本节算法提出的 3 种策略(E1、E2 和 E3)能够有效优化溢出数和线长总代价，在两类基准电路上 ML-XGRouter 均可取得比当前总体布线器都更优秀的溢出数和线长总代价的优化效果。

9.4 本章总结

在本章中通过使用 X 结构布线进行总体布线来获得更为均匀的布线结果，并且提出了基于 ILP 和划分策略的 X 结构总体布线算法，以及根据提出的算法的缺陷提出了 3 种策略成功构建了 X 结构多层总体布线器，在各节中详细说明了算法的实现过程以及与近年的相关算法进行实验对比，其在溢出数与线长上都取得了不错的优化效果。

参考文献

[1] Zhang Y, Xu Y, Chu C. Fastroute 3.0: A fast and high quality global router based on virtual capacity[C]//Proceedings of the 2008 IEEE/ACM International Conference on Computer-Aided Design. Piscataway, NJ, USA: IEEE Press, 2008, 344-349.

[2] Roy A J, Markov I L. High-performance routing at the nanometer scale[J]. *IEEE Transactions on Computer-Aided Design of Integrated Circuits and Systems*, 2008, 27(6): 1066-1077.

[3] Moffitt M D. Maizerouter: Engineering an effective global router[J]. *IEEE Transactions on Computer-Aided Design of Integrated Circuits and Systems*, 2008, 27(11): 2017-2026.

[4] Ozdal M M, Wong M D F. Archer: A history-based global routing algorithm[J]. *IEEE Transactions on Computer-Aided Design of Integrated Circuits and Systems*, 2009,

28(4): 528-540.

[5] Chang Y J, Lee Y T, Gao J R, et al. NTHU-Route 2.0: A robust global router for modern designs[J]. *IEEE Transactions on Computer-Aided Design of Integrated Circuits and Systems*, 2010, 29(12): 1931-1944.

[6] Dai K R, Liu W H, Li Y L. NCTU-GR: Efficient simulated evolution-based rerouting and congestion-relaxed layer assignment on 3-D global routing[J]. *IEEE Transactions on Very Large Scale Integration Systems*, 2012, 20(3): 459-472.

[7] Liu W H, Kao W C, Li Y L, et al. NCTU-GR 2.0: Multithreaded collision-aware global routing with bounded-length maze routing[J]. *IEEE Transactions on Computer-Aided Design of Integrated Circuits and Systems*, 2013, 32(5): 709-722.

[8] Ao J, Dong S, Chen S, et al. Delay-driven layer assignment in global routing under multi-tier interconnect structure[C]//Proceedings of the 2013 ACM International Symposium on International Symposium on Physical Design. New York, NY, USA: ACM Press, 2013. 101-107.

[9] Cho M, Lu K, Yuan K, et al. Boxrouter 2.0: A hybrid and robust global router with layer assignment for routability[J]. *ACM Transactions on Design Automation of Electronic Systems*, 2009, 14(2): 1-21.

[10] Wu T H, Davoodi A, Linderoth J T. GRIP: Scalable 3D global routing using integer programming[C]//Proceedings of the 46th Annual Design Automation Conference. New York, NY, USA: ACM Press, 2009, 320-325.

[11] Cho M, Pan D Z. BoxRouter: A new global router based on box expansion and progressive ILP[J]. *IEEE Transactions on Computer-Aided Design of Integrated Circuits and Systems*, 2007, 26(12): 2130-2143.

[12] Hu J, Roy J A, Markov I L. Sidewinder: A scalable ILP-based router[C]//Proceedings of the 2008 International Workshop on System Level Interconnect Prediction. New York, NY, USA: ACM Press, 2008, 73-80.

[13] Vannelli A. An interior point method for solving the global routing problem[C]//Proceedings of the 1989 IEEE Custom Integrated Circuits Conference. San Diego, CA, USA: IEEE Press, 1989, 1-4.

[14] Behjat L, Chiang A, Rakai L, et al. An effective congestion-based integer programming model for VLSI global routing[C]//Proceedings of the 2008 Canadian Conference on Electrical and Computer Engineering. Niagara Falls, ON, USA: IEEE Press, 2008, 931-936.

[15] Behjat L, Vannelli A, Rosehart W. Integer linear programming models for global routing [J]. *INFORMS Journal on Computing*, 2006, 18(2): 137-150.

[16] Liu G G, Chen G L, Guo W Z. DPSO based octagonal steiner tree algorithm for VLSI routing[C]//Proceedings of the 5th International Conference on Advanced Computational Intelligence. Najing, China: IEEE press, 2012, 383-387.

[17] Dong J, Zhu H L, Xie M, et al. Graph Steiner tree construction and its routing applications [C]//Proceedings of the IEEE 10th International Conference on ASIC. Shenzhen, China: IEEE Press, 2013, 1-4.

[18] Hung J H, Yeh Y K, Lin Y C, et al. ECO-aware obstacle-avoiding routing tree algorithm

[J]. *WSEAS Transactions on Circuits and Systems*, 2010, 9(9): 567-576.

[19] Guo W Z, Liu G G, Chen G L, et al. A hybrid multi-objective PSO algorithm with local search strategy for VLSI partitioning[J]. *Frontiers of Computer Science*, 2014, 8(2): 203-216.

[20] Qian C, Yu Y, Zhou Z. An analysis on recombination in multi-objective evolutionary optimization[J]. *Artificial Intelligence*, 2013, 204: 99-119.

[21] Teig S L. The X architecture: not your father's diagonal wiring[C]//Proceeding of the 2002 International Workshop on System Level Interconnect Prediction. New York, NY, USA: ACM Press, 2002, 33-37.

[22] Ho T Y. PIXAR: A performance-driven X-architecture router based on a novel multilevel framework[J]. *Integration, the VLSI Journal*, 2009, 42(3): 400-408.

[23] Ho T Y. A performance-driven multilevel framework for the X-based full-chip router [C]//International Workshop on power and Timing Modeling Optimization and Simulation. 2009, 209-218.

[24] Qu H C, Chien H C C, Chang Y W. Non-uniform multilevel analog routing with matching constraints[C]//Proceedings of the 49th Annual Design Automation Conference. New York, USA: ACM Press, 2012, 549-554.

[25] Ito N, Katagiri H, Yamashita R, et al. Diagonal routing in high performance microprocessor design [C]//Proceedings of the 2006 Asia and South Pacific Design Automation Conference. Piscataway, NJ, USA: IEEE Press, 2006, 624-629.

[26] Agnihotri A R, Madden P H. Congestion reduction in traditional and new routing architectures[C]//Proceedings of the 13th ACM Great Lakes symposium on VLSI. New York, NY, USA: ACM Press, 2003, 211-214.

[27] Hu Y, Jing T, Hong X, et al. A routing paradigm with novel resources estimation and routability models for X-architecture based physical design[C]//International Workshop on Embedded Computer Systems. 2005, 344-353.

[28] Cao Z, Jing T, Hu Y, et al. DraXRouter: Global routing in X-architecture with dynamic resource assignment [C]//Proceedings of the 2006 Asia and South Pacific Design Automation Conference. Piscataway, NJ, USA: IEEE Press, 2006, 618-623.

[29] Shojaei H, Davoodi A, Basten T. Collaborative multiobjective global routing[J]. *IEEE Transactions on Very Large Scale Integration Systems*, 2013, 21(7): 1308-1321.

[30] Liu W H, Wei Y G, Sze C, et al. Routing congestion estimation with real design constraints[C]//Proceedings of the 50th Annual Design Automation Conference. New York, NY, USA: ACM Press, 2013, Article No. 92.

[31] Coulston C S. Constructing exact octagonal Steiner minimal tree[C]//Proceeding of the 13th ACM Great Lakes Symposium on VLSI. New York, NY, USA: ACM Press, 2003, 28-29.

[32] Sardar R, Ratna M, and Tuhina S. Geometry independent wirelength estimation method in VLSI routing[C]//Proceeding of the 26th International Conference on VLSI Design and 12th International Conference on Embedded Systems. Pune, India: IEEE Press, 2013, 257-261.

[33] Koh C K, Madden P H. Manhattan or non-manhattan? A study of alternative VLSI

routing architectures[C]//Proceeding of the 10th Great Lakes symposium on VLSI. New York,USA: ACM Press,2000,47-52.

[34] Liu G G,Guo W Z, Niu Y Z, et al. A PSO-based-timing-driven octilinear Steiner tree algorithm for VLSI routing considering bend reduction[J]. *Soft computing*,2014. DOI: 10.1007/s00500-014-1329-2.

[35] 郭文忠,陈国龙,XIONG Naixue,等.求解 VLSI 电路划分问题的混合粒子群优化算法[J].软件学报,2011,22(5):833-842.

[36] Alpert C,Tellez G. The importance of routing congestion analysis. DAC Knowledge Center Online Article, 2010. [Online]. Available: http://www.dac.com/back_end+topics.aspx? article=47&topic=2.

[37] ISPD 1998 Global Routing Benchmark Suite,1998.[Online]. Available: http://cseweb.ucsd.edu/kastner/research/labyrinth/.

[38] Labyrinth,2004.[Online]. Available: http://www.ece.ucsb.edu/kastner/labyrinth/.

[39] ISPD 2007 Global Routing Contest [Online]. Available: http://www.sigda.org/ispd2007/contest.html

[40] Liu G G,Huang X,Guo W Z, et al. Multilayer obstacle-avoiding X-architecture Steiner minimal tree construction based on particle swarm optimization[J]. *IEEE Trans. on Cybernetics*,2015,45(5): 989-1002.

[41] Liu G G,Guo W Z,Li R R,et al. XGRouter: high-quality global router in X-architecture with particle swarm optimization[J]. *Frontiers of Computer Science*, 2015, 9(4): 576-594.

[42] ISPD 1998 Global Routing Benchmark Suite,1998.[Online]. Available: http://cseweb.ucsd.edu/kastner/research/labyrinth/.

[43] Rudolph G. Convergence analysis of canonical genetic algorithms[J]. *IEEE Trans. on Neural Networks*,1994,5(1): 96-101.

[44] Lv H,Zheng J,Zhou C,et al. The convergence analysis of genetic algorithm based on space mating[C]//Proc. of the ICNC,2009,557-562.

[45] Han Y,Ancajas D M, Chakraborty K, et al. Exploring high-throughput computing paradigm for global routing[J]. *IEEE Trans. on Very Large Scale Integration (VLSI) Systems*,2014,22(1): 155-167.

[46] Xu Y,Chu C. MGR: Multi-level global router[C]//Proceedings of the International Conference on Computer-Aided Design. 2011: 250-255.

[47] Albrecht C. Global routing by new approximation algorithms for multicommodity flow [J]. *IEEE Transactions on Computer-Aided Design of Integrated Circuits and Systems*,2001,20(5): 622-632.